畜禽疾病类症鉴别与防控原色图谱丛书

禽病类症鉴别与防控原色图谱

王新卫　主编

河南科学技术出版社

· 郑州 ·

图书在版编目（CIP）数据

禽病类症鉴别与防控原色图谱 / 王新卫主编 . -- 郑州：河南科学技术出版社，2024.8
（畜禽疾病类症鉴别与防控原色图谱丛书）
ISBN 978-7-5725-1534-7

Ⅰ . ①禽… Ⅱ . ①王… Ⅲ . ①禽病－鉴别诊断－图谱 ②禽病－防治－图谱
Ⅳ . ① S858.3-64

中国国家版本馆 CIP 数据核字 (2024) 第 112108 号

出版发行： 河南科学技术出版社
地址：郑州市郑东新区祥盛街 27 号　　邮编：450016
电话：（0371）65788870　65788613
网址：www.hnstp.cn
策划编辑： 李义坤
责任编辑： 申卫娟
责任校对： 牛艳春
封面设计： 张　伟
责任印制： 徐海东
印　　刷： 郑州新海岸电脑彩色制印有限公司
经　　销： 全国新华书店
开　　本： 787 mm × 1092 mm　1/16　印张：16.5　字数：360 千字
版　　次： 2024 年 8 月第 1 版　2024 年 8 月第 1 次印刷
定　　价： 168.00 元

编写人员名单

主　　编　王新卫

副 主 编　高航冉　王停战

编　　者（以姓氏笔画为序）

王停战　王新卫　李永涛　李旭兵

周　彦　贺　超　高航冉

前　言

自改革开放以来，我国家禽产业快速发展，目前已达到万亿元规模，全球第一；不但提供了优质肉蛋资源，满足了人民群众需求，还促进了乡村振兴，惠及产业链上亿万民众，甚至促进了“一带一路”共建国家产业的发展。然而，在家禽产业，从育种、饲料、兽药、养殖、屠宰或加工，最后到消费者的产业链中，均不同程度涉及疾病问题，其依然是影响家禽业健康发展不可忽视的因素，尤其在高度集约化和规模化的背景下显得更为突出。作为畜牧兽医工作者，了解和洞悉禽病最新动态，掌握禽病防控、废弃物处理等新知识应对不断变化的产业需要，解决生产实践存在的相关问题等非常必要。鉴于此，本书作者在充分调查了河南以及周边省份的家禽业存在的疾病、环境控制和废弃物处理等焦点问题后，有针对性地撰写了本书。

全书内容分为禽病病理学基础及常用诊疗技术、禽病类症鉴别与防治、标准化鸡舍的环境控制设计及管理和畜禽废弃物资源化利用技术四个部分。第一部分叙述了禽的病理和生理学基础，并阐述了临床诊断思维和技术等。第二部分为禽病部分，按照系统分类（呼吸系统疾病、消化系统疾病、生殖泌尿系统疾病、血液与免疫抑制疾病、运动与神经系统疾病、被皮系统疾病）进行编排，含有实时代表性和新发疾病 64 个（新发疾病如小鹅痛风、安卡拉病、黄病毒病等及老病的新变化如流感的临床新表现等）、各类病理图片 250 余幅。第三部分介绍了家禽生产尤其养鸡生产的环境控制要点。第四部分就废弃物处理进行了方法总结和综述。第三和第四部分紧密结合了当前产业发展中环境控制和废弃物处理的实际需求。这样的编排是源于具有 30 年临床经验的主编、25 年家禽业相关的养殖管理经验的副主编和参编者的实际调研和讨论基础上的，以满足具有不同视角的读者对家禽业中禽病认识、环境控制和废弃物处理等的生产现实需要。

此外，本书在编写过程中，充分依据各个编者的专业特点进行分工合作，共同努力完成书稿。但由于水平所限，书中若有不足之处，恳请有关专家和广大读者批评指正。您的评阅是我们服务家禽产业的动力。

编者

2023 年 6 月

目　录

第一部分

禽病病理学基础及常用诊疗技术

第一章　禽病病理学基础

家禽属于鸟纲动物，具有独特的生理学和病理学特点，与哺乳动物之间存在较大的差异。了解家禽的生理学、病理学特点，对正确认识家禽疾病、分析家禽致病原因，以及提出合理的治疗方案和有效预防措施都具有重要的意义。

一、禽病的概念及其特点

禽病是指禽类尤其是家禽（其中以鸡为主）疾病的总称，包括营养代谢性疾病、管理性疾病、中毒病、寄生虫病、细菌病、病毒病、真菌病等。人们一般关注引起家禽惨重损失的病毒性传染病，因其传播快、危害大、发病率高、致死率高，如新城疫、禽流感、鸡减蛋综合征、禽白血病、鸭瘟、鸭病毒性肝炎、小鹅瘟等。此外，一些疾病通常不会引起家禽大批急性死亡，但容易降低饲料报酬、延迟上市日期、降低产蛋率、影响肉蛋品质与风味而引起了大家的关注，如大肠杆菌病、传染性鼻炎、呼吸型支原体感染等。本书主要介绍病毒性和细菌性家禽传染病，具体特点如下。

1. 疾病的种类多而复杂，不断出现新疾病　旧病继续发生，如新城疫、鸡白痢、鸭瘟等老病长年不断发生和持续流行。同时，不少新病也不断出现。主要有鸭坦布苏病、高致病性禽流感、肝炎－心包积液综合征、鸡减蛋综合征、鸭细小病毒感染、鸡传染性贫血和肾型传染性支气管炎等。在这些新出现的疫病中，尤其需要注意高致病性禽流感、鸡传染性贫血和肾型传染性支气管炎等病。此外，不少疫病感染的禽种类也增多，如新城疫，过去只发生于鸡和火鸡，但近年发现鸽、竹丝鸡、鹧鸪、鹌鹑、鸵鸟、山鸡、珍珠鸡等都可发生；传染性法氏囊病，过去认为只是鸡易感，近年发现鹅、鸭也有感染病例出现，等等。

2. 非典型性疾病增多　目前，新城疫、鸡白痢、大肠杆菌病、传染性法氏囊病等均出现了非典型病例，而且流行非常广泛，发病率也很高，给诊断与防治工作带来了很大的难度。一方面，疫病在流行过程中病原的毒力发生变异，有些病原毒力出现减弱，加上禽群中免疫水平不整齐，导致某些禽病在流行、症状和病理等方面出现非典型变化，发生非典型感染和发病，使某些原有的旧病以新的面貌出现，如目前发生的非典型新城疫即是一个明显的例证。另一方面，有些病原的毒力出现增强，虽然经过免疫接种，仍常出现免疫失败，如传染性法氏囊病病毒和马立克病病毒都有超强毒株的报道。

3. 细菌病和寄生虫病危害加大　随着养禽业规模不断扩大，环境污染更加严重，导致鸡大肠杆菌病、沙门菌病、葡萄球菌病、绿脓杆菌病等细菌性疫病及鸡球虫病和鸡住白细胞原虫病等寄生虫病不断增多。有些病原广泛存在于养禽环境中，通过多种途径传播，这些环境性病原微生物已成为养禽场的常在菌。另外，传染性法氏囊病、鸡传染性贫血等免疫抑制病未能有效控制，使鸡的免疫功能及抵抗力下降，极易引起细菌性疾病的发生。同时，养殖场滥用抗菌药物也使一些常见的细菌产生强的耐药性，诸多药物都难以起效。此外，一些条件性传染病已变为非条件性传染病，近年来日趋普遍，危害也日趋严重。

4. 混合感染和综合征使疾病更为复杂　在生产实际中常见到很多病例是由两种或两种以上病原并发感染、继发感染和混合感染，特别是一些条件性、环境性病原微生物所致的疾病，有两种及两种以上的病毒病同时发生，或病毒病与细菌病同时发生，或两种细菌病同时发生，或细菌病与寄生虫病同时发生。这些多病原的混合感染给诊断和防治工作带来很大困难，要求诊断工作必须分清主次，需将现场诊断与实验室检验结合并综合分析，才能做出正确判断，采取针对性的防治措施，以便及时控制疫病，减少经济损失。

5. 营养代谢性疾病和中毒性疾病增多　营养代谢性疾病与中毒性疾病的发病率日渐上升，危害日趋严重，主要是各种矿物质、微量元素、维生素缺乏症，以及饲料霉变、重金属超标及药物中毒等。在规模化养禽条件下，饲料配制不当或储存过久、营养损失，常易引起某些维生素和微量元素缺乏症。饲料及饮水受霉菌毒素等污染易引起中毒性疾病，某些药物长期大量给药亦易引起积蓄性中毒。这些营养代谢性疾病和中毒性疾病的发生日益突出，给养禽业造成一定的经济损失，应该重视这一类疾病的预防和诊断。

二、禽病发生的原因

1. 新发或再发病毒性疾病不断出现　随着养禽业的快速发展，家禽病毒性疾病的种类不断增多；加上疫苗的广泛使用，病毒发生变异，毒力也在发生变化，逐渐进化出发病更急、死亡率更高、传染性更强的毒株，它们甚至能在不同物种之间传播，更严重的是有一些高致病性的病毒还具有人畜共患特征。由于病毒病容易破坏动物机体的免疫系统，进而导致各种细菌、病毒的继发感染。

2. 细菌性疾病增多和耐药体不断产生　近年来养禽场细菌性疾病不断增多，危害严重，究其原因除了饲养管理不当、环境卫生差外，更重要的是与养禽户滥用抗菌药物关系极大。另外，有些饲料厂长期使用抗菌药物作饲料添加剂，加重了细菌抗药性的产生。长期使用抗生素会使畜禽的免疫力大为削弱。由于畜禽免疫能力的削弱，细菌抗药性的产生及新病原体的出现，致使某些疾病的治疗缺乏有效药物。

3. 缺乏综合性的兽医卫生措施　养殖场往往把疫苗当作防控疫病的唯一手段，不重视禽场、禽舍、禽体等消毒和生物安全防控。其实，消毒工作在某种场合下，比接种疫苗更加重要。

在饲养管理条件差、环境恶劣的养殖场，如果出现应激因素，就会严重扰乱家禽的生理功能，大大降低家禽的免疫力，在外环境病原微生物存在的情况下，非常容易感染和发病。

4. 家禽生理解剖结构特殊 家禽的疫病远比家畜多，这与家禽的特殊生理解剖结构有很大关系。家禽的胸腔与腹腔之间没有横膈膜隔开，故胸腔感染容易传到腹腔，腹腔感染也容易传到胸腔。家禽的淋巴系统发育不完善，只有散在淋巴组织，没有哺乳动物那样完善的淋巴结，故家禽的淋巴屏障功能较差，病原体容易进入体内，并易在体内扩散。家禽的生殖孔与排泄孔都开口于泄殖腔，产生的蛋容易被粪便（含有病原体）污染。家禽没有胎盘的屏障作用，禽蛋形成过程中，体内的病原体容易进入蛋中。

三、禽病发生、发展的基本规律

家禽传染病的发生、发展需经过潜伏期、前驱期、症状明显期和转归期四个阶段。传染病在畜禽中蔓延流行，必须具备传染源、传播途径及易感动物三个基本条件。传染病的流行过程是病原体通过一定的传播途径，不断感染易感宿主的过程。这一过程始终保持着时间和空间的连续性，又受到复杂的自然因素和社会因素的影响。因此，掌握家禽传染病的基本规律有助于我们制定正确的防疫措施，控制传染病的蔓延或流行。

1. 传染病流行的基本条件

（1）传染源：指机体内有病原体寄居、生长、繁殖并能向体外排出的动物和人，包括患病动物、病原携带者。

（2）传播途径：指病原体从传染源排出后，经过一定的方式侵入另一个易感动物所经过的途径。传播方式复杂多样，归纳起来主要包括垂直传播和水平传播，其中水平传播分为直接接触传播和间接接触传播两种。

（3）易感动物：指一群动物作为一个整体对某种传染病容易感染。动物易感性的高低主要是由动物的遗传特征、特异性的免疫状态等因素决定的；外界环境如季节、气候、饲养管理等因素，对动物群的易感性也有一定影响。

2. 传染病流行过程的表现形式

（1）散发：以零星散在的形式发生。各种疫病的发病时间与发病地点并没有明显的关系。主要是沙门菌病等细菌性传染病。

（2）地方流行性：动物发病的数量较多，发病率显著超过散发，但传播的范围不广，常局限于一定的地区，或此病的发生有一定的地区性。如传染性喉气管炎目前主要表现为地方流行性。

（3）流行性：发病数量多，发病率高，流行强度大，传播范围广，可在短时间内传播到几个乡、县甚至省。如新城疫感染主要呈现流行性。

（4）大流行：发病数量很多，流行强度很大，蔓延的范围非常广泛，可传播到全国或几个国家甚至整个大陆，如流行性感冒等。

3. 传染病流行的季节性和周期性

（1）季节性：是指某些传染病在每年的一定季节内出现发病率升高的现象。根据季节性表现程度不同，可分为严格季节性、明显季节性和无明显季节性。严格季节性即某些病仅集中在一年中的某个季节或某些月份，其他季节或月份则无此病发生。明显季节性指有些传染病虽全年均能发生，但某个季节或某个月份的发病数有明显的增多现象。无明显季节性指传染病的发生无明显的季节和月份差别，一年四季都可以发生。出现季节性的原因是由于季节对活的传染媒介的影响，季节对病原体在外界环境中的生存和传播有一定的影响，季节还可影响动物机体的活动和抵抗力。季节性发病率升高是很重要的流行病学特点，掌握季节性发病率升高的原因，有利于更有效地采取防控措施。

（2）周期性：是指某些传染病在一次流行之后，有规律性地经过一定间隔期之后，再次出现发病率上升的现象。处于两次发病高潮中间的一段时期，称为流行的间歇期。某些传染病的发病率呈周期性升降的原因主要取决于发病期间易感动物死亡或淘汰情况，以及其他动物由于康复或隐性感染而获得免疫力，使发病停止流行。但经过一段时间后，由于免疫力逐渐消失，或新的一代出生，或引进外地的易感动物等原因而使畜禽的易感性再度升高，可能引起传染病重新暴发流行。

动物传染病的季节性和周期性是在没有任何因素影响下的一种自然规律现象。如果采取适当的防疫措施和改善饲养管理，就可以改变或制止它的发生。

四、常见的局部病理变化

1. 充血　充血是指小动脉和毛细血管扩张，流入组织器官中的动脉血量增多，而流出的血量正常，导致组织器官中的动脉血量增多的现象。充血的组织器官外观表现为鲜红色，充血的器官稍为增大，温度比正常时稍高，组织器官的功能增强。禽类全身被覆羽毛，所以体表的充血现象不易看到。在尸体剖检时，由于动物死亡后短时间内小动脉收缩，组织器官中的血液被挤压到静脉中去，多数情况下也难看到。有时可见鸡的肠壁和肠系膜血管充血，表现为明显的树枝状和鲜红色。

2. 淤血　淤血是由于小静脉和毛细血管回流受阻，血液淤积在小静脉和毛细血管中，流入正常，流出减少，使组织器官中静脉血含量增多的现象。淤血部位一般色泽暗红或发紫，体积增大，温度比正常时低，组织器官功能降低。淤血在尸体剖检中经常见到，如肝脏、肺脏、肾脏淤血，此时肝脏、肺脏、肾脏的色泽暗红，湿润有光泽，体积肿大，切开后流出大量暗红色血液。鸡患传染性喉气管炎、禽流感、新城疫等疾病时，鸡的全身淤血，表现为鸡冠、肉髯、皮肤、食管黏膜、气管黏膜呈暗红色或紫红色。

3. 出血　血液流出心脏或血管以外称为出血。在多数疾病中发生的出血多表现为点状、斑块状或弥漫性出血，色泽呈红色或暗红色。本色较深的器官出血时不易观察，如肝脏、脾脏和肾脏；本色浅的器官十分明显。虽然出血的外观表现大致相同，但是不同疾病的出血在发生部位、表现形式等方面有所不同。如鸡传染性法氏囊病多表现为腿肌、胸肌、翅肌的条纹状或斑块状出血；鸡传染性贫血也会在腿肌、胸肌等处发生斑块状出血，还会在肝脏、心脏、肠壁、输卵管、肾脏等内脏器官发生斑块状出血，特征性的是趾部皮下发生局灶性出血疱（血肿，或称血管瘤），血疱自行破溃后出血不止；新城疫主要是腺胃乳头的点状出血；禽流感可发生多处出血，如腺胃、心肌、气管黏膜、皮下等处出血，特征是腿部鳞片下出血；传染性喉气管炎主要是喉头和气管黏膜出血；巴氏杆菌病特征是心冠脂肪的点状出血和小肠黏膜弥漫性出血；盲肠球虫主要是盲肠黏膜出血，肠腔内积有大量血液或血凝块；小肠球虫主要是小肠点状出血，盲肠不出血。

4. 贫血　贫血是指单位容积血液内红细胞数或血红蛋白低于正常范围。贫血可分为局部贫血和全身性贫血。家禽的贫血主要是全身性贫血。家禽贫血时主要表现为精神沉郁，行动迟缓，消瘦，冠髯苍白，血液稀薄，红细胞数量减少，血红蛋白含量降低，肌肉苍白，器官体积缩小，红骨髓减少被脂肪组织取代，黄骨髓增多。

5. 水肿　组织液在组织间隙蓄积过多的现象称为水肿。禽类水肿表现为局部皮下、肌间呈淡黄色或灰白色胶冻样浸润，如维生素 E- 硒缺乏时腹下、颈部等部位呈淡黄色或蓝绿色黏液样水肿；当发生传染性法氏囊病时，法氏囊呈淡黄色胶冻样水肿；腹水综合征则表现为腹腔积水，呈无色或灰黄色。

6. 萎缩　萎缩是指发育到正常大小的组织、器官，由于物质代谢障碍导致体积缩小、功能减退的过程。在家禽中常见全身性萎缩，表现为生长发育不良，机体消瘦贫血，羽毛松乱无光，冠髯萎缩、苍白，血液稀薄，全身脂肪耗尽，肌肉苍白、减少，器官体积缩小、重量减轻，肠壁菲薄。局部萎缩常见于马立克病受害肢体肌肉严重萎缩。肾脏萎缩时体积缩小，色泽变淡。

7. 坏死　活体内局部组织或细胞的病理性死亡称为坏死。坏死是疾病中常见的病理变化，由于致病因素和器官组织的特性不同，其表现也有多种类型。禽类的坏死有以下几种形式。

（1）点状坏死：多发生于肝脏、脾脏，如患禽白痢、禽伤寒、禽副伤寒、禽巴氏杆菌病、鸡弯曲杆菌性肝炎等疾病时，病禽肝脏或脾脏发生的点状坏死，多呈灰白色或灰黄色小点状或不规则形状。

（2）灶状坏死：如鸡患盲肠肝炎时，肝脏发生较大的局灶性坏死，坏死灶大小不等，多呈圆形，灰白色或灰黄色，中心凹陷，周边隆起。

（3）脓肿：多发生于皮下，如患巴氏杆菌病时，肉髯、头颈部皮下发生大小不等的球形结节，结节内是灰黄色干涸的无结构的物质，又称干酪样坏死物。与其他动物不同，禽类的化脓性病灶中的脓液不是液态，而是呈干酪样。

（4）溃疡性坏死：多见于消化道黏膜，如口腔、食管、肠道等。在患念珠菌病、支原体病时，口腔、食管及嗉囊黏膜会发生不规则的溃疡并被覆假膜。在患新城疫、鸭瘟、小鹅瘟等疾病时，肠道黏膜发生局灶性溃疡，呈灰黄色或灰绿色，表面被覆干燥假膜，不易剥离，周边稍隆起，周围有出血点。

（5）湿性坏疽：多发生于体表，如患葡萄球菌病时，颈部、腹下、翅下发生紫红色、褐色坏死，坏死部皮肤溃烂，流出褐色液体，羽毛极易脱落。

8. 肿瘤　肿瘤是机体在致病因素作用下，局部组织细胞异常增生形成的新生物，肿瘤具有无限制的和与机体不协调的增生能力。肿瘤细胞多形成肿块或弥散在组织中，肿瘤的大小、形态、颜色、软硬度等差别很大。鸡的肿瘤多呈结节状，大小不等，多呈灰白色，鱼肉状，一般没有坏死现象。如患鸡马立克病和禽白血病时可在全身多种器官组织中形成结节状的肿瘤，但是有时可能看不到明显的结节，而是肿瘤细胞弥散在组织中，使整个器官肿大，色泽变淡。

第二章　禽病常用诊治技术

一、病情调查

一旦发生疾病，技术人员应和一线饲养员密切配合，了解饲养管理各个环节的具体细节，如禽群的基本情况、发病日龄、病程、发病率、死亡率、临床症状、诊断史、治疗史（用药名称、用量、用法、疗程）、免疫接种情况（疫苗名称、日龄、剂量、途径等）、饲料、饮水、季节、喂何种饲料、发病前后是否换料等。全面了解和掌握疫病或疾病状况，以便及时确诊，采取对应措施，减少因疾病或者疫病导致的经济损失。

1. 发病时间调查　询问家禽何时生病、病程几天，如果发病突然，病程短急，可能是急性传染病或中毒性疾病；如果发病时间较长，则可能是慢性病。再如，禽群发病日龄不同，可提示不同疾病的发生：各种日龄的家禽均发病，且发病率和死亡率都较高，可能是新城疫、禽流感、鸭瘟及中毒病；1 月龄内雏禽大批发病死亡，可能是沙门菌病、大肠杆菌病、传染性法氏囊病、肾型传染性支气管炎等，如果伴有严重呼吸道症状可能是传染性支气管炎、慢性呼吸道病、新城疫、禽流感等；若雏鸭大批死亡，多为鸭病毒性肝炎、沙门菌感染；成年鸭大批发病多为鸭瘟、禽流感、禽霍乱或鸭传染性浆膜炎等；若雏鹅大批发病，多为小鹅瘟、球虫病、副黏病毒感染；成鹅大批发病，多为大肠杆菌引起的卵黄性腹膜炎、禽流感或霍乱等。

2. 生产性能　对肉禽只需了解其生长速度、增重情况及均匀度，对产蛋禽应观察产蛋率、蛋重、蛋壳质量、蛋壳颜色及禽蛋形状。

3. 发病数量　病禽数量少或零星发病，可能是慢性病或普通病；病禽数量多或同时发病，可能是传染病或中毒性疾病。

4. 生产记录　生产记录包括饮水、采食量、死亡数和淘汰数，1 月龄的育成率，肉鸡的出栏成活率、平均体重、肉料比，蛋鸡的育成率、体重、均匀度及与标准曲线的比较，母禽开产周龄、产蛋率、蛋重及与标准曲线的比较等。

5. 饲养管理情况　发病前后采食、饮水情况，禽舍内通风及卫生状况等是否良好。如饲养方式是平养、离地网养还是笼养，平养垫料是否潮湿，如何供料、供水，粪便、垫料如何清理等。饮水的来源和卫生情况，水源是否充足，水线是否清洁。育雏是采用多层笼养还是单层平养，是地下保温还是地上保温，热源来源（天然气、煤炭或木柴等），种苗来源，运输过程中是否有失误，何时饮水和开食，何时断喙。种鸡采用哪种产蛋箱，卫生状况如何，集蛋方法及次数，种蛋的保存温度、湿度，是否消毒，种蛋的大小、形状，蛋壳颜色、光滑度，有无畸形蛋，蛋白、蛋黄和气室是否有异常等。孵化房的位置，孵化房内温度和湿度是否恒定，孵化机的种类和性能如何，孵化记录，受精率，入孵蛋及受精蛋的孵化率，啄壳和出壳的时间，1 日龄幼雏的合格率等。

6. 用药情况　本场曾使用过何种药物、使用剂量和用药时间，用药途径是逐只喂药还是群体投药，是经饮水、拌料给药还是注射给药，用药效果如何，过去是否曾使用过类似的药物，过去使用该种药物时，禽群是否有不正常的反应。

7. 流行病学调查　对怀疑是传染性疾病的，除进行一般调查外，还要进行流行病学调查，包括现有症状，既往病史，疫情调查，平时防疫措施落实情况等。具体如下：

（1）本次发病家禽的种类，群（栏舍）数，主要症状及病理变化，做过何种诊断和治疗，效果如何。

（2）了解既往病史，曾发生过何种疾病，有无类似疾病发生，其经过及结果如何等，由何部门做过何种诊断，采用过什么防治措施，效果如何，借以分析本次发病和过去发病的关系。如过去发生大肠杆菌病、新城疫而未对禽舍进行彻底的消毒，禽也未进行预防注射，可考虑旧病复发。

（3）调查附近家禽养殖场的疫情，看附近家禽场（户）是否有与本场相似的疫情，若有，可考虑空气传播性传染病，如新城疫、禽流感、鸡传染性支气管炎等。若禽场饲养有两种以上禽类，单一禽种发病，则提示为该禽的特有传染病；若所有家禽都发病，则提示为家禽共患的传染病，如霍乱、禽流感等。

（4）调查引种情况，有许多疾病是引进种禽（蛋）传播的，如鸡白痢、霉形体病、禽脑脊髓炎等。引种情况调查可为本地区疫病的诊断提供线索，若新进带菌、带病毒的种禽与本地禽群混合饲养，常引起新的传染病暴发。

（5）平时的防疫措施落实情况，了解禽群发病前后采用何种免疫程序、免疫方式和疫苗种类。按计划应接种的疫苗种类和时间，实际完成情况，是否有漏免。疫苗的来源、厂家、批号、有效期及外观质量如何。疫苗在转运和保存过程中是否有失误，疫苗的选择是否合适。疫苗稀释量、稀释液种类及稀释方法是否正确，稀释后在多长时间内用完。采用哪种接种途径，是否有漏接或错接，免疫效果如何，是否进行免疫监测，有什么原因可引起免疫失败等。这可获得许多对诊断有帮助的第一手资料，利于做出正确诊断。

8. 饲料情况调查　饲料是自配还是从饲料厂购进，质量如何；饲料是否有霉变结块，是否存在霉菌毒素超标等。对怀疑营养缺乏的禽群要进行饲料检查，重点检查饲料中能量、粗蛋白、钙、磷等情况，必要时对各种维生素、微量元素和氨基酸等进行成分分析。

9. 中毒情况调查　若饲喂后短时间内大批发病，个体大的禽发病早、死亡率高，个体小的禽发病晚、死亡率低，可怀疑是中毒性疾病。要对禽群用药进行调查，了解用何种药物，药物用量，药物使用时间和方法，是否有投毒可能，舍内是否有煤气，饲料是否发霉，水源是否被污染等。对于放牧禽群，应了解牧地是否放养过患病的禽群，是否施过农药等。

10. 养禽场的地理位置与布局 附近是否有养禽场、畜禽加工厂或市场，是否易受冷空气和热应激的影响，排水系统如何，是否容易积水等。场内各建筑物的布局是否合理，包括育雏区、种禽区、孵化房、对外服务部的位置及彼此间的距离，开放式或密闭式禽舍如何通风、保温和降温，卫生状况如何，采用何种照明方式。

二、临床检查

临床检查是在对病情调查的基础上利用人的感官对病禽进行的检查。对禽群的临床检查包括群体检查和个体检查。

1. 群体检查 群体检查的目的是了解禽群的基本状况和禽群的动态。检查群体主要观察禽群精神状态、运动状态、采食、饮水、粪便、呼吸及生产性能等。禽类是相对敏感的动物，在进入禽舍后，可轻敲铁桶等物品发出突然响声，此时如全群精神状况良好，则所有禽会停止采食、饮水和走动，凝视片刻，而病禽则对声响毫无反应，闭目昏睡。观察无反应或反应迟钝的病禽占多大比例，即可粗略了解疾病的严重程度。也可以拿一根小棍子，在禽舍内边走边慢慢驱赶禽，健康的禽在你靠近之前早已走得远远的，而病禽则行动笨拙或根本无反应。还可以在早晨添加饲料和饮水时观察禽群的状况，健康的禽群在添加饲料时都会挤到食槽边争食饲料，而病禽则对饲料毫无兴趣，呆立不动或啄食一下，停很久再啄一下。在了解禽群大体状况后，还要对禽群做进一步仔细的观察，看看是否有异常。

（1）精神状态。

1）正常状态：反应敏感，听觉敏锐，眼圆睁有神。稍有刺激时，家禽都会头部高抬，来回观察周围动静；严重刺激时会引起惊群、压堆、乱飞、乱跑、鸣叫。

2）病理状态：家禽患病时首先表现精神状态变化，会出现精神兴奋，或精神沉郁和嗜睡。

精神兴奋：轻微刺激或没有刺激但禽群表现强烈的反应，引起惊群、乱飞、鸣叫，多为药物中毒、维生素缺乏等。

精神沉郁：对外界刺激反应轻微，甚至无反应，表现离群呆立、头颈蜷缩、两眼半闭、行动呆滞等。许多疾病均会引起精神沉郁，如雏鸡沙门菌病、霍乱、传染性法氏囊病、新城疫、禽流感、肾型传染性支气管炎、球虫病等。

嗜睡：重度的萎靡、闭眼似睡、站立不动或卧地不起，给以强烈刺激才引起轻微反应甚至无反应，可见于许多疾病后期，往往愈后不良。

（2）运动状态。

1）正常状态：家禽行动敏捷活动自如，休息时往往两肢弯曲卧地，起卧自如，有一点刺激马上站立活动。

2）病理状态：表现有以下多种症状。

跛行：多见钙磷比例不当、维生素 D_3 缺乏、痛风、病毒性关节炎、滑液囊支原体病、中毒。雏鸡跛行多见于新城疫、禽脑脊髓炎、维生素 E- 亚硒酸钠缺乏；肉仔鸡跛行多见于大肠杆菌、葡萄球菌、绿脓杆菌感染；刚接回雏鸡出现瘫痪多见于鸡腿部受寒或禽脑脊髓炎等。

劈叉：青年鸡一腿伸向前，一腿伸向后，形成劈叉姿势或两翅下垂，多见于神经型马立克病，雏鸡出现劈叉多为肉仔鸡腿病。

观星状：鸡的头部向后极度弯曲形成"观星状"姿势，兴奋时更为明显，多见于维生素 B_1 缺乏。

扭头：头部扭曲，在受惊吓后表现更为明显，多见于新城疫后遗症。

偏瘫：雏鸡偏瘫在一侧，两肢后伸，头部出现震颤，多见于禽脑脊髓炎。

肘部外翻：运动时肘部外翻，关节变短、变粗，临床多见于锰缺乏。

趾曲内侧：两肢趾弯曲、蜷缩、曲于内侧，以肢关节着地，并展翅维持平衡，多见于维生素 B_2 缺乏。

两腿后伸：早上起来发现产蛋鸡两腿向后伸直，出现瘫痪，不能直立，个别鸡于舍外运动后恢复，多为笼养鸡产蛋疲劳症。

犬坐姿势：呼吸困难时往往表现犬坐姿势，头部高抬，张口呼吸，跖部着地。雏鸡多见于曲霉菌感染、肺型白痢；成鸡多见于传染性喉气管炎、白喉型鸡痘等。

企鹅状姿势：腹部明显增大，抚摸柔软，运动时左右摇摆像企鹅一样运动。肉鸡多见于腹水综合征；蛋鸡多见于右侧输卵管发育，或者早期鸡传染性支气管炎病毒并有右侧输卵管发育，这些"大裆鸡"腹腔囊肿，黏液多，能分离出鸭源鸡杆菌，或大肠杆菌引起的严重输卵管炎（输卵管内有大量干酪样物）。

强迫采食：家禽出现头颈部不自主地盲目点地，像采食一样，多见于强毒新城疫、球虫病、坏死性肠炎等。

蹼尖点地：水禽运动时蹼尖着地，头部高昂，尾部下压，多见于葡萄球菌感染。

角弓反张：雏鸭若出现全身抽搐，向一侧仰脖，头弯向背部，两腿阵发性向后踢蹬，有时在地上旋转，多为鸭病毒性肝炎。

颈部麻痹：头颈部向前伸直，平铺于地面，不能抬起，又称软颈病，同时出现腿翅麻痹，多见于鸭肉毒素中毒病。

转圈运动：雏鹅在暴饮后 30 分钟左右出现共济失调，两腿急步呈直线前进或后退，或转圈运动，多为雏鹅水中毒病。

（3）采食状态。

1）正常状态：采食量相对较大，特别是笼养产蛋鸡加料后 1 ～ 2 小时可将食物吃光。根据每天饲料记录就能准确掌握摄食增减情况，也可以观察鸡的嗉囊大小、料槽内剩余料的多少和采食时鸡的状态等来判断采食情况。如舍内温度较高，采食量会减少；舍内温度偏低，则采食量会增加。采食量变化是反映禽病最敏感的一个症状，能最早反映禽群健康状况。

2）病理状态：采食病理状态表现为采食量减少、采食量废绝或采食量增加。

采食量减少：加料后，采食不积极，食几口后退缩到一侧，料槽余量过多。

采食量废绝：多见于禽病后期，往往预后不良。

采食量增加：多见于食盐过量，饲料能量偏低；或在疾病恢复过程中采食量会不断增加，这反映疾病好转。

（4）粪便观察。

1）正常状态：正常情况下鸡的粪便像海螺一样，下面大、上面小，呈螺旋状，上面有一点白色的尿酸盐颜色，多表现为棕褐色；家禽有发达的盲肠，早晨排稀软糊状的棕色粪便；刚出壳小鸡尚未采食，排出胎便为白色或深绿色稀薄的液体。

2）影响粪便的因素有以下几种。

温度：家禽粪道和尿道相连于泄殖腔，粪尿同时排出，家禽又无汗腺，体表覆盖大量羽毛。因此室温增高，家禽粪便变得相对较稀，特别是夏季会引起水样腹泻；温度偏低，粪便变稠。

饲料原料：若饲料中加入杂饼杂粕（如菜籽粕）、发酵抗生素与药渣会使粪便发黑；若饲料中加入白玉米和小麦会使粪便颜色变浅变淡。

药物：若饲料中加入腐殖酸钠会使粪便变黑。

3）粪便检查：应注意粪便颜色、性质和粪便内的异物等情况。

粪便颜色：粪便稀而发白，如石灰水样，在泄殖腔下羽毛被尿酸盐污染呈石灰水渣样，临床多见于痛风、雏鸡白痢、钙磷比例不当、维生素 D 缺乏、传染性法氏囊病、肾型传染性支气管炎等。

鲜血便：粪便呈鲜红色血液状流出，临床多见于盲肠球虫病、啄伤。

绿色黏稠恶臭便：粪便呈现黑绿色，是由于胆汁和肠道脱落的组织细胞相混而成，多见于禽霍乱、新城疫、传染性喉气管炎、伤寒和慢性消耗性疾病（马立克病、淋巴白血病、大肠杆菌病引起输卵管内有大量干酪样物）。另外，当禽舍通风不好时，环境中的氨气含量过高，粪便亦呈绿色。

粪便发黑：呈煤焦油状，多见于小肠球虫病、肌胃糜烂、出血性肠炎。

黄绿便：呈黄绿色，带黏液，多见于坏死性肠炎、禽流感等。

西瓜瓤样便：粪便内带有黏液，色红，有时似西红柿酱色，临床多见于小肠球虫病、出血性肠炎或肠毒综合征。

带血丝：粪便上带有鲜红色血丝，临床多见于家禽前殖吸虫病或啄伤。

颜色变浅：比正常颜色变浅变淡，临床多见于肝脏疾病，如盲肠肝炎、包涵体肝炎等。

粪便性质变化：水样稀便，临床多见于食盐中毒、卡他性肠炎；粪便中有大量未消化的饲料，又称料粪，粪酸臭，临床多见于消化不良、肠毒综合征。

粪便中带有黏液：粪便中带有大量脱落的上皮组织和黏液，粪便腥臭，临床多见于坏死性肠炎、禽流感、热应激等。

粪便异物：粪便中有蛋清样分泌物，雏鸡多见于传染性法氏囊病，成鸡多见于输卵管炎、禽流感等；粪便中带有黄色纤维素性干酪样物结块，临床多见于因大肠杆菌感染而引起的输卵管炎症；粪便中带有白色米粒大小结节，临床多见于绦虫病；粪便中有泡沫，临床多见于雏鸡受寒或加葡萄糖过量或用时间过长引起。

粪便中有假膜：粪便中带有纤维素性脱落肠段样假膜，临床多见于堆式球虫、坏死性肠炎、鸭瘟等。

粪便中带有大线虫：多见于线虫病。

（5）呼吸系统。

1）正常状态：正常情况下，每分钟呼吸次数鸡为 22 ～ 30 次，鸭为 15 ～ 18 次，鹅为 9 ～ 10 次，鸡的呼吸次数主要通过观察泄殖腔下侧的腹部及肛门的收缩和外突来计算的。由于禽类疾病中，呼吸系统疾病占 70% 左右，许多传染病均会引起呼吸道症状，因此呼吸系统检查意义重大。

2）呼吸系统检查：主要通过视诊、听诊来完成。视诊主要观察呼吸频率、张嘴呼吸次数、是否甩血样黏条等。听诊主要听群体中呼吸道是否有杂音，最好在夜间熄灯后慢慢进入鸡舍进行听诊。

3）病理状态表现有以下几类。

张嘴伸颈呼吸：表现呼吸困难，多由呼吸道狭窄引起，多见于传染性喉气管炎、白喉型鸡痘，雏鸡多见于肺型白痢或霉菌感染；热应激时禽类也会出现张嘴呼吸，应注意区别。

甩血样黏条：在走道、笼具、食槽等处发现有带黏液血条，多见于传染性喉气管炎。

甩鼻音：多见于传染性鼻炎、支原体感染、传染性支气管炎、传染性喉气管炎、新城疫、禽流感、曲霉菌病等。

怪叫音：当家禽喉头部气管内有异物时会发出怪音，多见于传染性喉气管炎、白喉型鸡痘等。

（6）生长发育及生产性能。肉仔鸡、育成鸡主要观察生长速度、发育情况及禽群整齐度。若禽群生长速度正常，发育良好，整齐度基本一致，突然发病，临床多见于急性传染病或中毒性疾病；若禽群发育差，生长慢，整齐度差，临床多见于慢性消耗性疾病、营养缺乏症或抵抗力差而继发其他疾病。

蛋鸡和种鸡主要观察产蛋率、蛋重、蛋壳质量、蛋品内部质量变化。

产蛋率下降，引起产蛋率下降的疾病很多，如鸡减蛋综合征、禽脑脊髓炎、新城疫、禽流感、传染性支气管炎、传染性喉气管炎、大肠杆菌感染、沙门菌感染等。

小蛋增多，多见于输卵管炎、禽流感等。

薄壳蛋、软壳蛋增多，多见于钙磷缺乏或比例不当、维生素D缺乏症、禽流感、传染性支气管炎、传染性喉气管炎、输卵管炎等。

蛋壳颜色出现变化，褐壳蛋鸡若出现白壳蛋增多，多见于钙磷比例不当、维生素 D 缺乏、禽流感、传染性支气管炎、传染性喉气管炎、新城疫等。

蛋清稀薄如水，多见于传染性支气管炎等。

2. 个体检查 动态情况下寻求个别特殊的禽，检查外观、羽毛、可视黏膜（天然孔附近）、皮肤、关节、眼、鼻、泄殖腔、呼吸音等。对有病禽群的个体有两种检测方式，一种是对一定数量的病禽逐只进行检查；另一种是随机拦截一小群逐只进行检查，分别记录检查结果，然后统计有某种症状病禽的总数和所占比例，这对疾病的初步诊断很有好处。

（1）体温检查：体温变化是家禽发病的标志之一，可通过手触摸禽体或用体温计来检查。正常鸡体温 41.5 ℃（40 ~ 42 ℃）、鸭 41 ~ 43 ℃、鹅 40 ~ 41 ℃。

体温升高，有热源性刺激物作用时，体温中枢神经功能发生紊乱，产热和散热的平衡受到破坏，产热增多，散热减少而使体温升高，并出现全身症状称发热。许多传染性疾病会引起禽发热，如禽霍乱、沙门菌感染、新城疫、禽流感等。

体温下降，禽体散热过多而产热不足，导致体温在正常温度以下称体温下降。多见于营养不良、营养缺乏、中毒性疾病和濒死期禽。

（2）冠髯检查：正常状态下冠和肉垂鲜红色，湿润有光泽，用手触诊有温热感觉。

肿胀，多见于禽霍乱、禽流感、严重大肠杆菌感染和颈部皮下注射疫苗。

苍白，若不萎缩而单纯性出现苍白，多见于白冠病、小鸡球虫病、弧菌性肝炎、啄伤等。

冠萎缩、颜色发黄，多见于消耗性疾病，如马立克病、淋巴白血病、因大肠杆菌感染引起的输卵管炎或其他病感染而引起的卵泡萎缩等。

发绀、暗红色，多见于新城疫、禽霍乱、呼吸系统疾病等；蓝紫色，多见于 H5 亚型禽流感；发黑者，多见于盲肠球虫病（又称黑头病）。

有皮屑、无光泽，多见于营养不良、维生素 A 缺乏症、真菌感染和外寄生虫病。

有痘斑，多见于禽痘。

有小米粒大小梭状出血和坏死，多见于卡白细胞原虫病。

（3）鼻腔检查：检查鼻腔时，检查者用左手固定家禽的头部，先看两鼻腔周围是否清洁，然后用右手拇指和食指用力挤压两鼻孔，观察鼻孔有无鼻液或异物。健康家禽鼻孔无鼻液。值得注意的是，凡伴有鼻液的呼吸道疾病一般可发生不同程度的眶下窦炎，表现为眶下窦肿胀。透明无色的浆液性鼻液多见于卡他性鼻炎。黄绿色或黄色半黏液状鼻液，黏稠，灰黄色、暗褐色或混有血液的鼻液，混有坏死组织、伴有恶臭的鼻液多见于传染性鼻炎。鼻液量较多常见于鸡传染性鼻炎、禽霍乱、禽流感、鸭瘟等。少量鼻液可见于新城疫、传染性支气管炎、传染性喉气管炎、鸭衣原体病等。挤出黄色干酪样渗出物多见于维生素 A 缺乏症。鼻腔内有痘斑多见于禽痘。

（4）眼部检查：正常情况下，两眼有神，特别是两眼圆睁，瞳孔对光线刺激敏感，结膜潮红，角膜白色。在检查眼时注意观察角膜颜色、有无出血和水肿、角膜完整性和透明度、瞳孔情况和眼内分泌物情况。

眼半睁半闭，眼部变成条状，多见于传染性喉气管炎，环境中氨气、甲醛浓度过高。

眼部出现流泪，严重时眼下羽毛被污染，多见于传染性鼻炎、传染性喉气管炎、鸡痘、支原体感染，以及环境中氨气、甲醛浓度过高。

眼角膜充血、水肿、出血，多见于结膜炎、眼型鸡痘、禽曲霉菌病、禽大肠杆菌感染、支原体感染等。另外，当环境中尘土过多也可以引起眼角膜充血、水肿、出血，应注意区别。

眼部出现肿胀，严重时上下眼睑结合在一起，内积大量黄色豆腐渣样干酪物，多见于传染性眼炎、支原体感染、黏膜型鸡痘、维生素 A 缺乏症，肉仔鸡大肠杆菌、葡萄球菌、绿脓杆菌感染等。

眼角膜发红，多见于大肠杆菌感染。

角膜混浊、严重形成白斑和溃疡，多见于眼型马立克病。

结膜形成痘斑，多见于黏膜型鸡痘。

（5）脸部检查：正常情况家禽脸部红润，有光泽，特别是产蛋鸡更明显。脸部检查注意脸部颜色、是否出现肿胀和脸部皮屑情况。

脸部出现肿胀，若用手触诊脸部出现发热，有波动感，多见于禽霍乱、传染性喉气管炎。触诊无波动感，多见于支原体感染、禽流感、大肠杆菌感染。

若两个眶下窦肿胀，多见于窦炎、支原体感染等。

脸部有大量皮屑，多见于维生素 A 缺乏症、营养不良和慢性消耗病。

脸部单侧肿胀、可挤出液体，多见于支原体感染。

脸部肿胀呈蓝紫色，多见于禽流感。

除面颊肿胀以外，头部皮下变硬，多见于肿头综合征。

（6）口腔检查：用左手固定头部，右手大拇指向下扳开下喙，并按压舌头，然后左手中指从下颚间隙后方将喉头向上轻压，观察口腔。正常情况下家禽口腔内湿润有少量液体，有温热感。口腔检查时注意上颚裂、舌、口腔黏膜及食管喉头、器官等变化。

口腔黏膜上形成一层白色假膜，多见于念珠菌病。

口腔黏膜出现溃疡，口腔及食管乳头变大，融合形成溃疡，多见于维生素 A 缺乏症。

上颚颚裂处形成干酪样物，多见于支原体感染、黏膜型鸡痘。

口腔内积有大量酸臭绿色液体，多见于新城疫、嗉囊炎和反流性胃炎。

口腔积有大量黏液，多见于禽流感、大肠杆菌感染、禽霍乱等。

口腔积有泡沫液体，多见于呼吸系统疾病。

口腔积有血样黏条，多见于传染性喉气管炎。

口腔积有稀薄血液，多见于卡氏白细胞原虫病、肺出血、弧菌性肝炎等。

喉头出现水肿出血，多见于传染性喉气管炎、新城疫、禽流感等。

喉头被黄色干酪样物栓子阻塞，多见于传染性喉气管炎后期。

喉头、气管上形成斑痘，多见于黏膜型鸡痘。

气管内有黄色块状或凝乳状干酪样物，多见于支原体感染、传染性支气管炎、新城疫、禽流感等。

舌尖发黑，多见于药物引起或循环障碍性疾病。

舌根部出现坏死，反复出现吞咽动作，多见于家禽食长草或被绳头缠绕，使舌部出现坏死。

鸭喙出现变形，上喙变短变形，多见于鸭光过敏和药物过敏。

（7）嗉囊检查：嗉囊位于食管颈段和胸段交界处，在锁骨前形成一个膨大盲囊，呈球形，弹性很强。鸡、火鸡的嗉囊比较发达。常用视诊和触诊的方法检查嗉囊。

软嗉，体积膨大，触诊发软、有波动感，如将禽的头部倒垂，同时按压嗉囊可由口腔流出液体并有酸败味，临床常见于某些传染病、中毒病；火鸡患新城疫时，嗉囊内有大量黏稠液体。

硬嗉，当禽缺乏运动、饮水不足，或喂单一干料，常发生硬嗉，按压时呈面团状。

垂嗉，嗉囊逐渐增大，总不空虚，内容物发酵有酸味，临床多见于饲喂大量粗饲料而引起。

嗉囊破溃，多见于误食石灰或火碱引起。

嗉囊壁增厚，多见于念珠菌病。

（8）皮肤及羽毛检查：正常情况下，成年家禽羽毛整齐光滑、发亮、排列匀称，刚出壳雏禽有纤维性的绒毛，皮肤因品种、颜色不同而有差异。

皮肤上形成肿瘤，多见于皮肤型马立克病。

皮肤形成溃疡，毛易脱落，皮下出血，多见于葡萄球菌感染。

皮下出现白色胶样渗出，多见于维生素 E- 亚硒酸钠缺乏症。

皮下出现绿色胶样渗出，多见于绿脓杆菌感染。

脐部愈合差，发黑，腹部较硬，多见于沙门菌、大肠杆菌、葡萄球菌、绿脓杆菌感染引起的脐炎。

羽毛无光泽，容易脱落，多见于维生素 A 缺乏症、营养不良、慢性消耗病或外寄生虫病。

皮下形成脓肿，严重时破溃、流脓，多见于外伤或注射疫苗感染而引起。

皮下形成气肿，严重时禽类像吹过的气球一样，多见于外伤引起气囊破裂进入皮下引起。

（9）胸部检查：正常情况下胸部平直，胸部肌肉附着良好，因经济作用不一样，肌肉有差异。肉鸡胸肌发达，蛋禽胸部肌肉适中，肋骨隆起。在临床检查中注意胸骨平直情况、两侧肌肉发育情况以及是否出现囊肿等。

胸骨出现弯曲，肋骨（软骨部分）出现凹陷，多见于钙、磷、维生素 D 缺乏，钙、磷比例不当，氟中毒等。

胸骨部分出现囊肿，多见于肉种鸡、仔鸡运动不足或垫料太硬。

胸骨呈刀脊状，多见于一些慢性消耗性疾病，如马立克病、淋巴结白血病、大肠杆菌感染引起的腹膜炎、输卵管炎。

（10）腹部检查：正常情况下家禽腹部大小适中，相对比较丰满，特别是产蛋鸡、肉鸡，用手触诊温暖柔软而有弹性，在腹部两侧后下方可触及肝脏后缘，腹部下方可触及较硬的肌胃（产蛋鸡的肌胃，注意不应与鸡蛋相混淆）。对鸭、鹅需要用手触摸，可感到肌胃在手掌内滚动，按压有韧性。在临床过程中应该注意观察腹部的大小、弹性、波动感等。

腹部容积变小，多见于家禽采食量下降和产蛋鸡的停产，或者早期感染鸡传染性支气管炎病毒并有右侧输卵管发育，发育的右输卵管囊肿，内有大量透明液体，有时聚集大量蛋黄。

若雏禽腹部较大，用手触摸较硬，多见于由大肠杆菌、沙门菌感染或早期温度过低引起卵黄吸收差所致。

腹部变硬，触诊感觉很厚，多见于鸡过肥、腹部脂肪过多聚集而引起。

若肉鸡腹部触诊较硬，多见于大肠杆菌感染。

产蛋鸡瘦弱，胸骨呈刀背状，腹部较硬且大，多见于大肠杆菌、沙门菌感染而引起的输卵管内积有大量干酪样物所致。

腹部感觉有软硬不均的小块状物体，触诊有痛感，腹腔穿刺有黄色或灰色带有腥臭味混浊的液体，多提示为卵黄性腹膜炎。

肝脏肿胀至耻骨前沿，多见于淋巴白血病。

（11）泄殖腔检查：正常情况下，泄殖腔周围羽毛清洁，高产蛋鸡肛门呈椭圆形、湿润、松弛。检查时检查者用左手抓住鸡的两腿把鸡倒悬起来使肛门朝上，用右手拇指和食指翻开肛门，观察肛道黏膜的色泽、完整性、紧张度、湿度和有无异物等。

肛门周围发红肿胀并形成一种有韧性、黄白色干酪样假膜，将假膜剥离后，留下粗糙的出血面，临床常见于慢性泄殖腔炎（也称肛门淋）或鸭瘟。

肛门肿胀，周围覆盖有多量黏液状灰白色分泌物，其中有少量的石灰质，常见于母鸡前殖吸虫病、大肠杆菌感染等。

肛门明显突出，甚至肛门外翻并且充血、肿胀、发红或发紫，为高产母鸡或难产母鸡不断努责引起的脱肛症。

泄殖腔黏膜发生出血、坏死，常见于外伤、新城疫及鸭瘟。

3. 某些常见症状提示的禽病　在临床检查时，应不断地将已发现的症状与能出现这一症状的禽病联系起来，一种疾病的好几种症状都在病鸡中出现时，就预示有可能发生这种疾病。

一般情况下，常会有几种病的主要症状都出现在被检查的禽群中，此时就有必要做进一步鉴别诊断。其中，与典型症状最相符的疾病就比较接近我们的诊断结果。对于具体的病理剖检变化所示疾病见病理剖检部分。

三、病理剖检

病理解剖应有一定的数量，一般应解剖5～10只病死鸡，必要时也可选择一些处于不同病程的病鸡进行解剖，然后对病理变化进行统计、分析和比较。大体解剖：肉眼诊断在临床上特别重要，往往可以发现诊断依据。显微或组织切片检查：例如大肠杆菌感染、禽出血性败血症可通过显微镜观察到较为特征性的细菌；脑脊髓炎病鸡大体上少有可见病变，但通过组织切片检查可观察到包涵体。体表检查：在未剖开死鸡前先检查其外观，冠、肉髯和面部是否有痘斑或皮疹，口、鼻、眼有无分泌物，泄殖腔是否有粪污或被白色粪便所阻塞，脚部皮肤是否粗糙，脚底是否有瘤等，继而将被检禽放在搪瓷盘上，此时应注意腹部皮下颜色，维生素E-硒缺乏时皮下呈紫蓝色，死亡过久腐败导致腹部皮肤呈绿色，应注意区别。

1. 剖检顺序及观察内容 先用消毒药水将羽毛浸湿，将腹壁连接两侧腿部的皮肤剪开，用剪刀继续向前剪至胸部，另在泄殖孔腹侧作一横的切线，使之与腹部两侧切线相连接，用手在泄殖孔腹侧切口处将皮肤拉起，用力向上向前拉，使胸腹部皮肤与肌肉完全分离。此时可检查皮下是否有出血、胸部肌肉的黏度、肌纤维颜色、是否有出血点或坏死斑点等。在泄殖腔腹侧将腹壁横向剪开，再沿肋软骨交接处向前剪，然后一只手压住鸡腿，另一只手握住龙骨后缘向上拉，使整个胸骨向前翻转，露出胸腔和腹腔。此时应先看气囊膜有无混浊、增厚或被覆渗出物等；其次注意胸、腹腔内的液体是否增多，体腔内的器官表面是否有胶冻样或干酪样渗出物等。剪开心包囊，注意心包囊是否混浊或有纤维素性渗出物黏附，心包液是否增多，心包囊与心外膜是否粘连等；随后顺次将心脏、肝脏摘出，将腺胃和肌胃、胰、脾及肠管一起摘出，再取出肺和肾脏，对上述器官逐一进行仔细的检查。用剪刀将下颌骨剪开并向下剪开食管和嗉囊，另将喉头、气管、气管叉和支气管剪开检查。最后剪开头皮，取出颅顶骨，小心取下大脑和小脑进行检查。

对一些需要做病理组织学检查的病例，可从上述各器官中剪取小块病料待检，取材的刀剪要锋利，用镊子镊住组织器官的一角，用锋利的剪刀剪下一小块，浸入固定液中固定，最常用的组织固定液是10%的福尔马林，然后按需要做切片、染色和镜检。

在进行病理剖检时，既要不断地将已发现的病理变化与可能有这一病理变化的禽病联系起来，还要不断地将病理变化与上述已观察到的主要临床症状联系起来，然后对几种类似的疾病反复进行肯定、否定、进一步肯定、进一步否定的鉴别诊断过程，使疾病初步诊断结果逐渐明朗。

2. 一些解剖变化所提示的可能病症

（1）肌肉组织病理变化：肌肉脱水，无光泽，弹性差，严重者表现为“搓板状”，多见于肾脏疾病引起的盐类代谢紊乱而导致的脱水或严重腹泻等。

肌肉水煮样，颜色发白，表面有水分渗出，肌肉变性，弹性差，像热水煮过一样，临床多见于热应激和坏死性肠炎。

肌肉纤维间形成梭状坏死和出血，小米粒大小，临床多见于卡氏白细胞原虫病。肌肉刷状出血，多见于传染性法氏囊病、磺胺类药物中毒。肌肉上有白色尿酸盐沉积，多见于痛风、肾型传染性支气管炎。肌肉形成黄色纤维素性渗出物，腿肌、腹肌变性，有黄色纤维素性渗出物，多见于严重大肠杆菌感染。肌肉贫血、苍白，多见于严重出血、贫血或啄伤。肌肉形成肿瘤，多见于马立克病。肌肉溃烂、脓肿，多见于外伤或注射疫苗引起的感染。

（2）肝脏病理变化：正常情况下，鸡肝脏深红色，两侧对称，边缘较锐，在右侧肝脏腹面有大小适中的胆囊。刚出壳的雏鸡，肝脏颜色呈黄色，采食后颜色逐渐加深；水禽的左右肝脏不对称。在观察肝脏病变时，应注意肝脏颜色变化，被膜情况，是否肿胀、出血、坏死，是否有肿瘤。

肝脏肿大、淤血，肝脏被膜下有针尖大小的坏死灶，多见于禽霍乱。肝脏肿大，在被膜下有大小不一的坏死灶，多见于鸡白痢等。肝脏肿大，呈铜锈色，有大小不一的坏死灶，多见于禽伤寒。肝脏肿大，出血和坏死相间，切面呈琥珀色，多见于包涵体肝炎。肝脏肿大至耻骨前沿，多见于淋巴白血病。肝脏出现肿大、发黄、出血、发黑等表现，可提示Ⅰ群禽腺病毒感染（安卡拉病）。

肝脏上有榆钱样坏死，边缘有出血，多见于盲肠肝炎。

肝脏上有星状坏死，多见于弧菌性肝炎。

肝脏上形成黄豆粒大小的肿瘤，多见于马立克病、淋巴白血病。

肝脏出现萎缩、硬化，多见于肉鸡腹水症后期。

肝脏被膜上有黄色纤维素性渗出物，多见于鸡的大肠杆菌病、鸭的传染性浆膜炎。

肝脏被膜上有白色尿酸盐沉积，多见于痛风和肾型传染性支气管炎。肝脏被膜上有一层白色胶样渗出物，多见于支原体感染。

肝脏土黄色，见于雏鸡传染性法氏囊病，青年鸡磺胺类中毒，产蛋鸡脂肪肝和弧菌性肝炎。

（3）气囊病理变化：气囊是禽类呼吸系统的特有器官，可作为空气的储存器，有加强气体交换的功能。观察气囊时注意气囊壁厚薄，有无结节、干酪样物、霉菌菌斑等。

气囊壁增厚，多见于大肠杆菌、支原体、霉菌感染。

气囊上有黄色干酪样物，多见于支原体、大肠杆菌感染。

气囊上形成小泡，在腹气囊中形成许多泡沫，多见于支原体感染。

气囊上形成霉菌斑，多见于霉菌感染。

气囊上形成黄白色车轮状硬干酪样物，多见于霉菌感染。

气囊上形成小米粒大小结节，多见于雏鸡曲霉菌感染或卡氏白细胞原虫病。

（4）泌尿系统病理变化：肾位于家禽腰背部左右两侧。每侧肾脏由前、后、中三叶组成，呈隆起状，颜色深红。两侧有输尿管，无膀胱和尿道，尿在肾脏中形成后沿输尿管输入泄殖腔与粪便混合后一起排出体外。临床上注意观察肾脏有无肿瘤、出血、肿胀及尿酸盐沉积等。

肾脏实质出现肿大，多见于肾型传染性支气管炎、沙门菌感染及药物中毒。肾肿大，有尿酸盐沉积形成花斑肾，多见于肾型传染性支气管炎、沙门菌感染、痛风、传染性法氏囊病、磺胺类药物中毒等。肾被膜下出血，多见于卡氏白细胞原虫病、磺胺类药物中毒。肾肿瘤，多见于马立克病、淋巴白血病等。肾单侧出现自融，多见于输尿管阻塞。

输尿管变粗、结石，多见于痛风、肾型传染性支气管炎、磺胺类药物中毒。

（5）生殖系统病理变化：公禽生殖系统包括睾丸、输精管和阴茎。睾丸1对，位于腹腔肾脏下方，没有前列腺等副性腺；母禽生殖器官包括卵巢和输卵管，左侧发育正常，右侧已退化。成禽卵巢如葡萄状，有发育程度不同、大小不一的卵泡；输卵管可分漏斗部、卵白分泌部、峡部、子宫部、阴道部5个部分。观察生殖系统时注意观察卵泡发育情况、输卵管的病变。

卵巢变成菜花样肿胀，多见于马立克病。卵巢出现萎缩，多见于沙门菌感染、新城疫、禽流感、鸡减蛋综合征、禽脑脊髓炎、传染性支气管炎、传染性喉气管炎等。卵泡出现液化像蛋黄汤样，多见于禽流感、新城疫等。卵泡呈绿色并萎缩，多见于沙门菌感染。卵泡上有一层黄色纤维素性干酪样物、恶臭，多见于禽流感、严重的大肠杆菌病。卵泡出血，多见于热应激、禽霍乱、坏死性肠炎。

输卵管内积有大量黄色凝固干酪样物，恶臭，多见于大肠杆菌感染引起的输卵管炎。输卵管内积有似非凝蛋清样分泌物，多见于禽流感。输卵管内出现水肿，像热水煮过一样，多见于热应激、坏死性肠炎。输卵管内像撒一层糠麸样，壁上形成小米粒大小、红白相间的结节，多见于卡氏白细胞原虫病。输卵管子宫部出现水肿，严重者形成水疱，多见于鸡减蛋综合征、传染性支气管炎。输卵管发育不全，前部变薄积水或积有蛋黄，峡部出现阻塞，多见于雏鸡感染性支气管炎、衣原体感染。输卵管系膜形成肿瘤，多见于马立克病、网状内皮组织增生症。

（6）消化系统病理变化：食管出血，多见于药物中毒、禽流感和鸭瘟。如食管坏死，多见于鸭瘟。食管形成一层白色假膜，多见于念珠菌感染和毛滴虫病。

腺胃肿胀，浆膜外出现水肿变性，肿胀像乒乓球样，多见于传染性支气管炎、马立克病。腺胃变薄，严重时形成溃疡或穿孔，腺胃乳头变平，严重时形成蜂窝状，多见于坏死性肠炎、热应激。腺胃乳头出血，多见于新城疫、禽流感、药物中毒。腺胃黏膜和乳头广泛性出血，多见于卡氏白细胞原虫病、肉仔鸡严重大肠杆菌感染和药物中毒。

腺胃与食管交接处出血，多见于新城疫、禽流感。腺胃与肌胃交接处出血，多见于新城疫、禽流感、传染性法氏囊病和药物中毒。腺胃与肌胃交接处出现腐蚀、糜烂，多见于霉菌感染、药物中毒。腺胃与肌胃交接处形成铁锈色，多见于肉仔鸡强毒新城疫、低血糖综合征和药物中毒。腺胃与肌胃交接处角质层出现水肿和变性，多见于药物中毒。

肌胃变软、无力，多见于霉菌感染、药物中毒。角质层糜烂，多见于霉菌感染、药物中毒。角质层下出血，多见于新城疫、禽流感、霉菌感染或药物中毒。

小肠肿胀，浆膜外观察有点状出血或白色点，多见于小肠球虫病。小肠壁增厚，有白色条状坏死，严重时在小肠形成假膜，多见于堆氏球虫病或坏死性肠炎。小肠片状出血，多见于禽流感和药物中毒。小肠出现黏膜脱落，多见于坏死性肠炎、热应激或禽流感。十二指肠腺体、盲肠扁桃体、淋巴滤泡出现肿胀、出血，严重的形成纽扣样坏死，多见于新城疫。小鹅小肠变粗增厚形成肠芯，多见于小鹅瘟或病毒性肠炎。肠壁形成米粒样大小结节，见于慢性沙门菌病，大肠杆菌引起的肉芽肿，以直肠最明显。盲肠内积有红色血液，盲肠壁增厚、出血，盲肠体积增大，见于盲肠球虫病。盲肠内积有黄色干酪样物，呈同心圆状，见于盲肠肝炎、慢性沙门菌感染。鸭直肠出血、坏死，见于鸭瘟。肠道肿瘤，见于马立克病。

胰脏肿胀、出血、坏死，见于禽霍乱，沙门菌感染、大肠杆菌感染或禽流感。

（7）呼吸系统病理变化：鼻黏膜出血、鼻腔内积有大量的黏液，多见于传染性鼻炎、支原体病、鸭瘟等。

喉头水肿，见于传染性喉气管炎、新城疫、禽流感。喉头形成黄色的栓塞，见于传染性喉气管炎或黏膜型鸡痘。

气管内形成痘斑，见于黏膜型鸡痘。气管内形成血样黏条，见于传染性喉气管炎。

肺为樱桃红色，见于一氧化碳中毒。肺肉变，即肺表面或实质有肿块或肿瘤，成鸡多见于马立克病。肺上有黄色的米粒大小的结节，见于禽白痢、曲霉菌感染。肺水肿，见于肉鸡腹水症。肺上有黄白色较硬的豆腐渣样物，见于禽结核曲霉菌感染、马立克病。肺上有霉菌斑和出血，见于霉菌感染。

支气管内积有大量的干酪样物或黏液，见于育雏前7天湿度过低，也见于传染性支气管炎。支气管上端出血，见于传染性支气管炎、新城疫、禽流感等。

（8）心脏病理变化：心冠脂肪出血，见于禽霍乱或禽流感。心包积有大量黄色液体，见于禽腺病毒感染、一氧化碳中毒、肉鸡腹水症、肺炎及心力衰竭等。心包内形成黄色纤维素性渗出物，见于大肠杆菌病。心包内积有大量白色尿酸盐，见于痛风、肾型传染性支气管炎、磺胺类药物中毒等。心脏上形成米粒样大小结节，见于慢性沙门菌、大肠杆菌感染或卡氏白细胞原虫病。心肌出现肿瘤，见于马立克病。心脏出现条状变性，心内、外膜出血，见于禽流感、心肌炎、维生素E缺乏症等。心脏代偿性肥大、心肌无力，见于肉鸡的腹水症。心脏瓣膜形成圆球状，见于风湿性心脏病、心肌炎等。

四、实验室诊断技术

通过现场对疾病流行病学进行调查与分析，结合临床和病理解剖检查，一般能将可能发生的疾病范围大大缩小。对怀疑营养缺乏或代谢障碍的禽病，常常需要检测饲料中的营养成分，例如能量、蛋白质、氨基酸、维生素、矿物质和微量元素等的实际含量，再与相应的营养标准做比较，以确定营养缺乏的种类、缺乏程度和缺乏的时间，然后进行确诊。对某些怀疑为中毒的禽病，可根据需要采取血液、粪便、胃肠内容物、空气、饲料和饮水等进行某些毒物的定性与定量分析，以确定毒物的种类和中毒程度。如怀疑为传染病，则需要进行实验室诊断，包括病原学、血清学和分子生物学的诊断。目前，禽病检测主要是血清学检测和核酸检测。

1. 采样 病禽样品的采集是实验室诊断工作中的关键环节，其采样时间，样品来源，样品的处理、保存、运送是否及时和合适，都与检验结果的准确性、可靠性有很大关系。要做到正确地采集样品，需注意以下几点。

（1）要挑选活的或刚死亡的病禽。死亡过久尸体的机体腐败分解或干燥，病变部位也会模糊不清，影响特征性病变的观察和判断。因此，要尽可能选择活禽，病禽死亡后立即采集病料，夏季不超过6小时，冬季不超过24小时。

（2）送检的病禽样品必须具有代表性。根据不同病原体的嗜好部位，采取该病常侵害的部位。经过治疗后的病禽组织和脏器很难呈现典型表现，因此应尽量选择未经治疗、自然死亡的病禽。采样时，先取无菌病料，再取带菌病料；先体表后内脏、先胸腔后腹腔、先实质器官后中空器官。

（3）送检病禽要有一定的数量。一般送检的病禽尽可能多，防止出现以偏概全的情况，影响对疾病的正确判断。

2. 微生物学诊断 在对疾病的微生物学诊断中，最准确和最重要的是病原学的诊断，看能否从病死禽中分离到与疾病有关的病原微生物，例如病毒、细菌、支原体、衣原体、寄生虫等。主要诊断步骤包括病料采集，涂片镜检，病原分离与培养，对已分离病原体的毒力和生物学特性的鉴定等。

（1）微观观察：主要利用显微镜等工具在肉眼检查的基础上进行微观检查。由于临床上禽病种类繁多、错综复杂，除一些症状比较典型、病情较为简单，仅凭肉眼即可做出有把握的诊断外，一般都需要进行镜检。有些禽病引起的大体病变不明显或阙如，或不同禽病具有相同的剖检变化，肉眼难以判断，需要做组织病理学检查才有意义，例如鸡马立克病、白血病等。

（2）病原分离与培养：对于细菌性病原体，涂片染色后在光学显微镜下观察即可初步判定，但确定其病原体种类则需要进行病原分离、纯化培养及生化试验等一系列的细菌形态观察、培养特性、生化试验指标的测定。对于病毒性病原，观察其形态需要借助电子显微镜。有时人工培养分离到的微生物不一定是引起发病的病原体，因此需要选择对病原体最敏感的动物进行人工感染试验。将病料处理后接种健康禽，根据对禽的致病力、症状和病理变化来进一步确诊。从病料分离出的病原微生物，虽是确诊的重要依据，但也应注意动物健康带菌（毒）问题，因此需要结合临床现象进行综合分析。有时即使没有发现病原体，也不能排除该种传染病的可能。

值得注意的是，在禽群中时常存在一些疫苗毒株或与疾病无关的寄居性微生物，在病原分离时应注意进行鉴别。有些家禽寄生虫病的临床症状和病理变化是比较明显和典型的。然而，更多的家禽寄生虫病生前大多缺乏典型的特征，需要做病理剖检，在对血液、皮肤、羽毛、气管及消化道内容物等进行检验时，发现虫卵、幼虫、原虫或成虫之后才能确诊。粪便的检查，对生前的消化道和呼吸道是否被若干寄生虫侵袭也有相当的诊断意义。

3. 免疫学诊断 家禽机体受到病原感染后，免疫系统可发生免疫应答而产生特异性抗体。

因此，采用已知的细菌 / 病毒或其特异性抗原，检测家禽血清或其他体液中有无相应特异性抗体及其效价的动态变化，可作为某些传染病诊断的一种重要的方法。这类方法通常称为血清学诊断，已被广泛应用于流行病学调查和多种病原体的抗原、抗体等检测。常用的血清学诊断方法包括血凝试验、血凝抑制试验、琼脂扩散试验、中和试验、补体结合试验、酶联免疫吸附试验（ELISA）、免疫荧光技术及免疫放射技术等。可用已知的血清检验未知的病原，也可用已知的病原检验未知的血清，可根据需要和可能选择适当的方法进行检验。一方面，由于大多数的禽群均已接种了某些疫苗，如用已知抗原检测被检禽血清时，应注意分辨血清学的阳性反应是由疫苗引起还是由野外病原微生物引起的。另一方面，由于禽群中存在着一些疫苗株病原体或与疾病无关的微生物，如用已知血清检验被检禽的病原体时，也应注意区分真正病原体或与疾病无关的微生物。

（1）凝集反应技术：颗粒性抗原和相应抗体结合后，在电解质存在的条件下可以产生肉眼可见的凝集反应，可用于禽病的抗体效价测定。该方法不仅具有较高的特异性、灵敏性，而且所需设备简单，适用于基层单位进行疫病检测和初步诊断。目前，最常用的是用于新城疫和禽流感抗体检测的血凝抑制试验（HI）。HI 试验特异性强、简便快速、经济实用，可作大批量测定，与中和试验呈正相关，因此很常用。

（2）免疫荧光技术：在免疫学、生物化学和显微技术发展的基础上建立了免疫荧光技术。该技术以荧光基团标记病原微生物的抗原或抗体，与其相对应的抗体或抗原相结合，在荧光显微镜下可以观察到特异性的荧光，以此进行疫病诊断。该技术的优点是特异性强、敏感性高，现在已成为广泛应用的检测技术。但是，该技术的缺点是非特异性荧光经常出现，导致有假阳性反应。结果判断的主观性很大，技术程序比较复杂，只有高级别实验室才具备开展此项技术的基本条件，不适合在基层单位推广。

（3）酶联免疫吸附试验（ELISA）：ELISA 是把抗原、抗体反应的特异性和酶的高效催化作用有机结合起来的一种非放射性标记免疫检测技术。近年来随着单克隆抗体技术和酶标记技术的发展与应用，市场上已出现了各种各样的商品化的试剂盒，并被广泛应用于禽病病原的检测和诊断领域。目前国内外建立的 ELISA 技术体系或已市售的试剂盒大多用于抗体水平的检测，通过检测抗体水平来判断禽群感染状况或疫苗免疫效果，如应用间接 ELISA 检测鸡传染性法氏囊病抗体、鸡减蛋综合征抗体、鸡传染性鼻气管炎抗体、鸭瘟抗体等方法均已成熟并应用于临床。此外，ELISA 方法对免疫效果进行评价，不仅简便快捷，而且结果准确可靠，适合于开展大规模的免疫抗体监测工作。随着 ELISA 技术的改进，科研人员已成功研制了多种直接检测病原的方法，如利用双抗体夹心 ELISA 法可直接检测传染性法氏囊病病毒、禽白血病病毒、高致病性禽流感病毒等。这些方法不仅具有很高的敏感性和特异性，并以其操作简单、检测样品通量大的优势正逐渐在众多基层单位普及。

（4）免疫胶体金技术：免疫胶体金技术是一种以胶体金作为示踪标志物应用于抗原抗体的新型免疫标记技术。它主要利用了金颗粒具有高电子密度的特性，在金标蛋白结合处，显微镜下可见黑褐色颗粒，这些标记物在相应的配体处大量聚集，肉眼就可看见红色或粉红色斑点。因免疫胶体金技术具有快速、简便、灵敏度高、特异性强、稳定性好、检测标本种类多等特点，开始被逐渐应用于禽病的病原诊断。近年来在禽病检测领域，免疫胶体金技术由于标记物的制备简便，方法敏感、特异，不需要使用放射性同位素或有潜在致癌物质的酶显色底物，也不需要荧光显微镜等优点而得到广泛应用与发展。随着新的标记物开发和制备方法的创新，免疫胶体金技术必将有更广阔的应用前景。

4. 分子生物学诊断 分子生物学诊断技术具有特异性强、敏感性高和快速等优点，例如聚合酶链式反应（PCR）技术、核酸探针技术、恒温扩增（LAMP）技术、重组酶聚合酶扩增（RPA）和基因序列分析等，可根据需要和条件选择合适的方法进行诊断。

（1）聚合酶链式反应（PCR）技术：PCR 技术是根据体内 DNA（脱氧核糖核酸）复制的基本原理而建立的，其扩增的是病原微生物的特异性基因片段，从而确诊。PCR 诊断的特点是可以选择病毒或细菌基因中的保守区做通用检测，也可以选择它们差异较大的基因部位做分析检测，既可以针对单一样品进行专用检测，也可对多种样品做一次多元检测；其灵敏度和特异性都远高于当前的免疫学方法，所需时间也较短，可满足禽病临床检测与诊断需要。目前，PCR 技术在生命科学领域已经得到广泛应用，在禽病诊断领域也先后报道了许多病原微生物的 PCR 检测方法，有沙门菌、大肠杆菌、鸭疫里默杆菌、支原体、小鹅瘟病毒、鸭瘟病毒、鸭肝炎病毒、流感病毒、副黏病毒、禽腺病毒等。由于 PCR 技术不仅具有简便、快速、敏感和特异的优点，而且结果分析简单，对样品要求不高，无论新鲜组织或陈旧组织、细胞或体液、粗提或纯化 RNA（核糖核酸）和 DNA 均可，因而 PCR 技术非常适合于感染性疾病的监测和诊断。近年来 PCR 技术又和其他方法组合成了许多新的方法，如反转录 PCR、多重 PCR 技术、荧光定量 PCR 技术、套式 PCR 技术、不对称 PCR 技术及锚定 PCR 技术等，进一步提高了 PCR 技术的简便性、敏感性和特异性。尤其是荧光定量 PCR 技术具有特异性强、灵敏度高、重复性好、定量准确、速度快、全封闭反应等优点，为禽病诊断技术提供了新的模式，成为当前禽病检测广泛采用的分子生物学诊断技术。目前，用于家禽疾病诊断的 PCR 试剂盒已得到广泛应用。

（2）核酸探针技术：核酸探针技术即核酸杂交技术，是于 20 世纪 70 年代发展起来的一项新技术。该技术近年来正逐步用于病毒病的特异性、敏感性和快速诊断，在禽病的诊断上也应用广泛。碱基配对是核酸探针技术的主要原理。通过退火互补的两条核酸单链形成双链，这一过程称之为核酸杂交。核酸探针是指带有标记物的已知序列的核酸片段，它能和与其互补的核酸序列杂交，形成双链，因此可用于检测待测核酸样品中特定基因序列。目前利用此法已经对许多禽类病毒和细菌进行了检测，已报道的包括副黏病毒、鸡减蛋综合征病毒、鹅细小病毒、鸭瘟病毒、鸭病毒性肠炎病毒、大肠杆菌、沙门菌等多个病毒和细菌的探针检测方法。该技术与常规检测方法相比，具有高度的敏感性、特异性及可重复性，因而容易在禽病诊断室推广。

（3）恒温扩增（LAMP）技术：是在 PCR 基础上发展而来的环介导等温扩增技术，是于 2000 年开发出来的一种新型核酸扩增方法。LAMP 反应不需要 PCR 仪和昂贵的试剂，有着广泛的应用前景。LAMP 技术自开发以来已广泛应用于禽流感病毒、腺病毒、禽白血病病毒和禽多杀性巴氏杆菌等致病性病毒或细菌的定性定量检测、临床疾病的诊断等相关领域。

（4）重组酶聚合酶扩增（RPA）技术：是近年来兴起的一种等温核酸扩增技术，它比 PCR 技术及其他等温扩增技术更快速、便捷、高效。目前，RPA 技术已经应用于禽流感病毒、金黄色葡萄球菌等致病微生物的现场诊断和实验室诊断。随着相关试剂成本的降低、引物设计技术的突破，该技术将在禽病快速诊断和现场诊断中发挥更大的作用。

5. 预防和治疗性诊断　有时候虽然经过某些项目的检验，但仍未能对疫病做出确诊，或仍需等待较长的时间才有诊断结果，而生产上又需要做出必要的处理以减少损失；有时候，实验室的诊断结果还需要通过生产中的防治效果来进一步验证。此时，可尽快在禽群中分组进行相应的防治试验，从预防或治疗效果对疾病做出诊断，或对已做出的诊断做进一步的验证。

五、禽病的药物防治及其问题

在临床中，大多畜牧兽医工作者对家禽的饲养管理、疾病预防和诊断较为重视，但由于药物学方面的知识不够系统，加之新兽药及新制剂不断出现，对药物的使用难度较大，从而出现治疗效果的差异性。主要表现在以下几个方面，首先是药不对因，诊断不明确，盲目使用药物，不知病因或不知病原体时滥用抗生素药物等，比如将非典型新城疫误诊为鸡慢性呼吸道病；有些诊断虽然正确，但药物选用失误，如用阿莫西林、青霉素或磺胺类药物治疗慢性呼吸道感染。其次是用药剂量不符、疗程不足，选用大剂量的药物进行治疗，有时虽侥幸可迅速控制病情或有效治疗，但对高效低毒药物是一种浪费，同时对毒性较大药物易引起中毒。最后是联合用药配伍不当，认为多用几个药物配伍，总会有一个起作用，岂知有些药物非但不能起到协同的作用，反而会引起药物疗效的下降。为了使临床的畜牧兽医工作者能针对性地使用兽药，最大程度地提高治疗效果，现对禽病合理用药原则从以下几个方面加以阐述。

1. 用药方法　禽类有其独特的生理特点，使用药物防治禽病，不仅要选药对症、剂量准确、按疗程用药、注意配伍禁忌等各项治疗原则，而且还要讲究投药途径及用药方法，这样才能收到预期的防治效果。如果用药途径及给药方法不当，必然导致防治效果不佳或失败。

混饮或拌料是最常用、最习惯的给药方法，一般是以预防疾病为目的，可采取将药物混入饲料中全天喂服的方法；若是以治疗禽类疾病为目的，最好将病禽全天应用的药量分两份，两次混入饮水中给药，每次在 3 小时以内饮入为宜。因为禽生病后往往是先减食或停食，然后减少饮水量或饮水量不减少。将全天的用药集中在上午、下午两次混入饮水中投入，可使药物很快进入禽体内，在短时间内达到有效杀（抑）菌或病毒的浓度，从而达到治疗的目的。对于不溶于水的药物，应将其混入饲料中内服，而不要采用将其混入饮水中给药的方法。混饲也要将全天的药量分为两份于上午、下午两次给药喂服，混于饲料中时要采用湿拌的方法给予喂服，即将药内加入适量的水搅拌成悬浮液，用喷雾或泼洒的方法向饲料上均匀地喷洒，使药物充分渗入饲料内，使药物在饲料中分布均匀。因鸡有挑食粒料的习惯，如果把药研成粉末与干饲料混合饲喂，会使药物剩在食槽底部而吃不到体内，导致药量达不到要求而起不到治疗疾病的作用。

但由于药物、疾病种类、疾病严重程度等的不同，还应考虑喷雾给药和肌内注射给药。氨茶碱、氟苯尼考等，可用于喷雾给药，喷雾给药的效果是同剂量药物饮水给药的10倍，最佳的雾滴直径为10 ~ 20微米，即使用常规喷雾器（直径≥ 80微米）也会取得较饮水给药更好的效果。慢性呼吸道病、病毒性呼吸道感染、不能采料和饮水的重症感染类疾病，适合喷雾给药治疗，例如禽流感或慢性新城疫与大肠杆菌病、支原体重症混合感染，注射给药因应激常导致病鸡肝破裂而死亡，喷雾给药是较为常用的方法。而大肠杆菌性败血症、重症腹膜炎、鸭传染性浆膜炎、传染性法氏囊病及鸭病毒性肝炎，可采用肌内注射的方式治疗。

另外，使用氨基糖苷类药物庆大霉素或兽用卡那霉素治疗鸡慢性呼吸道病时，必须采用肌内注射的途径才能收到良好的效果。而采用混入饮水中或拌入饲料中经内服的途径则对此类疾病治疗效果不佳或无效。

2. 用药技巧 在禽类疾病治疗失败的病例中，除了诊断是否正确、药物选择是否对症等因素外，药物使用不当也会导致效果不理想。因此，在治疗过程中，必须采取正确的方法和措施来消除用药误区，提高治疗效果。

（1）给药时间：口服药物的吸收主要受胃肠道的生理环境，尤其是pH值的高低，空腹或饱腹状态及胃排空速率等的影响。如林可霉素需空腹给药，采食后给药药效则下降2/3；红霉素需喂料中或喂料后给药，否则易受胃酸破坏，引起药效下降。部分药物需定点给药，如用氨茶碱治疗支原体、传染性支气管炎、传染性喉气管炎所致呼吸困难时，最佳用药方法是将2天的用量于晚上8时一次应用。需要注意给药时间的常用药物及口服方法如下。

①空腹给药的药物：有阿莫西林、氨苄西林、林可霉素等。

②需定点给药的药物：地塞米松磷酸钠（治疗禽大肠杆菌败血症、腹膜炎、重症菌混合感染），需将2天的用量于上午8时一次性投药，可提高效果，减轻撤停反应；氨茶碱，将2天的用量于晚上8时一次性投药；盐酸苯海拉明，将全天的用量于晚上9时一次性投药；蛋鸡补钙（葡萄糖酸钙、乳酸钙），于早晨6时补钙疗效最佳。

③需喂料时给药的药物：脂溶性维生素，有维生素D、维生素A、维生素E、维生素K_1、维生素K_2，红霉素等。

④中药：治疗肺部感染、支气管炎、心包炎、肝周炎，宜早晨料前一次投喂；治疗肠道疾病、输卵管炎、卵黄性腹膜炎时，宜晚间料后一次投喂。

（2）给药次数及给药间隔：药物不同，作用机制、药效学和药代动力学不同，一日用药次数也不同。如浓度依赖型药物氨基糖苷类和喹诺酮类，其杀菌作用主要取决于药物浓度而不是用药次数，以2MBC（最低杀菌浓度，可以理解为通常使用剂量的2倍）一日只需给药一次，有利于迅速达到有效血药浓度，缩短达峰时间，提高疗效，减少不良反应，否则即使一天给药10次也不能达到治疗目的。而抑菌药（如红霉素、林可霉素、磺胺喹噁啉钠等）的作用，在达到MIC（最低抑菌浓度）时，主要取决于必要的用药次数，次数不足，即使10倍MIC也不能达到治疗目的，反而造成细菌在高度压力下产生耐药性。除抗感染药物外，某些半衰期长的药物，如地塞米松磷酸钠、硫酸阿托品等，也可一天给药一次。两天给药一次的药物有：地塞米松磷酸钠、氨茶碱等。其他的药物多为一天2次用药。有的药物也可一天多次给药。另外，应该充分重视给药间隔对药物作用的影响。许多用户可能上午9 ~ 10时给药，下午4 ~ 5时又给药了，这样就必然造成白天用药间隔时间过短，浪费药物，而晚间药效不能维持，治疗效果差。正确的用药间隔为12小时，以确保药物的连续作用。

（3）关于用药剂量和兑水量：使用抗生素类药物时，首次剂量应加倍使用。在治疗时一般可选用3 ~ 4种有不同抗菌谱的药物，以扩大杀菌范围。预防用药只用一种药物即可。药物配水或配料时，应掌握好拌药的水或饲料用量，以能在2小时内服完为好。拌药时应做到药料均匀；采用注射药剂时，每次注射液剂量雏禽不超过0.2毫升，仔禽不超过0.5毫升，成禽不宜超过1.5毫升。

（4）关于疗程和停药时间：任何禽病的治疗都需要一定的疗程。如果对此认识不足，有时见效就停药，多造成复发；或者治疗2天不见效就开始换药，也易造成细菌耐药性的产生和药物浪费，延误治疗时机，进而延长疗程。至于最佳的停药时间，可根据病情轻重加以确定，通常情况下，以表症解除后（如止泻、退热平喘、采食、精神恢复等）再用药2 ~ 3天为宜。而对于重症疾病或菌毒混合感染，以及不明原因混合感染如大肠杆菌败血症、心包炎、肝周炎、腹膜炎、鸡白痢、禽伤寒、副伤寒、禽流感、慢性新城疫及与大肠杆菌混合感染、鸭传染性浆膜炎、病毒性肝炎等，一般在表症解除后，需用药3 ~ 5天。有时为降低用药成本，可首先选用高效药物治疗慢性呼吸道病与大肠杆菌疾病时，用药2次（1天1次）控制疾病后，再选用价廉药物或中药结合使用速溶电解多维，巩固疗效2 ~ 3天。

（5）关于新产品选择和适时更换新药：随着家禽养殖规模的不断扩大和时间不断延长，禽病变得越来越复杂，混合感染疾病的种类越来越多，病原微生物发生变异者层出不穷，许多药物的相对耐药性逐渐增加，在治疗药物选择上要跟上形势，如治疗大肠杆菌病，含第三代头孢菌素的产品早已投放市场，如果抱着环丙沙星不放（耐药率≥60%）且用药长期不变，势必造成治疗效果不佳，用药成本居高不下，疗程过长。最新研究结果表明，只要有确切指征，用法与用量得当，对某种病原体呈现高敏，新药的选用反而有利于减少耐药菌株的产生概率。因此，除考虑成本外，在禽病治疗中尽可能选择高敏的新产品。

3. 抗菌药物之间的相互作用　抗菌药物之间的相互作用主要有协同作用、相加作用、拮抗作用、无关作用。

（1）协同作用：当两种药物联用时，其效应大于单药效应的代数和。例如不耐酶青霉素（或不耐酶头孢菌素）和酶抑制剂联用，可防止抗菌药物被β-内酰胺酶破坏，以增强抗菌作用；主要经肾小管排泄的β－内酰胺类和阿司匹林、磺胺类药联用，通过减少β－内酰胺类药物在肾小管排泄，使血药浓度和脑脊液药物浓度提高；蛋白结合率高的青霉素类或头孢菌素类和蛋白结合率高的非甾体抗炎剂联用，通过蛋白结合竞争可使游离抗生素的浓度增高。

（2）相加作用：两药联用的效应等于它们分别作用的代数和。使用具有相加作用的药物时，其相加作用可能导致毒性危害的增加。例如，氨基糖苷类的抗生素对肾或听神经有损害作用，两种以上的氨基糖苷类药物同时应用时，将产生相加的治疗作用，同时也对肾或神经产生更大的危害作用。

（3）拮抗作用：两种药物同时应用时，产生相抵消的作用，两药的作用效应小于它们分别作用的总和。如β－内酰胺类和氨基糖苷类药物联用，两者在同一容器内滴注或注射，前者可使后者失活，整体作用下降；β－内酰胺类药物（青霉素类和头孢菌素类药物）不易与红霉素、四环素、两性霉素、B族维生素、维生素C等联合使用，β－内酰胺类静脉输液中加入这些药物时会出现混浊。

（4）无关作用：两种药物相互之间没有影响。

4. 家禽常用药物用法与用量 家禽常用药物用法与用量见表1和表2（具体禁用事项，请参考GB 31650—2019《食品安全国家标准　食品中兽药最大残留限量》）。

表1　常用西药

药物名称	主要用途	用法与用量	注意事项
青霉素G	抗菌药物	肌内注射：5万～10万单位/千克体重	与四环素等酸性药物及磺胺类药有配伍禁忌
氨苄青霉素	抗菌药物	拌料：0.02%～0.05% 肌内注射：25～40毫克/千克体重	同青霉素G
阿莫西林	抗菌药物	饮水或拌料：0.02%～0.05%	同青霉素G
头孢噻呋	抗菌药物	肌内注射：0.1毫克/只	用于1日龄雏鸡
红霉素	抗菌药物	饮水：0.005%～0.02% 拌料：0.01%～0.03%	不能与莫能菌素、盐霉素等抗球虫药合用
泰乐菌素	抗菌药物	饮水：0.005%～0.01% 拌料：0.01%～0.02% 肌内注射：30毫克/千克体重	不能与聚醚类抗生素合用。注射用药反应大，注射部位坏死，精神沉郁及采食量下降1～2天
替米考星	抗菌药物	饮水：0.01%～0.02%	蛋鸡禁用
吉他霉素	抗菌药物	饮水：0.02%～0.05% 拌料：0.05%～0.1% 肌内注射：30～50毫克/千克体重	蛋鸡产蛋期禁用
林可霉素	抗菌药物	饮水：0.02%～0.03% 肌内注射：20～50毫克/千克体重	最好与其他抗菌药物联用以减缓耐药性产生，与多黏菌素、卡那霉素、新生霉素、青霉素G、链霉素、复合维生素B等药物有配伍禁忌

续表

药物名称	主要用途	用法与用量	注意事项
泰妙菌素	抗菌药物	饮水：0.012 5% ~ 0.025%	不能与莫能菌素、盐霉素、甲基盐霉素等聚醚类抗生素合用
杆菌肽	抗菌药物	拌料：0.004% 口服：100 ~ 200 单位 / 只	对肾脏有一定的毒副作用
链霉素	抗菌药物	肌内注射：5 万 ~ 10 万单位 / 千克体重	雏禽和纯种外来禽慎用
庆大霉素	抗菌药物	拌料：0.01% ~ 0.02% 肌内注射：5 ~ 10 毫克 / 千克体重	与氨苄青霉素、头孢菌素类、红霉素、磺胺嘧啶钠、碳酸氢钠、维生素 C 等药物有配伍禁忌。注射剂量过大，可引起毒性反应，表现为水泻、消瘦等
卡那霉素	抗菌药物	饮水：0.01% ~ 0.02% 肌内注射：5 ~ 10 毫克 / 千克体重	尽量不与其他药物配伍使用。与氨苄青霉素、头孢曲松钠、磺胺嘧啶钠、氨茶碱、碳酸氢钠、维生素 C 等有配伍禁忌。注射剂量过大，可引起毒性反应，表现为水泻、消瘦等
阿米卡星	抗菌药物	饮水：0.005% ~ 0.01% 拌料：0.01% ~ 0.02% 肌内注射：5 ~ 10 毫克 / 千克体重	与氨苄青霉素、头孢唑啉钠、红霉素、新霉素、维生素 C、氨茶碱、盐酸四环素类、地塞米松、环丙沙星等有配伍禁忌。注射剂量过大，可引起毒性反应，表现为水泻、消瘦等
新霉素	抗菌药物	饮水：0.01% ~ 0.02% 拌料：0.02% ~ 0.03%	
安普霉素	抗菌药物	饮水：0.025% ~ 0.05%	
土霉素	抗菌药物	饮水：0.02% ~ 0.05% 拌料：0.1% ~ 0.2%	与丁胺卡那霉素、氨茶碱、青霉素 G、氨苄青霉素、头孢菌素类、新生霉素、红霉素、磺胺嘧啶钠、碳酸氢钠等药物有配伍禁忌。剂量过大对孵化率有不良影响
四环素	抗菌药物	饮水：0.02% ~ 0.05% 拌料：0.05% ~ 0.1%	同土霉素
甲砜霉素	抗菌药物	饮水或拌料：0.02% ~ 0.03% 肌内注射：20 ~ 30 毫克 / 千克体重	与庆大霉素、新生霉素、土霉素、四环素、红霉素、林可霉素、泰乐菌素、螺旋霉素等有配伍禁忌
氟苯尼考	抗菌药物	肌内注射：20 ~ 30 毫克 / 千克体重	

续表

药物名称	主要用途	用法与用量	注意事项
磺胺嘧啶	抗菌药物、抗球虫药物、抗卡氏白细胞虫药物	饮水：0.1% ~ 0.2% 拌料：0.2% ~ 0.4% 肌内注射：40 ~ 60 毫克 / 千克体重	不能与拉沙霉素、莫能菌素、盐霉素配伍。产蛋鸡慎用。本品最好与碳酸氢钠同时使用
二甲氧苄氨嘧啶	抗菌药物、抗球虫药物、抗卡氏白细胞虫药物	饮水：0.01% ~ 0.02% 拌料：0.02% ~ 0.04%	由于易形成耐药性，因此不宜单独使用。常与磺胺类药或抗生素按 1 : 5 比例使用，可提高抗菌甚至杀菌作用。不能与拉沙霉素、莫能菌素、盐霉素等抗球虫药配伍。产蛋鸡慎用。最好与碳酸氢钠同时使用
痢菌净（商品名）	抗菌药物	拌料：0.005% ~ 0.01%	毒性大，务必拌匀。连用不能超过 3 天
莫能菌素	抗球虫药物	拌料：0.009 5% ~ 0.012 5%	能使饲料适口性变差及引起啄毛。产蛋鸡禁用。火鸡、珍珠鸡、鹌鹑易中毒，慎用。肉鸡在宰前 3 天停药
盐霉素	抗球虫药物	拌料：0.006% ~ 0.007%	火鸡、珍珠鸡、鹌鹑及产蛋鸡禁用。本品能引起鸡的饮水量增加，造成垫料潮湿
氨丙啉	抗球虫药物	饮水或拌料：0.012 5% ~ 0.025%	因能妨碍维生素 B_1 吸收，因此使用时应注意维生素 B_1 的补充。过量使用会引起轻度免疫抑制。肉鸡应在宰前 10 天停药
尼卡巴嗪	抗球虫药物	拌料：0.012 5%	会造成生长抑制，蛋壳变浅色，受精率下降，因此产蛋鸡禁用。肉鸡应在宰前 4 天停药
二硝托胺	抗球虫药物，又名球痢灵	拌料：0.012 5% ~ 0.025%	0.012 5% 球痢灵与 0.005% 洛克沙生联用有增效作用
氯苯胍	抗球虫药物	拌料：0.003% ~ 0.004%	可引起肉鸡肉品和蛋鸡的蛋有异味，所以产蛋鸡一般不宜使用，肉鸡应在宰前 7 天停药
氯羟吡啶	抗球虫药物	拌料：0.012 5% ~ 0.025%	产蛋鸡和鸭禁用。肉鸡和火鸡在宰前 5 天停药
地克珠利	抗球虫药物	拌料或饮水：0.000 1%	产蛋鸡禁用。肉鸡在宰前 7 ~ 10 天停药
妥曲珠利	抗球虫药物	拌料或饮水：0.002 5%	产蛋鸡禁用。肉鸡在宰前 7 ~ 10 天停药

续表

药物名称	主要用途	用法与用量	注意事项
常山酮	抗球虫药物，又名速丹	拌料：0.000 2% ～ 0.000 3%	0.000 9%可影响鸡生长。0.000 3%速丹可使水禽（鹅、鸭）中毒，因此水禽禁用
甲硝唑	抗滴虫药物、抗菌药物	饮水：0.01% ～ 0.05% 拌料：0.05% ～ 0.1%	剂量过大会引起神经症状
左旋咪唑	驱线虫药	口服：24 毫克 / 千克体重	
阿维菌素	驱线虫、节肢动物药物	拌料：0.3% 毫克 / 千克体重 皮下注射：2 毫克 / 千克体重	
伊维菌素	驱线虫、节肢动物药物	拌料：0.3% 毫克 / 千克体重 皮下注射：0.2 毫克 / 千克体重	
阿托品	有机磷中毒解救药	肌内注射：0.1 ～ 0.5 毫克 / 千克体重	剂量过大会引起中毒
碳酸氢钠	磺胺类药中毒解救药及减轻酸中毒	饮水：0.01% 拌料：0.1% ～ 0.2%	炎热天气慎用，因会加重呼吸性碱中毒。剂量大时会引起肾肿大
氯化铵	祛痰药	饮水：0.05% ～ 0.1%	
硫酸铜	抗曲霉菌药、抗毛滴虫药	曲霉菌治疗：0.05% 饮水 毛滴虫病治疗：0.05% 饮水	2% 浓度以上口服对消化道有剧烈刺激作用。鸡口服中毒剂量为 1 克 / 千克体重。硫酸铜对金属有腐蚀作用，必须用瓷器或木器盛装
碘化钾	抗曲霉菌药、抗毛滴虫药	饮水：0.5% ～ 1%	
吡喹酮	抗绦虫药、抗血吸虫药和驱吸虫药	10~20 毫克 / 千克体重	
氯硝柳胺	抗绦虫药	50~60 毫克 / 千克体重	
硫双二氯酚	抗肝片吸虫、同盘吸虫、姜片吸虫和绦虫药	100~200 毫克 / 千克体重	
氯解磷定	有机磷中毒的解救	肌内注射：鸡 20 毫克 / 只，水禽 50 毫克 / 只	作用较碘解磷定强，作用产生快，毒性较低
双复磷	有机磷中毒的解救	肌内注射：40 ～ 60 毫克 / 千克体重	易通过血脑屏障，对中枢神经系统症状的消除作用较强
双解磷	有机磷中毒的解救	肌内注射：40 ～ 60 毫克 / 千克体重	作用较碘解磷定强且持久，不易通过血脑屏障

续表

药物名称	主要用途	用法与用量	注意事项
二巯丙醇	竞争性解毒剂，多用于铜、砷中毒的解救	肌内注射：一次用量，2.5 ~ 5 毫克 / 千克体重	需多次给药
硫代硫酸钠	铜、砷中毒的解救	肌内注射：0.3 克 / 只	
亚甲蓝	亚硝酸盐中毒	静脉注射给药：5 ~ 10 毫克 / 千克体重	芳香胺药物中毒、氰化物中毒，禁止皮下或肌内注射
亚硝酸钠	氰化物中毒	静脉注射给药：10 毫克 1 次量	
乙酰胺	有机氟中毒的解毒剂	肌内注射：200 毫克 / 千克体重	

表 2　常用中药

药物名称	功能主治	用法与用量
黄连	清热燥湿，泻火解毒，治禽霍乱、鸡白痢、火鸡黑头病等	内服：0.6 ~ 1.2 克 / 只
黄柏	清热燥湿，泻火解毒，退虚热	内服：0.6 ~ 2 克 / 只
苦参	清热燥湿，祛风杀虫，利尿	内服：0.3 ~ 1.5 克 / 只
龙胆草	清热燥湿，泻肝火	内服：1.5 ~ 3 克 / 只
穿心莲	清热燥湿	内服：3 ~ 6 克 / 只
板蓝根	清热解毒，凉血，利咽	内服：1 ~ 4.5 克 / 只
金银花	清热解毒，透表止痢	内服：1.2 ~ 2.4 克 / 只
鱼腥草	清热解毒，利水消肿	内服：0.75 ~ 6 克 / 只
蒲公英	清热解毒，散结消肿，利湿	内服：1.5 ~ 3 克 / 只
马齿苋	清热解毒，利湿，凉血	内服：1.5 ~ 6 克 / 只
连翘	清热解毒，散结消肿，疏解风热，与银花配伍使用	内服：0.6 ~ 1.8 克 / 只
野菊花	清热解毒	内服：1.5 ~ 3 克 / 只
白头翁	清热解毒，凉血止痢	内服：1.5 ~ 3 克 / 只
山豆根	清热解毒，利咽喉，散结止痛	内服：0.6 ~ 1.8 克 / 只
青蒿	退虚热，凉血，解暑，截疟	内服：1 ~ 2 克 / 只
鸦胆子	清热解毒，截疟治痢，腐蚀赘疣	内服：1 ~ 3 粒 / 只
射干	清热解毒，祛痰利咽，活血祛淤	内服：0.3 ~ 1 克 / 只

续表

药物名称	功能主治	用法与用量
生地黄	清热凉血，养阴生津	内服：0.9 ~ 1.8 克 / 只
玄参	清热解毒，凉血养阴	内服：1.2 ~ 3 克 / 只
石膏	清热泻火，除烦止渴	内服：1.5 ~ 6 克 / 只
知母	清热泻火，滋阴润燥	内服：0.6 ~ 1.8 克 / 只
天花粉	清热生津，消肿排脓	内服：0.9 ~ 1.8 克 / 只
栀子	泻火除烦，清热利湿，凉血解毒	内服：1.5 ~ 3 克 / 只
麻黄	发汗解表，宣肺平喘，利水消肿	内服：0.15 ~ 1 克 / 只
桂枝	发汗解表，温中补阳，散寒止痛，祛风湿，除冷积	内服：0.6 ~ 1.5 克 / 只
防风	祛风解表，去湿，止痛，解痉	内服：1.5 ~ 3 克 / 只
荆芥	祛风解表，凉血	内服：1.5 ~ 3 克 / 只
白芷	散寒通窍，祛风止痛，消肿排脓	内服：1.5 ~ 6 克 / 只
薄荷	疏散风热，清头目，利咽喉，透疹毒	内服：0.6 ~ 1.5 克 / 只
柴胡	和解退热，疏肝解郁，升举阳气	内服：1.2 ~ 3 克 / 只
大黄	泻下攻积，清热泻火，解毒，活血祛淤	内服：1.5 ~ 3 克 / 只
防己	祛风湿，止痛，利水	内服：1.2 ~ 1.8 克 / 只
苍术	燥湿健脾，祛风湿	内服：1.2 ~ 2.4 克 / 只
厚朴	行气燥湿，降逆平喘	内服：1.5 ~ 2.4 克 / 只
白豆蔻	化湿行气，温中止呕	内服：0.5 ~ 1.5 克 / 只
藿香	芳香化湿，开胃止呕，发表解暑	内服：0.6 ~ 1.8 克 / 只
海金沙	清热解毒，利尿止痛	内服：0.9 ~ 1.8 克 / 只
茯苓	利水渗湿，健脾宁心	内服：1.5 ~ 3 克 / 只
小茴香	散寒止痛，理气和胃，祛痰补阳	内服：0.3 ~ 0.8 克 / 只
吴茱萸	散寒止痛，降逆止呕，助阳止泻	内服：0.15 ~ 0.45 克 / 只
花椒	温中止痛，杀虫止痒	内服：0.2 ~ 0.6 克 / 只
陈皮	燥温化痰	内服：1.5 ~ 3 克 / 只
枳实	破气消积，化痰除痞	内服：0.3 ~ 1 克 / 只
香附	疏肝理气，止痛，散结	内服：1 ~ 3 克 / 只
山楂	消食化积，破气散淤	内服：0.9 ~ 2.4 克 / 只

续表

药物名称	功能主治	用法与用量
神曲	消食和胃	内服：0.3 ~ 1.5 克 / 只
仙鹤草	收敛止血，解毒，止痢，杀虫	内服：0.9 ~ 1.5 克 / 只
地榆	凉血止血，解毒敛疮	内服：0.9 ~ 1.8 克 / 只
乳香	活血止痛，消肿生肌	内服：0.3 ~ 1 克 / 只
红花	活血通经，散淤止痛	内服：0.3 ~ 1 克 / 只
丹参	活血化淤，顺气止痛，安神	内服：0.6 ~ 1.8 克 / 只
半夏	燥湿化痰，降逆止呕，消痞散结	内服：0.3 ~ 1 克 / 只
桔梗	宣肺，利咽，祛痰排脓	内服：1 ~ 1.5 克 / 只
百部	润肺止咳，杀虱杀虫	内服：0.3 ~ 1 克 / 只
冰片	开窍醒神，清热止痛	内服：3 ~ 10 毫克 / 只
白术	补气健脾，燥湿利水	内服：1.2 ~ 1.8 克 / 只
黄芪	补气升阳，益卫固表，托里生肌，利水消肿	内服：1 ~ 2 克 / 只
党参	补气益脾，养血生津	内服：0.6 ~ 1.5 克 / 只
甘草	益气补中，清热解毒，祛痰止咳，缓急止痛，缓和药性	内服：0.6 ~ 3 克 / 只
当归	补血活血，止痛润肠	内服：0.6 ~ 1.8 克 / 只
何首乌	补血生精，解毒，润肠，通便	内服：1.5 ~ 3 克 / 只
诃子	涩肠，敛肺，利咽，下气	内服：0.6 ~ 1.5 克 / 只
乌梅	敛肺，涩肠，生津止渴，驱蛔止痢	内服：0.6 ~ 1.5 克 / 只
金樱子	固精缩尿，涩肠止泻	内服：0.6 ~ 1.8 克 / 只
常山	涌吐痰饮，截疟	内服：0.5 ~ 3 克 / 只
樟脑	开窍辟秽	内服：10 ~ 20 毫克 / 只
雄黄	解毒，杀虫	内服：0.03 ~ 0.1 克 / 只
明矾	解毒杀虫，燥湿止痒，止血止泻，清热消痰	内服：0.1 ~ 0.3 克 / 只
蛇床子	温肾壮阳，散寒祛风，燥湿杀虫	内服：0.3 ~ 1 克 / 只

5. 消毒防腐剂的配制和使用 消毒防腐剂是具有杀灭或抑制病原微生物生长繁殖的一类药物。消毒防腐剂与抗生素和其他抗菌药物不同，这类药剂没有明显的抗菌谱。在临床应用达到有效浓度时，往往对机体脏器产生损伤作用，一般不作全身给药。

本类药剂可分为消毒剂和防腐剂。消毒剂是指能杀灭病原微生物的化学药剂，主要用于环境、禽舍、动物排泄物、用具和手术器械等非生物表面的消毒。防腐剂是指能抑制病原微生物生长繁殖的化学药剂，主要用于抑制生物体表（皮肤、黏膜和创面等）微生物感染，也用于食品及生物制品等的防腐。防腐剂和消毒剂是根据用途和特性来分类的，两者之间并无严格的界限，低浓度的消毒剂仅能抑菌，而高浓度的防腐剂也能杀菌。由于有些防腐剂用于非生物体表时不起作用，而有些消毒剂会损伤活组织，因而两者不应替换使用，绝大部分消毒防腐剂只能使病原微生物的数量减少到公共卫生标准所允许的限量范围内，而不能达到完全灭菌。当发生传染病时，对环境进行临时消毒和终末消毒；无疫病时对环境进行预防性消毒等都可以选用化学方法，即应用消毒剂。因此，消毒剂在防治动物传染病和提高畜牧生产经济效益上，具有重要的现实意义。

常见的消毒防腐剂主要有以下几种：

（1）过氧乙酸溶液：浓度 0.3%，作用强、迅速，为广谱消毒剂。

（2）二氯异氰脲酸盐：（50 ~ 100）$\times 10^6$，重大疫病流行期间，可在饮水中加 25×10^6 的二氯异氰脲酸盐，让禽自由饮水。

（3）含碘制剂：不能使用 2%、5% 的碘做带体消毒，各种含碘消毒剂包括复方碘制剂带体消毒的浓度（以碘含量计）为 0.005% ~ 0.01%。

（4）酚类消毒剂：单方酚类消毒剂不得做带体消毒使用。复合酚消毒剂可按 1 ：（500 ~ 1 000）的稀释度用于带体消毒。

（5）次氯酸钠：带体消毒浓度为 0.1%。

（6）季铵盐类消毒剂：本类药剂对病毒效果较差，常用的品种有新洁尔灭、度米芬、消毒净、癸甲溴氨。本类药剂的刺激性较低，可以用较高的浓度来做带体消毒，控制细菌性疾病有较好效果。如新洁尔灭带体消毒浓度为 0.1%。可以用带有杀病毒作用成分的复方季铵盐类做带体消毒来控制病毒性疾病。通常度米芬和消毒净的带体消毒浓度为 0.02%，癸甲溴氨带体消毒浓度为 0.01%。

（7）聚维铜碘溶液：用于皮肤消毒、手术消毒、黏膜创面冲洗，乳头浸泡及皮肤病的治疗，场地环境、器具、栏舍、饮水消毒，带禽消毒。饮水消毒按 1：10 000 倍稀释，定期使用；带禽喷雾消毒 1 ：（1 000~2 000）倍水消毒；场地消毒、种蛋液泡消毒 1 ：500 倍水稀释使用；器具消毒 1 ：1 000 倍水稀释使用；足部药浴消毒剂 1 ：700 倍水稀释使用；严重疫情暴发 1 ：600 倍水稀释使用。

（8）月苄三甲氯铵：广谱性消毒剂，对病毒、细菌、支原体、弓形体等病原体有强效杀灭作用，畜禽舍消毒稀释 300~500 倍，器具浸泡稀释 1 000 ~ 1 500 倍，种蛋消毒稀释 2 000 倍，可带禽消毒。

（9）氢氧化钠：对细菌、芽孢、病毒和寄生虫卵都有杀灭作用。本品有强烈的腐蚀性，禁用于金属器械及纺织品的消毒，更应避免接触家畜皮肤。2% 的氢氧化钠溶液：取氢氧化钠

1 千克，加水 49 千克溶解搅拌均匀即成，常用于病毒性疾病的消毒，如猪瘟、新城疫及细菌性感染时的环境及用具的消毒。5%的氢氧化钠溶液：取氢氧化钠 2.5 千克，加水 47.5 千克搅匀即成，用于炭疽的消毒。10%的氢氧化钠溶液：取氢氧化钠 5 千克，加水 45 千克搅拌均匀，用于结核杆菌的消毒。

（10）氢氧化钙：用于猪丹毒、猪肺疫、疥癣、布氏杆菌病、鸡痘等病污染物的消毒。石灰粉：生石灰块5千克，加水1.5～2千克，使其化为粉状，泼撒于畜禽舍地面、出入口及运动场等地，有吸潮作用，过久无效。10%～20%的石灰乳液：生石灰块5千克，加水5千克化为糊后，再加水到25～50千克，搅拌均匀，涂刷畜禽舍墙壁等，现配现用。

（11）漂白粉：常用 10%～20%的漂白粉混悬液。取漂白粉 5 千克，加水 20～45 千克，充分搅拌，能杀灭细菌、病毒及炭疽芽孢，用于圈舍、车辆、场地、排泄物等的消毒。饮水消毒每 1 000 毫升水中加入 0.3～1.5 克漂白粉。污水池消毒 1 米^3 水中加入 8 克漂白粉。现配现用，本品具有腐蚀性，避免用于金属器械的消毒。

（12）70%～75%的乙醇：取 95%的乙醇 71.84～77.20 毫升加蒸馏水至 100 毫升搅匀。用于皮肤、针头、体温计等的消毒，本品易燃，勿近火。

（13）5%碘酊：碘片 5 克、碘化钾 2.5 克，先取碘化钾加适量乙醇溶解后，再加入碘片研磨，使其完全溶解后加 75%的乙醇至 100 毫升。外用有强大的杀菌力，常用于皮肤消毒。饮水消毒每升水加入 5%碘酊 8～10 滴，振荡 15 分钟，可杀灭细菌而供饮用。忌与甲紫溶液、汞溴红溶液同用。

（14）5%碘甘油：碘片 5 克、碘化钾 5 克、蒸馏水 5 毫升，甘油适量。配制方法：取碘化钾加水溶解，再加入碘片完全溶解后，加入甘油至 100 毫升。局部用于口腔黏膜、舌黏膜、齿龈感染及泄殖腔黏膜、阴道黏膜等炎症和溃疡。1%碘甘油可用于鸡痘、鸽痘局部的涂擦。

（15）苯酚：对细菌、真菌和病毒有杀灭作用，对芽孢无作用。取苯酚 0.2～0.5 千克，加水至 10 千克，搅拌均匀制成 2%～5%的水溶液用于消毒圈舍、污物、蛋箱等，应注意本品对皮肤有刺激作用。

（16）甲酚皂溶液：毒性较苯酚小，杀菌作用更强。对细菌、真菌和病毒有杀灭作用，但难以杀灭芽孢。5%溶液：取来苏儿液 2.5 千克，加水 47.5 千克搅匀，用于畜禽舍、排泄物及场地等的消毒。1%或 2%溶液：取来苏儿 0.1 千克，加水 10 千克或 5 千克搅匀，用于体表、手和器械的消毒。

（17）10%臭药水：取臭药水 5 千克，加水 45 千克混合均匀即成 10%的乳状液，用于圈舍、场地及用具的消毒，3%的溶液可驱除体外寄生虫。

（18）高锰酸钾：是一种强氧化剂，常用于饮水罐、水槽和食料槽的消毒，也用于皮肤、腔道的冲洗。0.1%或 0.2%溶液：取高锰酸钾粉 1 克或 2 克，加水 1 升，溶解搅匀即成。0.1%的溶液用于腔道冲洗，0.2%的溶液用于皮肤创伤消毒。

第二部分

禽病类症鉴别与防治

第三章　呼吸系统疾病类症鉴别与防治

禽类呼吸系统由鼻、咽、喉、气管、支气管、气囊组成，是禽类与外界进行物质交换的门户，最容易受到来自外界的病原微生物（包括细菌、病毒、支原体、寄生虫、霉菌和真菌）、物理化学刺激（如寒冷、化学物质、有毒物质吸入、机械性刺激）等的影响而引起呼吸道疾病。在临床上，尤其在规模化养殖情况下，最为常见的禽类呼吸系统疾病是禽流感、非典型鸡新城疫、传染性支气管炎、传染性喉气管炎、支原体感染即慢性呼吸道病、传染性鼻炎、曲霉菌病等。该类疾病传播速度快、易复发、危害大，在临床上可能单一存在，也可以合并感染而成呼吸道综合征。其不但严重影响家禽健康，有的疾病如禽流感也会影响人类，也是影响家禽业生产经济效益的重要因素，更是禽类疾病预防的重点和难点。本章主要讨论此类呼吸道疾病的病原、流行特点、症状和剖检病变等，并进行类症鉴别，给出防控措施。

第一节　禽流感

禽流感（AI）是由 A 型流感病毒引起的家禽和野禽的一种从呼吸系统到严重全身败血症等多种疾病综合征，又称真性鸡瘟、欧洲鸡瘟。WOAH（世界动物卫生组织）将之列为 A 类传染病，是危害养禽业的头号大病。禽流感呈世界分布。1878 年首次报道，其后历史上多次发生和流行，2003~2004 年亚洲流感风暴使得东南亚一些国家的养禽业受到严重打击。2005 年至今仍然发生于世界多数国家。每次均导致严重经济损失。此外，一些亚型禽流感毒株如 H5、H7、H9 等毒株可以感染人，使得该病又具有公共卫生意义。因此做好禽流感的防控不但利于家禽生产，也利于人类健康。

一、病原

禽流感的病原为A型流感病毒。基于病毒血凝素（HA）和神经氨酸酶（NA）表面抗原，可将病毒分为不同的亚型，迄今共有16种HA和10种NA，可有多个亚型组合。不同亚型毒株间致病力差异大，危害程度不一。感染鸡表现不一：严重的呼吸系统疾病、产蛋率下降、致死率很高的急性出血性疾病（部分H7和H5亚型毒株引起），或亚临床症状如轻微的呼吸道感染、轻微的产蛋率下降（H9N2亚型毒株引起），或无症状隐性带毒。病毒遗传特性也决定了其毒力容易发生变异，导致病毒的毒力和致病性改变。野生水禽/鸟类是天然宿主。

二、流行特点

鸡和火鸡感染后发病最为严重，鸭、鹅、鸽也可感染并发生严重疾病，或隐性感染或带毒。新近出现的、曾经认为对鸡致病力很弱的H7N9亚型禽流感病毒株致病力增强并引起禽类发病，应该重视。

禽流感病毒感染宿主有扩大趋势，呈现多样性变化。88种22科禽鸟均有感染/带毒，多种哺乳动物可感染（包括人类）。如对水禽致病力增强，并引起鸭和鹅甚至野生水禽的发病和死亡颠覆了人们“水禽只带毒、排毒，不发病”的传统认识；也可致死猫科动物如老虎、猫等；流感病毒的自然宿主野鸟也不例外。

传染源为患病禽或者其他动物，以及带毒动物。带毒动物可通过呼吸道、消化道或者结膜排出病毒，经直接接触和吸入、粪－口途径感染，或者接触被病毒污染的物品而感染，如野生鸟粪和哺乳动物、饲料、水、设备、物资、笼具、衣物、运输车辆和昆虫等。

本病无季节性。环境不良如气候突变、冷刺激，管理不善，饲料中营养物质缺乏等均是本病的风险因素。在我国，禽流感在秋冬、冬春季节的流行和发生频率高于夏季、秋季。

禽流感的流行趋势呈现某一个亚型流感为主导向多亚型流感共存发生和流行的局面。如我国就出现过H9N2AI、H5N1AI、H5N2AI、H5N6AI、H7N9AI等，这增加了防控的复杂性。有时在某一相对封闭的地理区域，没有外来干预或新毒株引进的情况下，会具有一定的区域性特征，在这些区域禽流感有可能成为地方流行性疾病。此外，普遍防疫导致大规模的流行不多见，但局部散在性流行或成常态。

经典的高致病力毒株如H5和H7亚型病毒危害大，造成严重的家禽死亡，甚至感染人，经济损失惨重；低致病流感病毒如H9N2亚型病毒感染时，症状轻微，主要表现为呼吸道症和产蛋率下降。但随着我国普遍进行流感免疫的政策的执行，免疫鸡群存在一定的抗体使得鸡群患流感时的临床表现出现新变化，即免疫鸡群禽流感的“温和化”和“非典型化”，导致临床表现出现新特点。如产蛋鸡群患流感后表现为产蛋率不下降、无呼吸道变化、蛋色不变的新案例等。

病毒的多样性和生态学复杂性使得禽流感的防控成为一场持久战。

三、症状

禽流感的潜伏期一般为4～5天。因感染禽的品种、日龄、性别、环境因素、病毒的毒力不同，病禽抗体水平各异使得禽流感的临床表现形式多样，轻重不一。传统上分为最急性型、急性型、亚急性型（亚临床感染）和隐性感染。这里不再介绍隐性感染。

（1）最急性型：由高致病性流感病毒引起，病禽不出现前驱症状，发病后急剧死亡，死亡率可达 90% ~ 100%。

（2）急性型：由高致病性病毒（如 H5、H7 亚型毒株）引起，病禽体温升高，精神极度沉郁（图 1），食欲下降或废绝，下痢；鸡冠发绀呈暗红色，或坏死，或苍白；头部、面部浮肿；脚鳞出现紫色出血斑。部分病鸡出现头颈和腿部麻痹、抽搐等神经症状。病程 1 ~ 2 天，死亡率可达 100%。有时无明显症状即可见到鸡只死亡。当前这类流感已不多见。

图 1　高致病性禽流感病鸡精神极度沉郁，或有神经症状，临床上容易与典型新城疫病鸡混淆（王新卫供图）

（3）亚急性型（亚临床感染）：由低致病性病毒（如H9亚型流感病毒）引起，病禽表现咳嗽、啰音、流泪、流鼻液、鼻窦肿胀、呼吸困难。部分病鸡鸡冠和肉垂增厚2 ~ 3倍，表面结痂。产蛋率下降15% ~ 35%，甚至50%以上。病程较长，发病率高，死亡率低。

以上症状可以单独出现或几种同时出现。但近年来，随着对禽流感全国性防疫的开展，典型的高致病性禽流感已经不多见，但高密度的免疫导致出现新的临床表现类型。笔者在临床上曾经遇到常见的四种类型的高致病性禽流感，这里介绍如下以做补充。第一种类型临床表现为高死亡率，每天死亡几十只不等；发病的产蛋鸡群产蛋率急剧下降，从 90% 降低至 20% 或者以下；全身症状明显，采食量显著下降或者废绝，大量喝水；拉黄白绿便（图 2）；有呼吸道变化但不明显。该类型禽流感预后不良居多。第二种类型临床表现为产蛋率不下降，无呼吸道变化，大群临床表现正常，但每天死亡鸡 10 ~ 60 只不等，持续 2 ~ 3 周，发病鸡群的环境较好，有一定的抗体水平。第三种类型临床表现为产蛋率下降达到 30% 左右，大群

图 2　禽流感病鸡拉黄白绿便，很难与新城疫感染区分（王新卫供图）

零星死亡，每天可能死亡 1 ～ 5 只不等，但全群正常，呼吸道症状不明显。这类鸡群也存在一定程度的抗体水平，管理较好。但此类鸡群的临床变化特别类似新城疫的临床表现，经验不丰富的兽医常常判断失误，当作新城疫处理，而导致严重的经济损失。第四类临床表现与第一类相似，但出现神经症状。目前表现为神经症状的鸡群越来越多。该类鸡群可能存在非典型新城疫混合感染。对这类鸡群的处理更为复杂。

对低致病性禽流感，如成年鸡的 H9N2 流感则表现为多发于免疫过的成年鸡。临床表现较典型的 H9N2 症状缓和，精神如常或轻度减食，有轻度呼吸道症状，打呼噜，怪叫，轻度腹泻，产蛋率下降 10% ～ 30%（一般 10% 左右），蛋壳发白（注意与非典型新城疫与禽脑脊髓炎区别），持续 3 ～ 5 周后，产蛋量开始恢复。一般很少死亡，但并发感染时严重死亡，死亡鸡有卵黄性腹膜炎，除个别死鸡腺胃少许出血，输卵管内有白色的分泌物外，多数无特征性病变。感染鸡群 HI 抗体迅速上升，高达 13log2 以上。高产鸡感染后有时也表现为输卵管萎缩。青年鸡感染低毒流感病毒后表现为输卵管内形成炎性干酪样物。对肉鸡，H9 亚型流感病毒感染成为常态，危害严重，而且多发生于免疫空白期。感染鸡支气管常有炎性干酪样物形成的炎性栓塞，这使得越是肥大的鸡因窒息而死亡的风险越高。

四、剖检病变

禽流感的剖检病变因感染毒株不同、禽群是否防疫过疫苗等而不同。

最急性死亡的病禽常无眼观变化。急性者可见头部和颜面水肿（图 3 左），鸡冠、肉髯肿大达 3 倍以上，或者发绀、坏死（图 4 左）；皮下有黄色胶冻样浸润（图 3 右），胸部肌肉淤血、出血，肋骨间出血（图 5），腹部脂肪有出血点或斑（图 6 左）；心外膜有点状或条纹状坏死，心肌出血（图 7 ～图 9）；病鸡腿部肌肉淤血或者出血（图 4 右）。消化道变化表现为腺胃不同程度地出血，有时腺胃与肌胃交界处有出血带，腺胃附有大量炎性物质，或者腺胃乳头水肿（图 10）；肌胃角质层下出血（图 10）；十二指肠、盲肠扁桃体、直肠和泄殖腔充血、出血（图 6 右，图 11）；肝、脾淤血、肿大，有白色小块坏死（图 12，图 13），肾脏肿大、出血或坏死（图 14）；气管出血（图 15），有炎性分泌物或有干酪样坏死，肺脏淤血、出血、坏死（图 16）；胰脏出血、不同程度坏死（图 17，图 18）；胸腺萎缩，有程度不同的点状、斑状出血；法氏囊萎缩或呈黄色水肿，有充血、出血；母鸡卵泡充血、出血、变形，或有卵泡破裂，形成卵黄性腹膜炎（图 19）。输卵管水肿、充血，内有浆液性、黏液性或干酪样物质（图 20）。公鸡睾丸变性、坏死。

而温和型的禽流感病禽则症状轻微，多以卵黄性腹膜炎为特点。另外，免疫使得高致病性禽流感的病变变得非典型，如腺胃出血的减少及上呼吸道的出血变化在免疫鸡群发生流感后少见，临床医生应该注意。

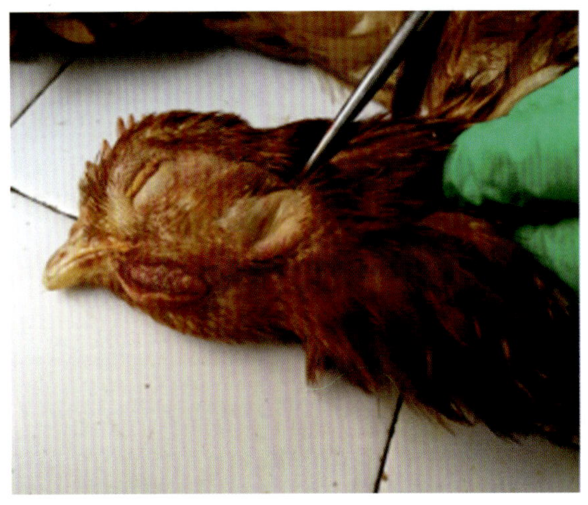
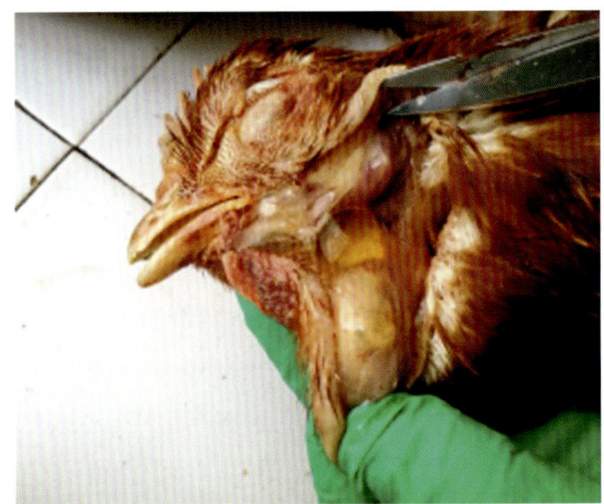

图3　高致病性禽流感病死鸡颜面水肿（左），皮下有胶冻样炎性物浸润（右）（王新卫供图）

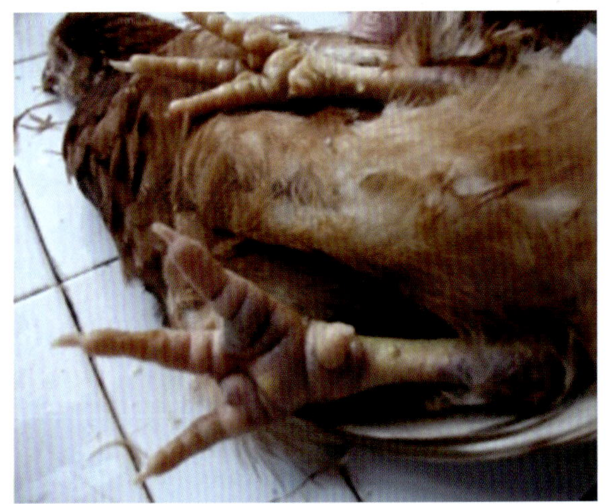

图4　禽流感病鸡冠和肉髯严重发绀、坏死，呈黑色（左），跖趾部、足垫等处淤血或者出血（右）（王新卫供图）

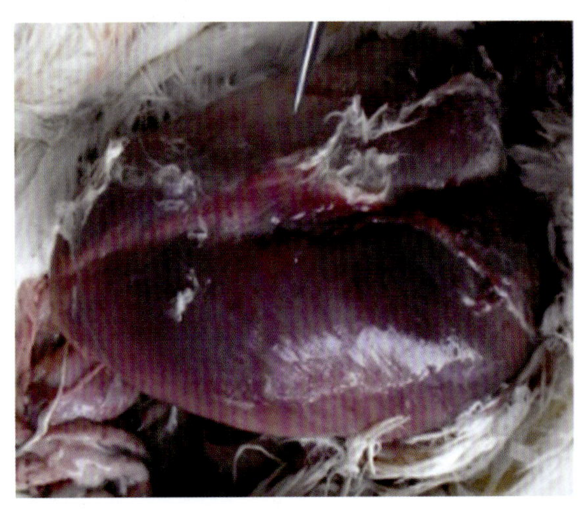
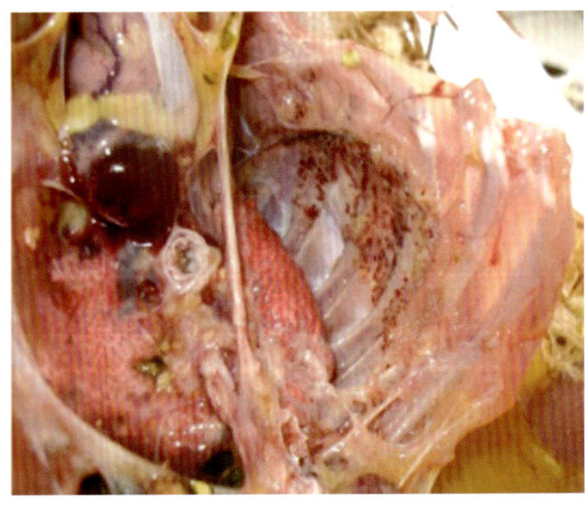

图5　强毒流感病死鸡胸部肌肉淤血或出血（左），肋骨或者肋骨间出血（右）（王新卫供图）

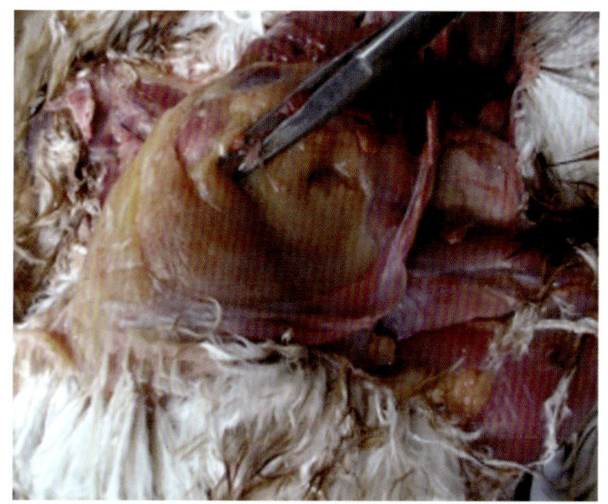

图 6　禽流感病死鸡腹部脂肪出血（左），直肠严重出血（右）（王新卫供图）

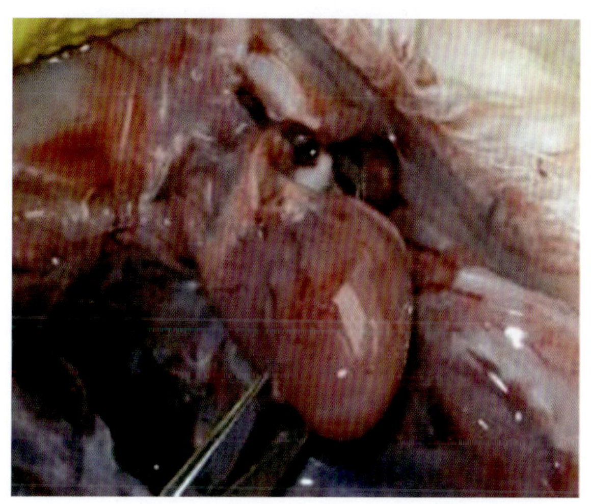
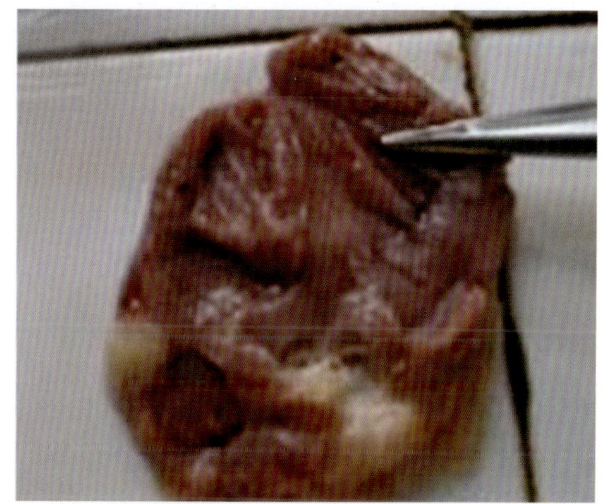

图 7　禽流感病死鸭心脏出血（左），心肌出血（右）（王新卫供图）

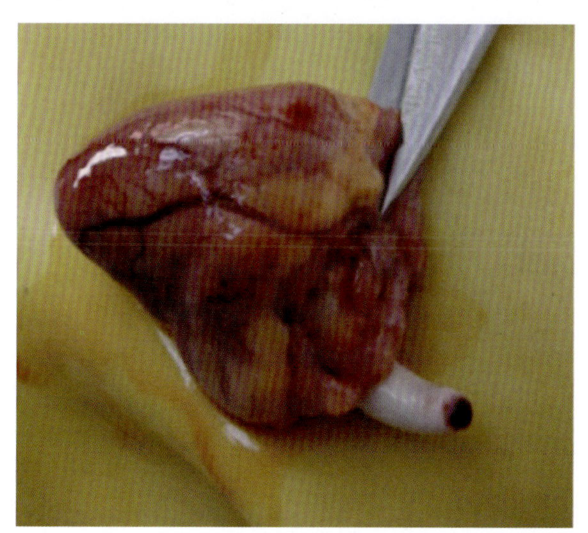
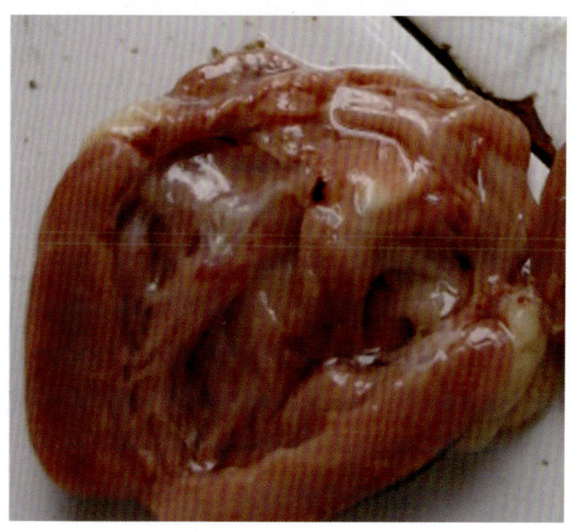

图 8　禽流感病死鸡心冠脂肪和心脏出血（左），心肌出血（右）（王新卫供图）

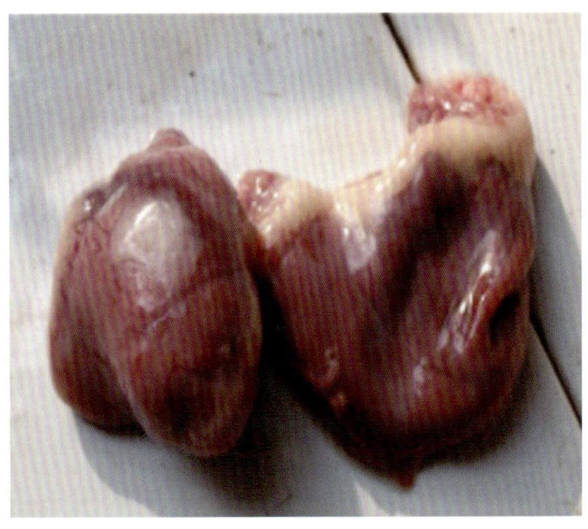

图 9　禽流感病死鹅心脏出血（王新卫供图）

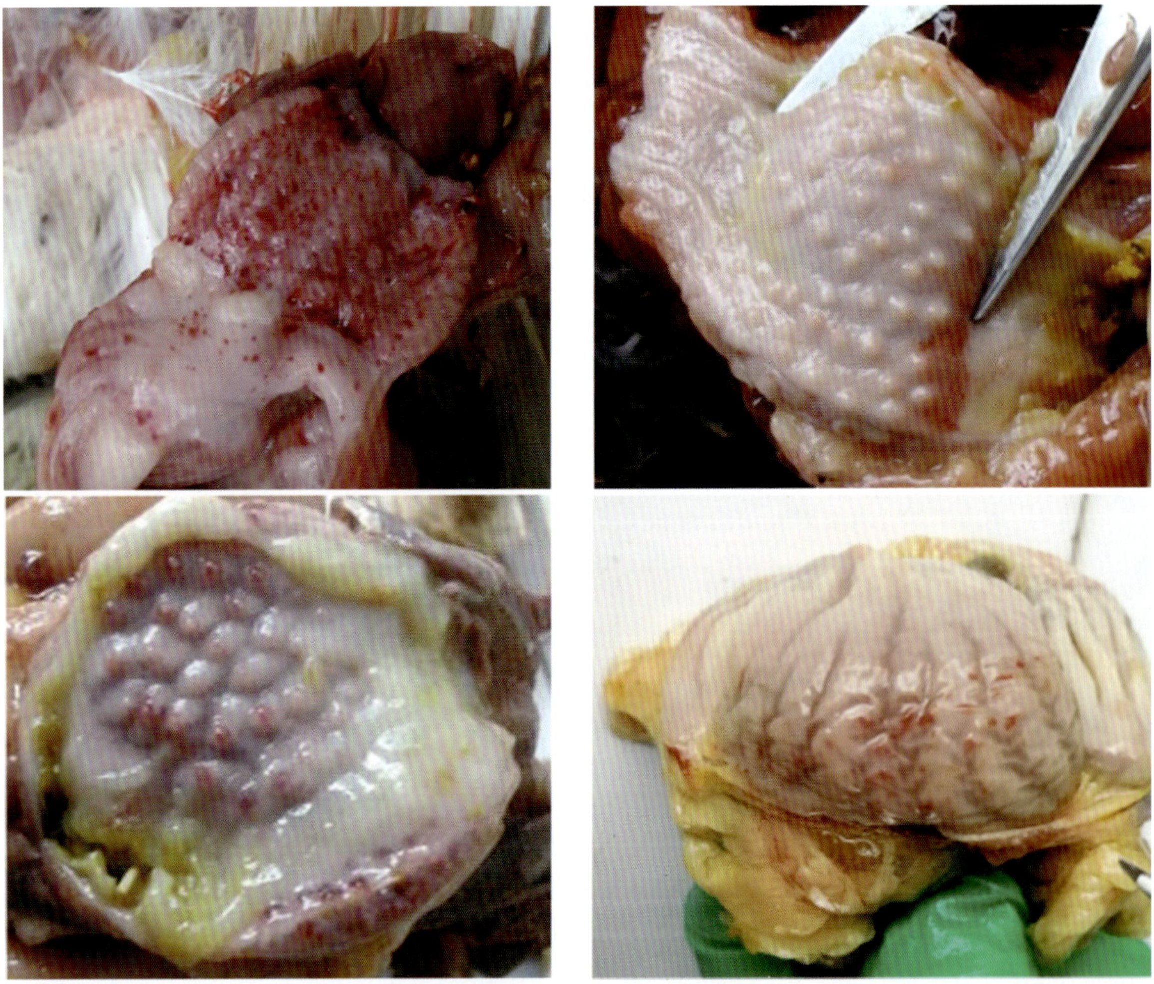

图 10　禽流感病死鸡腺胃不同程度地出血，有时腺胃与肌胃交界处有出血带，腺胃附有大量炎性物质；肌胃角质层下出血（王新卫供图）

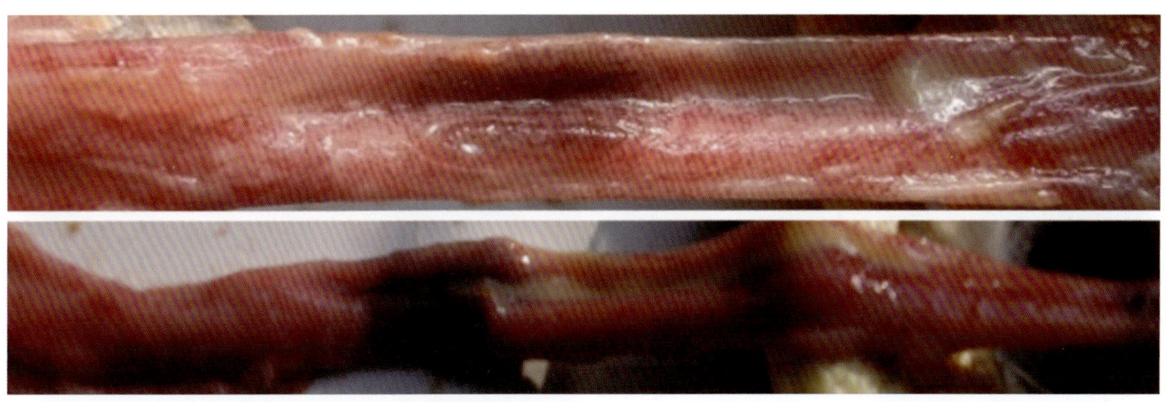

图 11　禽流感病死鹅肠道严重出血，淋巴滤泡肿胀出血、坏死（王新卫供图）

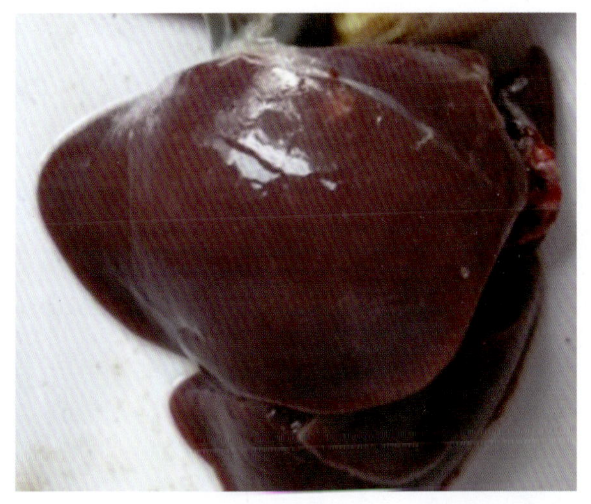

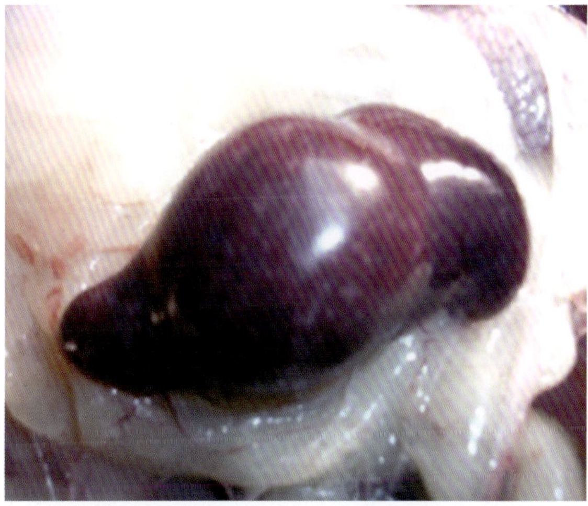

图 12　禽流感病死鸭肝脏肿大，有灰白色坏死灶或点（左）；禽流感病死鹅脾脏坏死呈花斑状，急性病例并不肿大（右）（王新卫供图）

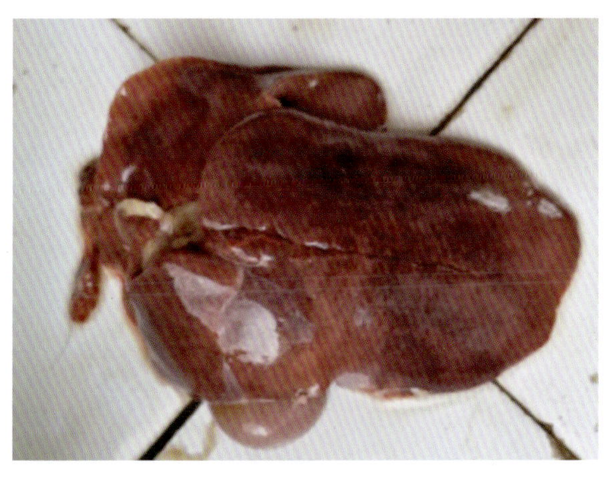

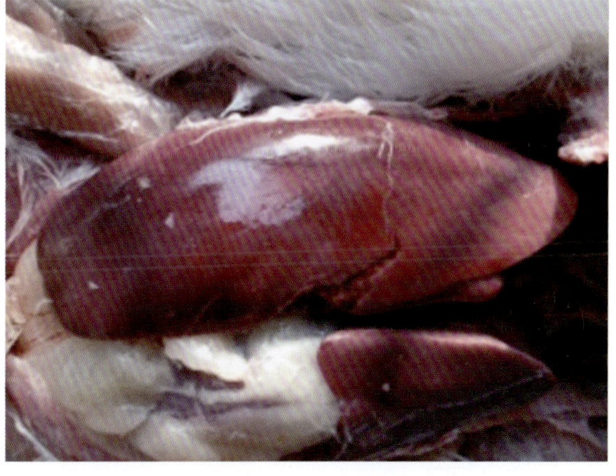

图 13　禽流感病死鸡肝脏不同程度坏死（左）；禽流感病死鹅肝脏坏死，肿大（右）（王新卫供图）

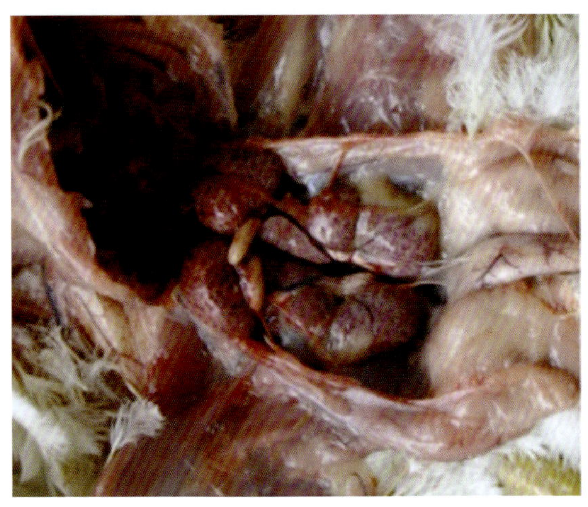

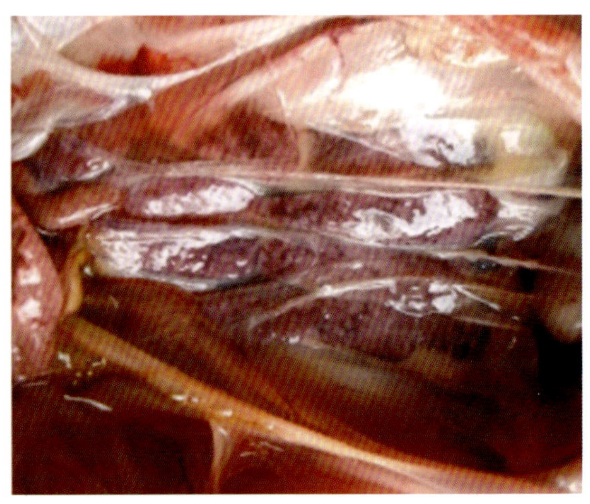

图 14　禽流感病死鸡肾脏肿大或出血、坏死（左）；禽流感病死鹅肾脏出血或淤血、坏死（右）（王新卫供图）

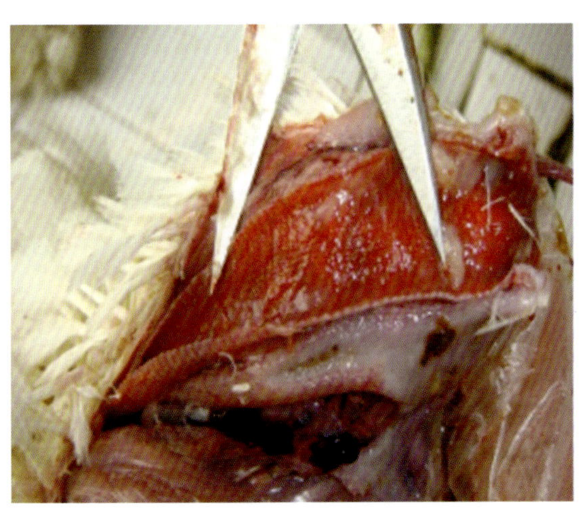

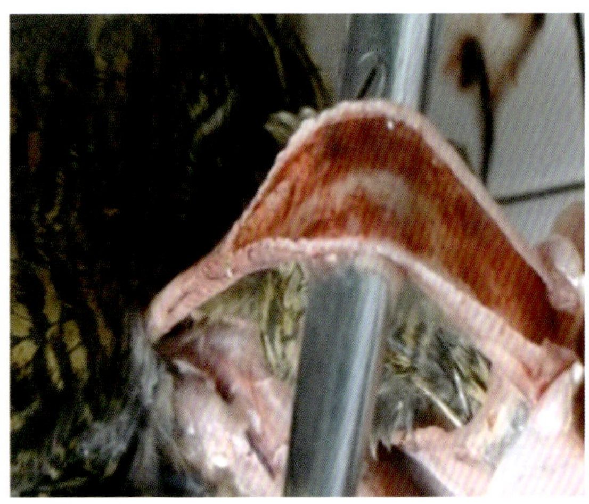

图 15　强毒流感病毒株感染病死禽气管严重出血（左图鸡，右图山鸡），并有分泌物。免疫鸡群则病鸡气管少见类似变化（王新卫供图）

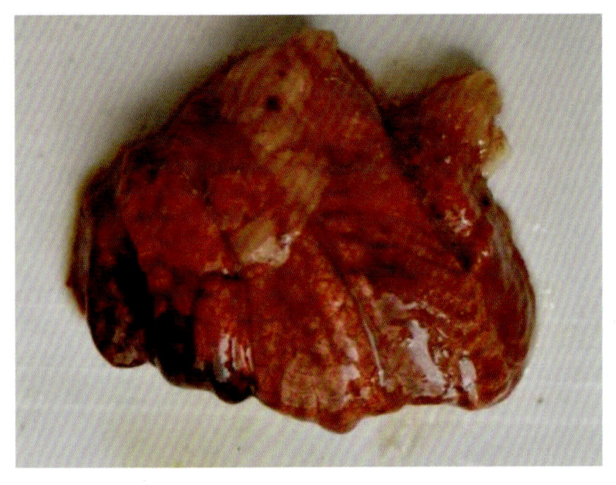

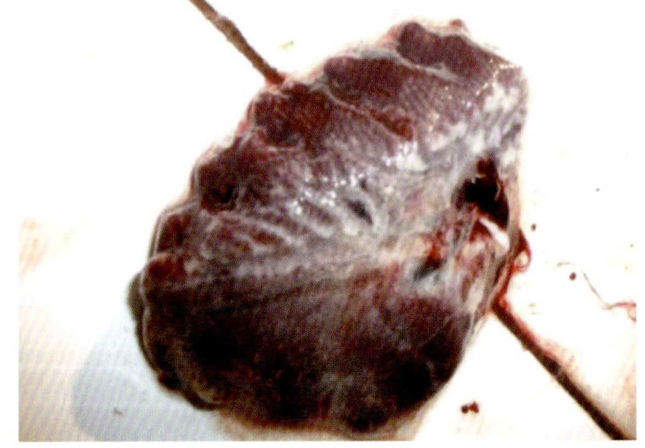

图 16　高致病性禽流感病死鸡肺脏出血、淤血、坏死，色暗紫（左）；病死鹅肺脏淤血或者出血、坏死（右）（王新卫供图）

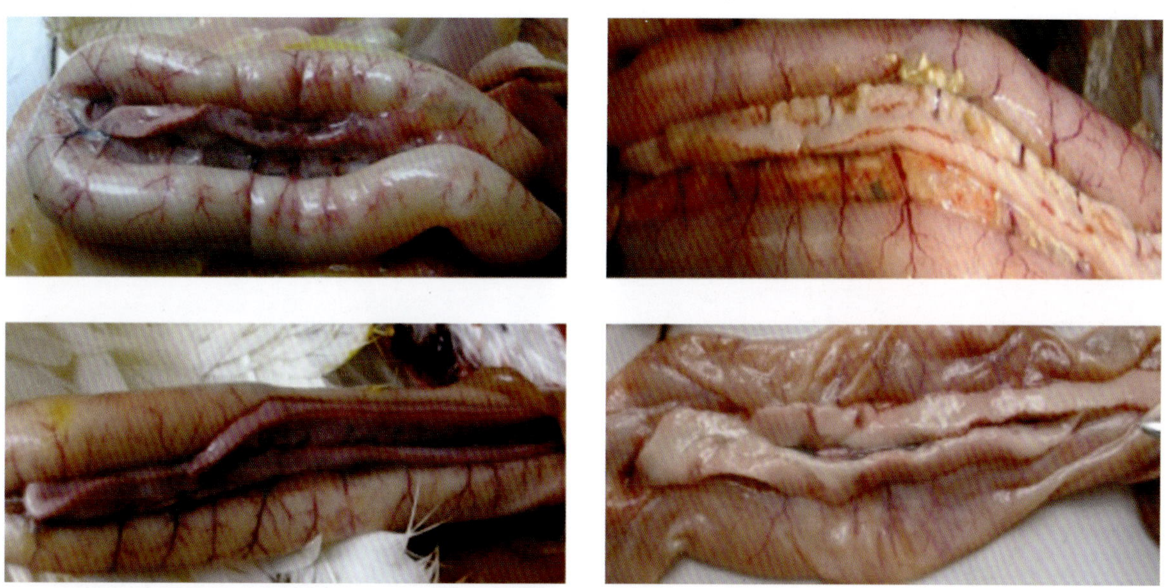

图 17　禽流感病死鸡胰脏程度不一的边沿出血、透明状或者斑状坏死（王新卫供图）

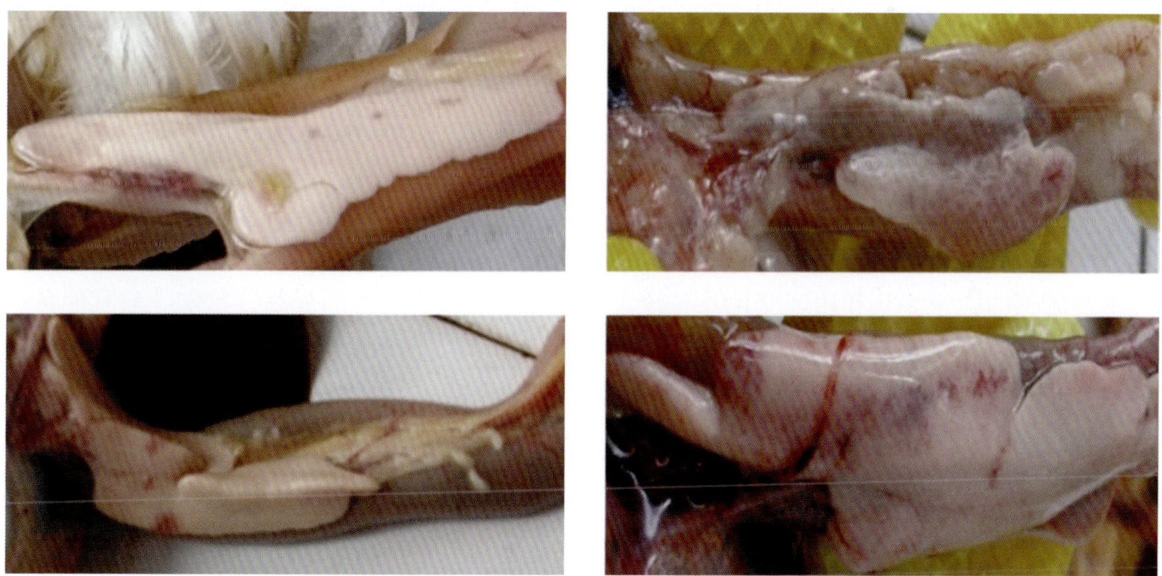

图 18　禽流感病死鸭胰脏淤血或出血和坏死，或灶性坏死和透明状坏死，表现不同（王新卫供图）

图 19　禽流感病死鸡卵泡出血、坏死、变性、变形或者脱落于腹腔，后期形成卵黄性腹膜炎（王新卫供图）

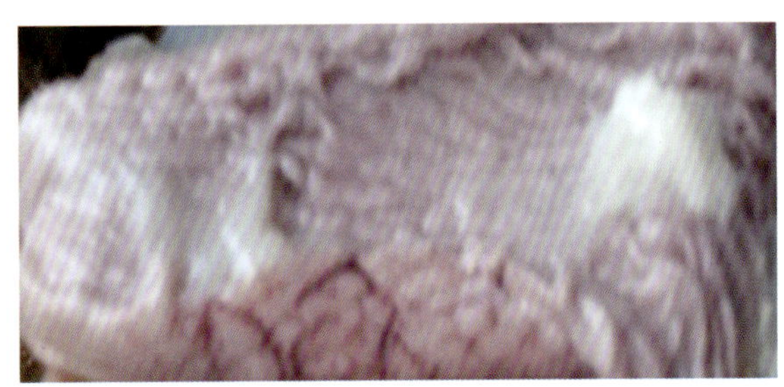
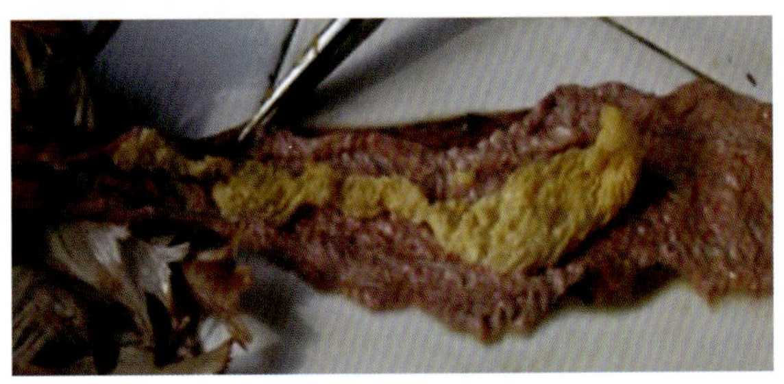

图 20　禽流感病死鸡输卵管有炎性分泌物，初期呈糨糊样（左），后期呈干酪样（右）（王新卫供图）

五、类症鉴别

禽流感的临床症状和病理变化差异较大，确诊必须依靠病毒的分离、鉴定。与其他禽病的诊断区别如下。

（1）与新城疫的鉴别：高致病性禽流感病禽常见胰脏坏死、出血，脚鳞出血（目前因强制免疫的出现，典型的脚鳞出血已经不多见，仅仅在一些散养鸡群感染后出现），肿头，而且输卵管多出现糨糊样或干酪样炎性渗出物，初白色，后期干酪样。但新城疫主要在病鸡十二指肠腺体、盲肠扁桃体、淋巴滤泡出现肿胀，出血，形成枣核状坏死，而且有时新城疫腺胃出血时多在嗉囊与腺胃交界处。低致病性禽流感与新城疫类似，但可通过抗体监测来确诊和区别。

（2）与传染性喉气管炎的鉴别：传染性喉气管炎多发于成年产蛋鸡群，病鸡极度呼吸困难，犬坐式呼吸，常咳出带血痰液，并可在走道、笼具、食槽等处发现有带血黏液。而且传染性喉气管炎很少见到消化道症状。而禽流感则可发生于任何日龄，兼有呼吸道和消化道症状，发病率、死亡率都很高。同时，高致病性禽流感有典型的解剖变化，腺胃出血、胰脏出血等变化，很容易与传染性喉气管炎区别。

（3）与传染性支气管炎的鉴别：传染性支气管炎主要发生于雏鸡，突然出现呼吸症状并很快波及全群，6周龄以上鸡症状不明显。产蛋鸡发生时，主要表现是产蛋量下降，蛋质变差，大小不一，蛋清稀薄如水，容易分离；或者输卵管发育不全，前部变薄积水或积有蛋黄，峡部出现阻塞。患肾型传染性支气管炎时，可见病鸡肌肉上有白色尿酸盐沉积；肾脏肿大，有尿酸盐沉积，形成花斑肾，也可以见到输尿管变粗、结石。发生腺胃型传染性支气管炎时，腺胃肿胀，浆膜外出现水肿变性，肿胀如乒乓球样。而禽流感可以发生于任何日龄，高致病性禽流感有典型的腺胃出血、心脏出血、胰脏出血等变化与之容易区别。但温和型的禽流感，成年鸡感染时有呼吸道变化，并有产蛋量下降的变化，而传染性支气管炎仅仅产蛋量下降，蛋质极差。青年禽和雏禽患呼吸型传染性支气管炎时均有呼吸道变化，而6周龄以上禽临床表现呈一过性，常没有觉察；6周龄以下鸡群发生时，传播速度快于温和型禽流感。传染性支气管炎病毒接种于9 ~ 11日龄鸡胚绒毛尿囊腔，可阻碍鸡胚发育，形成特征性的“蜷缩胚”或者“侏儒胚”。

（4）与鸡减蛋综合征的鉴别：高致病性禽流感很容易与鸡减蛋综合征区别。产蛋鸡感染低致病性禽流感时会引起产蛋量急剧下降，或有呼吸道炎症，死亡率不高，蛋壳颜色变浅或呈花斑状，出现卵黄性腹膜炎，输卵管有干酪样分泌物。鸡减蛋综合征病鸡群没有呼吸道症状，主要表现为输卵管萎缩，产蛋率达不到高峰，产出的蛋以畸形蛋、软壳蛋为主，蛋质差。产蛋量下降时间达1 ~ 2个月。

（5）与鼻炎的鉴别：鼻炎的特点是发病率高，死亡率低，病鸡以流鼻液、颜面水肿、流泪及肉垂浮肿为特征。鼻炎通常多发于育成鸡或者成年产蛋鸡，而禽流感所有日龄均可发生。鼻炎发病急，传染速度快，呈急性经过，而禽流感除高致病性禽流感外（但其剖检变化明显，容易与鼻炎区别），多为温和型表现。鼻炎通常只有鸡能自然感染，而禽流感可以感染多种动物，甚至人。鼻炎病鸡打喷嚏，有的常摇头，并不时用爪搔鼻喙部，解剖见鼻腔内积有大量的黏液；蛋鸡容易反复发生为特点，而且使用抗生素治疗有效，很容易与禽流感区别。

（6）与慢性呼吸道病的鉴别：慢性呼吸道病主要侵害雏鸡和青年鸡，呈慢性经过，病程长，持续1个多月，甚至2个月以上；有呼吸道症状，气囊壁增厚并形成小泡，泡沫多出现在腹气囊，气囊上常见黄白色干酪样物，而且使用抗生素治疗有效。低致病性禽流感病鸡以呼吸道症状为主，上呼吸道炎症明显，拉青色水样粪便，产蛋鸡产蛋量下降，有时出现死亡，病死鸡胰腺出血，输卵管内有分泌物。注意二者均会继发大肠杆菌感染，这时需要实验室确诊，从而采取有效措施。

（7）与霉菌感染的鉴别：霉菌感染多见于1月龄以内的雏禽，环境不良中的青年禽也发生；病禽气囊壁增厚，形成霉菌斑——黄白色圆环状或车轮状硬干酪样物为其特征，有时气囊形成小米粒大小的结节，很容易与禽流感区别。霉菌感染病禽常有接触发霉饲料和垫料史，硫酸铜和制霉菌素治疗有效。

六、防治

无论哪种呼吸道疾病，均应按照以下原则进行防治。①平时做好养殖场生物安全工作，引种好，检疫好，环境好（温度适宜，通风优良），营养好（营养平衡），密度好（适当），消毒防疫好。②发生疾病时，尽早及时确诊，为防控赢得时间。当临床鉴别诊断不能解决问题时，立即送病料至具有诊断能力的实验室、研究机构等进行确诊。对烈性疾病如高致病性禽流感，应按照国家法律依法上报，并按国家相关法律要求进行疾病防控。一般疾病也要依据要求上报。③一般而言，没有有效治疗病毒的药物（特异性抗血清、抗流感病毒药物除外），临床治疗可依据实际灵活掌握，以下方法仅供参考。

禽流感疫苗接种：疫区接种禽流感油乳剂灭活疫苗。用 H9 油乳剂灭活疫苗以控制由低致病性病毒引起的呼吸道感染；用 H5/H7 油乳剂灭活疫苗控制高致病性禽流感。种鸡、蛋鸡禽流感免疫程序如下（疫区用）：10 ~ 15 日龄，H5/H7 禽流感多价灭活疫苗，肌内注射 0.3 毫升 / 只；30 ~ 45 日龄重复一次，剂量 0.5 毫升 / 只；85 ~ 90 日龄重复一次，0.5 毫升 / 只；开产前一个月再重复一次免疫，剂量同上。产蛋期，每个月监测抗体一次，依据抗体水平高低进行防疫。肉鸡禽流感免疫程序：10 ~ 15 日龄，新城疫 + H9 疫苗配合 H5/H7 疫苗，0.3 毫升 / 只；30 ~ 45 日龄重复一次（对 60 日龄以上出栏的肉鸡），0.5 毫升 / 只。而对于 35 日龄出栏的鸡，依据情况灵活选用。

发生 H5 亚型、H7 亚型或者其他亚型高致病性禽流感时，严格按照国家相关法律进行疫情控制。应尽快送检确诊，然后立即划定疫区，严格封锁，扑杀所有感染高致病性病毒的鸡，无害化处理。禽舍进行彻底消毒，封锁隔离，并建立免疫带等，空置 4 周后才可再次养禽。如果为低致病性禽流感时可考虑治疗。对症治疗方法如下：

抗病毒药物如金刚烷胺类药物（肉、蛋禽禁用）、利巴韦林或盐酸吗啉胍（病毒灵）0.01%～0.05%饮水，连用5～7天。也可用清瘟败毒类的中药，作为配合治疗。但要考虑成本。抗菌药物如阿莫西林等0.02%饮水，连用5～7天，以防止大肠杆菌、支原体等继发感染与混合感染。同时可用维生素C（200~500克/吨，拌料或饮水）抗应激。有条件的禽场可以考虑使用免疫因子，如干扰素适当治疗，按说明使用即可。治疗时，有良好的管理环境改善配合效果更好，应注意避免使用违禁药物。

其他家禽的防疫可以参考鸡的防疫。

此外，笔者建议，家禽生产者在实践中不能持续地、无限制地对鸡群进行免疫。虽然免疫降低发病率和死亡率，但会掩盖病毒引起的症状，免疫压力和药物滥用会导致其进一步的适应性变异，造成更大危害，更增加防控难度。同时，也应该充分认识到毒力增强的流感毒株的出现，如对于新出现的感染人类的 H7N9 亚型流感不要恐慌，也不应惧怕，按照国家法律处理即可。禽流感可防可控。

第二节　新城疫

新城疫（ND）是由新城疫病毒（NDV）引起的禽类急性、高度接触性传染病。临床上以出现呼吸困难、下痢、神经紊乱、黏膜和浆膜出血为特征，家禽发病后常呈败血症经过。该病发病急、致死率高，被 WOAH 列为Ⅰ类疾病。人偶尔可感染本病毒。

本病呈世界分布，又称为新城鸡瘟、亚洲鸡瘟、伪鸡瘟等。我国一般俗称新城疫为“鸡瘟”。但学名上的鸡瘟实际上是指禽流感，又称欧洲鸡瘟、真性鸡瘟或古典鸡瘟。新城疫和禽流感是两种完全不同的病毒性传染病。目前，新城疫仍是威胁我国鸡群生产的主要禽病，常给养殖户带来巨大的经济损失。

一、病原

本病病原为新城疫病毒，属于副黏病毒科腮腺炎病毒属病毒。病鸡各个器官、体液、分泌物和排泄物均有病毒，但以脑、脾和肺含毒量最高，骨髓含毒时间最长。田间分离毒株致病力差异大，依据其致病性把病毒分为强毒力、中等毒力和低毒力三个类型。强毒感染还可造成严重的免疫抑制。在慢性病例后期，病毒主要存在于中枢神经系统和骨髓中，引起禽脑脊髓炎变化。

二、流行特点

鸡最易感。不同年龄、品种和性别的鸡均可感染，但幼雏和青年鸡的发病率和死亡率明显高于大龄鸡。纯种鸡比杂交鸡易感，死亡率也高。某些土种鸡和观赏鸟对本病有抵抗力，常呈隐性或慢性感染，成为重要的病毒携带者和散播者。此外，火鸡、珠鸡等也有易感性，而鸽、鹌鹑、鹦鹉、麻雀、乌鸦、喜鹊、孔雀、天鹅及人也可被感染。水禽（鸭、鹅）对本病有抵抗力，但可从鸭、鹅中分离新城疫病毒。近年来有关于鹅感染新城疫病毒后发病死亡的报道，值得注意。

主要传染源为病禽和带毒禽。本病主要经吸入、粪 – 口和接触传播。患病或者带毒禽排出的粪便及口腔黏液含有大量病毒，被病毒污染的饲料、饮水和尘土经吸入、粪 – 口或结膜途径传染易感禽，或者易感禽经吸入污染的空气感染。应当注意的是：人、器械、车辆、饲料、垫料（稻壳等）、种蛋、幼雏、昆虫、鼠类等均可成为机械携带者而传播病毒。野生鸟类和一些家禽如鸽、麻雀等也可以传播本病。

本病无季节性，但以气候多变和寒冷季节较易发生和流行。

典型强毒株感染在临床上已不多见。但鸡群带毒现象严重，在禽群内长期存在，免疫疫苗无法消除这些病毒。表现在临床上，就是人们常说的非典型新城疫，而且这类新城疫流行最为普遍。

该病是产蛋鸡群产蛋量下降的主要病因之一。对处于免疫空白期的商品代肉鸡造成的影响也较明显，主要表现为20日龄前后开始发病，死淘率增加，上市前死淘率可高达20%以上，引起的经济损失严重。

高度免疫鸡群的抗体水平可能达到（13 ~ 16）log2，这使得病毒处于巨大免疫压力之下，加速病毒变异，应引起注意。目前主要流行毒株在分子生物学上显示为基因7型毒株，仅有一个血清型的情况没有变化。

因禽流感可能与新城疫的临床症状表现类似，临床上必须通过病原鉴定或者抗体变化的监测进行确诊和鉴别新城疫。

三、症状

新城疫的潜伏期为2 ~ 15天，平均为5 ~ 6天。发病的早晚及症状表现依感染病毒的毒力、宿主年龄、免疫状态、感染途径及剂量、并发感染、环境及应激情况而有所不同。毒力和致病性不同的三类毒株的感染可导致鸡群在临床上表现出五种变化。

（1）速发嗜内脏型新城疫：可致所有日龄的鸡发生最急性或急性、致死性疾病。临床通常以感染鸡精神极度沉郁（图21左），很快死亡，消化道出血性病变为特征。

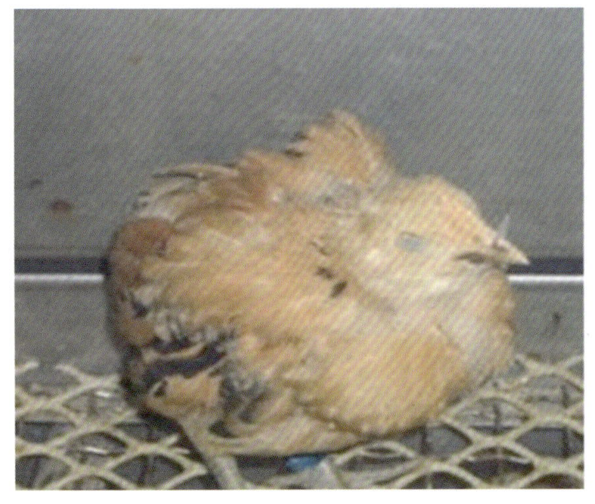

图21　新城疫强毒株感染鸡精神极度沉郁（左）；非典型新城疫病鸡瘫痪，有神经症状，严重扭头，或精神沉郁（右）（王新卫供图）

（2）速发嗜肺脑型新城疫：可引起所有日龄鸡感染，并表现为急性、致死性变化，临床以呼吸道和神经症状为特征。

（3）中发型新城疫：常表现为呼吸系统或神经系统疾病，并以低致病性形式呈现。死亡仅见于幼雏。

（4）缓发型新城疫：致病作用轻微，临床常常不易觉察，或者仅仅导致轻度或不显性的呼吸道疾病。

（5）无症状型或缓发嗜肠型新城疫：主要引起肠道感染，除可能引起产蛋量下降或者蛋色变差外，无其他明显临床变化。

当非免疫鸡群或严重免疫失败鸡群受到速发嗜内脏型和肺脑型毒株攻击时，可引起典型新城疫。鸡群突然发病，常未出现特征症状而迅速死亡，发病率和死亡率可达 90% 以上。发病后出现甩头，张口呼吸，气管内水泡音，结膜炎，精神委顿，嗜睡，嗉囊内积有液体和气体，口腔内有黏液，倒提病鸡可见从口中流出酸臭液体。病鸡腹泻，粪便呈黄绿色， 体温升高，食欲废绝，鸡冠和肉髯发紫。后期可见震颤、转圈、眼和翅膀麻痹，头颈扭转，仰头呈观星状及跛行等神经症状。面部肿胀也是本型的一个特征。产蛋鸡迅速减少产蛋量，软壳蛋数量增多，很快绝产。当前，此类急性的典型新城疫极其少见。

非典型新城疫目前最为常见，尤其免疫过鸡群并有一定抗体水平时受到野毒侵袭而发生。其特点是：发病鸡群病情表现较缓，发病率和死亡率不明显，甚至无死亡率；临床表现以发病鸡张口呼吸、咳嗽、打呼噜为主，可持续 5 ～ 7 天或更长；口流黏液，排绿色稀粪（图 22 左），然后出现歪头、扭脖或呈仰面观星状等神经症状（图 21 右）；产蛋鸡群产蛋量突然下降 5% ～ 30%，重者可达 50% 以上。蛋壳质量差，畸形蛋、糙壳蛋、软壳蛋、白壳蛋（图 22 右）、褪色蛋增多，种蛋受精率、孵化率会受影响。

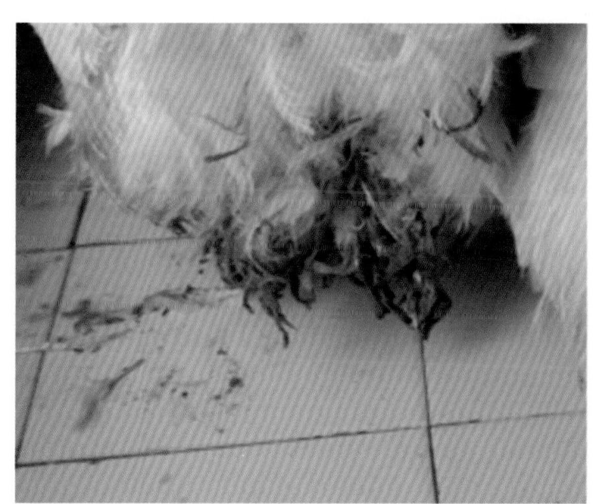

图 22　新城疫病鸡排绿色粪便，污染肛门（左）；产蛋量下降，蛋色变浅（右）（王新卫供图）

本病对感受性低的禽类主要侵害神经系统而引起特征性的神经症状。

四、剖检病变

典型新城疫病禽主要病变是全身黏膜和浆膜出血，淋巴系统肿胀、出血和坏死，尤其以消化道和呼吸道最为明显，特别是腺胃乳头和贲门交界处出血（图23）；肺脏充血、坏死，气管和喉头出血（图24），心包、肠和肠系膜充血或出血；直肠和泄殖腔黏膜出血；卵巢坏死、出血（产蛋母鸡的卵泡和输卵管显著充血），卵泡破裂性腹膜炎等；肌胃角质层下常见有出血点；肠道淋巴滤泡肿大出血和溃疡呈枣核状是其突出特征（图23）；十二指肠等小肠严重出血，盲肠扁桃体枣核样隆起、出血、坏死；肺有时可见淤血或水肿；心冠脂肪有细小如针尖大的出血点；脾、肝、肾无特殊病变；脑膜充血或出血。此外，中等毒力以下感染鸡气管内可能见干酪样炎性物。

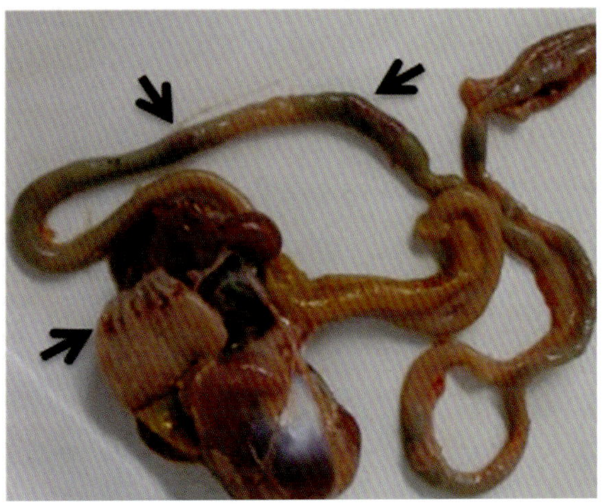

图 23 典型新城疫强毒感染鸡腺胃乳头出血，出血常位于食管和腺胃交界处，肠道呈枣核样坏死（王新卫供图）

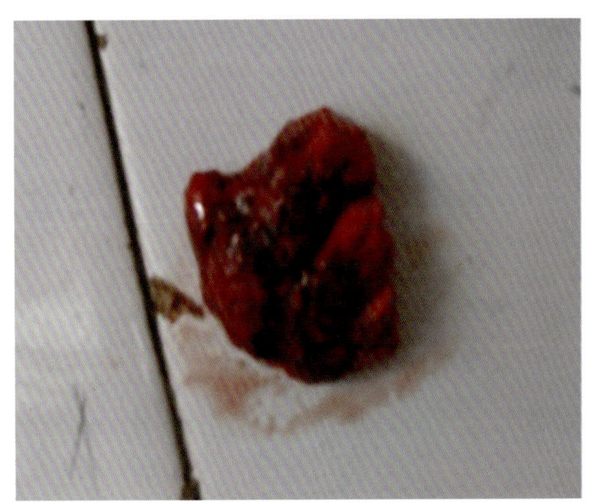

图 24 典型新城疫强毒感染鸡肺脏充血、坏死，喉头、气管出血（王新卫供图）

目前多见非典型新城疫，其剖检变化为气管轻度充血，有少量黏液；鼻腔有卡他性渗出物；气囊混浊；少见腺胃乳头出血（仅个别表现出少量出血，或者呈现陈旧性出血点），或有病鸡肠道淋巴集结肿大出血，但无典型枣核状坏死（图25）。

鸽新城疫的主要病变在消化道，如十二指肠、空肠、回肠、直肠、泄殖腔等多有出血性炎症变化。有的病例在腺胃、肌胃角质层下有少量出血点，颈部皮下广泛出血。

鹅感染新城疫病毒的特征病变为广泛性渗出，出血坏死，尤以消化道、脾脏、胰脏等病变严重。

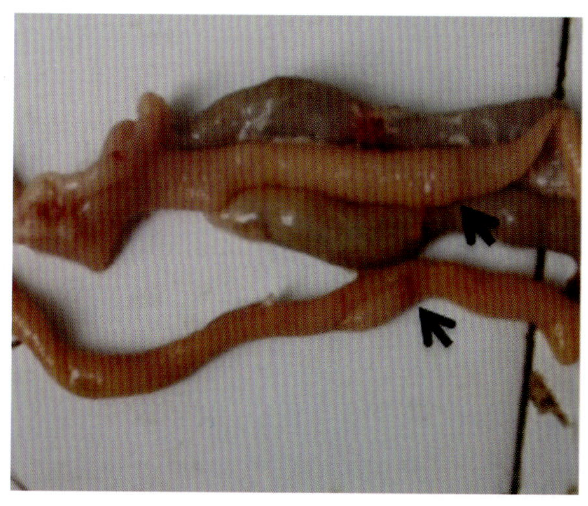
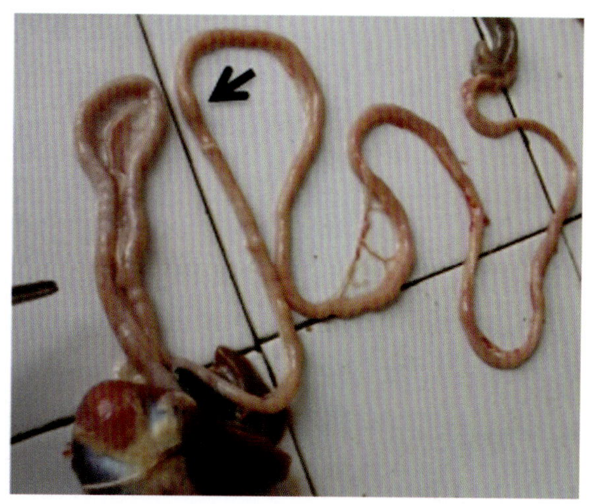

图 25　非典型新城疫病鸡肠道淋巴集结肿大出血，但无典型枣核状坏死，腺胃出血没有典型新城疫明显（王新卫供图）

五、类症鉴别

典型新城疫临床特征明显，很容易做出诊断。但对于非典型新城疫，应多剖检并结合抗体监测或者病毒分离进行确诊。与禽流感的鉴别，见禽流感。还应与以下疾病进行鉴别诊断。

（1）与传染性喉气管炎的鉴别：传染性喉气管炎多发于成年产蛋鸡群，传播快，死亡率较高；病鸡极度呼吸困难，“犬坐式”呼吸，怪叫，常咳出带血痰液，并可在走道、笼具、食槽等处发现有带血黏液；喉和气管黏膜充血和出血，并覆盖含血黏液性分泌物，有时这种渗出物为干酪样假膜，可能会将气管完全堵塞；而且该病很少见到消化道症状。而新城疫急性型很容易与传染性喉气管炎区别，对于亚急性或者非典型新城疫，病鸡多有呼吸道变化但无传染性喉气管炎剧烈反应，而且常常伴发在受到刺激时出现的典型扭头的神经症状。

（2）与传染性支气管炎的鉴别：传染性支气管炎主要发生于雏鸡，传播速度快，突然出现呼吸症状并快速波及全群，而且 6 周龄以上鸡症状不明显，呈一过性感染。产蛋鸡发生时，主要表现是产蛋量下降，蛋质、蛋壳变差，鸡蛋大小不一，蛋清稀薄如水，容易分离。患肾型传染性支气管炎时，可见病鸡肌肉上有白色尿酸盐沉积；肾脏肿大，有尿酸盐沉积并形成花斑肾，也可以见到输尿管变粗、结石。发生腺胃型传染性支气管炎时，腺胃肿胀，浆膜外出现水肿变性，肿胀如乒乓球样。而新城疫可发生于任何日龄鸡群，典型的新城疫可见消化道的典型出血，如腺胃乳头出血，肠道典型的枣核状溃疡出血等变化，很容易在临床上区别。但非典型的新城疫多伴发有典型的神经症状，病鸡看似正常，一旦受到刺激就扭头。尽管传染性支气管炎发生于青年禽和雏禽时出现呼吸道变化，但 6 周龄以上禽患呼吸型传染性支气管炎时临床表现呈一过性，常不易觉察；6 周龄以下鸡群发生时，传播迅速，快于新城疫。传染性支气管炎病毒接种于 9 ~ 11 日龄鸡胚绒毛尿囊腔，可阻碍鸡胚发育，形成特征性的“蜷缩胚”或者“侏儒胚”。对于嗜肠型新城疫，病鸡所产蛋蛋色变差或者产蛋量轻微下降，雏鸡和青年鸡可能存在坏死性肠炎的并发感染。

（3）与传染性鼻炎的鉴别：传染性鼻炎的特点是发病率高，死亡率低，病鸡以流鼻液、面部水肿、流泪及肉垂浮肿为特征；病鸡打喷嚏，有的常摇头，并不时用爪搔鼻喙部。解剖见鼻腔内积有大量的黏液，严重时，鼻窦、眶下窦和眼结膜囊内有干酪样物。蛋鸡以容易反复发生为特点，而且使用抗生素治疗有效。而典型新城疫有特征性病变（腺胃出血、十二指肠等处淋巴枣核状溃疡和坏死），非典型新城疫有神经症状，表现为呼吸症状的新城疫没有鼻炎特征性的鼻腔变化。

（4）与慢性呼吸道病的鉴别：慢性呼吸道病主要侵害雏鸡和青年鸡，呈慢性经过，病程长是其特征。可持续 1 月余，甚至 2 个月以上。有呼吸道症状，气囊壁增厚并形成小泡，泡沫且多出现在腹气囊为特征，气囊上常见黄白色干酪样物，而且使用抗生素治疗有效。典型新城疫病鸡具有特征性病理变化和严重的临床反应，很容易与之区别。对于嗜肠型新城疫，病鸡所产蛋蛋色变差或者产蛋量轻微下降，雏鸡和青年鸡可能存在坏死性肠炎的并发感染。而患其他类型的新城疫时，常常伴发神经症状而与慢性呼吸道病有所区别。

（5）与霉菌感染的鉴别：霉菌感染多发于 1 月龄以内的家禽，病禽气囊壁增厚，形成特有的霉菌斑而容易与新城疫病鸡区别。霉菌感染病禽常有接触发霉饲料和垫料史，硫酸铜和制霉菌素治疗有效。而新城疫病禽除与霉菌感染均有呼吸道变化外，还具有自己特有的消化道变化，如腺胃出血、肠道的枣核状坏死和溃疡，以及神经系统变化等特征，很容易与之区别。

六、防治

平时做好生物安全工作，措施类似禽流感防控。禽场可实行“定检双防”策略。依据本地新城疫流行情况，建立适合本场 / 群的免疫程序。注意以下几点：①根据雏禽的母源抗体水平决定雏鸡的第一次免疫时间，其他鸡群则依据抗体滴度和禽群生产特点来确定加强免疫的时间；②生产中定期免疫监测，全面了解、评估、把握禽群免疫状态，评估现行的免疫程序，检测疫苗接种效果。污染严重地区采用“双防”策略即灭活疫苗和活苗同时接种预防，使鸡群始终保持有效的抗体水平。

正确选择疫苗和接种途径。活疫苗，如Ⅰ系苗、Ⅱ系苗、Ⅲ系苗（F 系）、Ⅳ系苗（LaSota）和一些克隆化疫苗（如克隆 –30 等）、基因 7 型疫苗。这些疫苗的致病力存在差异，有中等强毒或弱毒，应依据临床实际选用合适品种。灭活疫苗，如油佐剂灭活苗（多与其他疾病疫苗联合使用）。两种疫苗常配合使用。在弱毒活疫苗中，Ⅰ系苗的毒力最强，不适宜在未做基础免疫的鸡群中使用，也不适合出口禽用，更不适合本场疫情平稳、从未使用过该疫苗而引进使用的养殖企业。特别提醒：如果鸡群使用某种疫苗控制效果很好，不建议引进新的活疫苗给鸡群使用。一般滴鼻、点眼接种常用毒力较弱的活疫苗 / 冻干苗，肌内注射接种可用Ⅰ系和Ⅳ系疫苗或者灭活疫苗。活疫苗的饮水免疫因其操作简单，也常使用，甚至作为首免的主要方法，但应注意操作，否则起不到应有效果。

参考免疫程序：肉仔鸡，4 ～ 8 日龄弱毒苗或其他毒力较弱的疫苗滴鼻、点眼；20 ～ 26

日龄弱毒疫苗喷雾免疫或肌内注射或饮水免疫。或4 ~ 8日龄弱毒苗点眼＋0.25毫升鸡新城疫－传染性支气管炎－禽流感（H9）三联灭活疫苗［或者鸡新城疫－禽流感（H9）二联灭活疫苗］皮下注射；15 ~ 24日龄弱毒苗点眼或喷雾，或2倍量饮水，有条件的可以喷雾免疫。饲养至2月龄或者3月龄的土杂鸡，可以考虑第二次免疫时同时使用灭活疫苗，在35 ~ 50日龄之间使用弱毒活疫苗再免疫一次。

蛋鸡和肉种鸡基础免疫可以在家禽4 ~ 8日龄时使用合适的弱毒活疫苗滴鼻或点眼，同时鸡新城疫灭活苗0.3毫升肌内注射［多配合鸡新城疫－传染性支气管炎－传染性法氏囊病三联灭活疫苗，鸡新城疫－传染性法氏囊病－禽流感（H9）三联灭活疫苗或者鸡新城疫－传染性支气管炎－禽流感（H9）三联灭活疫苗等多联多价疫苗一起使用］；21 ~ 28日龄使用弱毒活疫苗喷雾免疫或2倍量饮水；9周龄使用弱毒活疫苗喷雾免疫；（污染区）必要时可考虑用Ⅰ系苗注射加强免疫；开产前2 ~ 3周使用鸡新城疫－减蛋综合征－传染性支气管炎三联灭活疫苗，或者鸡新城疫－传染性支气管炎－减蛋综合征－禽流感（H9）四联灭活疫苗肌内注射免疫，同时使用弱毒活疫苗点眼或喷雾，或饮水免疫；开产后每6 ~ 10周用鸡新城疫－传染性支气管炎二联灭活疫苗喷雾一次；44周龄时依据情况复免一次鸡新城疫灭活疫苗或者鸡新城疫－禽流感（H9）二联灭活疫苗效果更佳。开产后定期（30天左右，疫情不稳定时可以间隔2 ~ 3周）监测免疫抗体，依据抗体水平决定是否免疫。

发生典型新城疫时，禽主应立即报告给上级主管部门，同时通知附近鸡场做好免疫预防。全场采取紧急措施，对场地、物品、用具和鸡舍（带鸡）消毒，死鸡深埋或焚烧处理。附近健康鸡群的紧急接种，可采取以下措施：雏禽可用Ⅳ系（或Ⅱ系等弱毒）疫苗，2 ~ 3倍稀释液滴鼻、点眼；中雏以上可肌内注射Ⅰ系疫苗。

对发病鸡群（中雏以上），可采用肌内注射鸡新城疫Ⅰ系疫苗进行免疫性治疗，但可能造成一定伤亡，而整体鸡群恢复较快。另外，在特异性高免蛋黄液来源可靠的情况下，也可对发病鸡群注射抗新城疫高免蛋黄液，但对种鸡群或产蛋群慎用，以防感染蛋传播性疾病。对发病鸡群投喂多维和适当抗生素，可增加抵抗力，防止细菌继发感染。

第三节　传染性支气管炎

传染性支气管炎（IB）是由病毒引起的鸡的一种急性、高度接触传染性的呼吸道疾病和泌尿生殖道疾病，以气管发生啰音、咳嗽和打喷嚏或者肾病变等为特征。在雏鸡主要表现呼吸困难，咳嗽，流涕，有较高的发病率和死亡率；产蛋鸡产蛋量减少和蛋白品质下降（种蛋孵化率下降）。肾病变性肿大，有尿酸盐沉积。本病世界分布，我国不同地区也时有发生，流行的毒株可能不同，感染鸡生长发育受阻，耗料增加，产卵下降，死淘率增加，给养鸡业造成巨大的经济损失。

一、病原

本病病原为鸡传染性支气管炎病毒（IBV），属冠状病毒，有囊膜和纤突。病毒主要存在于病鸡呼吸道分泌物中。肝、脾、肾和法氏囊也有病毒存在，在肾和法氏囊内停留的时间较在肺和气管内要长。

病毒能在 10 ~ 11 日龄的鸡胚中生长。自然毒初次接种鸡胚，多数鸡胚能存活，但随着传代次数增加可导致接种后的第 9 天 80% 的鸡胚死亡。死胚的特征性变化是：发育受阻、胚体萎缩成小丸形，羊膜增厚，紧贴胚体，形成所谓的“侏儒胚”“蜷缩胚”。

鸡传染性支气管炎病毒株基因变异，插入和重组现象比较普遍，因而血清型众多，新的变异株不断出现。不同血清型的传染性支气管炎病毒彼此不交叉，彼此不能提供保护或不能提供完全保护，这给临床防控增加了困难。

二、流行特点

本病仅发生于鸡，但小雉可感染发病，其他家禽均不感染。雏鸡最容易感染，一般以 40 日龄以内的鸡多发，而肾型传染性支气管炎多发于 20 ~ 50 日龄的仔鸡；发病率 50% ~ 100%，死亡率 0 ~ 25%，死亡率取决于继发感染，无继发感染时死亡率极低。潜伏期为 18 ~ 36 小时。

主要传染源为病鸡和康复后的带毒鸡。病鸡和带毒鸡通过呼吸道或者消化道排毒，一些病鸡康复后可带毒 49 天，在 35 天内具有传染性。易感鸡通过吸入、粪 – 口或接触带毒排毒鸡污染物（饲料、饮水及饲养用具等）而被感染。但主要经吸入（呼吸道）途径传染。

本病无季节性。传播迅速，几乎在同一时间内有接触史的易感鸡都可发病。其发生和应激因素有密切的关系（过热、严寒、拥挤、通风不良以及维生素、矿物质和其他营养缺乏和疫苗接种等均可促进本病的发生）；而病死率与并发感染有关（如与大肠杆菌病、新城疫、鸡慢性呼吸道病等混合感染）。

雏鸡感染后输卵管受到永久性损害，感染的日龄越小生殖系统损伤越严重，以致成熟期成为假母鸡而不能正常产蛋，产蛋率在 80% 以下，严重的仅 50% 左右。近年来此现象在生产鸡群不断出现。

本病病毒容易变异，实际生产中存在多个血清型或者基因型毒株共存于同一地区的现象，也存在不同血清型的活疫苗在同一地区均有使用的情况。活疫苗的随意引入容易导致其与当地野毒的重组和变异，产生新的变种，更导致临床上可能出现不同类型的传染性支气管炎，如肾型传染性支气管炎、呼吸型传染性支气管炎、腺胃型传染性支气管炎等，增加防控难度。这应引起养殖户或者企业注意。

如原来一个封闭地区的肉鸡群或者蛋鸡群，仅仅防疫传统的 M41 型毒株即 H120 和 H52 毒株即可。但随着多种活毒疫苗的推广使用，或者引入了不同血清型的疫苗，结果使传统的疫苗起不到好的保护作用。目前，我国有多种毒株共存，防疫应结合当地流行病学调查，或者当地流行毒株而定，不可机械地乱用疫苗。

三、症状

本病的潜伏期为 1 ～ 7 天，平均为 3 天。临床表现因表现类型、毒株致病力、并发感染和不良的饲养管理等因素而不同。

（1）呼吸型传染性支气管炎：以病鸡无明显的前驱症状，常突然发病，出现呼吸道症状，并以快速波及全群发病为特征。幼雏表现为伸颈，张口呼吸，咳嗽，有“咕噜”音，尤以夜间最清楚。随着病情的发展，全身症状加剧，病鸡精神萎靡，食欲废绝，羽毛松乱，翅下垂，昏睡，怕冷，常拥挤在一起。2 周龄以内的病雏鸡，还常见鼻窦肿胀、流黏性鼻液、流泪等症状，病鸡常甩头。康复鸡多发育不良，消瘦，蛋雏鸡还会因输卵管损伤而影响后来的产卵能力。产蛋鸡感染后呼吸道症状和死亡均轻微，但产蛋量下降明显，产蛋率下降 20% ～ 50%，可持续 4 ～ 8 周。孵化率下降 7%，软壳蛋、畸形蛋和粗壳蛋增多，蛋质下降，蛋白稀薄如水，蛋黄和蛋白分离，蛋白粘在壳膜表面。康复后的蛋鸡产蛋量很难恢复到患病前的水平。

（2）肾型传染性支气管炎：最初仅表现为时间很短的（1 ～ 4 天）轻微呼吸道症状，出现啰音、打喷嚏、咳嗽等，临床上常被忽视。呼吸道症状消失后不久，鸡群大量发病，病鸡精神沉郁，持续排白色或水样下痢，迅速消瘦，饮水量增加，同时排出水样白色稀粪，内含大量尿酸盐，肛门周围羽毛污浊。病鸡因脱水而体重减轻，胸肌发绀，重者鸡冠、面部及全身皮肤颜色发暗。发病 10 ～ 12 天达到死亡高峰，21 天后死亡停止，病死率为 5% ～ 30%。产蛋鸡感染后也会引起产蛋量下降、产异常蛋和死胚率增加，但死亡不多。

四、剖检病变

（1）呼吸型传染性支气管炎：主要大体病变见于气管、支气管、鼻腔、肺等呼吸器官。表现为气管环出血，支气管内有浆液性、卡他性和干酪样（后期）分泌物或栓塞物（图26）。幼雏鼻腔、鼻窦黏膜充血，鼻腔中有黏稠分泌物，肺脏水肿或出血。气囊轻度混浊、增厚。如伴有混合感染，还可见到呼吸道发生脓性、纤维素性炎症。早期感染，尤其1～2周龄的雏鸡感染后，输卵管发育受阻，变细、变短或成囊状，有的输卵管受到永久性损害（图27），可能并发右侧输卵管发育和鸭源鸡杆菌感染导致成熟的卵不能排出（图28）。产蛋鸡的卵泡充血、出血、变形，甚至破裂，腹腔内可见到液状卵黄物质（并非特异性的）。

（2）肾型传染性支气管炎：可引起肾脏肿大，呈苍白色，肾小管充满尿酸盐结晶，扩张，外形呈白线网状，俗称“花斑肾”（图 29 左）。严重的病例在心包和腹腔脏器表面均可见白色的尿酸盐沉着，即出现所谓的内脏型“痛风”，或者“石灰便”（图 29 左），发生尿石症的鸡除输尿管扩张，内有砂粒状结石外，还出现一侧肾高度肿大，同时另一侧肾萎缩。全身皮肤和肌肉发绀，肌肉失水。分离的传染性支气管炎病毒可导致鸡胚形成“侏儒胚”（“蜷缩胚”）（图 29 右）。

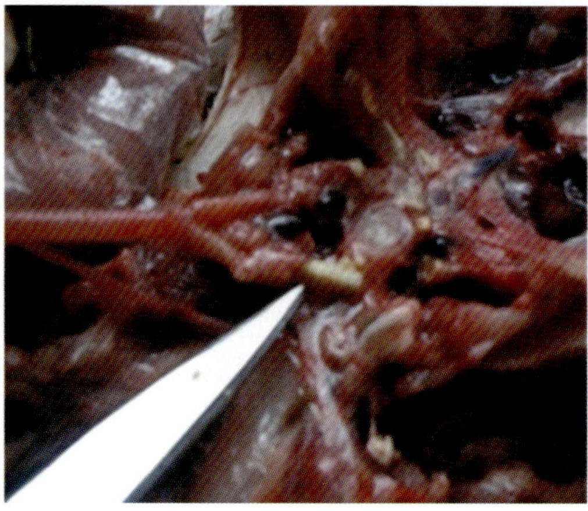

图 26　雏鸡呼吸困难（左），支气管炎性渗出物形成干酪样栓塞物堵塞支气管（右），重者导致窒息而亡，应与 H9AI 感染相区别（王新卫供图）

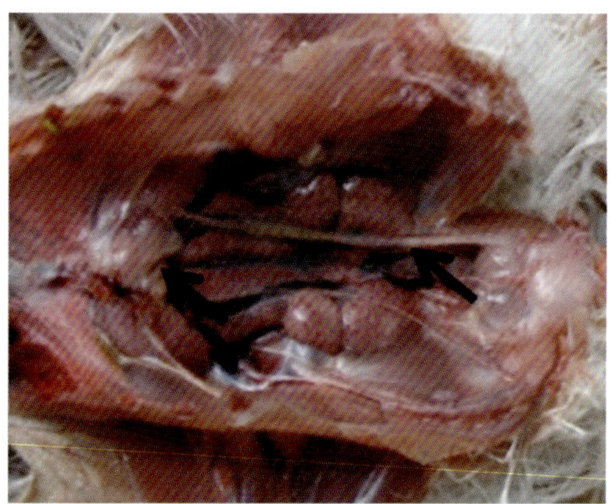

图 27　早期患传染性支气管炎的蛋鸡发育不良（左）；卵巢萎缩，输卵管发育不良，160 日龄病鸡卵巢和输卵管似青年母鸡（右）（王新卫供图）

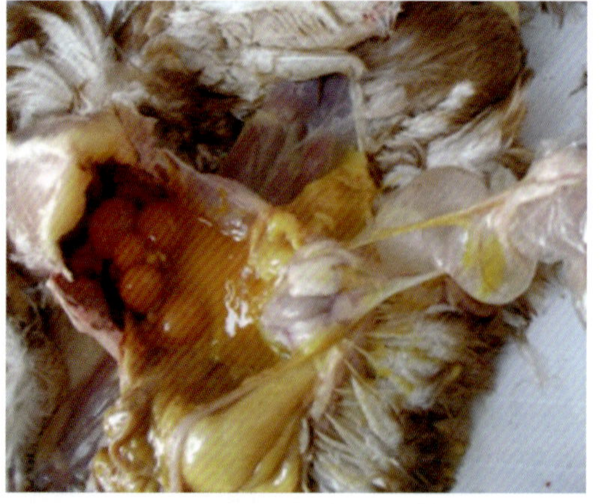

图 28　感染鸡卵巢发育正常，但输卵管发育受阻，有时合并右侧输卵管发育，输卵管囊肿，囊肿液多可分离到鸭源鸡杆菌，成熟的卵不能排出（王新卫供图）

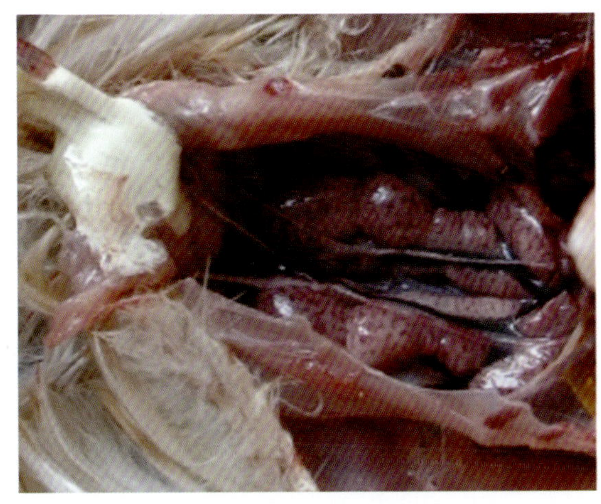

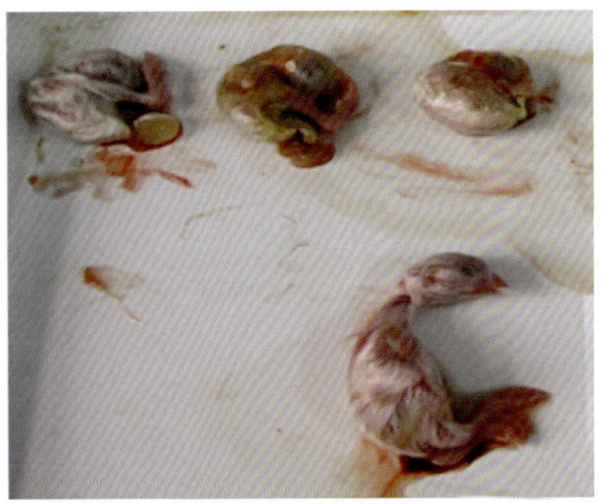

图 29 肾型传染性支气管炎病雏鸡肾脏肿胀，呈花斑样变化，泄殖腔有石灰样粪便（左）；分离自病鸡的病毒可导致鸡胚发育受阻，形成蜷缩胚，成型胚为对照（右）（王新卫供图）

注意，早期鸡群感染传染性支气管炎病毒后，输卵管发育畸形，萎缩变短（图30左上和右上），成熟卵不能产出。感染传染性支气管炎病毒的蛋鸡输卵管发育畸形，显著萎缩并变短（图31下），成熟卵不能产出。感染传染性支气管炎病毒的假母鸡外观正常（图32左），

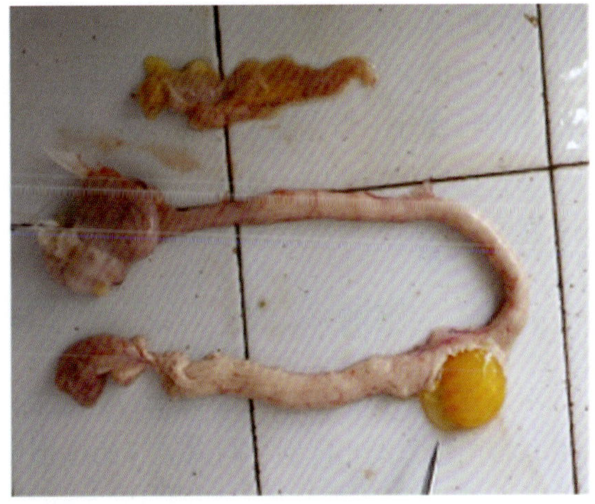

图 30 感染传染性支气管炎病毒的蛋鸡输卵管发育畸形，萎缩变短（左上和右上），成熟卵不能产出；正常蛋鸡输卵管（左下和右下）（王新卫供图）

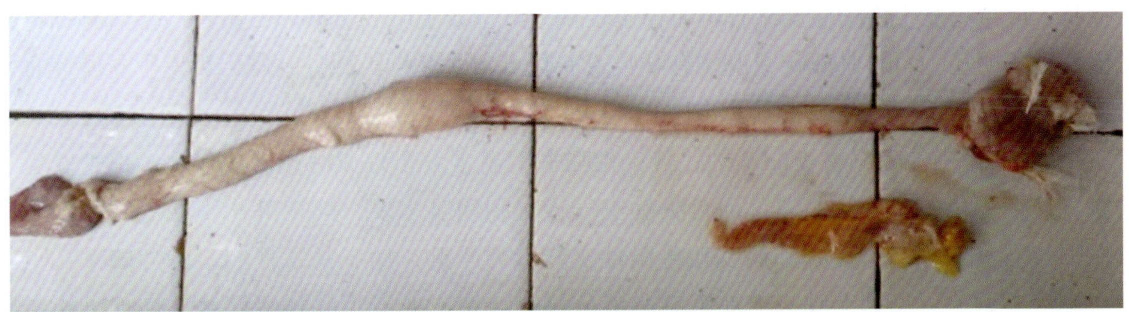

图 31 感染传染性支气管炎病毒的蛋鸡输卵管发育畸形，显著萎缩变短（下）；正常蛋鸡输卵管（上）（王新卫供图）

但其输卵管发育不良，畸形，萎缩变短或者分段（图32右）。

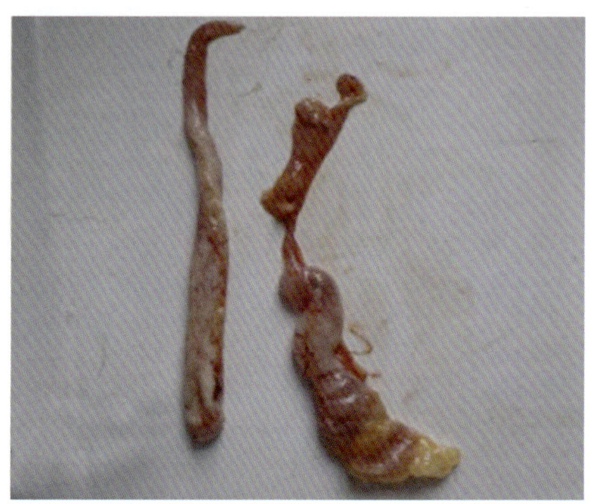

图 32　早期感染导致的假母鸡外观正常（左），但其输卵管发育不良，畸形，萎缩变短或者分段（右）（王新卫供图）

近年来，有关传染性支气管炎病毒变异株引起肌肉、肠道甚至腺胃等非呼吸、生殖和泌尿系统的组织、器官发生病变的报道不断出现，但其中大部分尚待进一步证实。笔者认为现有的研究数据表明，除传染性支气管炎病毒毒株本身的致病作用外，环境中的一些诱因（如寒冷、饲料成分不当、滥用药物、多种病原混合感染等）对传染性支气管炎病变的表现形式和严重程度有很大影响。如果将异常的临床表现或病理变化都归咎于传染性支气管炎病毒毒株变异本身，则容易对诊断和防制工作带来不利的影响。

五、类症鉴别

本病在鉴别诊断上应注意与禽流感、新城疫、传染性喉气管炎、慢性呼吸道病及传染性鼻炎和霉菌性肺炎相区别，与禽流感的鉴别见禽流感部分。

（1）与新城疫的鉴别：新城疫较本病严重，在雏鸡常可见到神经症状，而且新城疫具有典型的消化道变化，如腺胃出血、肠道枣核状溃疡，而传染性支气管炎显然缺乏消化道和神经症状。成年鸡发生传染性支气管炎时，多表现为产蛋量下降，蛋质差，蛋黄与蛋清易剥离，其他变化不明显，而非典型新城疫多有呼吸道变化可与之区别。此外，产蛋鸡发生新城疫时，产蛋量下降幅度没有传染性支气管炎大。

（2）与传染性喉气管炎的鉴别：传染性喉气管炎多发于育成鸡或者成年鸡，很少发生于幼雏，病变部位多在上呼吸道，而传染性支气管炎则幼雏多发，病变部位多在气管下部。传染性喉气管炎的呼吸道症状和病变比传染性支气管炎严重，病鸡常常怪叫，剧烈咳嗽，咳出带血黏液，剖检可见到上呼吸道血液性黏液分泌物堵塞，或者干酪样物堵塞，病鸡可能窒息而亡，这些特征很容易与传染性支气管炎区别。

（3）与传染性鼻炎的鉴别：传染性鼻炎病鸡常见面部肿胀，这在传染性支气管炎是很少见到的（继发感染后出现除外）。而且患传染性鼻炎的病鸡眼出现结膜炎，肿胀，这在传染性支气管炎也少见。此外，患传染性鼻炎时，病鸡还出现肉垂浮肿，有的常摇头，并不时用爪搔鼻喙部；解剖见鼻腔内积大量的黏液，鼻窦、眶下窦和眼结膜囊内有干酪样物；蛋鸡容易反复发生；使用抗生素治疗有效。而传染性支气管炎主要发生于雏鸡，传播速度快，突然出现呼吸症状并很快波及全群，基本为一过性（管理良好的场），而且6周龄以上鸡症状不明显；产蛋鸡发生时，主要表现是产蛋量下降，蛋质变差，大小不一，蛋清稀薄如水，容易分离。这些与传染性鼻炎很容易区分。

（4）肾型传染性支气管炎与痛风的鉴别：二者常相混淆，痛风时一般无呼吸道症状，无传染性，且多与饲料配合或者与用药不当有关，通过对饲料中蛋白质、钙、磷的分析即可确定。

（5）与慢性呼吸道病的鉴别：慢性呼吸道病由支原体感染引起，主要侵害雏鸡和青年鸡，呈慢性经过，病程长是其特征。可持续 1 月余，甚至 2 个月以上。而对于传染性支气管炎，各种年龄的鸡均可发病，但雏鸡最严重，传播迅速，发病率高。二者显然不同。支原体感染后期眼睑肿胀，眼部突出，眼球萎缩，甚至失明，而传染性支气管炎不常见此类症状。支原体感染病鸡以气囊壁增厚并形成小泡，泡沫且多出现在腹气囊为特征，气囊上常见黄白色干酪样物，而且使用抗生素治疗有效，且可经蛋垂直传播，而感染传染性支气管炎病毒鸡群显然无此特征。

（6）与霉菌感染的鉴别：霉菌感染多发于 1 月龄以内家禽，如鸡、鸭、鹅等，而传染性支气管炎自然感染仅仅发生于鸡，雏鸡和青年鸡多发。霉菌感染病禽气囊壁增厚，形成特有的霉菌斑，气管和支气管有时有肉眼可见的菌丝体（其他器官如肝脏、胸腔、腹腔等亦可能出现结节），而传染性支气管炎病鸡无此变化。霉菌感染病禽常有接触发霉饲料和垫料史，硫酸铜和制霉菌素治疗有效，感染传染性支气管炎病毒的鸡群无此特征。

六、防治

采取生物安全措施，保持合理饲养密度，做好清洁卫生，给鸡创造良好的环境条件。防止有害气体刺激呼吸道。给鸡群提供平衡日粮，防止维生素尤其是维生素 A 的缺乏，以增强机体的抵抗力。

有条件的鸡场应依据本地的疫情和流行毒株有针对性地进行疫苗防疫。对呼吸型传染性支气管炎，首免可于 7 ～ 10 日龄用传染性支气管炎 H120 弱毒疫苗（多价）点眼或滴鼻；二免可于 30 日龄用传染性支气管炎 H52 弱毒疫苗点眼或滴鼻；开产前用传染性支气管炎灭活油乳疫苗肌内注射 0.5 毫升 / 只。对肾型传染性支气管炎，可于 4 ～ 5 日龄和 20 ～ 30 日龄用肾型传染性支气管炎弱毒疫苗进行免疫接种，或用灭活油乳疫苗于 7 ～ 9 日龄颈部皮下注射。而对传染性支气管炎病毒变异株，可于 20 ～ 30 日龄、100 ～ 120 日龄接种 4/91 弱毒疫苗或皮下及肌内注射灭活油乳疫苗。对不明确本地流行毒株时，依据正使用的疫苗进行免疫，建议不要轻易引进其他活苗。

本病目前尚无特异性治疗方法。发病时，降低应激反应的措施如改善饲养管理条件、降低鸡群密度、加强通风等可降低疾病的严重性，饲料或饮水中添加抗生素对防止继发感染具有一定的作用。对肾型传染性支气管炎，发病后应降低饲料中蛋白质的含量，并注意补充 K^+ 和 Na^+，水杨酸钠按 1 克 / 千克水浓度使用，具有一定的治疗作用。可选用广谱抗生素，如土霉素每吨饲料 300 ~ 500 克即可，连用 3 ~ 5 天，配合多维饮水，按说明使用。

可尝试中药治疗，但要考虑成本。

第四节　传染性喉气管炎

传染性喉气管炎（ILT）是由传染性喉气管炎病毒（ILTV）引起的育成鸡和成年产蛋鸡的一种急性、接触性上部呼吸道传染病。以呼吸困难、喘气、咳嗽，咳出血样渗出物，喉部气管黏膜水肿、出血、糜烂为特征。目前该病在大多数国家中存在，是危害养鸡业的重要疾病之一。

一、病原

本病病原为疱疹病毒，属禽疱疹病毒 I 型。病毒呈球形，有囊膜，对氯仿和乙醚等脂溶剂敏感，对外界环境的抵抗力不强。一般消毒剂均可灭活该病毒。本病毒只有一个血清型，但在田间流行的毒株不同其毒力有差异，对鸡和鸡胚的致病性也有差异。在鸡胚肝细胞和鸡胚肾细胞引起细胞病变，并可检出感染细胞的核内包涵体。

二、流行特点

本病主要侵害鸡，各日龄鸡均可感染，但以育成鸡和成年鸡的症状最具有特征性和最为常见。其他品种禽如幼龄火鸡、野鸡、鹌鹑和孔雀也可感染。

主要传染源为病鸡、康复后的带毒鸡及无症状的带毒鸡。本病主要经吸入即上呼吸道及眼内接触传染，有时也可经粪 – 口途径感染。易感鸡与活疫苗免疫鸡群接触也可感染。带毒鸡分泌和排出的病毒，如呼出气体、鼻腔分泌物污染的垫草、饲料、饮水和用具都可成为传播载体，人及野生动物的活动也可机械传播。

本病无季节性，四季可发，但以秋、冬、春气候多变季节多见。调运或者转运、鸡群拥挤、通风不良、饲养管理不善、维生素 A 缺乏、寄生虫感染等是重要的风险因素，可促进本病的发生。

本病发生突然，传播迅速，2 ~ 3 天内可波及全群，易感鸡群的感染率可达 90%。死亡率较高，病死率为 5% ~ 70%，产蛋鸡群感染后产蛋率下降可达 35% 或完全停产。

病毒通常存在于发病鸡的气管组织中，感染鸡可持续排毒 6 ~ 8 天，2% 的鸡可带毒 2 年，受到应激刺激的潜伏感染鸡，病毒可被激活，进一步排毒。此病在同群鸡传播速度快，群间传播速度较慢，常呈一定区域的地方流行性。

有些地方鸡群呈现“温和型”感染，发病率和致死率轻微，主要表现为黏液性气管炎、窦炎、结膜炎和低死亡率。

近年来，该病流行强度增加。另外，免疫失败增多，值得注意。

三、症状

因病毒的毒力和致病性的差异、侵害部位不同，传染性喉气管炎在临床上可分为喉气管型和结膜型，临床症状也不完全一样。

（1）喉气管型：多为急性，由高致病性毒株引起。其特征是病鸡极度呼吸困难。病鸡痛苦，抬头伸颈，发出怪叫，有时蹲下，呈现“犬坐式”呼吸；剧烈咳嗽或摇头，咳出血痰，血痰常附着于水槽、食槽或鸡笼上，在病鸡喙角、颜面及头部羽毛等部位可见血痕。检查病鸡的口腔，将鸡的喉头用手向上顶，令鸡张开口，可见喉头出血，喉部有灰黄色或带血的黏液或干酪样渗出物。若喉头被血液或纤维蛋白凝块堵塞可导致病鸡窒息而亡，死亡鸡的鸡冠及肉髯呈暗紫色，死亡鸡体况较好，死亡时多呈仰卧姿势。

病鸡还表现精神沉郁，食欲下降或废绝，消瘦，鸡冠发紫，有时排出绿色稀粪。本病发生后很快在鸡群中出现死鸡，多窒息而死。产蛋鸡群发病后产蛋率下降，有时可达35%，严重者停产。

病程15天左右，多数病鸡经8 ~ 10天康复，部分康复鸡可终生带毒。

（2）结膜型：由低致病性毒株引起，其主要特征为眼结膜炎，结膜红肿，1 ~ 2天后流泪，眼分泌物从浆液性到脓性，眶下窦肿胀，最后有的病鸡失明。病程较长，长的可达1个月，死亡率低。如果有继发感染和应激因素存在，死亡率有所增加。产蛋鸡产蛋率下降，畸形蛋增多，呼吸道症状较轻。

四、剖检病变

（1）喉气管型：最具特征性大体病变在喉头和气管。在喉和气管内有卡他性或卡他出血性渗出物，与黏膜出血形成条状物（长度可达3 ~ 5厘米）堵塞喉和气管（图33），或在喉和气管内有灰黄色纤维素性干酪样物质（中后期出现）附着于喉头周围，很容易从黏膜剥脱，堵塞喉腔，特别是堵塞喉裂部（图34）。干酪样物从黏膜脱落后，黏膜急剧充血，轻度增厚，散在点状或斑状出血，气管的上部气管环出血。内脏器官一般无特征性病变。

鼻腔和眶下窦黏膜也可见卡他性或纤维素性炎。黏膜充血、肿胀，散布小点状出血。有些病鸡的鼻腔渗出物中带有血凝块或呈纤维素性干酪样物。

产蛋鸡卵巢异常，出现卵泡变软、变形、出血等。

（2）结膜型：相对轻微，有的病例单独侵害眼结膜，有的则与喉、气管病变合并发生。

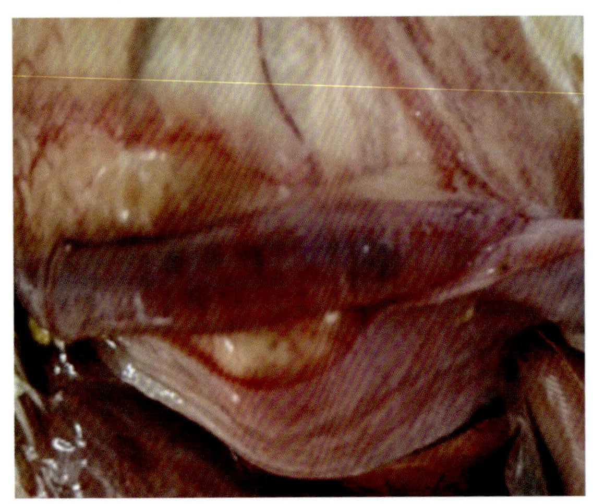
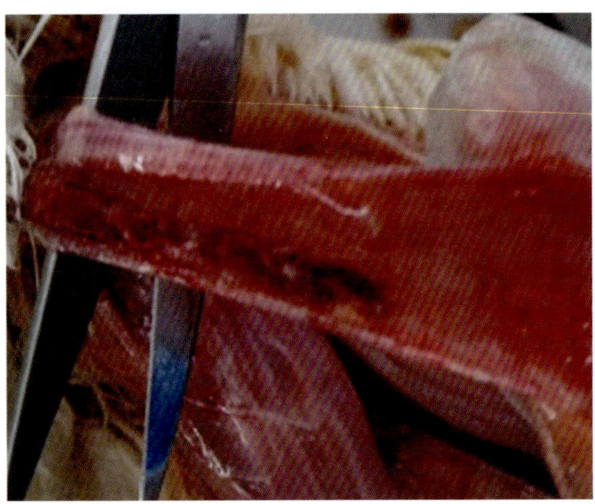

图 33　病鸡近喉部出血（左），出血与脱落黏膜、分泌物形成条状出血物（右）（王新卫供图）

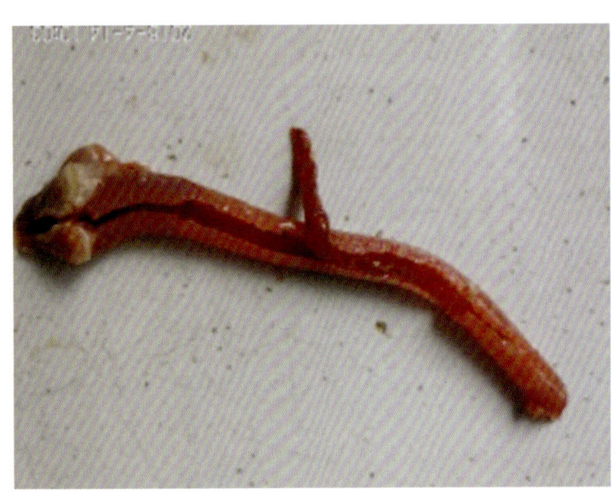
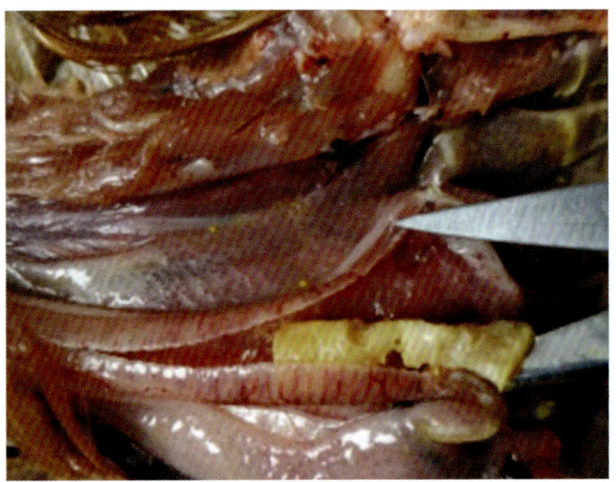

图 34　病鸡有的喉头或者气管出血形成的条状物在疾病后期形成大量干酪样物，堵塞喉头，严重的病鸡窒息而亡（王新卫供图）

结膜病变主要呈浆液性结膜炎，表现为结膜充血、水肿，有时有点状出血。有些病鸡的眼睑，特别是下眼睑发生水肿，而有的则发生纤维素性结膜炎，角膜溃疡。

五、类症鉴别

本病因临床特点明显，故容易做出诊断。必要时做病毒学诊断，病毒感染后12小时，在气管、喉头黏膜上皮细胞核内可见嗜酸性包涵体，出现临床症状48小时内包涵体最多，并通过PCR方法可检测到病毒核酸而确诊。但应注意同传染性支气管炎、新城疫、禽流感、慢性呼吸道病、传染性鼻炎、霉菌感染、黏膜型鸡痘、维生素A缺乏症等相区别。与禽流感、新城疫、传染性支气管炎区别见以上该病的相应部分。

（1）与传染性鼻炎的鉴别：两者发病均较急，但传染性鼻炎病鸡呼吸困难程度远远低于传染性喉气管炎病鸡。传染性喉气管炎病鸡严重呼吸困难，呈“犬坐式”，咳嗽剧烈，咳出带血黏液。剖检后具有特征性的喉和气管出血，或者上呼吸道有血液性黏液分泌物堵塞，或者干酪样物堵塞。而传染性鼻炎病鸡解剖见鼻腔内积有大量的黏液，鼻窦、眶下窦和眼结膜囊内有干酪样物，以蛋鸡容易反复发生为特点；使用抗生素治疗传染性鼻炎有效。

（2）与慢性呼吸道病的鉴别：支原体感染主要侵害雏鸡和青年鸡，呈慢性经过，病程长是其特征。可持续1月余。传染性喉气管炎常突然发生，传播快，育成鸡和成年鸡多发，发病率高；临床症状较为典型：张口呼吸，气喘，有干啰音，咳嗽时咳出带血的黏液，喉头及气管上部出血明显。支原体感染病鸡以气囊壁增厚并形成小泡，泡沫且多出现在腹气囊为特征，气囊上常见黄白色干酪样物，而且使用抗生素治疗有效，且可经卵垂直传播，而传染性喉气管炎鸡群显然无此特征。

（3）与霉菌感染的鉴别：霉菌感染多发于 1 月龄以内的家禽，如鸡、鸭、鹅等，而传染性喉气管炎多发于育成鸡和成年产蛋鸡。霉菌感染病禽气囊壁增厚，形成特有的霉菌斑，气管和支气管有时有肉眼可见的菌丝体（其他器官如肝脏、胸腔、腹腔等亦可能出现结节）。传染性喉气管炎病鸡无此变化，主要以咳嗽时咳出带血的黏液，喉头及气管上部明显出血为特征。霉菌感染病禽常有接触发霉饲料和垫料史，硫酸铜和制霉菌素治疗有效，患传染性喉气管炎的鸡群显然无此特征。

（4）与黏膜型鸡痘的鉴别：黏膜型鸡痘病鸡也出现呼吸困难，口腔检查亦见喉头处被干酪样物堵塞，病死鸡剖检可见气管栓塞极为相似，但黏膜型鸡痘病鸡在喉头气管处黏膜可见隆起的单个或融合在一起的灰白色痘斑，一般不见气管的急性出血性炎症；而且黏膜型鸡痘发生时还常见皮肤痘斑，因而容易区别。

（5）与维生素 A 缺乏症的鉴别：维生素 A 缺乏症的病禽口腔咽喉黏膜上散布白色小结节或覆盖一层白色的豆腐渣样的薄膜，剥离后黏膜完整，没有出血和溃疡。此外，维生素 A 缺乏症的病禽呼吸道变化不明显，这在临床上容易与传染性喉气管炎区分。

六、防治

平时防范措施与前述疾病类似，主要采取生物安全措施。同时还要做好检疫，如对新购进的鸡必须隔离一定时间，证实不携带病毒后方可合群。

在疫区做好免疫预防。目前使用的疫苗有两种，一种是弱毒苗，其最佳接种途径是点眼，但可引起轻度的结膜炎且可导致暂时的盲眼，甚至可引起 1% ~ 2% 的死亡；另一种是中等强毒疫苗，只能作擦肛用，绝不能将疫苗接种到眼、鼻、口等部位，否则会引起疾病的暴发。擦肛后 3 ~ 4 天，泄殖腔会出现红肿反应，此时就能抵抗病毒的攻击。强毒疫苗免疫效果确实，但建议未确诊有此病的鸡场、地区不要使用。鸡场免疫程序：首免可在 4 ~ 7 周龄，10 ~ 14 周龄时再免疫一次。肉鸡因为饲养周期短不建议免疫，但对于土种肉鸡，可参考蛋鸡免疫程序，首免可在 4 周龄，接种一次即可。也可用传染性喉气管炎 – 鸡痘二联活疫苗进行免疫接种，按说明使用即可。

对于未污染地区不建议免疫。一旦突然感染，建议使用活疫苗紧急预防接种。以后批批鸡群均要防疫。

本病无特效疗法，发病鸡群可对症治疗。一些临床经验显示，鸡群发病后依据情况使用链霉素（0.02%）饮水 3 ~ 5 天，配合多维饮水以及管理与环境的改善，鸡群一般能较快恢复。也可以依据情况适当使用多维、抗生素，中药喉症丸或六神丸对治疗喉气管炎效果也较好，每只 2 ~ 3 粒，每天 1 次，连用 3 天。

注意：康复鸡在一定时间内可持续带毒和排毒，建议严格防范康复鸡与易感鸡群的接触，或做好相邻鸡群的免疫接种。

第五节　传染性鼻炎

传染性鼻炎（IC）是由副鸡嗜血杆菌引起的鸡的急性呼吸系统疾病。以鼻腔与窦发炎，流鼻液，颜面肿胀和打喷嚏为临床特征。本病可在育成鸡群和蛋鸡群中发生，产蛋鸡发病时产蛋率下降10% ~ 40%，育成鸡增重受阻及淘汰增加，常造成严重经济损失。该病呈世界分布，处于温带的国家和地区鸡群最常见。我国目前不同地区均有发病，但多为点状散发，或者地方流行。

一、病原

本病病原为副鸡嗜血杆菌，是一种革兰氏阴性球杆菌。毒力强的菌株可能带有荚膜；兼性厌氧，其生长条件较苛刻，常利用巧克力琼脂或鲜血琼脂分离本菌，当其与葡萄球菌（其分泌的一种成分利于副鸡嗜血杆菌生长）混合培养于上述琼脂培养基时在葡萄球菌菌落周围长出特征性的“卫星菌落”。副鸡嗜血杆菌可在 7 日龄的鸡胚卵黄囊中生长，并于 24 ~ 48 小时内致死鸡胚，死胚的尿囊液和卵黄囊中含有大量细菌。副鸡嗜血杆菌包括 A、B、C 三个血清群 9 个血清型，其中 A 群和 C 群各有 4 个血清型，B 群有 1 个血清型。目前国内主要流行的血清型为 A 型，但其他血清型也有发生，需要做进一步流行病学调查。不同血清型之间存在一定共同抗原。其毒力相关抗原有脂多糖、多糖和含有透明质酸的荚膜，与鼻炎症状有关。

该菌主要存在于病鸡的鼻、眼分泌物及脸部肿胀组织中，对外界环境的抵抗力很弱，对热、阳光、干燥及常用的消毒药均十分敏感。但该菌对寒冷抵抗力强，低温下可存活 10 年。

二、流行特点

本病主要侵害鸡，各种年龄的鸡均可感染，4 周龄至成年鸡最易感，但有个体差异。13 周龄和大些的鸡则 100%感染。成年鸡感染较为严重，潜伏期也较短，病程长，表现出典型的临床症状。

主要传染源为病鸡及隐性带菌鸡、康复带菌鸡。本病主要经吸入病原污染的飞沫及尘埃传染，也可通过病菌污染的饲料和饮水传染。有时野生动物，如鸡场附近的麻雀、老鼠也能传播本病。慢性病鸡及隐性带菌鸡成为污染源，在应激下发病并散毒常导致鸡群发病。

鸡群密度大、不同年龄的鸡混群饲养、通风不良、鸡舍内闷热、氨气浓度大，或鸡舍寒冷潮湿、缺乏维生素A、转群应激、免疫应激（接种禽痘等疫苗引起的全身反应）、受寄生虫侵袭等都是本病的重要风险因素，均能促使易感或存在带毒的鸡群严重发病。本病无季节性，但多发于冬、秋、春季。本病的流行不多见，但多呈地方发生。

本病传播速度快，一旦发生将很快波及全群；发病率虽高，有时可达100%，但死亡率较低，尤其是在流行的早、中期鸡群死亡很少。但在恢复阶段，鸡群的死淘率增加，通常不见死亡高峰，这部分死淘鸡多为继发感染所致。产蛋鸡群发生时常反复发作，并发其他细菌或者病毒感染，成为顽固性疾病，严重影响生产。病程为4～18天。

三、症状

本病潜伏期较短，自然感染时为1～3天。临床主要表现为鼻炎和鼻窦炎。常见症状为先流出浆液性鼻液，后转为黏液性或脓性。病鸡频频甩头，打喷嚏，欲将呼吸道内脓性黏液排出，或者用爪抓挠脸部。鼻孔处有黏液，并在鼻孔周围形成痂皮。颜面部肿胀，一或两侧面部、眶下窦肿胀，眼睑水肿；眼结膜发炎，有脓性分泌物。食欲及饮水减少，或有下痢，体重减轻。病鸡精神沉郁，缩头，呆立。感染鸡生长不良，成年母鸡产卵减少，产蛋率下降10%～40%；公鸡肉髯常见肿大。如炎症蔓延至下呼吸道，则因咽喉被分泌物阻塞，出现张口呼吸，并带啰音，部分鸡会因窒息而死亡。在发病后期，常会并发其他疾病而使死亡率增高，但无并发感染的发病率高而病死率低。

四、剖检病变

本病的主要病变是面部、眼睑、肉髯明显水肿（图35左），有时眼、鼻流出恶臭的黏性、脓性分泌物，在鼻孔处形成痂皮。鼻腔和窦黏膜呈急性卡他性炎，充血肿胀，表面覆有大量黏液、窦内有渗出物凝块，后成为干酪样坏死物。常见卡他性结膜炎，结膜充血肿

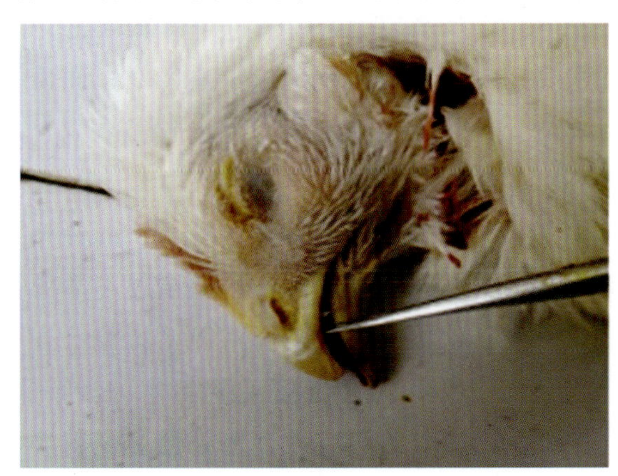

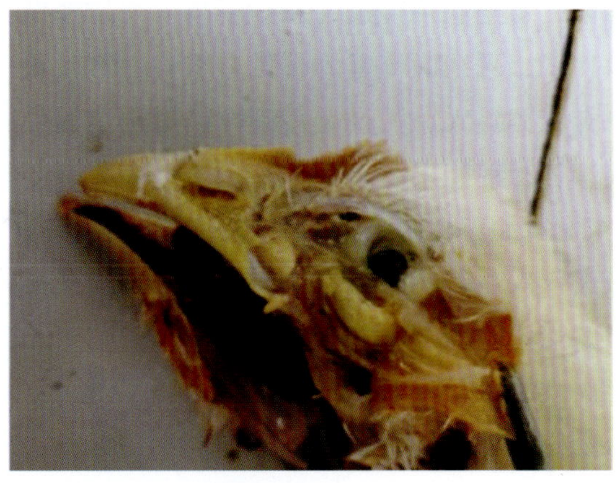

图35　传染性鼻炎病鸡面部肿胀（左），眶下窦可见炎性干酪样物（右）（王新卫供图）

胀，内也有干酪样物，严重的可引起眼睛失明。鼻窦、眶下窦内积有大量的黄色干酪样物（图35右，图36左）。气管和支气管可见渗出物，严重者因干酪样物质阻塞呼吸道而造成肺炎和气囊炎（图36右）。产蛋鸡感染时卵泡变性、坏死和萎缩。

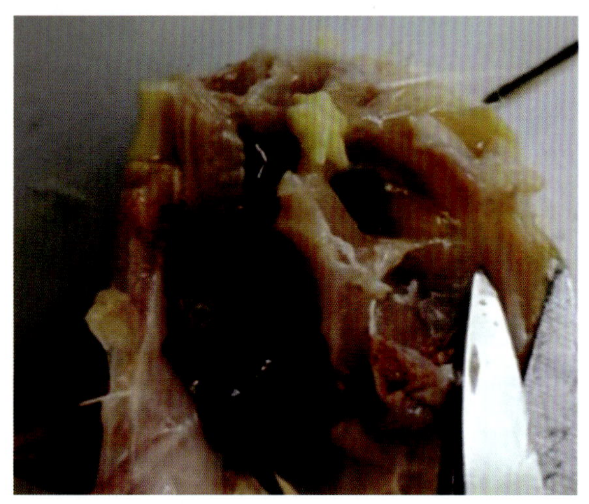

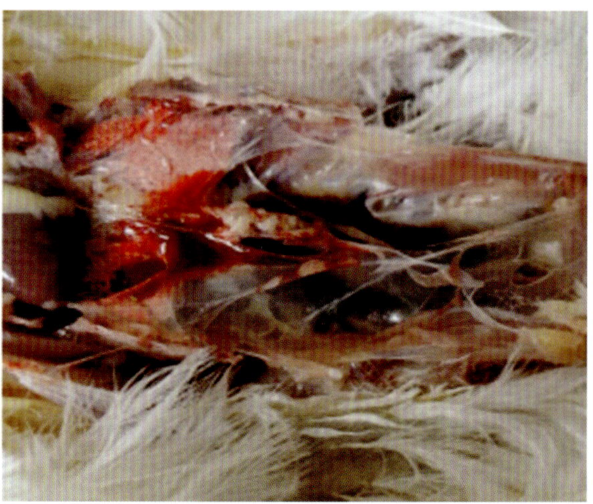

图 36　鼻窦可见炎性干酪样物（左），传染性鼻炎病鸡伴发气囊炎（右）（王新卫供图）

五、类症鉴别

本病和慢性呼吸道病、慢性禽霍乱、禽痘及维生素 A 缺乏症等的症状相类似，故仅从临诊上来诊断本病有一定困难。此外，传染性鼻炎常有并发感染，在诊断时必须考虑到其他细菌或病毒并发感染的可能性。如群内死亡率高，病期延长时，则更须考虑有混合感染的因素，须进一步鉴别诊断。

与禽流感、新城疫、传染性支气管炎、传染性喉气管炎等区别见以上疾病对应的部分。

（1）与慢性呼吸道病的鉴别：支原体感染主要侵害雏鸡和青年鸡，呈慢性经过，病程长是其特征；可持续1月余。而传染性鼻炎仅发生于鸡，4周龄以上的鸡（尤其成年鸡）最容易感染，常呈急性经过，发病率高而死亡率低。支原体感染病鸡以气囊壁增厚并形成小泡，泡沫且多出现在腹气囊为常见，气囊上常见黄白色干酪样物，而且可经种蛋垂直传播，而传染性鼻炎鸡群无此特征。传染性鼻炎病鸡的鼻腔与窦发炎，常发生脸部和肉髯水肿。病鸡打喷嚏，有的常摇头，并不时用爪搔鼻喙部。蛋鸡以容易反复发生为特点。

（2）与霉菌感染的鉴别：霉菌感染多发于 1 月龄以内家禽，如鸡、鸭、鹅等，而传染性鼻炎仅发生于鸡，且以 4 周龄以上鸡，尤其成年鸡为多。霉菌感染病禽气囊壁增厚，形成特有的霉菌斑，气管和支气管有时有肉眼可见的菌丝体（其他器官如肝脏、胸腔、腹腔等亦可能出现结节），而传染性鼻炎病鸡无此变化，以鼻腔与窦发炎、常发生脸部和肉髯水肿为特征。霉菌感染病禽常有接触发霉饲料和垫料史，硫酸铜和制霉菌素治疗有效，传染性鼻炎鸡群显然无此特征。

（3）与慢性禽霍乱的鉴别：慢性禽霍乱病禽有时也发生呼吸道变化，其变化表现为鼻腔、气管、支气管的卡他性炎症，但慢性禽霍乱的发病特点并不急骤，而传染性鼻炎发病急。因而可以区分。

（4）与黏膜型鸡痘的鉴别：黏膜型鸡痘病禽也有呼吸困难表现，但口腔检查主要见喉头处被干酪样物所堵塞，在喉头气管处黏膜可见隆起的单个或融合在一起的灰白色痘斑，一般不见气管的急性出血性炎症；而且黏膜型鸡痘发生时还常见皮肤痘斑，因而容易与传染性鼻炎区别。

（5）与维生素 A 缺乏症的鉴别：维生素 A 缺乏症口腔咽喉黏膜上散布有白色小结节或覆盖有一层白色的豆腐渣样的薄膜，剥离后黏膜完整，没有出血和溃疡。此外，维生素 A 缺乏症的呼吸道变化不明显，传染性鼻炎病禽的呼吸道变化明显，有反复发作的特点。

六、防治

平时防控措施类同传染性支气管炎、禽流感等疾病。

对常发地区，选用多价鸡传染性鼻炎灭活疫苗于 3 ～ 5 周龄和开产前分两次接种。种鸡应每隔半年加强免疫接种 1 次。

发病时，应在加强饲养管理、做好综合防制措施的基础上积极进行药物治疗。副鸡嗜血杆菌对磺胺类药物非常敏感，是治疗本病的首选药物。 一般用复方新诺明或磺胺增效剂与其他磺胺类药物合用，或用2 ~ 3种磺胺类药物组成的联磺制剂均能取得较明显效果。同时饮水中添加碳酸氢钠以降低对肾脏的毒性。如若鸡群食欲下降，经饲料给药血药浓度可能会不足，治疗效果差，此时可考虑用抗生素如头孢噻肟钠注射的办法，可取得满意效果，但费时费力。也可以选用链霉素、泰乐菌素、红霉素或者氟喹诺酮类按量进行治疗。笔者建议的方案是泰乐菌素配合磺胺二甲嘧啶进行治疗，效果显著。

经治疗康复的鸡群仍可带菌并成为传染源，对其他新鸡群会构成威胁。因此，鸡场应通过良好的管理改善，降低其发病风险。严禁在其中挑选尚能下蛋的鸡混入其他鸡群中继续饲养。对发病后的鸡舍内外环境应进行彻底消毒，并空舍至少1周后，再引入新鸡群。

第六节　慢性呼吸道病

本病是由鸡毒支原体引起的鸡和火鸡的慢性呼吸道病（CRD），在火鸡则称为传染性窦炎。主要临床特征为张口呼吸、呼吸啰音、咳嗽、流鼻液，火鸡则常有窦炎。该病呈世界分布，多为慢性，病程长，成年鸡多隐性感染，可在鸡群长期存在和蔓延，还可经卵传播给下代仔鸡。该病常导致屠检时废弃、胴体降级，饲料蛋、肉比高，治疗费用增加，经济损失大，是养禽业主要常见性疾病。

一、病原

本病病原为鸡毒支原体（MG），革兰氏染色阴性，着色较淡；好氧和兼性厌氧；对培养基的要求相当苛刻，生长缓慢，但接种 7 日龄鸡胚卵黄囊中生长良好，并致死鸡胚，且随着传代次数增加鸡胚死亡更加规律，病变更明显。

鸡毒支原体对外界抵抗力不强，离开禽体即失去活力。一般消毒药可很快将其杀死。本菌容易产生耐药性。

二、流行特点

本病最易发生于鸡和火鸡，以4～8周龄鸡和火鸡最敏感，纯种鸡比杂种鸡易感。游戏鸟（斗鸡、观赏鸟）、鸽子、其他野禽、鸭鹅与患病鸡混居时可感染。

主要传染源为病鸡与带菌鸡。本病可横向传播也可经卵传播，但常见经结膜或吸入途径感染，潜伏期为6～10天。病原体也可通过飞沫、空气经呼吸道传播，还可以通过饮水、饲料、用具传播，以及通过配种及经卵垂直传播。这使得用带有支原体的鸡胚制作弱毒苗或者种用时，易造成疫苗污染或者子代感染而散播本病。

同一鸡场不同棚舍之间的传播缓慢，表明气溶胶通常不是主要的传播途径。带菌污染物是农场之间传播的重要因素。感染痊愈禽终身带毒，遇到应激因素后仍可能发病。

本病在鸡群中传播较为缓慢，病程长，但在新感染的鸡群中传播较快；幼鸡常流行，成年鸡多呈散发。根据所处的环境因素不同，病的严重程度差异很大，常呈“三轻三重”现象：感染鸡群在用药时、天好时、饲养管理好时病情轻，停药时、环境不良时、饲养管理不好时病情重。

成年禽感染率很高，但发病率可能很小，死亡率也不尽相同。饲养管理不当，环境条件差，应激，继发感染其他疾病如新城疫、传染性鼻炎、传染性法氏囊病、大肠杆菌病等时，会加剧病情并使死亡率增高，而且这些因素也是禽感染鸡毒支原体的风险因素。用气雾和滴鼻法对感染鸡毒支原体的雏鸡进行新城疫弱毒疫苗免疫时，能激发本病的发生，应当注意。本病无季节性，但以寒冷季节多发。

目前，在我国鸡群中感染相当普遍，而且在家禽中长期存在，流行缓慢，难以根除。

三、症状

典型症状多见于幼龄鸡，其上呼吸道和邻近组织黏膜发炎，出现浆液性、黏液性鼻液，频频摇头、打喷嚏、咳嗽，还可见窦炎、结膜炎及气囊炎，眼角部有气泡性渗出物（图37左）。随病程发展，炎症蔓延至下部呼吸道，喘气和咳嗽频繁，呼吸道啰音。病鸡食欲减退，生长停滞。后期可因鼻腔和眶下窦中蓄积渗出物而引起眼睑肿胀，症状消失后，发育受到不同程度的抑制。严重者出现“金鱼眼”。继发感染时，死亡率增加。

幼鸡如无并发症，病死率低。成年鸡感染后很少死亡，并且多呈隐性感染。产蛋鸡感染后的呼吸症状不显著，仅表现产卵量和孵化率降低，新孵出的弱雏多，并出现气囊炎。如为种鸡产的蛋，则不能做种用。

四、剖检病变

单纯感染的病鸡脸部水肿明显（图 37 右）。病鸡可见鼻道、气管、支气管和气囊炎症，其内含有混浊黏稠或干酪样渗出物（图 38 左），气囊壁变厚、混浊；呼吸道黏膜水肿、充血、增厚；窦腔内充满黏液和干酪样渗出物，并可波及肺和气囊；有时病鸡以气囊壁增厚并形成小泡，泡沫且多出现在腹气囊为特征，气囊上常见黄白色干酪样物（图 39），严重时有大量渗出物附着（图 40 左）；有时心包炎（图 40 右），有时严重肺炎（图 38 右）。

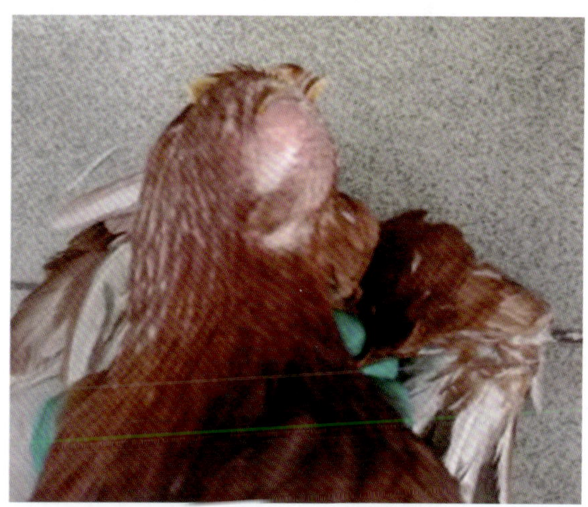

图 37 慢性呼吸道病病鸡眼角部可见明显的气泡（左），脸部水肿明显，有时单侧有时双侧（右）（王新卫供图）

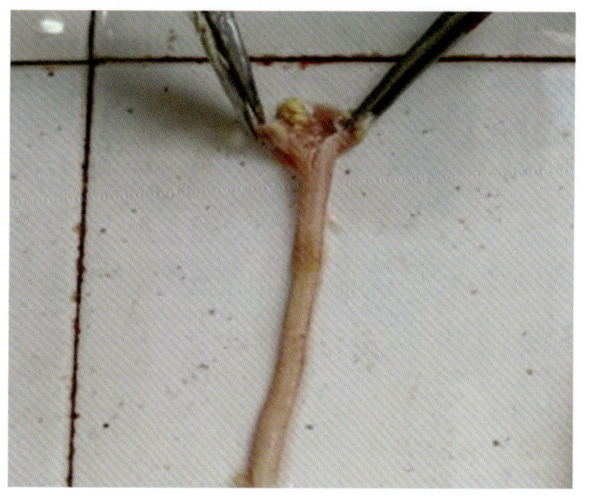
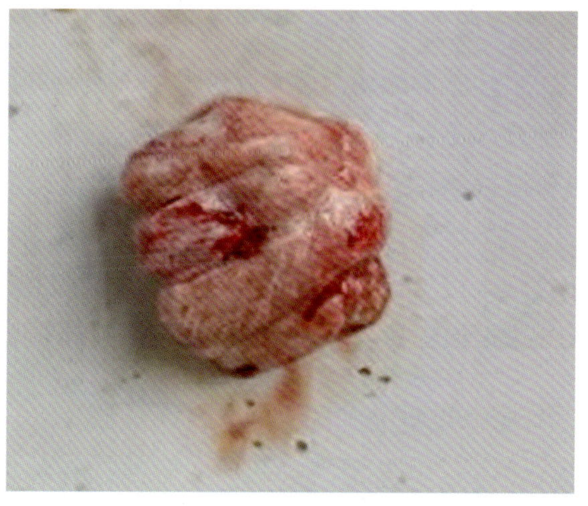

图 38 慢性呼吸道病病鸡喉头或者气管可见干酪样炎性渗出物（左），病重病例严重肺炎（右）

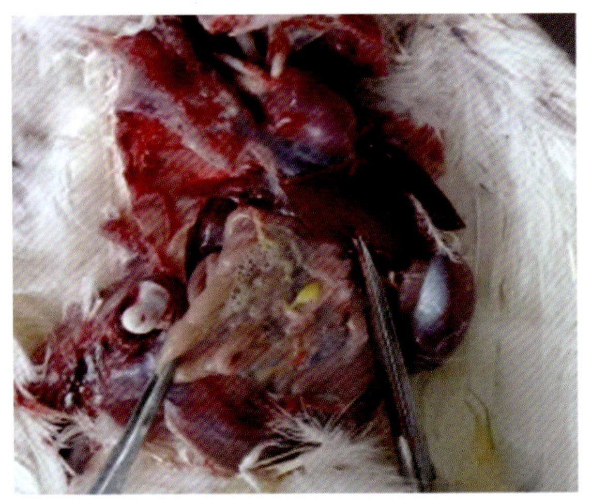
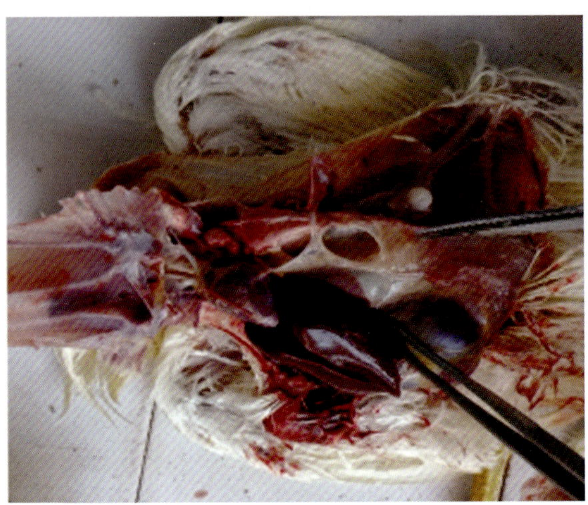

图 39　慢性呼吸道病病鸡腹部气泡样炎性渗出变化（左），后期可见气囊大量炎性渗出物（右）（王新卫供图）

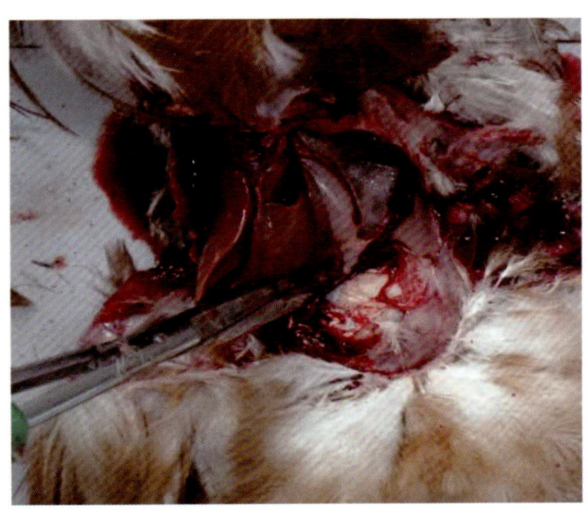
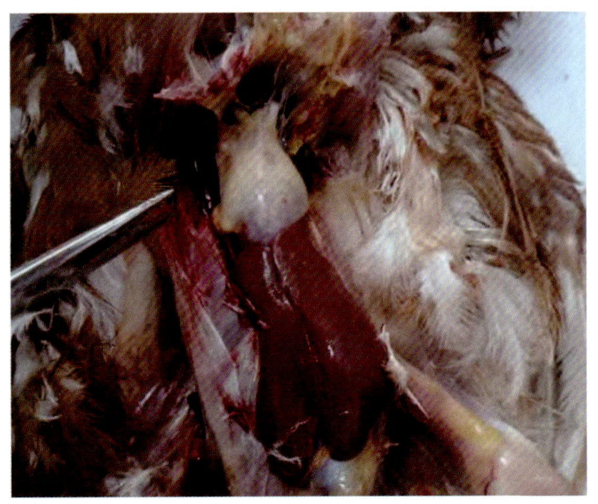

图 40　呼吸型支原体感染鸡气囊炎，气囊可见干酪样炎性渗出物，严重时病鸡气囊增厚，大量炎性渗出物附着（左）；有时伴发心包炎（右）（王新卫供图）

自然感染的病例多为混合感染，可见呼吸道黏膜水肿、充血、肥厚。窦腔内充满黏液和干酪样渗出物，有时波及肺、鼻窦和腹腔气囊，尤其有大肠杆菌混合感染时，可见纤维素性肝被膜炎和心包炎。火鸡常见到明显的窦炎。

组织学变化较为特征，呼吸道黏膜显著增厚，黏膜下常见有局灶性淋巴组织增生区（淋巴滤泡反应），以及淋巴细胞、网状细胞和浆细胞浸润。呼吸道的组织损伤表现为纤毛上皮的肥大、增生和不同程度的水肿。在肺部有时还出现肉芽肿。

五、类症鉴别

本病应与下列疾病作鉴别。与新城疫、禽流感、传染性鼻炎、传染性支气管炎等的鉴别见前述对应部分。

（1）与传染性喉气管炎的鉴别：传染性喉气管炎的病原为病毒；传播快，死亡率高；突然发病，阵发性剧烈咳嗽及咳出含有血液的渗出物，喉头和气管黏膜肿胀出血；张口伸颈作喘息姿势，病程一般 2 周。而慢性呼吸道病发病缓慢，持续时间长，很容易与之区别。

（2）与霉菌感染的鉴别：霉菌感染多发于 1 月龄以内的家禽，如鸡、鸭、鹅等；霉菌感染病禽气囊壁增厚，形成特有的霉菌斑，气管和支气管有时有肉眼可见的菌丝体（其他器官如肝脏、胸腔、腹腔等亦可能出现结节）。而感染鸡毒支原体的病鸡无此变化。霉菌感染病禽常有接触发霉饲料和垫料史，硫酸铜和制霉菌素治疗有效。而感染鸡毒支原体的病鸡则可以使用泰妙菌素治疗。

六、防治

该病是细菌性疾病，平时一定要做好生物安全工作，加强管理，给鸡群良好的环境条件。对种鸡场应定期检疫，淘汰阳性鸡，最好建立阴性种鸡群。如果存在感染，在可接受情况下，可采用抗生素处理和加热法来降低或消除种蛋内支原体，进一步降低蛋带毒率，净化鸡群。引进种鸡、苗鸡、种蛋时严格检疫，不从疫区鸡场购入。其他类同以上呼吸道疾病。

目前市场有弱毒疫苗和灭活疫苗（最好选择自然弱毒疫苗），依据实际情况按照说明选择疫苗免疫。弱毒疫苗用于尚未感染的健康小鸡或已感染的鸡群，灭活疫苗多用于蛋鸡和种鸡。对种鸡场净化时，多采用血清学方法 ELISA 或者 HI 实验进行检测，阳性鸡淘汰，可疑群 2 ~ 3 周后重复抽样检测，反复进行至可以接受水平。但应注意，一些疫苗的免疫可能导致假阳性反应。对于疫苗的防疫效果需要做评估。

对商品鸡场，产蛋前或产蛋期间，在种鸡的饲料中添加金霉素。雏鸡出壳后，用链霉素（100单位/毫升）喷雾或滴鼻（2 000单位/只），以控制发病。

发病时，对种鸡建议采取淘汰方法或进行净化，对商品鸡可进行治疗。成年鸡每只肌内注射链霉素 0.2 克，每天一次，连用 2 ~ 3 天，5 ~ 6 周龄的幼鸡每只肌内注射 50 ~ 80 毫克。一般早期治疗效果较好。大群治疗时，可在每千克饲料中添加金霉素 1 ~ 2 克，充分混合，连喂 1 周；或者多西环素饮水，0.005% ~ 0.01% 连用 3 ~ 5 天，同时泰乐菌素饮水，0.01% ~ 0.05% 连用 3 ~ 5 天，有良好的治疗效果。

第七节　禽曲霉菌病

禽曲霉菌病是由曲霉菌感染禽类致呼吸系统及多组织器官病变的传染病。以侵害雏禽呼吸器官为主而导致呼吸困难，在肺、气囊、气管上有小米粒大的灰黄色结节为临床特征。多见于鸡、火鸡、鸭、鹅、鸽等家禽。3 周龄以下的雏禽常呈急性经过和群发。该病在气候湿润的地区发病率高，危害较为严重。

一、病原

病原依据重要性递减次序为：烟曲霉、黄曲霉，其他如构巢曲霉及黑曲霉等。烟曲霉等在周围环境常在，当幼雏吸入或食入霉菌的孢子后可引起感染。

曲霉菌能产生毒素，可使动物痉挛、麻痹、致死和组织坏死等。孢子对消毒剂具有高度的抗性。

二、流行特点

本病的潜伏期为 2 ~ 5 天。鸡、火鸡、鸭、企鹅、游戏鸟、水禽等均可感染。但雏禽感染后发病最为严重，并以 3 周龄以下的幼雏常见，发病率通常较低，但也可高达 12%。雏禽感染导致的死亡率为 5% ~ 50%，随日龄的增大会逐渐减少，到 1 月龄以后基本停止死亡，也有个别情况如饲养管理条件差时，流行和死亡会一直延续到 55 ~ 60 日龄。成年禽以慢性和散发性为主。

主要经吸入孢子而感染。该病全年均可发生，尤以潮湿多雨的“梅雨期”季节或者玉米刚收获的季节为甚。饲养密度大、通风不良、饲养条件差、管理落后、孵化室污染、育雏室潮湿温暖造成霉菌大量繁殖，再加上幼雏营养不良，都是该病暴发的重要风险因素。

三、症状

1 ~ 20 日龄雏鸡常呈急性经过。雏鸡开始减食或不食，精神不振，翅膀下垂，羽毛松乱，闭目呆立，嗜睡状，反应淡漠。接着出现呼吸困难，呼吸次数增加，喘气，病鸡头颈直伸，张口呼吸，可听到沙哑的水泡声响。有时摇头甩鼻，打喷嚏，有时发出咯咯声。少数病鸡的眼、鼻流出分泌物。后期还可出现下痢。病程在 1 周左右。如不及时防治，或发病严重时，死亡率可达 50%以上。鸭、鹅死亡率更高。

有些雏鸡可发生曲霉菌性眼炎，或有个别的雏鸡出现扭颈、共济失调、向左旋转等神经症状（罕见），经剖检证实由曲霉菌病引起。

慢性病例多见于成年或青年禽，主要表现为生长缓慢，发育不良，羽毛松乱无光，喜呆立，逐渐消瘦贫血，严重时呼吸困难，最后死亡。产蛋禽则产蛋减少，甚至停产，病程数周或数月。

鸭发病时，精神沉郁，食欲减退或废绝，常缩颈呆立，两眼半闭状，翅下垂，羽毛松乱，不愿下水游动，即使被驱赶下水也会很快上岸。有的病鸭呼吸困难，后腹起伏明显，咳嗽，有时发生间歇性强力咳嗽和出现喘鸣声；排出绿色或黄色糊状粪便。后期病鸭拒食，出现麻痹症状，有时发生痉挛或阵发性抽搐。部分病鸭眼眶上方长出一个绿豆到黄豆大小的瘤状物，触及稍硬。有的病鸭角膜混浊，以致失明。病鸭快者 3 ~ 5 天死亡。笔者曾接诊过 80 日龄鸭因为天气潮湿、使用发霉垫料（花生穰）而引起肺部严重霉菌感染导致的死亡。慢性病例症状不明显，病程 10 多天或数周。

四、剖检病变

典型病例均可在肺部发现粟粒大至黄豆大的黄白色和灰白色结节（或可能具有绿色表面）（图 41），切开似有层状结构。有的病例还呈局灶性或弥漫性肺炎变化。除肺外，气囊、气管、腹膜中有黄色至灰色结节或斑块（图 41）。有结膜炎 / 角膜炎症状。一些有神经症状的禽类可能会出现脑部病变。

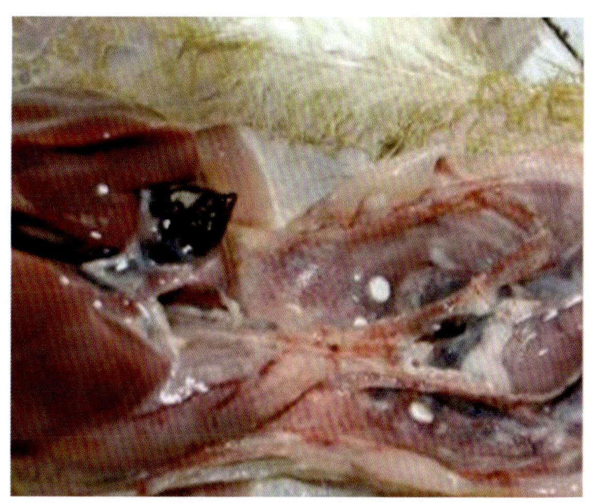

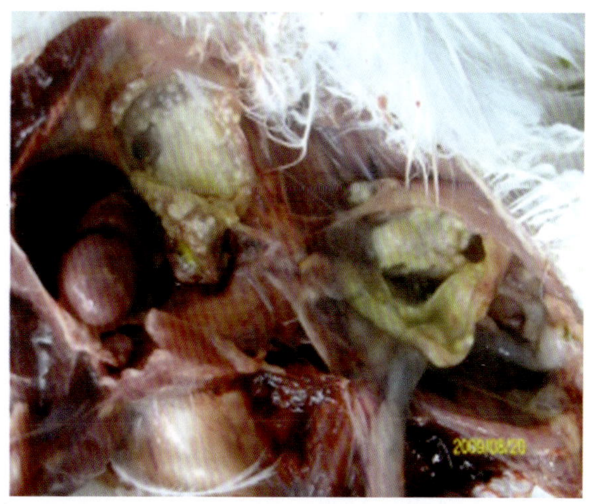

图 41　鸡感染霉菌后可见霉菌斑（左），胸腔和腹腔气囊有霉菌斑（右）（王新卫供图）

五、类症鉴别

依据流行特点和剖检变化等综合分析不难做出诊断。具体的鉴别诊断见前述其他疾病。

六、防治

本病的发病禽多为幼禽，因此，应加强育雏期的饲养管理，搞好环境卫生，尤其注意禽舍内应洁净、干燥、通风良好。还要注意饲料霉变与垫料的霉变。此外，应做好孵化器卫生，防止霉菌污染。治疗参见禽念珠菌病。对于曲霉菌毒素中毒的鸡群，用葡萄糖和维生素 C 饮水，以增强鸡群的抵抗力。

第八节　开口虫病

开口虫病是由气管比翼线虫引起的一种禽传染性疾病。临床上不多见。

一、病原

本病病原为气管比翼线虫。

二、流行特点

本病主要感染鸡、火鸡、野鸡以及其他野禽和观赏鸟，呈世界分布。蚯蚓、鼻涕虫或蜗牛是这种线虫的转运宿主，禽食入后可感染，因此散养的家禽更易感染。但禽也可以食入感染性虫卵或第三期幼虫直接感染，而不经过转运宿主。目前规模化养殖场在临床上罕见此病。一般危害轻微。

三、症状

感染禽精神不振，食欲减退，体质下降；呼吸困难，张口呼吸，或者张口如打哈欠，或者甩头。如鸽子感染后，幼虫寄生于肺泡内，病鸽精神沉郁，呼吸困难，咳嗽，不断甩头，流出黏液，营养不良，消瘦，贫血。

四、剖检病变

病禽主要表现为气管炎性变化，并在气管内发现成对出现的虫体，最长 2 厘米，有时虫体可达咽喉部。

五、类症鉴别

发现寄生虫即可确诊。该病因寄生虫引起，剖检可见气管内特异性虫体，容易与其他呼吸道疾病区分。但临床应与毛滴虫病区别。

与毛滴虫病的鉴别：毛滴虫病是鸽子、猛禽、火鸡和鸡的原生动物寄生虫病，其致病性变化很大，发病率高，但死亡率不一。临床上有张嘴、流口水、反复吞咽动作。剖检可见口腔、咽部、食管、嗉囊和腺胃有黄斑和大量的奶酪块状物，而且毛滴虫病病变部位可见虫体；猛禽可能有肝脏病变。而开口虫病感染禽呼吸困难，张口呼吸，如打哈欠，或者甩头，消瘦，贫血，主要表现为气管炎性变化，并在气管发现 2 厘米长成对出现的虫体，有时虫体可达咽喉部。因而可以区别。

六、防治

平时采取生物安全措施，给禽创造良好舒适的环境，定期预防性驱虫。如依据兽医卫生制度，通过在饲料中添加氟苯达唑、左旋咪唑进行预防和控制。以下方案选择其一即可：氟苯达唑按每吨饲料 30 克混饲 4 ~ 7 天；左旋咪唑按每千克体重 20 ~ 40 毫克口服 3 ~ 4 天；枸橼酸哌嗪按每千克体重 0.25 克口服 3 ~ 4 天。

第九节　鼻气管鸟疫杆菌感染

本病是由鼻气管鸟疫杆菌引起的传染性呼吸道疾病，常发生于火鸡，发病时多与肺病毒协同增加病害程度。在肉鸡生产中，该病可能是气囊炎的重要原因。

一、病原

本病的病原为鼻气管鸟疫杆菌，革兰氏阴性。

二、流行特点

本病常见于鸡和火鸡，但以火鸡更为常见。3 ～ 4 周龄禽易感染和发病，成年禽也发病，死亡率在 2% ～ 10% 不等。

本病的发生风险因素有呼吸道疾病疫苗（如新城疫、传染性支气管炎）的免疫应激，禽呼吸道病毒野毒感染、大肠杆菌感染、支原体感染，以及管理不善、环境条件差等。

本病的传播途径一般不确定，但常经气溶胶传播，也可以通过直接接触和饮水传播。孵化场在传播中起到重要作用。

三、症状

病禽精神沉郁，饮食减少，羽毛蓬松，咳嗽，打喷嚏，体重减轻，产蛋率下降，死亡率增高。

四、剖检病变

病禽主要表现为气囊炎、气管炎、严重支气管肺炎。有时胸膜表面有多量纤维素性渗出物和腹膜炎。

五、类症鉴别

取典型病料（气管、肺和气囊）接种于 5% 绵羊血琼脂平板或巧克力琼脂平板上慢慢地生长产生微小的菌落，多数分离株是氧化酶阳性，半乳糖苷酶阳性。使用商业试剂盒可以进行诊断。该病特征性变化不是十分明显，常见于火鸡。因此与其他呼吸道病的鉴别需要进行病原的分离与鉴定。

六、防治

我国没有疫苗可用，但在严重地区，可尝试分离病原做自家疫苗接种减少损失。但要注意考虑成本和免疫效果。鼻气管鸟疫杆菌对抗生素的敏感性变化大，建议依据药敏试验结果选择用药。发病时，可尝试 250×10^{-6} 的阿莫西林饮水 3 ～ 7 天；金霉素 500×10^{-6} 饮水 4 ～ 5

天；替米考星 10 ～ 20 毫克 / 千克体重口服，但对产蛋蛋禽禁用，肉禽注意休药期（应该在疾病的早期阶段使用）。三种方案任选其一即可。

第十节　呼吸道综合征

本病的临床病因复杂，是多种因素导致的禽群以呼吸道变化为主的综合征候群。

一、病因

病因复杂，可能涉及呼吸道病毒（禽流感病毒、传染性支气管炎病毒、禽肺炎病毒等）和细菌（鸟分枝杆菌、大肠杆菌）。环境条件差，如禽舍的灰尘多，过量氨气、二氧化碳等其他有毒气体以及与通风不良相关的其他因素均可能成为诱发因素。

二、流行特点

鸡和火鸡多发，尤其在秋冬、冬、冬春季节常见。发病厂家多管理不善、环境不良，在这些厂家该病甚至成为每年必发疾病，反复发作。发病率通常为 10% ～ 20%，死亡率为 5% ～ 10%。如果处理不当，感染禽死亡率可能超过 10%。

三、症状

病禽打喷嚏，头部肿胀，结膜炎，鼻腔有渗出液，有时流鼻液。严重病禽频频甩头，产生噪声。因为原发性疾病和并发感染病原不同，其他表现不确定。

四、剖检病变

剖检变化主要有严重的气管炎与卡他性化脓性渗出物，气囊炎，心包炎。

五、类症鉴别

因病因多样，应用实验室方法进行确诊。鉴别诊断主要与慢性呼吸道病区别。鸡慢性呼吸道病由鸡毒支原体感染，在火鸡则称为传染性窦炎，其临床特征为张口呼吸、呼吸啰音，咳嗽、流鼻液，火鸡则常有窦炎。本病通常为慢性，且病程长，成年鸡多隐性感染，可在鸡群长期存在。虽然慢性呼吸道病主要发生于鸡和火鸡，而且与呼吸道综合征类似，但呼吸道综合征在发病日龄上无严格限制，而慢性呼吸道病以4～8周龄鸡和火鸡最敏感。呼吸道综合征发病率通常为10%～20%，死亡率为5%～10%。而慢性呼吸道病在成年禽感染率很高，但发病率可能很小；幼禽患慢性呼吸道病后如无并发症，病死率低，而成年鸡很少死亡。仅患慢性呼吸道病的病鸡，可见鼻道、气管、支气管和气囊炎症，气囊壁增厚并形成小泡，泡沫多出现在腹气囊为特征，气囊上常见黄白色干酪样物。而呼吸道综合征的变化复杂得多。

六、防治

主要措施同上述疾病。同时，做好重点疾病新城疫、禽流感、传染性法氏囊病、传染性支气管炎等病的防控。弱毒活苗免疫时注意防应激。发生类似疾病时，及时确诊做出诊断，防止继发其他疾病而使情况变得复杂。

排除病毒感染时，对并发的细菌感染进行治疗。治疗应配合管理改善，否则效果不好。方案仅供参考：多西环素与泰乐菌素按照 0.2‰ ~ 0.4‰的量拌料投服 5 天，依据情况，停药 1 ~ 3 天，再重复治疗 3 ~ 4 天。如果效果不好，建议分离继发感染菌进行药敏检测来确定合适的抗生素药物。也可以尝试用自家疫苗免疫接种防治。

第四章　消化系统疾病类症鉴别与防治

禽类消化系统由消化道（口腔到泄殖腔）和消化腺（肝脏、胰脏和唾液腺等）组成，是禽类采食与摄取营养、排泄废物等生命活动的重要器官。消化系统疾病是因消化系统与外界相通，容易受到外界的各种病因（细菌、病毒、支原体、寄生虫、霉菌和真菌等病原微生物，寒冷、化学物质、有毒物质吸入、机械性刺激等各种物理化学刺激）的影响而引起的。禽类消化系统疾病在临床上最为常见，病种最为繁多，病因也最为复杂。但最为严重的消化道疾病常表现为传染性病原感染、寄生虫侵袭或中毒等疾病，如常见危害严重的新城疫、鸭瘟、鸭病毒性肝炎、鸭细小病毒性肠炎、小鹅瘟、包涵体肝炎、肠道菌引起的疾病如沙门菌病、大肠杆菌病、坏死性肠炎、蛔虫病、绦虫病、球虫病、多种中毒和脂肪肝等。这些疾病在临床上可能单一存在，也可以合并感染，或者与其他系统疾病并发，严重影响家禽健康，也是影响家禽生产经济效益的重要因素，同时更是禽类疾病预防的重点之一。本章主要讨论该类重要疾病的病原、流行特点、症状和剖检病变等，并进行类症鉴别，给出防控措施。

第一节　心包积液－肝炎综合征

本病又叫安卡拉病，由禽腺病毒4型引起，临床上以突然死亡，大群正常，死亡鸡肝炎、心包积液和肺水肿为特征。最早在巴基斯坦鸡群发现，早前报道主要为害3～6周龄肉鸡，后备母鸡和蛋鸡偶尔发生。但现在，不论什么品种的鸡均可发生，蛋鸡或者我国地方鸡中以4～9周龄最容易发生，肉鸡则为2～4周龄多发。目前鸭、鹅、孔雀等禽感染也增多。其引起的经济损失巨大。

一、病原

本病病原为腺病毒，为DNA病毒，无囊膜；血清型众多。分三个群，即Ⅰ、Ⅱ、Ⅲ群，除Ⅱ和Ⅲ群导致火鸡出血性肠炎和鸡减蛋综合征外，对其他了解并不多。对于Ⅰ群大概有12个血清型，致病性不清楚。

该病毒广泛存在于家禽或者野鸟，并不表现出症状；但当禽群抵抗力低或其他应激条件存在时，就成为主要病原。临床上可引起火鸡的出血性肠炎和减蛋综合征，或者鹌鹑的气管炎。其中Ⅰ群病毒主要引起鸡包涵体肝炎和心包积液综合征（鸭、鹅等也可以发生）两种临床表现类型，而心包积液综合征由Ⅰ群病毒4型引起，田间流行毒株的致病力增强。病毒的抵抗力强。

二、流行特点

鸡、鸭和鹅等禽类均可感染。以前文献显示肉鸡发病最为严重，少有蛋鸡、鸭和鹅发病的报道。但近来，该病可发生于蛋鸡、鸭或鹅、孔雀等，并引起严重死亡。

发病日龄不尽相同，对于肉鸡，尤其肉杂鸡如“817”发病日龄（中位数）多在 15 ~ 30 日龄，3 周龄前后为死亡高峰。蛋鸡与本地品种的各种鸡发病日龄通常从 3 周龄开始（最早可以 7 日龄），至开产前，产蛋鸡也偶尔发生。蛋鸡发病与死亡高峰日龄通常为 7 周龄（中位数）左右，土鸡通常为 4 ~ 6 周龄。病程一般持续 2 周，处理不当时，病程将达到 3 周，甚至更长。

鸭和鹅感染时发病与死亡程度因有无并发和继发感染而不同，发病日龄多集中在育雏和育成阶段。

隐性带毒禽或发病禽是主要的传播来源。本病通过消化道和呼吸道传播，也可垂直传播。有报道分析，疫苗带毒传播以及引入动物（家禽）可能是引起我国禽类发病的重要风险因素。带毒禽类的分泌物和排泄物可传播此病。

本病无季节性。

三、症状

禽群基本正常，常有禽突然死亡（图 42 左），或者发病后随即死亡，死亡通常在数小时内，甚至 2 ~ 4 小时。肉鸡死亡率一般每天在 3% 以下，但管理与处理不当则死亡率可达 6%；蛋鸡则在 1% 以内。总死淘率有的可达到 70%，有时可能导致全群淘汰。成年蛋鸡也有发生，但死亡无育雏和育成鸡严重，依据管理与处理情况可能有一定偏差。或者见发病鸡群精神沉郁，呆立，羽毛松乱，随后几小时或者 1 天内死亡。粪便稀薄，发黄或者绿，表现不一。

雏鸭或雏鹅 70 日龄内的多发，临床症状与鸡类似，如果同时存在流感等并发感染，死亡更为严重。

四、剖检病变

典型的大体变化是心包大量积液（图 42 右，图 43），肝脏肿大或者不同程度坏死，或者出血（图 42 右，图 44），肾脏肿大，出血或者坏死（图 45 左），不同程度肺水肿（图 46）。其他如脾脏坏死或有肿大，腺胃与肌胃交界处呈带状出血（图 45 右），类似于禽流感等疾病变化。接种过疫苗的鸡群发病时没有典型变化。

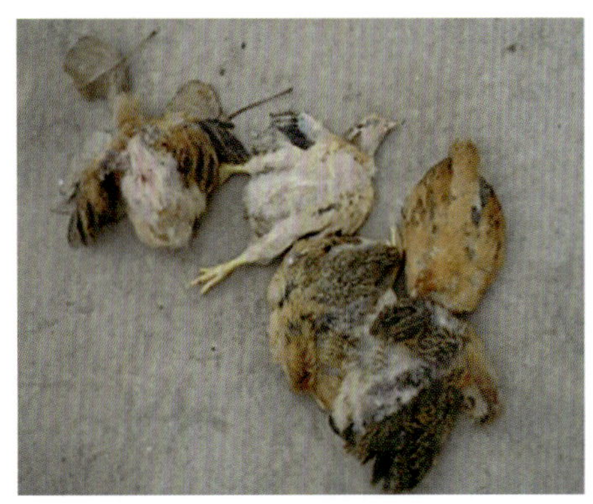
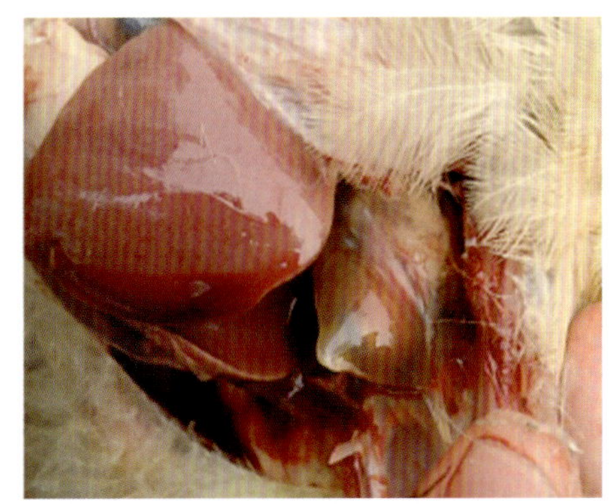

图 42　安卡拉病鸡常突然无征兆死亡（左）；死亡鸡肝脏肿大、出血、坏死，心包积液（右）（王新卫供图）

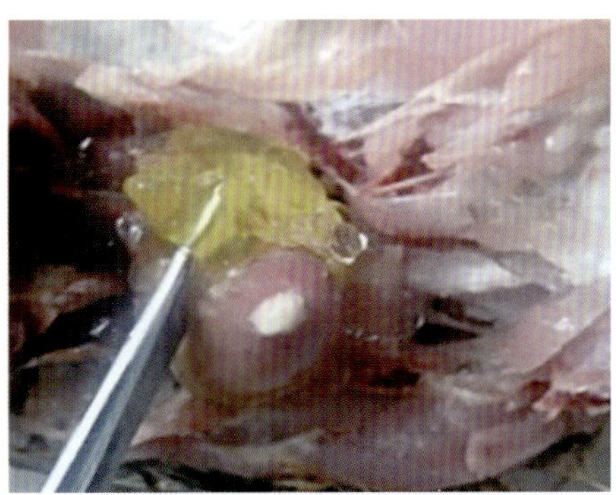

图 43　安卡拉病鸡见大量心包积液，色淡黄，初呈液体状，后期呈胶冻样（王新卫供图）

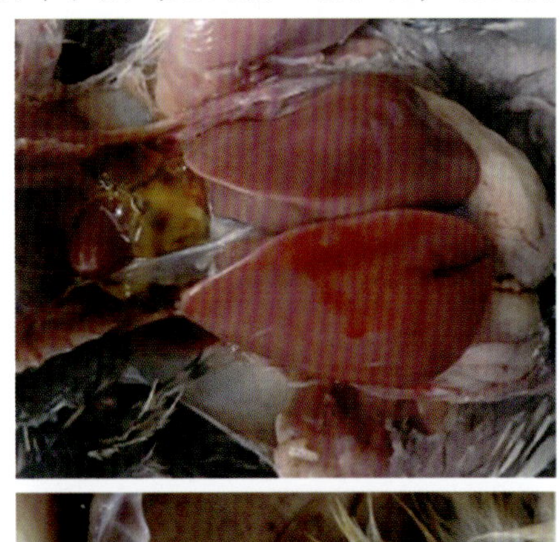
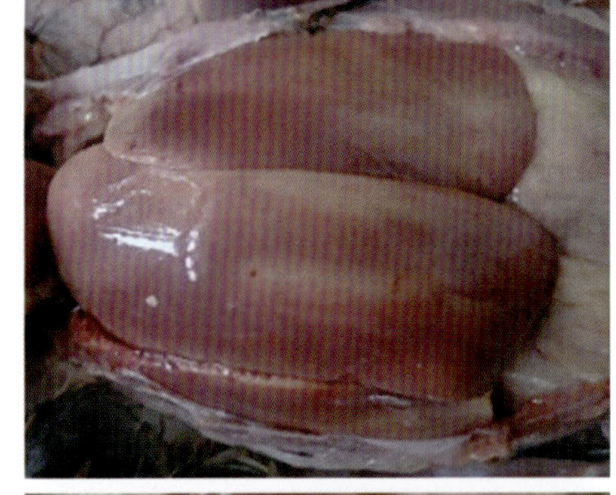

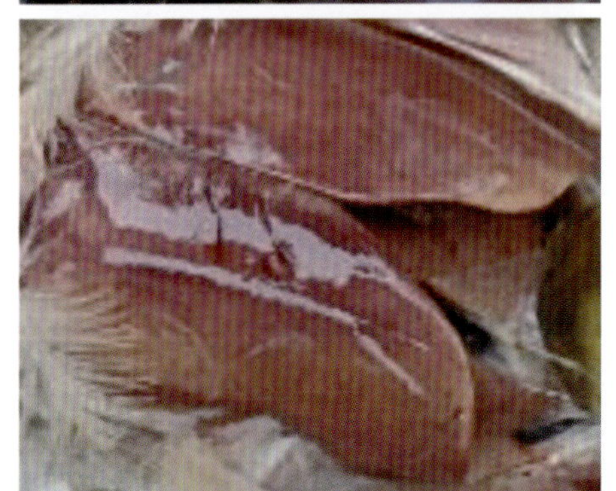

图 44　安卡拉病鸡肝脏肿大，不同程度出血或坏死，外观不一（王新卫供图）

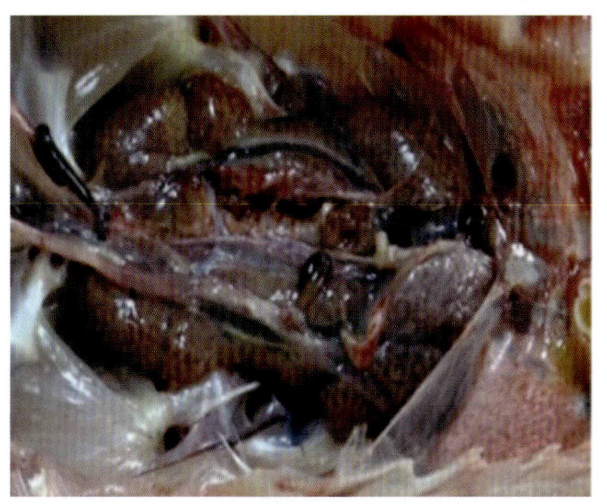

图 45　安卡拉病鸡肾脏肿大、出血、坏死（左），死亡鸡腺胃与肌胃交界处常见出血带（右）（王新卫供图）

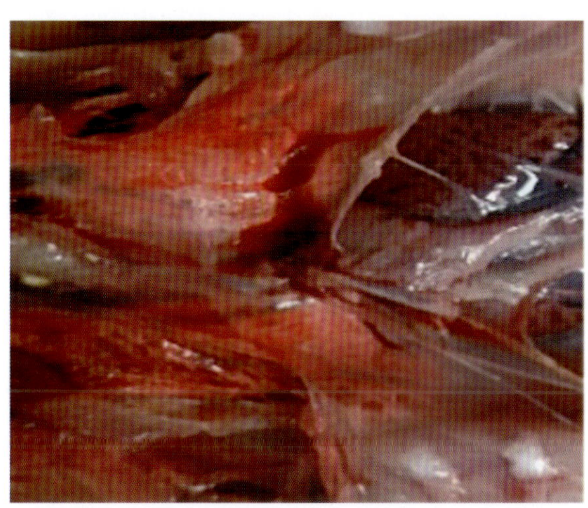
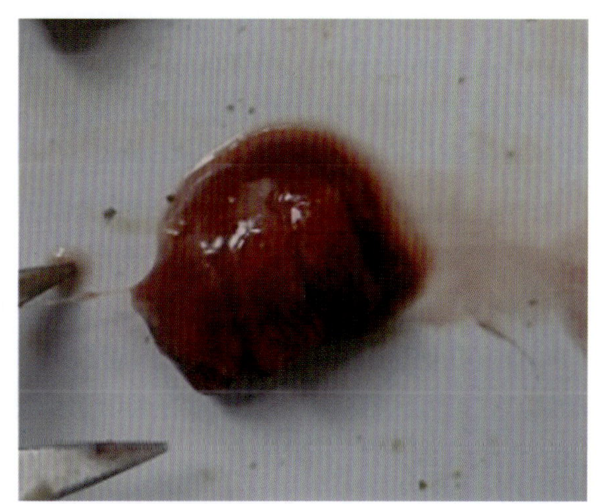

图 46　安卡拉病鸡肺水肿（王新卫供图）

五、类症鉴别

该病多无临床表现而突然死亡，特征性解剖变化是心包大量积液；肝脏肿大或不同程度坏死，或出血；肾脏肿大，出血或有坏死；不同程度肺水肿。有时脾脏坏死或有肿大，腺胃与肌胃交界处呈带状出血。应与传染性法氏囊病、新城疫、禽流感和包涵体肝炎鉴别。

（1）与鸡传染性法氏囊病的鉴别：鸡传染性法氏囊病多发生于 3 ～ 6 周龄的鸡，典型的尖峰死亡曲线，剖检特征是胸部和腿部肌肉出血，法氏囊肿大坏死，后期萎缩。虽然患传染性法氏囊病的多数病鸡的腺胃也有出血，类似于安卡拉病鸡，但安卡拉病鸡还具有典型的心包积液、肝严重坏死和肺水肿。同时，安卡拉病鸡没有胸部肌肉和腿部肌肉出血变化，据此可以区分二者。此外，传染性法氏囊病病鸡全身变化明显，即有精神沉郁，被毛耸立，闭目呆立和拉石灰便的临床特点，但安卡拉病鸡多无此现象，鸡群患病后突然死亡，据此也可鉴别。

（2）与新城疫的鉴别：新城疫病鸡多为腺胃乳头出血，多集中于腺胃与食管交界处。此外，新城疫病鸡肠道有典型枣核状溃疡变化。发病日龄不定，大小均可发生（有母源抗体雏鸡，受到野毒攻击后可能在15天以后发病）。目前很少有强毒感染发生，且多为非典型新城疫，症状较为缓和。而安卡拉病鸡多突然死亡，尽管死亡鸡存在腺胃出血，但出血多处于肌胃和腺胃交界处。而且安卡拉病鸡还有肝脏坏死、心包大量积液、肺水肿等典型变化，这显然与新城疫不同，即可区分。

（3）与禽流感的鉴别：高致病性禽流感常导致急性感染引起家禽死亡，家禽全身症状明显，如精神沉郁、食欲下降、发热或（产蛋鸡）产蛋急剧下降等表现。解剖见气管显著出血、腺胃出血、肠道出血等全身性败血变化，禽流感病鸡也有在肌胃和腺胃交界处出血，但其他变化更为明显。而安卡拉病鸡临床少有典型的全身变化，常突然死亡，而且安卡拉病鸡常有肝脏坏死、心包大量积液，肺水肿等典型变化，发病日龄多处于7周龄左右（3～10周龄），这些与禽流感不同，容易鉴别。

（4）与包涵体肝炎的鉴别：包涵体肝炎以3～9周龄鸡多发，临床上潜伏期很短，感染鸡群常见不到明显症状，多数鸡体况良好，突然出现少数鸡死亡（这些表现类似安卡拉病）；或病鸡精神沉郁，食欲减少或废绝，呆立，羽毛松乱，鸡冠、肉髯苍白，有明显贫血症状，或出现黄疸；成年母鸡还可出现短暂的减蛋和种蛋孵化率下降现象；因病鸡表现主要症状之一为严重贫血，又称贫血综合征。而安卡拉病临床发病日龄与包涵体肝炎类似，潜伏期也短，也是禽群突然出现死亡，并出现肝炎变化。但二者仍有不同，尤其是包涵体肝炎病鸡常表现出明显的贫血症状，这在安卡拉病鸡上没有。此外，安卡拉病鸡有肺水肿和大量心包积液特点，同时也有其他脏器的变化，如脾脏坏死、肾脏坏死等变化，而包涵体肝炎病鸡典型变化仅在肝脏，这也可区别两种疾病。存在共同感染时需要实验室鉴别诊断。

六、防治

良好的生物安全措施是防控该病的最佳选择。但目前我国发病养殖场多为中小养殖户，生物安全措施几乎为空白，这种情况下应注意以下几点：

平时注意做好管理、通风和温度控制，同时注意消毒，特别是本地有疫情时，严格控制人员、车辆等往来。消毒最好使用碘类消毒剂，应持续使用或者与其他消毒剂交替使用。如果有本地养殖场做自家疫苗的，可以做紧急预防接种用，有良好的效果。

发生本病时，如果出现疑似病禽，立即确诊（早期诊断并采取措施是减少损失的最佳手段），然后选取病料做自家疫苗，立即接种（每只鸡/鸭/鹅，依据实际在0.3～0.5毫升），一般4～5天起效，最多1周恢复正常，防治效果理想。也可以立即使用高免卵黄抗体对发病禽群进行被动接种，但一定要注意卵黄抗体的质量，否则起不到良好效果，同时适当使用抗应激药物如维生素C抗应激。禽场使用碘消毒剂消毒，如饮水消毒可使用剂量为0.07%～0.1%。尤其注意，发病后对鸡群仅仅治疗而不使用疫苗接种或者抗体被动接种，通常效果不理想，可能会导致全群淘汰。另外注意发病养殖场的粪便处理。

对于疫区种鸡 / 鸭 / 鹅，可以在 15 ～ 30 天间使用自家疫苗或者本地发本病后获得的毒株制备疫苗注射（每只鸡 0.3 毫升），开产前再补防一次，剂量可以加大到每只鸡 0.5 ～ 0.8 毫升。对于产蛋期鸡群，如果当地有疫情，做好安全措施，可减少或者降低发病风险。建议使用碘消毒剂，对环境进行消毒。

第二节　包涵体肝炎

鸡包涵体肝炎是由禽腺病毒引起的，以鸡群死亡突然增多，伴随严重贫血、肝脏肿大出血和坏死灶，可见肝细胞核内有包涵体为特征的传染病，又称贫血综合征。

一、病原

本病病原为禽 I 群腺病毒，其致病性尚不清楚。病毒抵抗力强，对消毒剂（乙醚、氯仿）、酸碱度和高温都有抗性。但甲醛和碘化物对其灭活效果较好。

二、流行特点

只有鸡易感，3 ～ 9 周龄的肉鸡多发，蛋鸡偶有发生。

病鸡、带毒鸡是传染源。病鸡通过粪便、气管和鼻排出病毒，健康鸡经吸入、粪 – 口、眼结膜途径而感染，也可经卵传播给下一代。当鸡群存在免疫抑制时，如早期感染传染性法氏囊病或患有传染性贫血对该病的发生影响较大。

本病潜伏期很短，常突然发病，死亡率的突然增加是本病发生的第一迹象，最初 3 ～ 5 天死亡率上升，并稳定于一定水平，再经 3 ～ 5 天死亡率下降到正常水平。病程 9 ～ 15 天，发病率 1% ～ 10%，死亡率 1% ～ 10%，偶尔可达 40%。感染鸡可带毒数周。

奇怪的是，从不同病例中分离出许多不同血清亚型腺病毒，但也可以从健康的鸡中分离出来。另外，许多临床病例显示出似乎不具有腺病毒颗粒的嗜碱性包涵体。因腺病毒通常可在健康家禽中存在，所以单独分离到的该病毒并不能证实它们是此病的病因。

三、症状

感染禽主要表现为严重贫血。但感染鸡群的多数体况良好，无明显临床症状，突然出现少数鸡死亡。或者病鸡精神萎靡，食欲减少或废绝，呆立，羽毛松乱，鸡冠、肉髯苍白，有明显的贫血症状，出现黄疸。成年母鸡还出现短暂的减蛋和种蛋孵化率下降现象。

四、剖检病变

病鸡的肝脏肿胀，色黄，并有胆汁淤积的斑纹或者斑驳样出血，纤维素性肝周炎（图 47，图 48），（如在显微镜下可见肝细胞核内产生一种嗜碱性核内包涵体（图 49），是一种特征性的变化，所以称包涵体性肝炎，有时有心包积液（图 48）；肾和骨髓苍白，法氏囊萎缩，脾脏变小；血液稀薄。

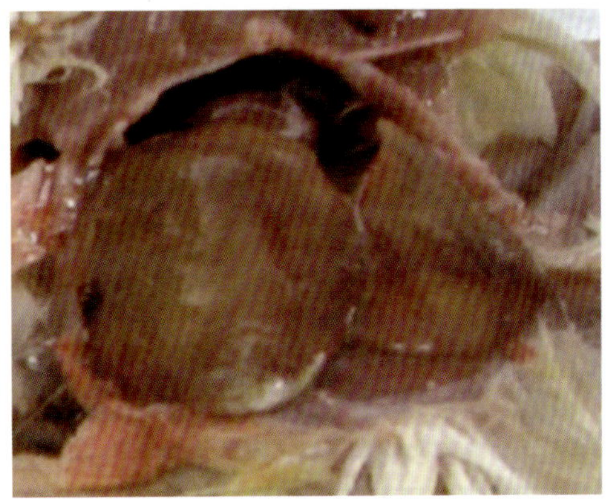
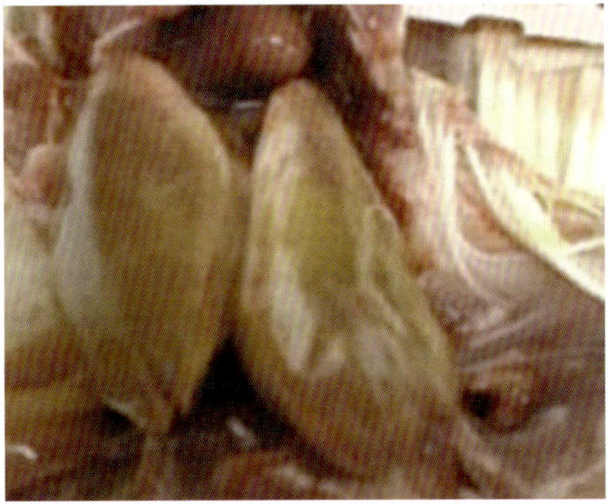

图 47 包涵体肝炎病鸡肝脏肿胀、易碎，带有斑驳样出血（Arshud Dar 等，Avian diseases. 2012）

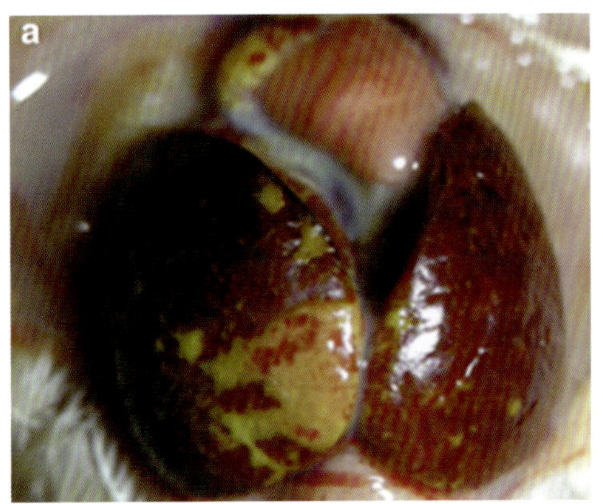

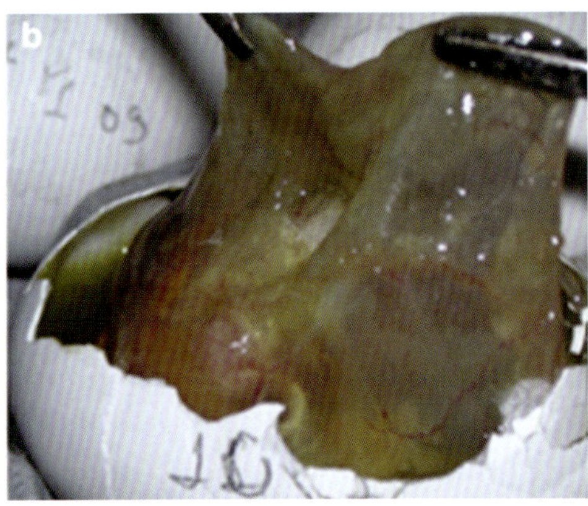

图 48 以腺病毒 -9 型人工感染 SPF（无特定病原）鸡，7 天后其肝脏肿胀、易碎，出现多灶性坏死区域和淤斑出血，此外还有心包积液（左）；接种 SPF 鸡胚 9 天后可见鸡胚 CAM 透明度差和增厚（右）（W. Alemnesh 等，J. Comp. Path. 2012）

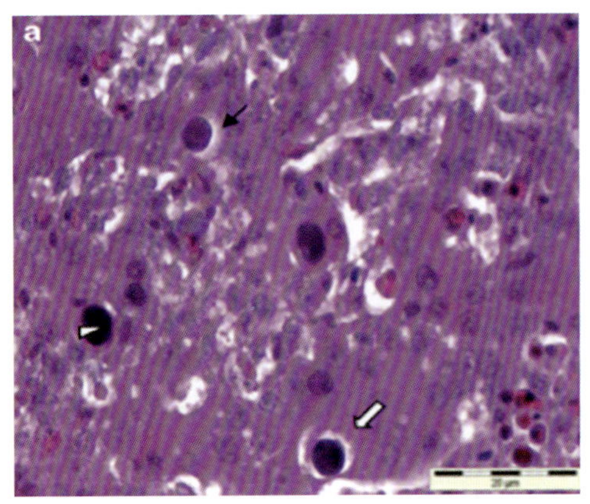

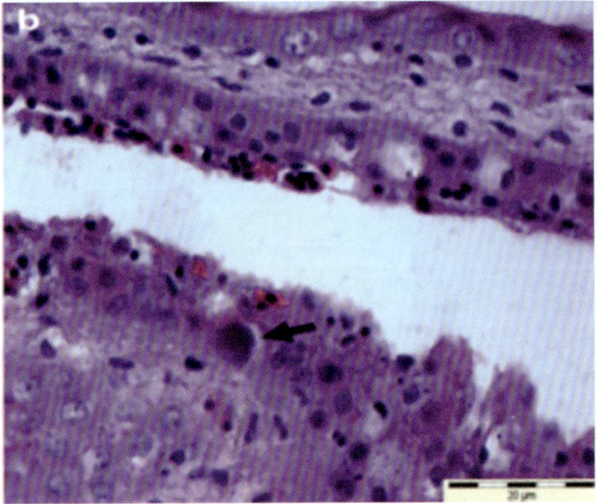

图 49 嗜碱性核内包涵体由一明显的光环（大箭头）包围，嗜碱性（黑色箭头）和嗜酸性（白色箭头）包涵体在人工感染 7 天时占据肝细胞的整个核（左）；在接种 7 天时 SPF 鸡胚的绒毛膜上皮可见嗜碱性核内包涵体（箭头），HE 染色，20 微米（右）（W. Alemnesh 等，J. Comp. Path. 2012）

五、类症鉴别

根据肝脏肿大、褪色、充血出血，肌肉出血病变及肝印片苏木紫伊红染色，肝细胞核内包涵体存在可以诊断，或进行病毒分离诊断。本病应与鸡传染性贫血、磺胺类药物中毒、传染性法氏囊病、脂肪肝综合征和维生素 B_{12} 缺乏症区别。与传染性法氏囊病的鉴别见该病部分。

（1）与鸡传染性贫血的鉴别：鸡传染性贫血常见于 2 ～ 3 周龄的幼雏和中雏，通常在 13 ～ 16 日龄死亡率突然增加，但随日龄增加鸡的易感性逐步降低，多数鸡群呈隐性感染。鸡群发育不良，在血清学阳转中的种鸡群无临床表现，产卵或生育力不受影响，唯一的特征性症状是严重的免疫抑制和贫血。可见骨髓萎缩，变黄至白色；胸腺萎缩，甚至退化；法氏囊萎缩；肝、肾褪色，常伴发急性真菌性肺炎；病鸡脚部、双腿或颈部发生坏疽性皮炎变化。病鸡的特征性病理组织学变化是再生障碍性贫血和全身性淋巴组织萎缩；胸腺、法氏囊、脾脏和盲肠扁桃体及其他组织内淋巴细胞严重缺失。而包涵体肝炎虽然在 3 ～ 9 周龄多发（在发病日龄上与贫血综合征类似），但临床上潜伏期很短，禽常突然发病死亡，死亡率突然增加；病鸡的肝脏肿胀，色黄，并有胆汁淤积的斑纹，肝细胞核内产生一种嗜碱性核内包涵体，这是本病不同于传染性贫血的一个特征性的变化。此外，临床上尽管二者均贫血，但传染性贫血病鸡多免疫器官萎缩，相对发病缓慢，而包涵体肝炎发病急骤，肝脏变化突出。

（2）与磺胺类药物中毒的鉴别：磺胺类药物中毒无日龄和品种之分，无传染性，有典型的磺胺类药用药史，这与鸡包涵体肝炎不一样。磺胺类药物中毒的典型病变是皮下、肌肉广泛出血，尤其是腿、胸肌有明显出血斑点；内脏广泛性出血；胸、腹腔内有淡红色积液；肾肿大，出血，呈花斑状；输尿管变粗，内充满白色尿酸盐。而包涵体肝炎病鸡的典型变化在肝脏肿胀，色黄，并有胆汁淤积的斑纹，纤维素性肝周炎，在显微镜下可见肝细胞核内产生一种嗜碱性核内包涵体。此外，磺胺类药物中毒禽群整群均有临床表现，而包涵体肝炎禽的表现不一，有的正常，有的贫血，常突然死亡。

（3）与脂肪肝出血综合征的鉴别：脂肪肝出血综合征在临床上表现有的鸡冠、髯苍白，猝死，肝脏变化有时也与包涵体肝炎类似，但脂肪肝出血综合征多发于笼养成年蛋鸡，发病鸡典型肥胖超重，腹部有大量脂肪，肝部呈黄色、油脂状，大量出血，血肿囊破裂引起内出血，失血过多导致死亡。而包涵体肝炎以 3 ～ 9 周龄的肉鸡多发，病鸡的典型病理变化在肝脏肿胀，并在显微镜下可见肝细胞核内产生嗜碱性核内包涵体。

（4）与维生素 B_{12} 缺乏症的鉴别：维生素 B_{12} 缺乏症在雏禽发病时表现生长缓慢，食欲降低，贫血，类似包涵体肝炎，但维生素 B_{12} 缺乏症的其他特征性的病变不明显，有的有骨短粗症，成年鸡缺乏维生素 B_{12} 时其后代孵化时鸡胚生长缓慢，鸡胚体形缩小，皮肤呈弥漫性水肿，肌肉萎缩，心脏扩大并形态异常，甲状腺肿大，肝脏脂肪变性，卵黄囊、心脏和肺脏等胚胎内脏均有广泛出血。而包涵体肝炎临床潜伏期很短，禽突然发病，死亡率突然增加；病鸡的肝脏肿胀，色黄，并有胆汁淤积的斑纹，肝细胞核内产生一种嗜碱性核内包涵体，这是本病特征性的变化。

六、防治

采取生物安全措施，保持良好的环境清洁和卫生。引进鸡检疫隔离。对种鸡群，应采取净化措施。此外，注意预防传染性法氏囊病和传染性贫血等免疫抑制性疾病。

目前对鸡包涵体肝炎尚无有效疗法。对发病厂家，可依据实际情况利用自家组织疫苗防控。此外，结合补充维生素，以促进贫血的恢复。

第三节　大肝大脾病

本病是由禽类肝病毒引起的家禽疾病。相关病毒可引起肝炎/脾肿大综合征，病变与组织中抗原/抗体复合物的沉积有关。

一、病原

本病的病原为禽类肝病毒。相关病毒可引起肝炎/脾肿大综合征、猪的亚临床感染和人的E型肝炎。猪源病毒可引起人类疾病，但目前认为禽类病毒不感染人。

二、流行特点

本病首次于1980年在澳大利亚报道，现在已知是由禽类肝病毒引起的。只有鸡可自然感染，最常见的是在产蛋的父母代肉种鸡感染，国内一些褐壳蛋鸡也有发生。自然感染只在24周龄的鸡中得到证实。通常通过粪便、口服途径传播，可能存在垂直传播。带毒粪便污染饮用水可能是有效的传播途径。

三、症状

本病呈慢性过程。发病鸡生产性能降低，如产蛋下降幅度高达20%；死亡率增加，高达每周1%，可能持续3～4周；发病鸡贫血，鸡冠苍白；患病鸡群可能早熟，或者换羽；生产性能下降。

四、剖检病变

可见病禽脾脏膨大（图50左）、淤血，梗死或者有苍白灶或结节；肝脏多扩大或者肿大（图51），有时伴有肝被膜下出血；有时病鸡肺脏充血，卵巢萎缩（图50右），卵黄性腹膜炎，胰腺有苍白结节和出血。

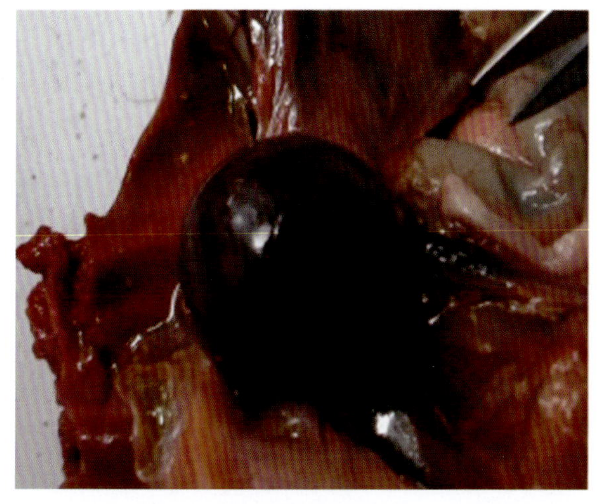
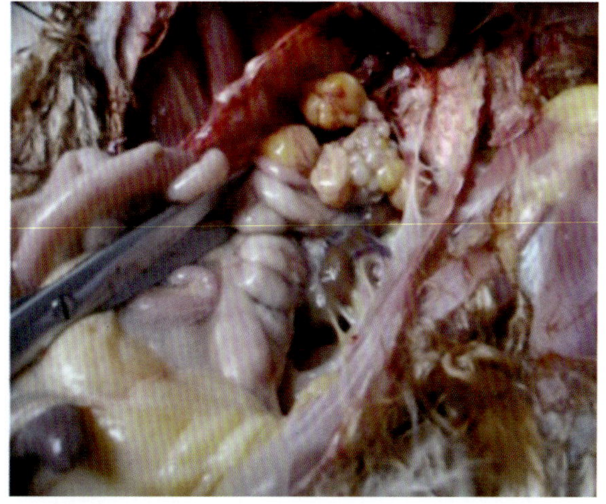

图 50　大肝大脾病病鸡脾脏膨大或肿大（左），卵巢萎缩、卵泡变形（右）（王新卫供图）

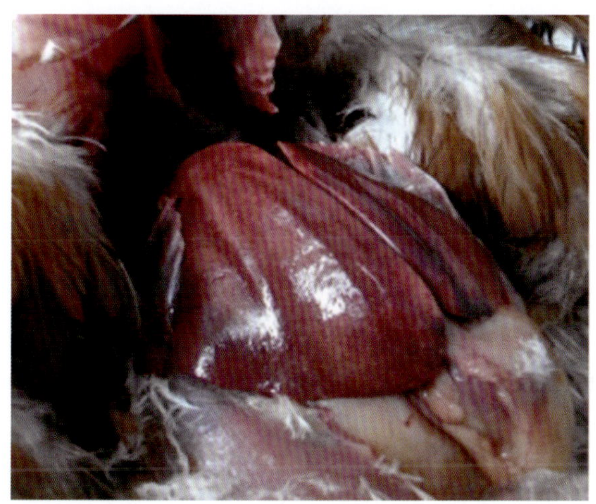
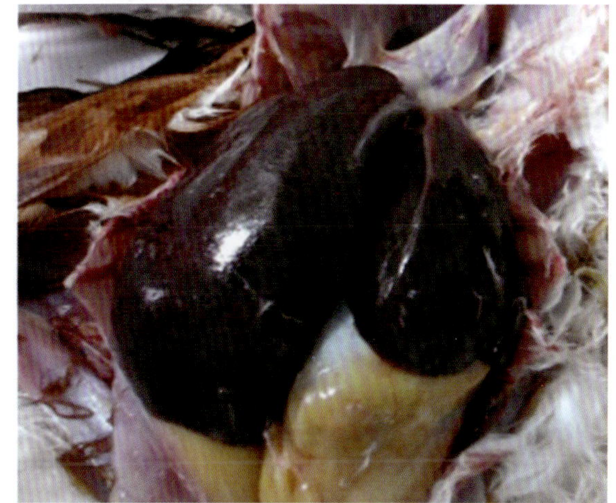

图 51　大肝大脾病病鸡肝脏肿大、色不一，或肝硬化（肝内可分离到沙门菌）（王新卫供图）

五、类症鉴别

通过典型症状和病变可初步诊断。然后使用血清学检测（琼脂凝胶免疫扩散法）特异性抗原或抗体，或 RT-PCR（逆转录 - 聚合酶链反应）检测组织中的病毒 RNA 进行确诊。胆汁中可能存在病毒颗粒。鉴别诊断应与禽白血病、马立克病、鸡网状内皮组织增生症等区别。

（1）与禽白血病的鉴别：禽白血病是由禽白血病 / 劳氏肉瘤病毒群病毒引起的禽类多种肿瘤性疾病的统称，主要是淋巴细胞性白血病，其次是成红细胞性白血病、成髓细胞性白血病；此外还可引起骨髓细胞瘤、结缔组织瘤、上皮肿瘤、内皮肿瘤等；大多数肿瘤侵害造血系统，少数侵害其他组织。剖检可见肿瘤主要发生于肝、脾、肾、法氏囊，也可侵害心肌、性腺、骨髓、肠系膜和肺；肿瘤呈结节形或弥漫形，灰白色到淡黄白色，大小不一，切面均匀一致，很少有坏死灶。而大肝大脾病发病鸡多在 24 周后死亡率增加，高达每周 1%，可能持续 3 ~ 4 周，特征性变化为脾脏膨大，常有苍白灶或结节；常见肝脏扩大，有时伴有肝被膜下出血，但脾脏和肝脏无肿瘤变化。

（2）与马立克病的鉴别：马立克病为淋巴组织增生性肿瘤性疾病，临床特征是病鸡的内脏器官、外周神经、性腺、肌肉和皮肤的单核细胞浸润和形成肿瘤。临床上常见到发病鸡群中病鸡双腿、翅膀和颈部麻痹，体重减轻，灰色虹膜或不规则瞳孔，视力障碍，皮肤周围的毛囊凸起和粗糙；剖检见多个部位如肝、脾、肾、肺、性腺、心脏和骨骼肌中有肿瘤组织。而大肝大脾病通常为慢性过程，剖检常常发现脾脏和肝脏肿大，而无其他脏器的肿瘤组织，也无神经麻痹、皮肤变化的症状。

（3）与鸡网状内皮组织增生症的鉴别：鸡网状内皮组织增生症多为疫苗污染导致。一般低日龄鸡感染（尤其是新孵出的雏鸡）出现严重的免疫抑制，生产性能降低，疫病不断，死淘率偏高；高日龄鸡感染后不出现或仅出现一过性病毒血症。鸡网状内皮组织增生症肿瘤多在肝脏、脾脏发生，有的可见腺胃肿大，还见于法氏囊，又可在胸腺出现肿瘤；肿瘤可呈现结节状或块状，也可呈弥散性，使肝、脾肿大。而大肝大脾病呈慢性过程；鸡多在 24 周龄后发病，死亡率增加，可达每周 1%，可能持续 3 ～ 4 周，特征性变化为脾脏膨大，常有苍白灶或结节。常见肝脏肿大并有时伴肝被膜下出血。

六、防治

本病没有疫苗预防，所以平时应采取生物安全措施，强化管理，给禽创造舒适的环境，全进全出方式生产等进行预防。

本病无治疗方法。如禽群发病严重，可尝试自家组织疫苗进行预防。在禽用水中添加次氯酸钠消毒剂可有效阻断粪 – 口感染，一定程度上减少消化道传播。对感染群进行淘汰后彻底清洁和消毒禽舍。

第四节　鸭瘟

本病即鸭病毒性肠炎，是由疱疹病毒引起的鸭、鹅及多种雁形目禽类的以体温升高、肿头流泪（“大头瘟”）、两腿麻痹和排出绿色稀粪为特征的急性、败血性传染病。该病的发病率和死亡率均高，是鸭的重要疫病之一。

一、病原

本病的病原为鸭 I 型疱疹病毒，有囊膜，也是泛嗜性全身性感染的病毒；鸭瘟病毒能在 9 ～ 12 日龄鸭胚中生长繁殖和继代，随继代次数增加，鸭胚在 4 ～ 6 天出现有规律的死亡。病毒也能适应鸭胚、鹅胚、鸡胚成纤维细胞培养。病毒在细胞培养上可引起细胞病变，细胞培养物用吖啶橙染色，可见核内包涵体。病毒毒株间的毒力有差异，但各毒株的免疫原性相似。

病毒对外界的抵抗力不强，加热 80℃经 5 分钟即可死亡。病毒在 4 ～ 20℃污染禽舍内存活 5 天，但对低温抵抗力较强，在 -5 ~ -70℃经 3 个月毒力不减弱；-10 ~ -20℃经一年对鸭仍有致病力。病毒对乙醚和氯仿等常用消毒剂敏感。

二、流行特点

不同年龄、品种和性别的鸭都容易感染鸭瘟病毒，但发病率、病程及死亡率有差异。在自然感染时，成年鸭发病率、死亡率均高，而 1 月龄以下雏鸭发病较少。

传染源为病鸭和带毒鸭。主要经粪 - 口途径感染，健康鸭和病鸭在一起放牧，或经交配、眼结膜和呼吸道及吸血昆虫可传染。被病鸭和带毒鸭的排泄物污染的饲料、饮水、用具和运输工具等均可导致鸭瘟传播。鸭群日粮不平衡，饲养管理条件差，鸭场或鸭舍兽医卫生防疫制度执行不彻底，从疫区引入病鸭或带毒鸭是重要的风险因素。

本病无季节性，但以春夏之际和秋季流行，死亡最为严重。

三、症状

自然感染病例的潜伏期一般为 2 ~ 4 天，出现症状后经过 1 ~ 5 天死亡，病程 2 ~ 5 天，慢性可拖至 1 周以上，生长发育不良。

本病的典型症状为体温升高，病初体温升高至 43℃以上，呈稽留热。全身症状明显，病鸭精神沉郁，食欲减少或废绝，饮水增加，羽毛松乱无光泽，两翅下垂，离群独处。

肿头流泪是鸭瘟的一个特征症状。部分病鸭结膜充血，水肿外翻，瞬膜常见出血点；眼睑水肿，流泪，眼睑周围羽毛沾湿；眼有分泌物，病初流出浆性分泌物，以后变黏性或脓性分泌物，分泌物干燥后形成结痂，往往将眼睑粘连而不能张开；部分鸭头部肿大或下颌肿大，俗称“大头瘟”。

两脚麻痹松软无力，伏地不愿行走，若强行驱赶，则步态摇摆不定或两翅扑地而行，走几步后又立即伏地；不愿下水；严重者不能行走和站立。

呼吸困难，病初从鼻腔流出稀薄和黏稠的分泌物，后变脓性；张口呼吸，有时可能伴有沉闷的声音。

严重下痢，排出绿色或灰白色稀粪，肛门周围的羽毛被污染并结块；泄殖腔黏膜充血、出血、水肿，严重者黏膜外翻。

病的后期，若转为慢性，病鸭消瘦，发育不良；最具特征症状是角膜混浊、溃疡，多为一侧性，双目失明者采食困难，易死亡；少数鸭可耐过康复。应该注意的是慢性鸭瘟常发生于种鸭群的成年鸭，常成为带毒者。产蛋母鸭产蛋量减少20% ~ 60%不等。

四、剖检病变

剖检可见全身败血性变化，皮肤可见出血斑，眼睑常粘连一起，下眼睑结膜出血或有少许干酪样物覆盖，头颈肿胀鸭的皮下呈黄色胶样浸润。

食管黏膜附有炎性物或覆灰黄色或草黄色假膜状物质，呈纵行排列，假膜易剥离，剥离后食管黏膜留有溃疡斑痕——示病症状；食管黏膜有大小不一的溃疡面或小出血斑点。有些病例腺胃与食管膨大部的交界处有一条灰黄色坏死带或出血带。整个肠道出血，有环状坏死区（图52），肠黏膜充血、出血，以十二指肠和直肠最为严重。泄殖腔黏膜的病变与食管相同——示病症状，黏膜表面覆盖一层灰褐色或绿色的坏死结痂，黏着很牢固，不易剥离，黏膜上有出血斑点和水肿，具有诊断意义。

心脏不同程度出血（图 53）。鸭瘟病死鸭肝脏肿大、淤血、坏死，或有灰白色坏死灶（图 54 左）。少数坏死点中间有小出血点，这种病变具有诊断意义；肾脏出血，卵泡充血、出血或有变形坏死（图 54 右），有时输卵管内有未产出的蛋。病死鸭脾脏梗死，或不肿大（图 55 左）；胰腺出血、不同程度坏死，色彩不一（图 55 右）。雏鸭患病时，其法氏囊呈深红色，表面有针尖状的坏死灶，囊腔充满白色的凝固性渗出物。

产蛋母鸭的卵巢滤泡增大，有出血点和出血斑，有时卵泡破裂，引起腹膜炎。

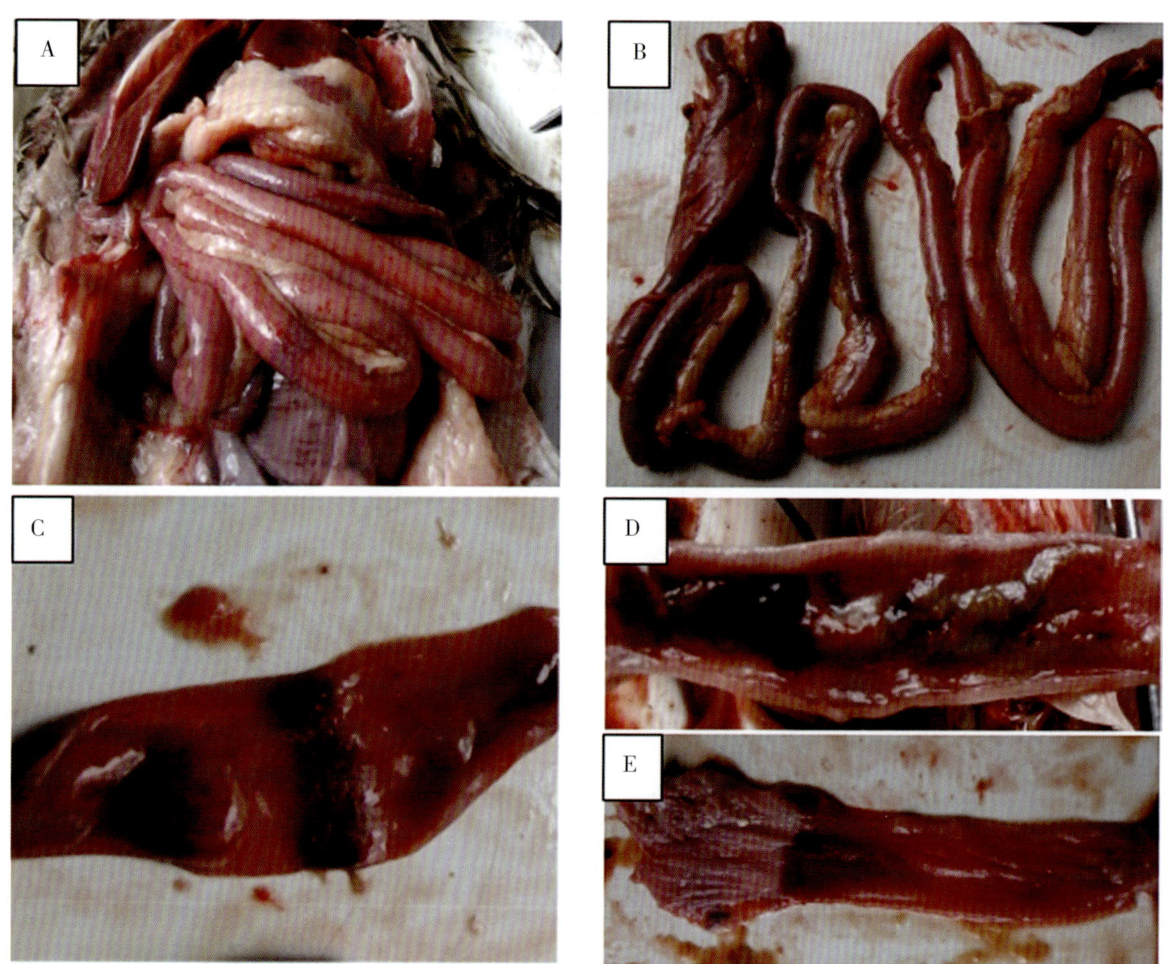

图 52　鸭瘟病死鸭整个肠道出血（A），有环形坏死区（A、B、C）；直肠出血，含色彩不一的出血性脓性混合物（D、E）（王新卫供图）

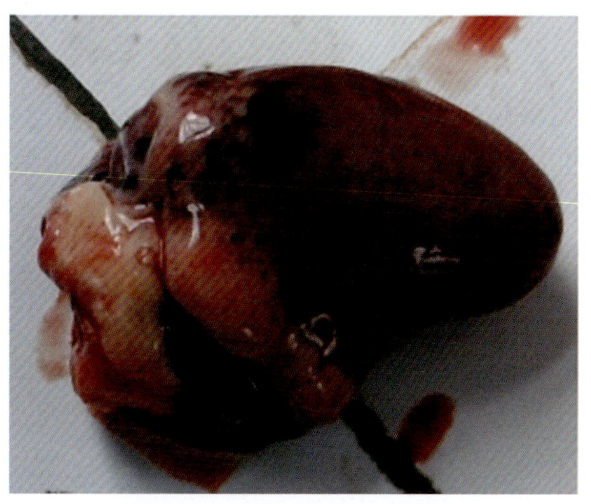
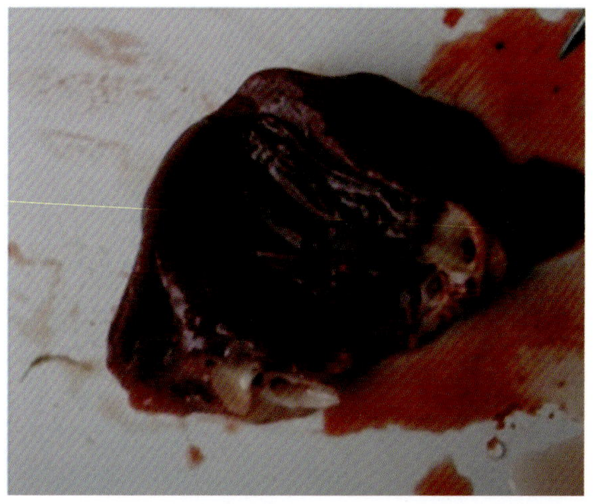

图 53　病死鸭心脏和心冠脂肪出血，心肌出血和坏死。必要时应与禽流感感染区别（王新卫供图）

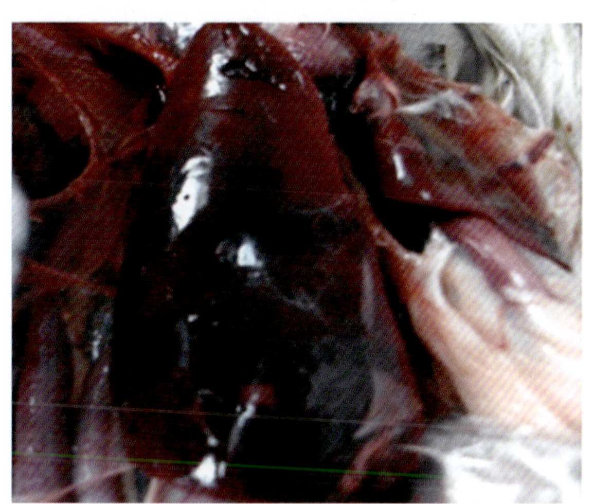

图 54　病死鸭肝脏肿大、淤血、坏死，或有灰白色坏死灶（左）；肾脏出血，卵泡充血、出血或有变形坏死（右），有时输卵管内有未产出的蛋（王新卫供图）

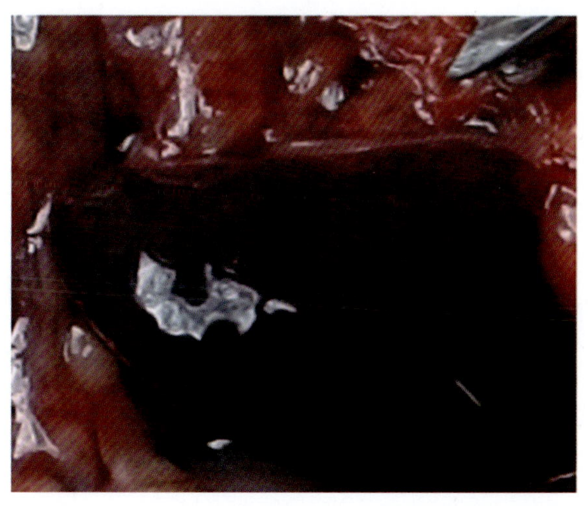
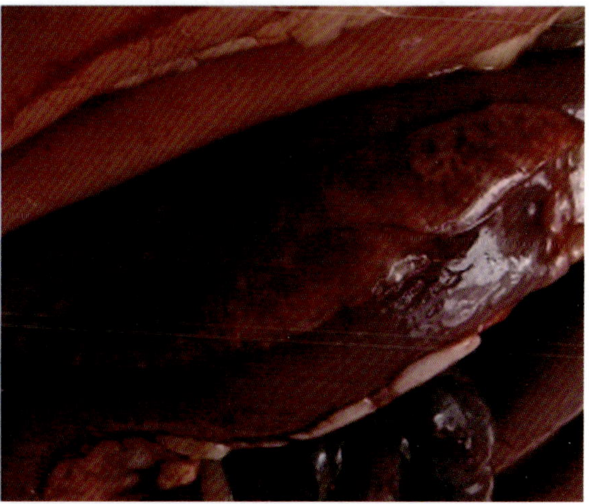

图 55　病死鸭脾脏梗死，或不肿大（左）；胰腺出血、不同程度坏死，色彩不一（右）（王新卫供图）

五、类症鉴别

根据临床特点可做出初步诊断。本病有诊断意义的病变为食管和泄殖腔黏膜溃疡和有假膜覆盖的特征性病变，肝脏坏死灶及出血点。进一步的确诊要进行实验室诊断。如病毒分离与鉴定，RT-PCR 技术等。类症鉴别如下：

（1）与鸭霍乱的鉴别：鸭瘟极易误诊为鸭霍乱。鸭霍乱常呈零星发生，成年鸭易感，尤其是产蛋期母鸭更为多发，而雏鸭很少发病；鸭霍乱能传染鸡等其他禽类。而鸭瘟病程长，流行范围广，鸭瘟在自然情况下造成鸭、鹅发病，不会引起鸡发病。鸭瘟的食管和泄殖腔黏膜有结痂性或假膜性病灶，肝脏有大小不一的灰白色坏死灶，坏死灶中央有鲜红的出血点或周围有出血环，而鸭霍乱没有此变化。鸭霍乱病鸭的肺脏有弥漫性充血、出血和水肿，或者出现大叶性肺炎，而鸭瘟病例肺脏多无变化。多种抗生素药物可治疗鸭霍乱，效果良好，而使用这些药物治疗鸭瘟则无效。

（2）与鸭流感的鉴别：高致病性禽流感病鸭不会出现鸭瘟病例的肝脏、食管和泄殖腔黏膜的特征性变化，仅此即可区分鸭瘟与鸭流感。

六、防治

平时做好生物安全工作，自繁自养。不从疫区引进种蛋、种雏或种鸭，严格执行检疫隔离制度。禁止到疫区和野水禽出没的水域放牧。洞悉疫情信息，防止鸭瘟病原侵入场内，确保鸭群安全。

疫苗预防接种，可在雏鸭 20 日龄时进行首免，4 ~ 5 个月后加强免疫 1 次。

发病时，按国家防疫条例执行，及时上报疫情，划定封锁疫区，进行严格隔离、消毒和无害化处理。无害化处理一切污染物，严格禁止病鸭外调和出售，停止放牧，防止扩散病毒。对临近受威胁鸭、鹅群紧急接种鸭瘟弱毒疫苗，母鸭的接种最好安排在停产时，或产蛋前 1 个月。

发生鸭瘟时，如果允许，可以适当治疗以便减少死亡，但应考虑总体经济成本。

（1）发病早期用抗鸭瘟高免血清肌内注射，每只成年鸭 1 毫升，必要时 3 ~ 5 天后再注射 1 次，越早效果越好。

（2）抗病毒可用抗病毒药物阿昔洛韦或者利巴韦林（食品动物禁用），每千克饲料 100 ~ 200 毫克，连用 5 天。

（3）抗应激与防继发感染，可在饮水中添加维生素 C 或者电解多维辅助治疗，同时可用土霉素防止继发感染。

第五节　鸭病毒性肝炎

本病是由鸭肝炎病毒引起的一种小鸭的高度致死性病毒性传染病，又叫“背脖病”。以死前发生痉挛，头向背部后仰（即呈角弓反张），肝炎、肝出血和坏死为特征。本病发病急，传播快，死亡率高，危害大。

一、病原

本病病原为鸭肝炎病毒，其可于 12 ～ 14 日龄鸭胚尿囊腔和鸭胚细胞培养。

该病毒有三个血清型，即 1、2、3 型。目前我国流行的鸭肝炎病毒血清型为 1 型，无 2 型的报道，但有 3 型的报道。三型病毒无交叉免疫性。

二、流行特点

（1）血清 1 型鸭病毒性肝炎：3 ～ 15 日龄雏鸭最易发生。自然条件下不发生于鸡、火鸡和鹅。雏鸭的发病率与病死率均很高，1 周龄内的雏鸭病死率高达 95%，1 ～ 3 周龄的雏鸭病死率多在 50%以下，4 ～ 5 周龄的小鸭发病率与病死率较低。成年鸭即便在严重污染的环境中也不发病。

该病主要经粪–口途径感染。易感鸭通过接触污染粪便、饮水、饲料等感染。也可经吸入感染。本病传染性极强，一旦发生很快便可传遍全群易感小鸭。应注意：本病多为引入性传播，即从发病鸭群/场或有病史的鸭场购入带病毒的雏鸭引起。野生水禽可成为带毒者，成年鸭感染不发病，二者与病鸭均是传染源。

本病无季节性，但以气温变化大的冬、春季多见。孵化工作紊乱，饲养管理不当，鸭舍内湿度过高，密度过大，通风不良，卫生条件差，缺乏维生素和矿物质等是重要的风险因素。

（2）血清 2 型鸭病毒性肝炎：只能感染鸭，在我国没有发现。

（3）血清 3 型鸭病毒性肝炎：不如前二者严重，也仅感染鸭，发病率可达 30% ～ 75%，死亡率 15% ～ 30%（在我国已经发现）。

三、症状

（1）血清1型鸭肝炎病毒感染:急性型突然发病，1天内快速传遍全群。一般4 ~ 5天达到死亡高峰,然后死亡率迅速下降甚至停止。雏鸭初发病时表现精神萎靡，缩颈，翅下垂，常蹲下，眼半闭，厌食，行动呆滞或跟不上群；发病半日到1日后即发生全身性抽搐，多侧卧，角弓反张，两脚痉挛性地反复踢蹬，有时在地上旋转；出现抽搐后，十几分钟或几小时内即死亡，有些病例可持续5小时左右死亡。喙端和爪尖淤血呈暗紫色，少数病鸭死前排黄白色和绿色稀粪。有的常无任何症状而突然死亡。

呈慢性感染的鸭，从 15 日龄到 6 ～ 8 周龄出现食欲下降，运动不灵活，腹泻，关节肿胀。

病鸭腹部积液增大，行走时如企鹅姿势，生长发育不良。慢性感染也见于免疫抗体水平不均一，特别是母源抗体参差不齐的雏鸭群，死亡也无规律性。

（2）血清 2 型鸭肝炎病毒感染病鸭：在出现症状后 1 ～ 2 小时即死亡。病鸭的营养状况基本良好，下痢，粪便尿酸盐增多，其余症状与 1 型相似。

（3）血清 3 型鸭肝炎病毒感染病鸭：临诊表现与 1 型类同。

四、剖检病变

（1）血清1型鸭肝炎病毒感染病鸭：急性病例的特征性变化在肝脏，肝脏肿大，质脆，色暗或发黄，表面有大小不等的出血斑点而呈斑驳状（图56），有时可见有条状或刷状的出血带。胆囊肿胀呈长卵圆形，充满胆汁，胆汁呈褐色、淡茶色或淡绿色。许多病例肾肿胀、充血、出血（图57左）。脾脏有时见有肿大、出血并呈斑驳状或梗死（图57右）。胰腺肿大并出现局灶性坏死。心肌质软，呈熟肉样。慢性病例主要病变除肝脏上述病变外，常在肝被膜下散布有形状不一的灰白色坏死灶。

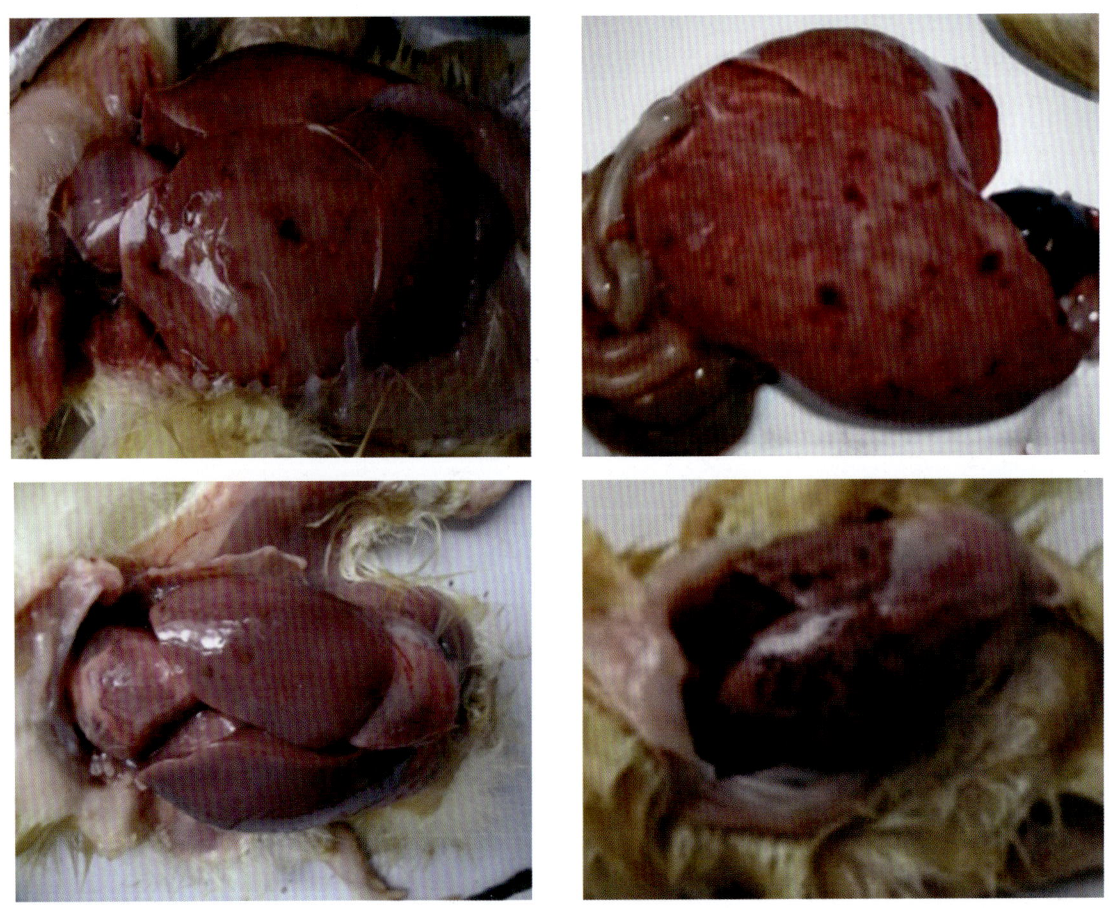

图 56　病鸭肝脏不同程度肿大，肝表面有大小不等的出血斑点或斑状坏死，出血处有红晕；色不一，色暗或发黄（王新卫供图）

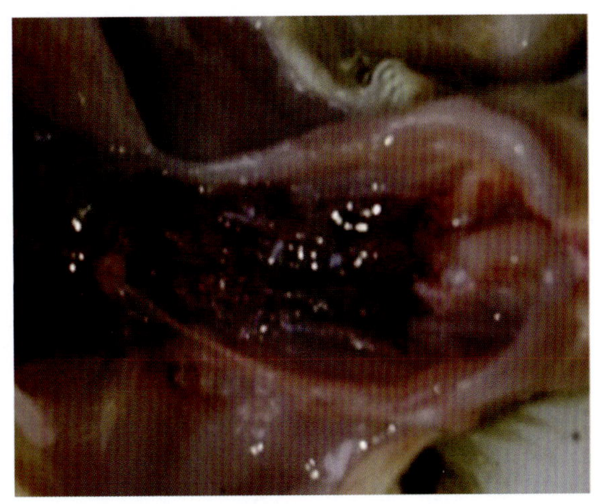
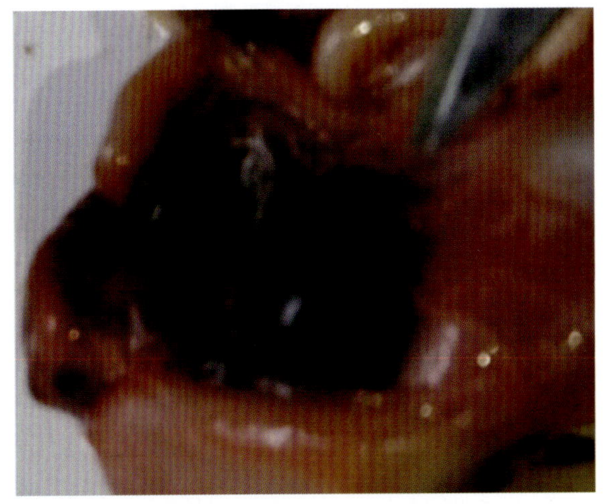

图 57　病鸭肾脏肿大、出血（左）；脾脏梗死，或肿大（右）（王新卫供图）

（2）血清 2 型鸭肝炎病毒感染病鸭：肝呈浅粉红色，表面有许多小点状出血，并常融合成带状。肾脏肿大、苍白，肾表面有灰白色坏死灶。有些病例肠道黏膜和心冠脂肪有小出血点。

（3）血清 3 型鸭肝炎病毒感染病鸭：病变与 1 型类似。

五、类症鉴别

依据鸭群突然发病，迅速传播和急性经过的临床表现，结合肝肿胀和出血的病变特点可初步诊断为本病。类症鉴别如下：

（1）与雏鸭副伤寒的鉴别：雏鸭副伤寒多见于 2 周龄以内的雏鸭，卵黄吸收不良和脐炎，卵黄稀薄，呈污褐色，严重下痢，眼有浆液性或脓性结膜炎。剖检肝脏有灰白色坏死灶，肠黏膜水肿，有糠麸样分泌物。该病使用抗生素有效。而鸭病毒性肝炎抗生素无效，急性病例肝脏病变有特征性。

（2）与鸭瘟的鉴别：鸭瘟多发生于成年鸭，2 周龄以内的雏鸭很少见。鸭瘟病例肝脏虽有出血病变和坏死灶，但尚有肠道出血、食管和泄殖腔出血和形成假膜或黏膜溃疡的特征变化。而鸭病毒性肝炎主要发生于雏鸭，尤其 2 周龄以内的鸭。

（3）与鸭霍乱的鉴别：鸭霍乱即鸭出血性败血病例具有特征性的肝脏肿大，散布针尖大小的坏死点和心外膜出血，十二指肠出血等变化，肝和心血涂片镜检，可见具有两极染色的巴氏杆菌。

（4）与球虫病的鉴别：球虫病亦可使小鸭急性死亡，症状也见有角弓反张，病变出现肠道肿胀、出血与黏膜坏死，肝脏无出血变化，肠内容物涂片镜检，可见有大量裂殖体和裂殖子存在，即可确诊。

（5）与雏鸭曲霉菌病的鉴别：雏鸭曲霉菌病的典型特点是病鸭肺表面有黄白色、米粒大小、富有弹性的病变结节——霉菌斑，切开后见内部呈干酪样同心圆轮层状；后期死亡的雏鸭胸膜、气囊上有大小不一、黑绿色、规则的圆形斑块；肝呈古铜色，质脆，有暗红色的出血斑点。而鸭病毒性肝炎无此变化。

（6）与急性药物中毒的鉴别：中毒时，鸭一般不出现明显的出血点和出血斑，表现为肝脏淤血和肠黏膜充血和出血。确诊需要进行回顾性调查和饲养对比试验。

（7）与煤气中毒的鉴别：煤气中毒多见于冬季，在雏鸭舍烧煤取暖而通风措施不良时多发，主要表现为雏鸭突然大量死亡，且距取暖炉越近死亡越多，死亡鸭上喙发绀。剖检可见肝脏、肾脏出血，血液凝固不良，加之有烧煤史，可与鸭病毒性肝炎区别。

（8）与黄曲霉毒素中毒的鉴别：黄曲霉毒素中毒表现为雏鸭共济失调，抽搐和角弓反张，肝脏肿大，色暗但不引起肝脏出血，容易与鸭病毒性肝炎区别。

六、防治

平时做好生物安全工作，自繁自养和全进全出，定期消毒，用10%石灰乳或3%来苏儿消毒场舍、用具，强化管理。

依据当地疫情进行疫苗防疫。对于无母源抗体的雏鸭分别在1～3日龄、30日龄左右、开产前用弱毒疫苗以0.1毫升/只各免疫1次，并做好隔离管理。如作为种鸭，以后每3～4个月加强免疫1次（或在产蛋高峰期后再免疫1～2次），每次1毫升/只。一般其子代鸭可在3周龄内获得保护。

发病时的应急措施：立即隔离病鸭与可疑鸭，对鸭舍、运动场和食槽等用具，以及鸭污染物和排泄物进行彻底清洁消毒，如使用碘消毒剂和过氧乙酸等交替带鸭喷雾消毒，2次/天，连续1周。周边健康鸭立即紧急预防接种。对发病鸭，特别严重者淘汰并做无害化处理。轻者，可以立即使用特异性高免卵黄抗体或高免血清紧急接种。1周龄内雏鸭每只注射0.5～1毫升，1～2周龄每只注射1～1.5毫升，2周龄以上每只注射2毫升；依据情况，3～5天后再注射1次。抗应激和防继发感染：每吨饲料添加电解多维1千克，或者维生素C可溶性粉500克、葡萄糖50千克，连用3～5天；为防继发感染，可在注射抗体时同时注射氟苯尼考（15毫克/千克体重），连续2天。或可在饲料或饮水中加入其他广谱抗生素。

第六节　番鸭细小病毒病

本病是由番鸭细小病毒引起的，3周龄内雏番鸭以喘气、腹泻及胰脏坏死和出血为主要特征的传染病，又叫番鸭三周病。该病可造成雏番鸭大批死亡，即使耐过也成僵鸭，是目前危害番鸭的最严重的疫病之一。

一、病原

病原为番鸭细小病毒，无囊膜，目前只有一个血清型。病毒能在番鸭胚和鹅胚中繁殖，并引起胚胎死亡。本病毒不凝集鸡、番鸭、鹅等动物的红细胞；对乙醚、胰蛋白酶、酸和热等有很强的抵抗力，但对紫外线照射很敏感。

二、流行特点

本病仅发生于雏番鸭。发病率、死亡率与日龄相关，日龄愈小发病率和死亡率愈高。多从 4 ~ 5 日龄开始发病，10 日龄左右达到高峰，然后疾病严重性逐日降低，20 日龄以后番鸭仅零星发生。或个别案例 30 日龄以上发病，但死亡率低，可能发展为僵鸭。通常 3 周龄以内的雏番鸭发病率为 20% ~ 60%，病死率为 20% ~ 40%不等。40 日龄的番鸭也可发病，但发病率和死亡率低。

本病主要经粪 – 口途径感染。传染源为病鸭和带毒鸭。成年带毒番鸭不表现任何症状，但其分泌物、排泄物含大量病毒，是重要传染源，也可经卵传播。此外，污染的孵化场、病雏番鸭排泄物污染的饲料、饮水、用具、人员和周围环境也可以造成传播。

本病无季节性。我国南部地区易发生本病。散养的雏番鸭全年均可发病，但集约化养殖场主要发生于 9 月至翌年 3 月，可能与季节变化导致的环境改变、空气中氨和二氧化碳浓度较高有关。

本病在同一地区一般不会连续 2 年大流行，发病率和死亡率受饲养管理因素的影响较大。

三、症状

本病的症状以消化系统和神经系统功能紊乱为主。

本病潜伏期 4 ~ 9 天，病程 2 ~ 7 天，病程长短与发病日龄密切相关。根据病程长短，可分为最急性、急性和亚急性三型。

（1）最急性型：多发生于出壳后6天内的雏番鸭，病程很短，数小时内波及全群。多数雏鸭不表现先驱症状即衰竭倒地死亡。偶见羽毛直立、蓬松。临死时两脚乱划，头颈向一侧扭曲。该型发病率低。

（2）急性型：多发生于7 ~ 21日龄。病雏主要表现为精神萎靡，羽毛蓬松直立，两翅下垂，尾端向下弯曲，两脚无力，懒于走动，不合群，对食物啄而不吃；有不同程度的腹泻现象，排出灰白色或淡绿色稀粪，内常混有絮状物，并黏附于肛门周围；喙端发绀，蹼间及脚趾边也有不同程度发绀；呼吸用力，后期常蹲伏于地，张嘴呼吸，临死前两脚麻痹，倒地抽搐，最后衰竭死亡。该型病例无甩头和喜欢饮水现象，鼻孔无黏液流出，病程2 ~ 4天。

（3）亚急性型：此型病例较少，往往是由急性型随日龄增加转化而来。主要表现为精神委顿，喜蹲伏，两脚无力，行走缓慢，排黄绿色或灰白色稀粪，并黏附于泄殖腔周围，病程 5 ~ 7 天。此型死亡率随日龄增加而渐减，幸存者多嘴变短，生长发育受阻，成为僵鸭。偶尔有 6 周龄鸭发生。

四、剖检病变

（1）最急性型病例常无肉眼可见病变，仅见肠急性卡他性炎症，肠黏膜充血、出血。

（2）急性型病例呈全身败血表现。病死鸭肛门稀粪黏附污染，泄殖腔外翻；特征性病变在肠道：十二指肠前段见多量胆汁，空肠前段及十二指肠后段呈急性卡他性炎症，黏膜表面有大量出血点。空肠中后段和回肠前段的黏膜有不同程度的脱落，有的肠壁可见到肌层。回肠中后段显著膨大，内有大量的炎性渗出物，有时混有脱落的肠黏膜。少数病例中见有假性栓塞，即在膨大处有一小段质地松软的、长 3 ~ 5 厘米的黄绿色黏稠性聚合物，也有的病例在肠黏膜表面附有散在的纤维素性凝块，呈黄绿色或暗绿色，未见有真正的栓子形成。两侧盲肠均有不同程度的炎性渗出和出血，直肠黏膜出血，有黏液，肠管肿大。全身脱水较明显。近 50% 病例心肌呈瓷白色，心脏呈圆形，心肌松弛，并以左心室病变最为明显；肝脏或有肿大，胆囊充盈，肾脏和脾脏稍肿大，胰腺肿大且表面散布针尖大灰白色病灶。

五、类症鉴别

（1）与小鹅瘟的鉴别：番鸭小鹅瘟是由鹅细小病毒引起的一种高度接触性和高死亡率的急性传染病。可采用易感雏鹅和易感雏番鸭做感染试验。用 5 只 5 日龄左右的易感雏鹅和 5 只 5 日龄左右的易感雏番鸭分别注射被检病料，或被检鹅胚液毒、番鸭胚液毒。若雏鹅和雏番鸭均发病死亡，并且有小鹅瘟特征性病变，即为小鹅瘟病毒所致；若仅引起雏番鸭发病死亡，而雏鹅健活，则为番鸭细小病毒所致。

（2）与雏鸭病毒性肝炎的鉴别：雏鸭病毒性肝炎病鸭因具有肝脏肿大、质脆、表面有出血性斑点的特征性病变可与本病区别。此外，可采用易感雏番鸭和易感雏鹅做感染试验，方法与结果见本病与小鹅瘟的鉴别。

（3）与鸭瘟的鉴别：4 周龄以内雏鸭罕见发生鸭瘟，这是流行病学的重要区别点。鸭瘟病鸭以流泪、两脚软、排绿色稀粪和肿头为特征，以食管和泄殖腔黏膜有假膜的溃疡为主要特征性病变，据此可区别于番鸭细小病毒病。

（4）与鸭流感的鉴别：番鸭流感比其他品种鸭具有更高发病率和死亡率，无日龄限制，大小均可发生。流感病鸭内脏器官严重出血，可区别细小病毒感染；病料接种鸡胚和易感番鸭胚，如两种胚均死亡，绒尿液具有血凝性，并能被特异抗血清所抑制，可认为是鸭流感病毒所致。如鸡胚不死，而番鸭胚死亡，绒尿液无血凝性，可认为是番鸭细小病毒所致，可作区别之。

（5）与雏番鸭坏死性肝炎（肝白点）的鉴别：肝白点仅发生于纯种番鸭，多数发生于 10 ~ 40 日龄，以 15 日龄内发病最多，发病率 50% ~ 90%，死亡率 50% ~ 85%。病鸭肝脏肿大或稍肿，肝小叶间质增宽，充血和出血，呈白点、白斑的坏死灶；脾脏有弥漫性大小不一的坏死灶。肾脏充血、出血，局部有灰白色坏死灶；胰腺充血、出血，肠道浆膜下有弥漫性、灰白色或淡黄色、大小不一的坏死灶。上述病变特征为雏番鸭细小病毒病不具有的，可区别之。

（6）与鸭传染性浆膜炎的鉴别：鸭传染性浆膜炎是由鸭疫里默杆菌引起的2～8周龄雏鸭的一种败血性传染病，1周龄以内的雏鸭基本上不发病；病鸭以心包膜、肝被膜和气囊壁等浆膜面上有纤维素性渗出物为主要特征性病变，将病料作触片用革兰染色镜检见有多形态小杆菌，即可区别于番鸭细小病毒病，而且鸭传染性浆膜炎用抗生素有效治疗。

（7）与鸭霍乱的鉴别：青、成年鸭比雏鸭更易感染鸭霍乱，病鸭肝脏肿大，有灰白色针头大的坏死灶、心冠状沟脂肪组织有出血斑或出血点、心包积液、十二指肠黏膜严重出血等特征性病变，用肝、脾作触片，用美蓝染色镜检见有许多两极染色的卵圆形小杆菌，即可区别于番鸭细小病毒病，而且霍乱可以采用抗生素治疗。

（8）与鸭副伤寒的鉴别：鸭副伤寒多发生于3周龄以内的雏鸭，病鸭具有严重下痢、盲肠肿大、坏死性肠炎、肠内容物呈干酪样等特征性病变，可以采用抗生素治疗，据此可区别于番鸭细小病毒病。

（9）与鸭白肌病的鉴别：鸭白肌病是一种缺硒和缺维生素E而引起的营养代谢性疾病。多发生于生长较快的肉用雏鸭，从1～8周龄均可发生，不具传染性，发病率较高，死亡率可达50%以上。病鸭嘴和腿的色泽发白，两腿麻痹，心包和腹腔有大量积液，肝覆盖着厚薄不一的纤维素状物，肝组织肌化等，据此可区别于番鸭细小病毒病。

六、防治

做好生物安全工作，对种蛋、孵房和育雏室严格消毒，结合预防接种，可减少或防止本病的发生和流行。

种番鸭免疫：在流行地区，种番鸭在产蛋前2周左右用鹅胚化或番鸭胚化种鸭弱毒疫苗进行皮下或肌内注射，4个月以后追加一次免疫（或者一年3次免疫）。种鸭蛋孵化的雏番鸭可获得保护时间达3～4个月。

雏番鸭免疫：无母源抗体的雏鸭，在其出炕2天内应用鹅胚化或番鸭胚化雏番鸭弱毒疫苗或细胞弱毒疫苗免疫，免疫后7天内严格隔离饲养，有较好效果。在疫区或污染的炕坊，雏番鸭出炕后1天内立即皮下注射高免血清或卵黄抗体0.5毫升/只，可有效预防本病。

特异治疗：对已感染发病的雏番鸭群的同群雏番鸭，疫苗紧急接种效果一般，但可以采取每只皮下注射0.8～1.0毫升，保护率可达80%；对已感染发病早期的雏番鸭，每只皮下注射1.0～1.5毫升，治愈率50%左右。

抗应激与防继发感染：在饲料或饮水中可加入电解质或多维素抗应激。饲料中可添加阿莫西林和恩诺沙星，连用3天。中药治疗要考虑成本。

第七节　雏番鸭“花肝病”

本病是由番鸭呼肠孤病毒引起的，以40日龄内的雏番鸭为主的，临床上以软脚、腹泻、生长障碍为主要症状的番鸭传染性疾病。因其病变特征表现为肝脏表面和实质有弥漫性、大小不一、灰白色坏死灶，故又称为“肝白斑”“肝白点病”。该病发病率和死亡率均高，是危害番鸭的重要疫病之一。

一、病原

病原为禽呼肠孤病毒。该病毒经卵黄囊、绒毛尿囊膜和尿囊腔接种番鸭胚、半番鸭胚和鸡胚，均导致接种胚死亡，并产生基本一致的病理变化，即死亡胚全身出血，肝、脾有灰白色坏死点。该病毒的不同分离株在毒力上存在明显的差异。病毒对乙醚、氯仿、胰蛋白酶不敏感；pH值为3时处理2小时、60℃处理1小时和紫外线照射可灭活病毒。该病毒不凝集鸡、鸭、鹅、鸽、猪、豚鼠、绵羊和人O型的红细胞，与禽呼肠孤病毒各毒株之间具有共同的群特异抗原，但鸭源株和鸡源株S1133之间缺乏交叉保护。

二、流行特点

本病主要发生于雏番鸭和半雏番鸭。2周龄内雏番鸭多发，以10 ~ 15日龄的雏番鸭最为严重。有时3日龄雏番鸭可发病。也有9周龄鸭发病案例，但发病率与死亡率较低。本病发病急、传染快，发病率最低为20%，最高达100%，平均约为80%；死亡率最低为10%，最高达95%以上，病愈鸭大部分成为僵鸭。

本病无季节性。管理不善、天气骤变、环境卫生差等是重要的风险因素。本病还常与鸭浆膜炎、大肠杆菌病及番鸭细小病毒病等并发或继发，导致更大的损失。

三、症状

本病人工感染的潜伏期约4天，自然感染病例的潜伏期为5 ~ 9天。病雏番鸭主要表现为早期精神沉郁，食欲减少或废绝，毛蓬乱无光泽；发热怕冷，喜扎堆，脚软；体况下降、腹泻、粪便呈绿色或白色，迅速脱水，消瘦，衰竭死亡。部分病鸭趾关节或跗关节有不同程度的肿胀及耐过鸭生长发育受阻。

四、剖检病变

肝脏变化最具有特征性，稍肿大，呈淡褐红色，质脆，其表面到内形成散在或弥漫性、大小不一的斑点状、白色至灰白色坏死灶。脾脏肿大或不肿大，呈暗红色，在表面或者实质中有大量大小不一的灰白色坏死灶，并呈“花斑脾”。胰脏一般不肿大，有弥漫性针头大出血点，间或有灰白色坏死点。肾脏充血出血，外观斑驳样，局部有灰白色坏死灶。病程长的病例，可见到不同程度的心包炎、纤维素性肝周炎和气囊炎等病变。

五、类症鉴别

根据本病多发于 2 周龄内雏番鸭，发病率和死亡率高的特点，以软脚、腹泻、生长障碍为主要症状，以肝脏表面和实质有弥漫性、大小不一、灰白色坏死灶为主要特征，可做出初步诊断。进一步的确诊需要进行实验室诊断。类症鉴别如下：

（1）与雏番鸭细小病毒病的鉴别：雏番鸭细小病毒病是 3 周龄内雏番鸭的一种急性或亚急性、高发病率和高死亡率的传染病，以厌食、喘气、腹泻、脱水等症状为主；特征性变化是肠道黏膜卡他性炎症和胰腺炎，但肝脏和脾脏无弥漫性、大小不一、灰白色坏死病灶。而番鸭“花肝病”病鸭极少或没有喘气症状，病变主要在肝脏出现密集的灰白色、针尖大小的坏死灶。

（2）与鸭疱疹病毒性坏死性肝炎（白点病）的鉴别：白点病的特点是该病主要侵害8～90日龄鸭（雏番鸭、半番鸭与麻鸭），病鸭常表现出神经症状，其肝脏也有灰白色的坏死灶，但消化管黏膜可见到出血点或者出血环。而“花肝病”没有出血现象。

（3）与鸭病毒性肝炎的鉴别：鸭病毒性肝炎是雏鸭、雏半番鸭、雏番鸭急性发病的传染病（包括其他鸭种）；其主要特征是 3 周龄以上鸭很少发病，而且，肝脏肿大、出血斑为特征性病变。

（4）与鸭浆膜炎的鉴别：鸭浆膜炎是 2 ～ 7 周龄雏鸭发生的一种败血性传染病，在流行病学上与番鸭白点病很相似，以心包炎、肝周炎、气囊炎为主要特征，腹腔可见大量炎性渗出物，而无“花肝”特征性病变；将病料触片或涂片作革兰或亚甲蓝染色镜检，见有多形态小杆菌。

（5）与禽沙门菌病的鉴别：水禽沙门菌病是由鼠伤寒沙门菌、肠炎沙门菌等引起的1～3周龄雏鸭发生的传染病，常以严重腹泻，肝脏呈古铜色，并有坏死灶为特征性病变，而无“花肝”特征性病变；将肝脏病料触片作亚甲蓝或革兰染色镜检见有卵圆形小杆菌，即可疑为沙门菌病。

（6）与禽霍乱的鉴别：禽霍乱具有心冠沟脂肪出血的特征病变，而番鸭“花肝病”则较少见。

六、防治

平时采取生物安全措施，给禽创造舒适清洁的环境，做好消毒工作，适量补充维生素与补液盐等，增强雏鸭的体质。

依据当地疫情选择合适的防疫程序。雏番鸭：如其种鸭免疫过疫苗，可在 10 日龄左右使用灭活组织疫苗或弱毒疫苗进行免疫。如种鸭没有接种过疫苗，则出生雏番鸭应在 5 日龄内免疫。后备种用雏番鸭可分别在 5 ~ 7 日龄、60 日龄左右、产蛋前 2 ~ 3 周免疫 1 次，3 个月龄后加强免疫一次，其后代子鸭可在 10 日龄内抗感染。

在污染疫区，对 1 ~ 2 日龄雏番鸭使用对应的高免卵黄抗体皮下注射 0.5 ~ 1 毫升 / 只，1 周后免疫弱毒活疫苗或灭活疫苗，可使之得到好的保护。

对病鸭的治疗措施：使用“花肝病”高免卵黄抗体 1 ~ 2 毫升 / 只加头孢噻呋钠（5 毫克 / 千克体重）肌内注射。防应激和继发感染则在饮水中添加葡萄糖和电解多维以补充体液，同时将恩诺沙星以 0.02% 拌料防继发感染，连用 3 ~ 5 天。

第八节　小鹅瘟

本病是由鹅细小病毒引起的一种急性或亚急性败血性传染病。主要侵害 3 ~ 20 日龄小鹅以及 5 ~ 25 日龄雏番鸭，以渗出性肠炎，肝、肾、心等实质器官炎症为主要特征。该病传染快，发病率和死亡率高，是严重危害鹅和雏番鸭的重要传染病。

一、病原

本病病原为细小病毒，病毒粒子无囊膜，无血凝活性，与其他细小病毒亦无抗原关系，仅有一种血清型。但田间毒株的毒力有所增强，应引起注意。本病毒对环境的抵抗力强，65℃加热 30 分钟对病毒滴度无影响，能抵抗 56℃的温度 3 小时。对乙醚等有机溶剂不敏感，对胰酶和 pH 值为 3 的酸性环境稳定。

二、流行特点

本病主要侵害雏鹅和雏番鸭。仅 1 月龄以内的雏鹅可自然感染，雏番鸭也可感染，而且雏鹅的易感性随日龄增长而降低。7 日龄内的雏鹅死亡率可达 100%，10 日龄以上鹅的死亡率一般在 60%以下，3 周龄以上鹅的发病率低，而 1 月龄鹅极少发病。

传染源为病雏鹅或带毒鹅，这些鹅的粪便含有大量病毒，易感鹅主要通过粪 – 口途径感染，也可通过间接接触病毒快速传播。最严重的暴发是经病毒垂直传播的易感雏鹅群。大龄或成年鹅呈亚临床或潜伏感染，并经卵将病毒传给子代鹅。

本病具有明显的周期性。在每年全部更新种鹅的地区，大流行后的一二年内都不会再次流行。有些地区并不每年更新全部种鹅，本病的流行不表现明显的周期性，每年均有发病，但死亡率较低，在 20% ~ 50%之间。

三、症状

本病的潜伏期在 3 ~ 10 天之间：1 日龄 3 ~ 5 天，2 ~ 3 周龄 5 ~ 10 天。3 ~ 5 日龄雏鹅感染后发病呈最急性变化：常无前驱症状突然发生，极度衰弱，或倒地乱划，立即或者数小时内死亡。5 ~ 15 日龄雏鹅感染后表现急性变化：患病鹅精神沉郁、萎靡，食欲减少或废绝，常离群呆立或伏卧，打瞌睡，随后腹泻，拉出灰白色或淡黄绿色稀粪。临死前出现两腿麻痹或抽搐。15 日龄雏鹅感染后病程变长，一部分转为亚急性，以精神委顿、消瘦和腹泻为主要症状，少数幸存者在一段时间内生长发育不良。

四、剖检病变

最急性型病例除肠道有急性卡他性炎症外，其他病变不明显。

典型病理特征性变化：空肠和回肠的急性卡他性－纤维素性坏死性肠炎，整片肠黏膜坏死脱落，与凝固的纤维素性渗出物形成栓子或包裹在肠内容物表面的假膜堵塞肠腔。剖检可见靠近卵黄蒂与回盲部的肠段外观极度膨大，质地坚实，状如“香肠”，肠管被淡灰色或淡黄色的栓子塞满。这一变化在亚急性病例更易看到，有的甚至在盲肠可见。其他器官如肝脏肿大呈棕黄色，胆囊明显膨大，充满蓝绿色胆汁；胰腺颜色变暗，个别胰腺出现小白点；肾脏肿胀；法氏囊或有纤维素性渗出物。有神经症状的鹅剖检时，可见脑膜下血管充血。

五、类症鉴别

本病具有特征的流行病学表现，遇有孵出不久的雏鹅群大量发病及死亡，结合症状和特有的病变，即可做出初步诊断。可通过病毒分离鉴定或特异抗体检查确诊。类症鉴别如下。

（1）与鹅副黏病毒病的鉴别：鹅副黏病毒病以鹅消化道病变为主要特征，具有高发病率和死亡率。其与小鹅瘟的区别是：小鹅瘟的发病鹅多为雏鹅，而鹅副黏病毒病对任何日龄的鹅都易感。小鹅瘟的典型症状是出现“腊肠状”栓子。本病的病变是肠管黏膜表面有白色结节；心肌变性、肝脏肿大；肠管浆膜表面有黄白色结节，剖开肠管，可见到肠管黏膜具有特征性的出血、坏死、溃疡和结痂等病变；十二指肠、回肠、盲肠和泄殖腔有散在性或弥散性、大小不一的出血斑点和白色或黄白色坏死灶。另外，小鹅瘟病毒没有血凝活性，而本病有血凝性。

（2）与鹅球虫病的鉴别：鹅球虫病是由不同种类的球虫引起的鹅的一种原虫病。主要引起 6 ~ 73 日龄雏鹅、仔鹅发病，尤其以 10 ~ 24 日龄鹅多发并呈急性发病。发病率可达 13% ~ 100%，致死率为 6% ~ 97%。剖检虽常见到与小鹅瘟类似的“腊肠粪”，但球虫病例盲肠扩张，肠腔中充满血液和脱落的黏膜碎片，肠壁增厚，肠黏膜表面粗糙，并有带血的黏液覆盖，同时有较大面积的充血区和弥散性或点状出血；以血便、肠黏膜出血、灰白色结节及肠腔内血性分泌物的特征性病变可作为鉴别诊断的依据；再从肠道黏膜及内容物做涂片镜检，可见到大量的球虫卵囊；注射抗小鹅瘟血清无效，用球虫药治疗有效。二者主要通过病理变化及免疫用药确诊。

（3）与雏鹅病毒性肠炎的鉴别：雏鹅病毒性肠炎是由腺病毒引起的 3 ~ 30 日龄雏鹅发病的一种急性传染病，其主要特征是发病急，死亡率高，小肠呈现卡他性、出血性、纤维素性渗出物和坏死性肠炎；发病日龄与小鹅瘟相似，都是雏鹅易感，其临床症状、病理变化甚至组织学变化都与小鹅瘟非常相似。雏鹅病毒性肠炎10日龄后发病死亡的雏鹅有60%～80%的病理在盲肠往十二指肠方向出现了典型的类似小鹅瘟的“香肠样”变化，所以一般会误认为是小鹅瘟。但本病与小鹅瘟的最简单的区分方法是用小鹅瘟疫苗及抗小鹅瘟血清进行预防和治疗均无效。

（4）与鹅的鸭瘟的鉴别：鸭瘟致病力强，鹅也会感染致病，任何品种、性别和年龄的鹅均易感，发病率和死亡率较高，雏鹅尤为敏感，但以15～20日龄幼鹅最易感染，死亡率也高。鹅的鸭瘟的典型症状为：肿头流泪、体温升高、两脚发软、严重下痢、呼吸困难，症状与小鹅瘟相似，但是鹅的鸭瘟主要的病理特征为全身败血性变化，以全身的浆膜、黏膜和内脏器官有不同程度的出血斑点或坏死灶，特别是肝脏的变化及消化道黏膜的出血和坏死更为典型，这与小鹅瘟的典型症状很容易区别开来。

六、防治

小鹅瘟主要是通过孵房传播的，因此搞好孵房清洁卫生和消毒工作尤其重要。收购来的种蛋应用福尔马林熏蒸消毒。应避免从疫区进鹅、雏番鸭和种蛋。良好的育雏管理和环境条件、平衡的日粮可提高雏鹅抵抗力。

免疫预防。种鹅免疫，可采用鸭胚化弱毒疫苗在开产前一个月免疫（多发地区和严重地区免疫2次），种鹅产的种蛋孵化出的小鹅可获得良好的保护。对无母源抗体的雏鹅，可在1日龄接种弱毒疫苗。但在未发病的受威胁区不要用强毒免疫，以免散毒。也可以使用小鹅瘟抗血清或高免蛋黄对受威胁的雏鹅/雏番鸭群进行接种，如出壳后每只雏鹅/鸭肌内注射0.5～1毫升，具有一定的预防作用；或者在5日龄注射抗体，10日龄再注射一次也可以，但花费增加，需要考虑成本，这种情况主要针对来历不明的雏鹅。

发生小鹅瘟时，彻底清洁污染物，彻底消毒所有可能受到污染的设备、器具等。种蛋用福尔马林熏蒸20分钟消毒。育雏室要定期用福尔马林熏蒸30分钟消毒。严禁从疫区购买种蛋、种鹅、雏鹅，尽量做到自养自繁。加强雏鹅的饲养管理。对在育雏期间的小鹅要注意保温、降湿、通风，小鹅尽量不要下水或少下水。病死小鹅不能乱扔，应及时清拣出来，用火烧掉或者深埋。

对于发病鹅的治疗：立即使用小鹅瘟抗血清或高免蛋黄按照2～3毫升/只紧急接种，严重病雏鹅淘汰。防继发感染：每只小鹅肌内注射1 000～2 000单位庆大霉素，早晚各1次，2天后再连用庆大霉素2～3天。有条件可尝试中草药治疗，但要考虑成本。

第九节　鸡弧菌性肝炎

鸡弧菌性肝炎是由弧菌（空肠弯曲杆菌）引起的细菌性传染病。以肝脏肿大、充血、坏死为特征。主要发病诱因是不良的环境和饲养管理、应激或其他疾病。

一、病原

本病病原为弧菌，抵抗力强，对很多消毒剂不敏感。

二、流行特点

本病的发病率低，常通过粪便污染传播，感染禽可带菌数月。禽常常因有其他应激而发病。自然流行仅见于鸡，多见于开产前后的鸡，一般为散发。

三、症状

本病无明显特征性症状，呈慢性经过，病程较长。病鸡精神不振，腹泻，食欲减退，进行性消瘦，鸡冠和肉髯苍白，鸡冠粗糙或干燥有鳞片，黄疸，产蛋量下降，体重减轻。

四、剖检病变

病鸡体瘦、发育不良，病死鸡血液凝固不良（图 58 左）。大约 10% 的病鸡肝脏有特征性的局灶性坏死（图 58 右），坏死区呈星状，或者可能有花椰菜样的“斑点肝”，或出现含有血液的囊肿。内脏器官肿胀，卡他性肠炎。

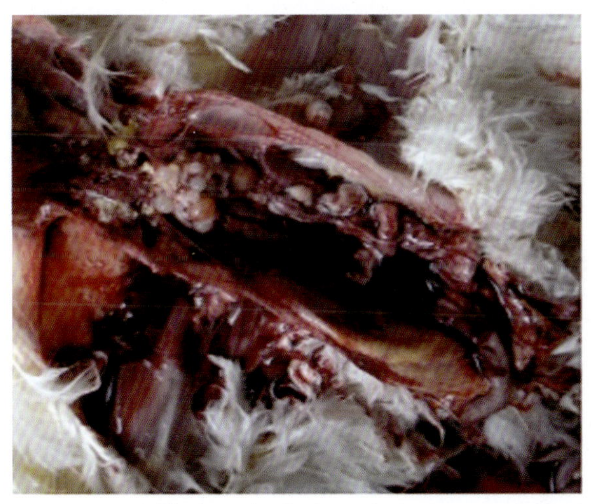

图 58　弧菌性肝炎病鸡肝脏出血，血液凝固不良（左）；肝脏坏死（右）（王新卫供图）

五、类症鉴别

取肝脏进行组织病理学诊断，或者采集胆汁分离病原可确诊。鉴别诊断如下。

（1）与白血病的鉴别：白血病病禽的临床症状也有贫血、渐进性消瘦等变化，但剖检变化与弧菌感染不同，白血病病禽多发性内脏肿瘤可见肝、脾、肾、法氏囊、心肌、性腺、骨髓、肠系膜和肺，肿瘤呈结节形或弥漫形，灰白色至淡黄白色，大小不一，切面均匀一致，很少有坏死灶。而弧菌感染仅存在肝脏上的典型变化和血液凝固不全。

（2）与溃疡性肠炎的鉴别：溃疡性肠炎是鸡或者鹌鹑的急性、高度传染性疾病。该病发病突然，死亡率高，鹌鹑为100%，鸡为10%；经口感染，通过病禽污染的粪便或苍蝇传播；临床症状上，病禽精神萎靡，缩颈，翅膀下垂，闭眼呆立，羽毛不整，腹泻，贫血；鹌鹑有水白色粪便；剖检变化，整个肠道深部溃疡，但主要是回肠和盲肠，肠内可见血液，肝脏有坏死灶。两种病在临床症状上类似，但剖检变化上不同，弧菌性肝炎有卡他性肠炎，但没有肠道深部溃疡及肠内可见血液的变化；弧菌感染的病死鸡血液凝固不全；肝脏有特征性的局灶性坏死，星状，或者可能有花椰菜样的“斑点肝”，或出现含有血液的囊肿，而溃疡性肠炎无此变化。

（3）与组织滴虫病的鉴别：组织滴虫病即黑头病，在火鸡发病率高，死亡率高，但鸡有相对抵抗力，偶尔发生，这与弧菌感染不同。黑头病感染禽头部发绀或变黑色，而弧菌感染多苍白、有鳞片。黑头病具有特征性的盲肠变化，即盲肠肿大、溃疡并带有黄色、灰色或绿色的干酪样芯，而弧菌感染无此症状。黑头病病鸡肝脏可能具有不规则凹陷的病变，通常为灰色，而弧菌感染的病死鸡血液凝固不全，肝脏有特征性的局灶性坏死，坏死区呈星状，或者可能有花椰菜样的“斑点肝”，或出现含有血液的囊肿。

（4）与禽霍乱的鉴别：禽霍乱即巴氏杆菌病，由多杀性巴氏杆菌引起，可感染多种禽类，而弧菌性肝炎自然流行仅见于鸡，多见于开产前后的鸡。禽霍乱病情不一，急性型病程短可为急性败血症，死亡率可达100%，缓者可为局部感染。而弧菌性肝炎无明显特征性临床症状，呈慢性经过，病程较长。禽霍乱剖检有时无症状，或仅极少数部位出血，或肠炎，或卵黄性腹膜炎，或面、髯部蜂窝组织炎、化脓性关节炎，也有局部肝炎。但弧菌性肝炎病死鸡血液凝固不全；大约10%的病死鸡肝脏有特征性的局灶性坏死，坏死区呈星状，或者可能有花椰菜样的“斑点肝”，或出现含有血液的囊肿。

（5）与禽伤寒的鉴别：禽伤寒即沙门菌病，由感染禽类的两种沙门菌引起，可致各日龄禽死亡。但多3周龄以上或成年禽感染，父母代肉种鸡和褐壳蛋鸡尤其易感；发病率为10% ~ 100%，应激状态或免疫抑制的家禽死亡率较高，最高可达100%；剖检有典型的肝脏变化，表现为肿大，呈青铜色，有小块坏死病灶，可能存在淤血。但弧菌性肝炎多见于开产前后的鸡，病死鸡血液凝固不全，大约10%的病死鸡肝脏有特征性的局灶性坏死，坏死区呈星状，或者可能有花椰菜样的“斑点肝”，或出现含有血液的囊肿。

六、防治

做好生物安全工作，加强饲养管理，保持禽舍清洁卫生，环境舒适，减少各种应激因素，做好球虫病防治工作。

发病时可采用以下方案之一治疗：多西环素按照0.04% ~ 0.06%拌料饲喂4 ~ 5 天；环丙沙星或者恩诺沙星0.02%，混饲4 ~ 5天；或者卡那霉素按照每千克体重2.5万单位肌内注射，每日1次，连用3 ~ 5天。此外如存在耐药现象，可依据药敏实验选择敏感药物治疗。可配合多维饮水，效果更好。

第十节　大肠杆菌病

本病是由多种血清型的致病性大肠杆菌所引起的不同类型禽病的总称，其中败血症最为常见，还可表现为气囊炎、心包炎、肝周炎、肝脏与脾脏肿大、腹膜炎、输卵管炎、脐炎、滑膜炎、关节炎、肠炎、肝脏与脾脏肉芽肿、腹部及腿部蜂窝组织炎等。病原为条件性致病菌，与应激、其他疾病、管理和环境不良等密切相关。

一、病原

病原为大肠杆菌，革兰氏阴性，血清型众多，致病性不一。病原对环境有中等抵抗力，但消毒剂或 80℃的高温可将其杀死。

二、流行特点

大肠杆菌可感染鸡、火鸡等禽类，世界各地均有发生。发病率不一，死亡率 5% ~ 20%。经口或呼吸道感染，还可经卵壳膜、卵黄、脐孔感染，各种非生物媒介可携带病原。潜伏期 3 ~ 5 天。饲养管理差、应激、病毒造成黏膜损伤、脐孔愈合不全，或出现免疫抑制的情况下更易发病。如家禽患上呼吸道疾病（尤其传染性支气管炎或支原体病）之后常继发本病；因免疫抑制疾病而发病，如传染性法氏囊病和火鸡的出血性肠炎；幼禽容易发生，在幼禽 / 雏禽和青年禽多呈急性败血症，而成年禽多呈亚急性气囊炎和多发性浆膜炎。

三、症状

临床症状不一。但感染禽可表现呼吸道症状，咳嗽，打喷嚏；发出叫声，精神沉郁，食欲下降；生产性能下降；雏禽生长缓慢，脐炎。

种蛋污染时，在孵化过程中病原菌增殖，致使孵化率降低，胚胎在孵化后期死亡，死胚增多。孵出的雏鸡体弱，卵黄吸收不良，脐带炎，排出白色、黄绿色或泥土样的稀便。腹部膨满，出生后2 ~ 3天死亡，一般6日龄过后死亡率降低。耐过鸡发育迟滞。

患出血性肠炎时，病鸡羽毛粗乱，翅膀下垂，精神委顿，腹泻。雏鸡由于腹泻糊肛，容易与鸡白痢混淆。

患滑膜炎和关节炎时，病鸡跛行或呈伏卧姿势，一个或多个腱鞘、关节发生肿大。

大肠杆菌还可引起全眼球炎、脑炎等。

慢性呼吸道综合征，感染支原体后造成呼吸道黏膜损害，后继发大肠杆菌的感染。病的早期，上呼吸道炎症，鼻、气管黏膜有湿性分泌物，发生啰音、咳音，发展严重时，复杂化，多死亡。

四、剖检病变

临床上可能表现气囊炎、心包炎、肝周炎、肝脏与脾脏肿大、腹膜炎、输卵管炎、脐炎、滑膜炎、关节炎、肠炎、肝脏与脾脏肉芽肿或者局部肿大、腹部及腿部蜂窝组织炎，上述变化可一种也可多种一起出现（图 59、图 60）。

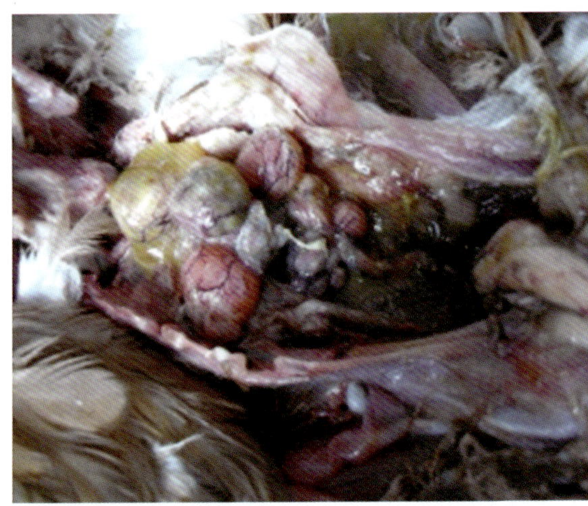

图 59　雏鸡感染后或呈脐炎变化（左）；成年鸡严重感染呈细菌性腹膜炎（右）（王新卫供图）

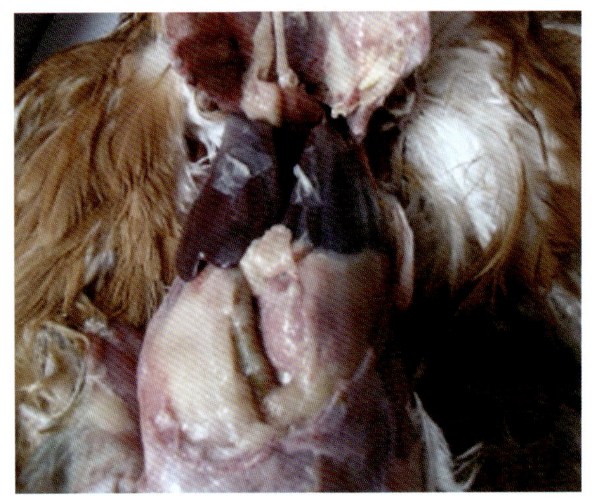
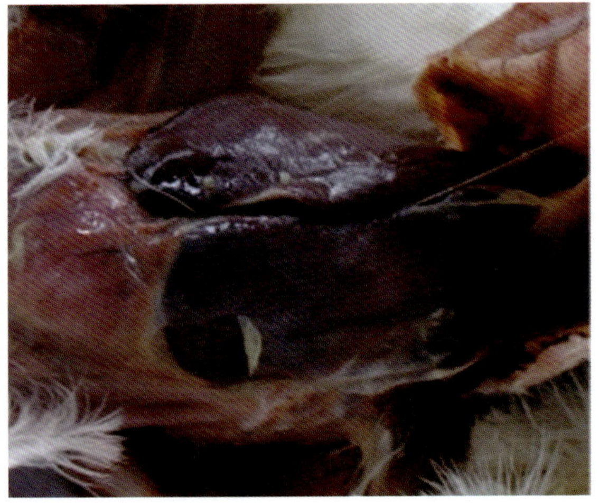

图 60　产蛋鸡肝脏中见有炎性渗出物覆盖的假膜，或肿大（王新卫供图）

大肠杆菌败血症特征性的病变是纤维素性心包炎，气囊混浊肥厚，有干酪样渗出物，肝包膜有纤维素性炎性渗出物附着，或皮下出血或呈胶冻样变化（图 61、图 62），有时可见白色坏死斑或出血；脾脏肿胀。

死胚、初生雏卵黄囊感染和脐带炎，死胚和死亡雏鸡的卵黄膜变薄，呈黄泥水样或混有干酪样颗粒状物，脐部肿胀发炎。4 日龄以后感染常见心包炎，其中急性死亡的病雏几乎见不到病变。

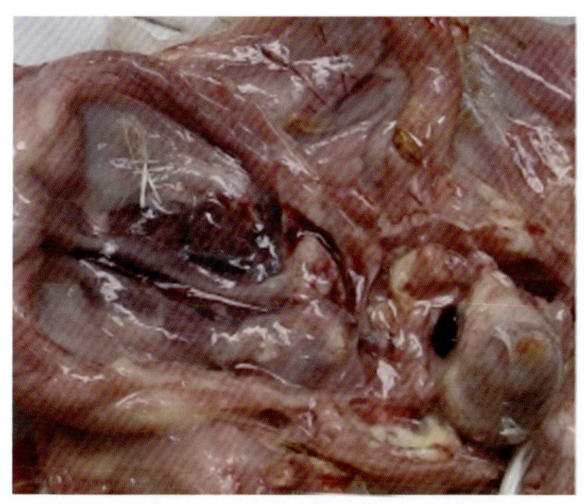
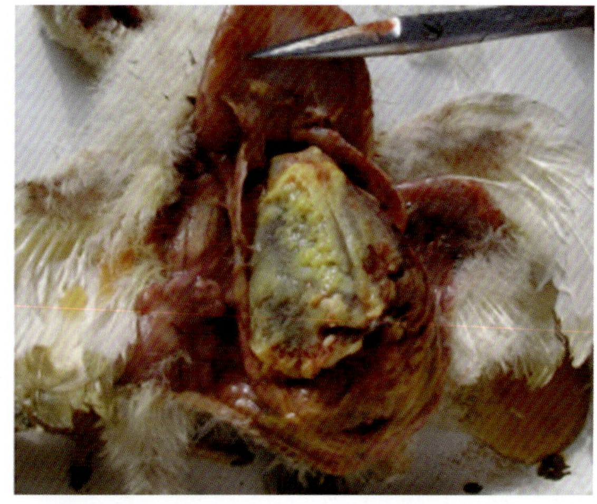

图 61　病鸡心包炎、气囊炎，心包和气囊均覆盖大量的炎性渗出物（左）；严重肝周炎（右）（王新卫供图）

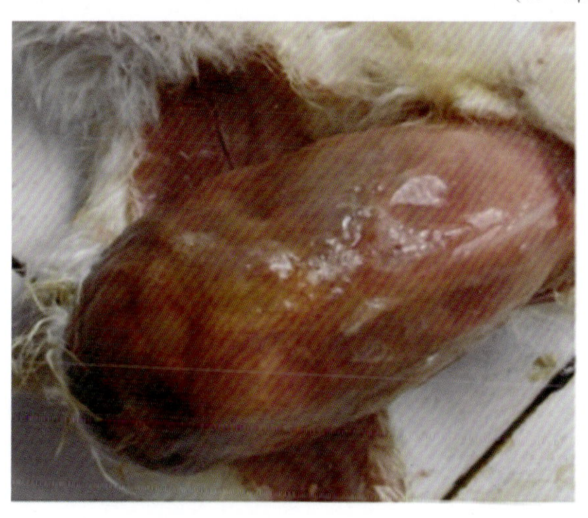
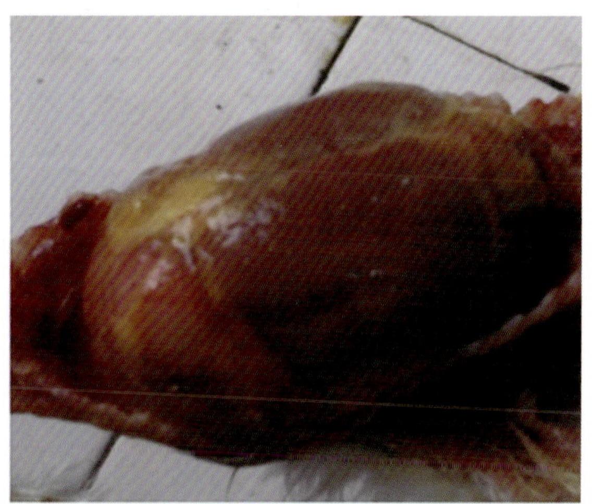

图 62　雏鸡感染后皮下出血或呈胶冻样变化，肝脏肿大，有炎性渗出被膜覆盖（王新卫供图）

卵黄性腹膜炎及输卵管炎（图 63），腹膜炎可由气囊炎发展而来，也可由慢性输卵管炎引起。发生输卵管炎时，输卵管变薄，管内充满恶臭干酪样物阻塞输卵管，使排出的卵落到腹腔而引起腹膜炎。

出血性肠炎剖检病变主要表现在肠道的上 1/3 ~ 1/2 黏膜充血、增厚，严重者血管破裂出血，形成出血性肠炎。

滑膜炎和关节炎，一个或多个腱鞘、关节发生肿大。发生大肠杆菌肉芽肿时，沿肠道和肝脏发生结节性肉芽肿，病变似结核。

慢性呼吸道综合征的病因之一。表现为上呼吸道炎症，鼻、气管黏膜有湿性分泌物；随后发生气囊炎、心包炎，并可见大量纤维素性渗出覆盖于气囊、心包或者肝脏，或有肺炎，肺坏死。

皮下感染，头部肿胀，由于表皮损伤侵入，感染扩散到关节和骨部，引起这些部位的炎症。

有一些病毒感染后，继发大肠杆菌急性感染，造成头部肿胀，即肿头综合征，双眼和整个头部肿胀，皮下有黄色液体及纤维素性渗出，可从局部分离出大肠杆菌。

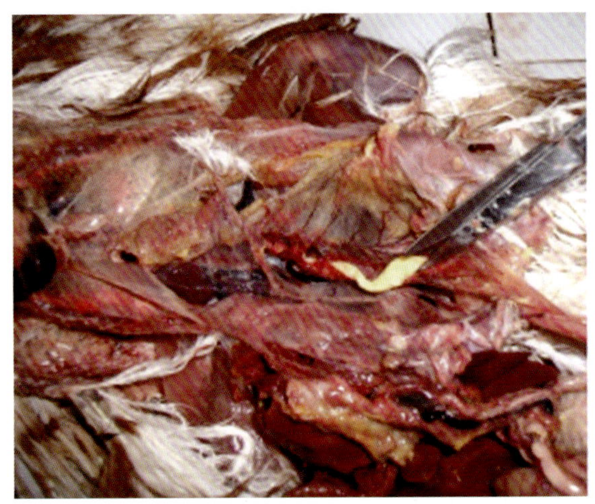

图 63　青年鸡感染大肠杆菌后出现气囊炎，气囊见大量炎性渗出物，输卵管内有干酪样物充盈（左）；成年产蛋鸡卵泡脱落或出现卵黄性腹膜炎（右）（王新卫供图）

五、类症鉴别

通过分离病原、血清学试验、病理检查确诊。鉴别诊断如下。

（1）与沙门菌病的鉴别：沙门菌病是由沙门菌属中的任何一个或多个成员所引起禽类的一大群急性或慢性疾病。对禽危害最大的是鸡白痢、鸡伤寒和副伤寒。鸡白痢主要发生于鸡，通常仅引起3周龄以下的鸡死亡，发病率为10%～80%，在应激或免疫抑制鸡群死亡率上升，可能达100%。鸡伤寒可以发生于任何年龄的禽并可导致死亡，但主要感染鸡，肉种鸡与褐壳蛋鸡尤其敏感，其中多发生于成年鸡和3周龄以上鸡，偶见3周龄以下的鸡发病；潜伏期为4～5天，病程大约为5天，发病率为10%～100%；应激或免疫抑制禽死亡率增加，可达100%。副伤寒可发生于鸡、火鸡和鸭，幼禽最为易感，一般在孵化后2～5周感染，多在6～10天达到高峰；发病率为0～90%，但死亡率通常较低；1月龄以上的家禽有较强的抵抗力，一般不引起死亡，成年禽常无临床症状；呈地方流行性，或者散发；沙门菌感染禽剖检可见肺、肝、肌胃和心脏中的灰白色结节，肠或盲肠炎症，脾肿大，盲肠有炎性渗出物与粪便形成的“肠芯”，输尿管有尿酸盐结晶。而大肠杆菌感染表现多种形式，发病率不一，死亡率5%～20%。感染禽可能表现以下一种或者多种情况：气囊炎、心包炎、肝周炎、肝脾肿大、腹膜炎、输卵管炎、脐炎、滑膜炎、关节炎、肠炎、肝脏与脾肉芽肿、腹部及腿部蜂窝组织炎。对于常见的败血症，特征性的病变是纤维素性心包炎，气囊混浊肥厚，有干酪样渗出物；肝包膜呈白色混浊，有纤维素性附着物，有时可见白色坏死斑；脾脏充血肿胀。

（2）与葡萄球菌病的鉴别：葡萄球菌病表现为急性或慢性传染病，有多种类型，如关节炎、腱鞘炎、足垫肿、脐炎和葡萄球菌性败血症等；通常发病率较低，但死亡率为0～15%；

该病的发生多与创伤有关；临床症状可见皮肤水肿，颜色呈青紫色或深紫红色，皮下多蓄积渗出液，触之有波动感；局部干燥呈红色或暗紫红色，无毛；或者脐炎、关节炎、皮炎、胸囊肿、足垫和化脓性骨髓炎等。而大肠杆菌感染也表现多种形式，但发病率不一，死亡率5%～20%。对于常见的败血症，特征性的病变是纤维素性心包炎，气囊混浊肥厚，有干酪样渗出物；肝包膜呈白色混浊，有纤维素性附着物，有时可见白色坏死斑；脾脏充血、肿胀。

六、防治

本病为条件性发生，采取生物安全措施，给禽创造舒适的环境为第一要务。定期投喂乳酸菌等益生菌生物制剂有一定作用。

多种药物可用于发病后的治疗，如羟氨苄青霉素、四环素、新霉素（仅限于肠道用药）、庆大霉素或头孢噻呋（孵化室感染的情况下）、增强型磺胺类药物、氟喹诺酮类药物。但临床上常因多种因素导致大肠杆菌产生耐药性，因此最好进行药敏检测，依据结果选择合适药物。如不能进行药敏检测可采用以下方案进行治疗：①庆大霉素按1千克体重0.5万～1万国际单位一次肌内注射，每天2次，连用3天。②环丙沙星按每吨饲料200克混饲，连用3～5天。上述两个方案均可配合中药治疗。

另外，注意该病多继发或者混合感染，如出现严重耐药性菌株感染，禽场可以考虑在做好其他疾病防控时，采用自家疫苗进行防控，效果特别理想，尤其对于抗生素禁用的蛋鸡。

第十一节　禽沙门菌病

禽沙门菌病是指由沙门菌属中的任一个或多个成员引起的禽类急性或慢性疾病。由鸡白痢沙门菌所引起的称为鸡白痢，该病临床特征为幼雏感染后常呈急性败血症，发病率和死亡率都高；成年鸡感染后，多呈慢性或隐性带菌，可随粪便排出，因卵巢带菌，严重影响孵化率和雏鸡成活率。由鸡伤寒沙门菌引起的称为禽伤寒，由其他有鞭毛能运动的沙门菌引起的禽类疾病则统称为禽副伤寒——具有公共卫生意义。

沙门菌为革兰氏阴性短杆菌，血清型众多，抵抗力不强，在60℃、15分钟可被杀死；碱、酚类以及甲醛等常用消毒药可有效杀灭该菌。但本菌在外界环境中生存和繁殖能力很强，有试验证明在粪便和蛋壳上能保持活力约2年，在土壤中可存活280天以上，在水中可生存约119天。这成为本病易于传播的一个重要因素。

一、病原

鸡白痢病原为鸡白痢沙门菌。禽伤寒病原为适应家禽的鸡伤寒沙门菌。禽副伤寒病原不同于特异性血清型S型沙门菌，也不同于肠炎沙门菌和鼠伤寒沙门菌，S. Gallinarum 可以引起幼禽肠炎和败血症，血清型多，但是 S.Dreby、S. Newport、S.Montvideo、S.Anatum、S.Bredeney

是更常见的分离株。即使这些菌株的感染不会引起临床疾病，但它们是食物中毒的潜在来源——具有公共卫生意义。

二、流行特点

（1）鸡白痢：该病在鸡中最常见，也感染火鸡、野鸟、珍珠鸡、麻雀、鹦鹉、环鸽、鸵鸟和孔雀。它在非商业家禽中经常发生，而在大多数商业鸡群少见，但近年来我国的个别没有经过净化的本地或商业鸡群有所发生，值得注意。

通常仅引起3周龄以下的禽死亡。偶尔会造成成年褐壳蛋禽死亡。发病率为10% ~ 80%，在应激或免疫抑制鸡群死亡率上升，可能达100%。经口或通过肚脐/蛋黄途径感染，主要在幼禽中横向传播，或者垂直传播，有时感染与互啄有关。

一般潜伏期为4 ~ 5天，病程短的1天，一般为4 ~ 7天，20天以上的雏鸡病程较长，且极少死亡。耐过鸡生长发育不良，成为慢性患者或带菌者，是重要的传染源。

（2）禽伤寒：任何年龄的禽均可感染死亡，但主要感染鸡，肉种鸡与褐壳蛋鸡尤其敏感，其中多发生于成年鸡和3周龄以上的鸡，偶见3周龄以下的鸡发病。潜伏期为4 ~ 5天，病程大约为5天。发病率为10% ~ 100%；应激或免疫抑制禽死亡率增加，可达100%。感染途径与传播途径同鸡白痢。

除鸡外，该菌也可以感染火鸡、观赏鸟与游戏禽、珍珠鸡、麻雀、鹦鹉、金丝雀和红腹灰雀。目前，在非商业性禽类中仍然常发生，但在规模化养禽业中少见。

流行形式以散发为主。

（3）禽副伤寒：主要发生于鸡、火鸡和鸭。幼禽最为易感，一般在孵化后2 ~ 5周感染，多在6 ~ 10天达到高峰。发病率为0 ~ 90%，但死亡率通常较低。1月龄以上的家禽有较强的抵抗力，一般不引起死亡，成年禽常无临床症状。一般呈地方流行性，或散发。

主要传染源为带毒禽和病愈禽。主要经粪–口途径感染，也可通过菌体污染的种蛋壳垂直传播。该菌存在于环境中、啮齿动物体内或养殖场中，通常通过粪便、污染物和饲料（尤其蛋白添加剂和保存不良的谷物类饲料）传播。一些特定血清型容易在特定养殖场定居存在（S.Senftenberg很容易在孵化场长期存在）。

该菌在环境中可较长时间存活，尤其在干燥、多尘的地方。对消毒剂敏感，有效浓度的消毒剂均能有效灭活病原。高温如80℃的温度1 ~ 2分钟可有效消除该菌，饲料的热处理就是利用这一原理。营养缺乏、寒冷、饮水不足、其他细菌感染等是重要的诱发因素。

三、症状

（1）鸡白痢：雏鸡出壳后感染者多在孵出后几天才表现出明显临诊症状，7 ~ 10天后群内病雏逐渐增多，在第2 ~ 3周达高峰。感染呈最急性者，无临床变化迅速死亡。稍缓者表现精神委顿，绒毛松乱，两翼下垂，缩头颈，闭眼昏睡，不愿走动，拥挤在一起。病初食欲减少，而后停食，多数出现软嗉囊症状。同时腹泻，排稀薄如白糨糊状粪便，肛门周围绒毛被粪便污染，有的因粪便干结污染而堵塞肛门，病禽发出尖锐叫声。有的病雏出现眼盲或肢关节肿胀，跛行。

育成禽发病时多与应激因素有关，如群密度大，环境恶劣，管理粗放，饲料突然改变或品质低下等。发病突然，全群禽食欲、精神尚可，总见群中不断出现精神沉郁或者食欲不佳及下痢者。有时常突然死亡，但无死亡高峰而每天均有禽只死亡，数量不一。该病病程较长，可拖延 20 ~ 30 天，死亡率依据管理和处理水平而不同。

成年鸡感染后，一般不见明显的临床症状。但临床上鸡群可能会出现产蛋下降或死淘率增高现象，个别情况下鸡冠萎缩或变小、发绀。感染鸡有时下痢，或产蛋下降或停产。极个别病鸡表现精神委顿，头翅下垂，腹泻，排白色稀粪，产蛋停止。有的感染鸡因卵黄囊炎引起腹膜炎。

（2）禽伤寒：感染禽精神沉郁，羽毛不整；食欲减退，口渴；拉黄色粪便，不愿走动。

在雏鸡与雏火鸡中症状与鸡白痢相似。个别情况下，该病通过蛋传播而暴发，孵出的幼雏从孵化器中取出时出现病雏或死雏。其他雏表现为嗜睡、生长不良、虚弱、食欲减退与肛门周围黏附着白色物。由于疾病波及肺部，因而可见到呼吸困难或张口喘气。

青年鸡与成年鸡群中暴发（少见）急性禽伤寒时，最初表现为饲料消耗量突然下降、鸡的精神萎靡、羽毛松乱、面部苍白、鸡冠萎缩。感染后的 2 ~ 3 天内，体温上升 1 ~ 3℃，并一直持续到死前的数小时。感染后 4 天内出现死亡，但通常是死于 5 ~ 10 天之内。

（3）禽副伤寒：幼禽经带菌卵感染或出壳雏禽在孵化器感染病菌，常呈败血症经过，往往不表现任何症状而迅速死亡。年龄较大的幼禽则常呈亚急性经过。

各种幼禽副伤寒的症状大致相似，主要表现为嗜睡呆立，垂头闭眼，两翼下垂，羽毛松乱，食欲减退，口渴，水泄样下痢，肛门粘有粪便，怕冷而靠近热源处或相互拥挤；呼吸症状变化不明显，个别有肺炎变化时呈呼吸困难症状。雏鸭感染时常见颤抖、喘息及眼睑浮肿等症状，常猝然倒地而死，故有“猝倒病”之称。

成年禽一般为慢性隐性经过，常无临床症状。急性病例罕见，有时可出现水泄样下痢、精神沉郁、倦怠、两翅下垂、羽毛松乱等症状。

四、剖检病变

（1）鸡白痢：急性死亡雏鸡病变常不明显。病程长者卵黄吸收不良，其内容物色黄如油脂状或干酪样；常在心脏（图 64 左）、肺、肝、盲肠、大肠及肌胃肌肉中有坏死灶或灰白色结节；脾脏肿大，输尿管充满白色尿酸盐而扩张；盲肠中有干酪样物堵塞肠腔，有时还混有血液，常有腹膜炎。或有病雏发生出血性肺炎，稍大的病雏，肺有灰黄色结节和灰色肝变。上述变化中以肝的病变最为常见，肝脏肿大，充血或有条纹状出血。

育成鸡突出的变化是肝脏肿大，可达正常的 2 ~ 3 倍，暗红色至深紫色，有的略带土黄色，表面可见散在或弥漫性的小红点或黄白色大小不一的坏死灶或结节（图 65），质地极脆，易破裂，

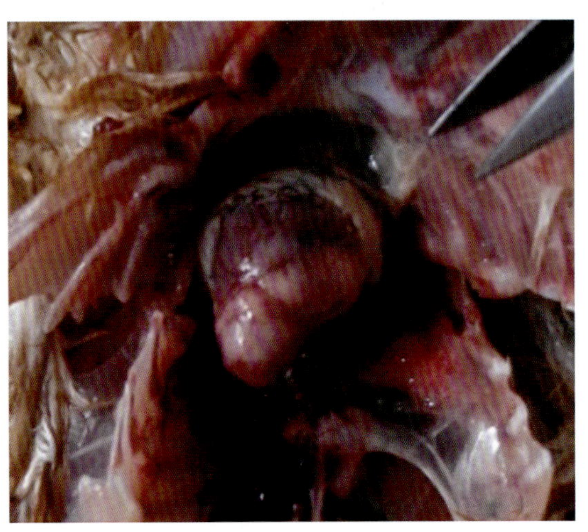

图 64　感染白痢沙门菌的雏鸡心脏结节（左）；感染禽副伤寒沙门菌的雏鸡盲肠有时栓塞，充满炎性干酪样物（右）（王新卫供图）

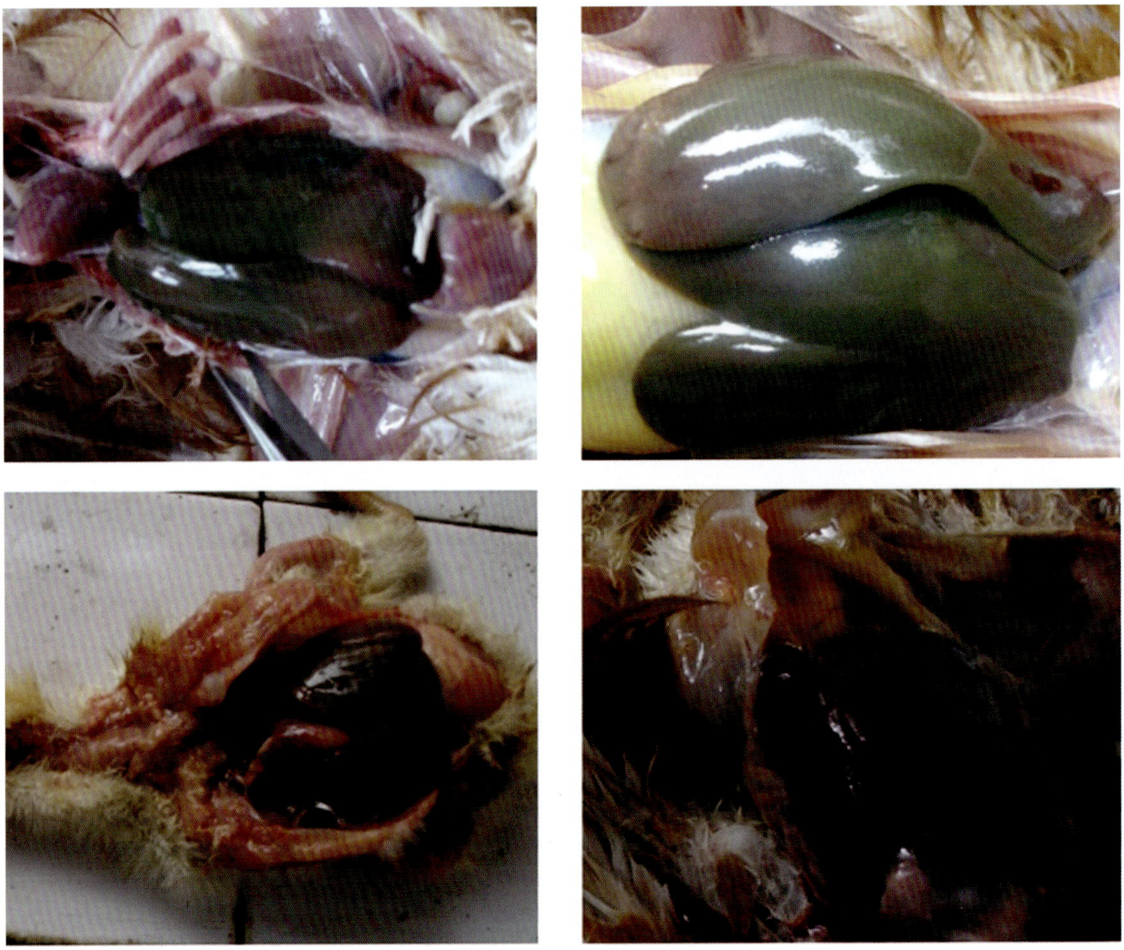

图 65　感染沙门菌禽肝脏呈不同变化，肿大，结节性坏死，色彩不一（王新卫供图）

常见有内出血变化。

成年产蛋母鸡多慢性带菌，极少死亡，肛门部位被白色粪便污染（图 66 左），或者卵黄性腹膜炎变化，或多个卵阻塞在输卵管内，引起广泛的腹膜炎及腹腔脏器粘连。其他变化不明显。成年公鸡发病后睾丸损伤，失去种用价值。

（2）禽伤寒：最急性病例眼观病变不明显。在亚急性及慢性病例，肝脏肿大并有红色与青铜色条纹或呈藏绿色变化（图 65，图 66 右），脾肿大，心脏有坏死区，肺呈灰色等，都是本病的特征性病变。此外，心肌和肝有灰白色粟粒状坏死灶、心包炎；公鸡睾丸可存在病灶，并能分离到鸡伤寒沙门菌。

虽然在鸡中很少见到出血性肠炎（尤其是十二指肠，即前段小肠）与明显的肠道溃疡，但在火鸡中是常见的病变。有的病禽贫血。

雏鸭感染时，见心包膜出血，脾轻度肿大，肺及肠呈卡他性炎症。成年鸭感染后，卵巢和卵黄有变化，与成年母鸡感染者类似。

只有少数例外，一般能从外部看到肠道贫血以及透过浆膜看到黏膜溃疡。十二指肠溃疡最严重。整个肠道并扩展到盲肠均可见到少数溃疡，直径为 1 ～ 4 毫米。

（3）禽副伤寒：在急性感染中几乎没有病变。常见变化为脱水，肠炎，局灶性坏死性肠道病变，卵黄吸收不良，肝脏坏死点，盲肠干酪样栓塞，心包炎。

初生幼雏常见卵黄吸收不全，脐炎（“大肚脐”），肝脏有淤血。日龄大的雏鸭常见肝脏肿胀，表面见有坏死灶或无；最特征的变化是盲肠肿胀，呈斑驳状，内有干酪样的栓塞（图 64 右）。有的鸭气囊混浊，常附有黄色纤维素性团块。腿关节主要是膝关节和跖部关节肿胀有炎症或者足垫肿胀（图 67 右）。有的出现心包炎；脾脏肿大显著（图 67 左），斑驳状。由得克萨斯沙门菌引起的败血症还可见到皮下、胸肌、心内外膜、肾广泛出血；肝青铜色，有针尖大灰白色坏死点；胆囊肿大，胆汁浓稠呈黑绿色。感染莫斯科沙门菌的雏鸭的肝脏呈青铜色，

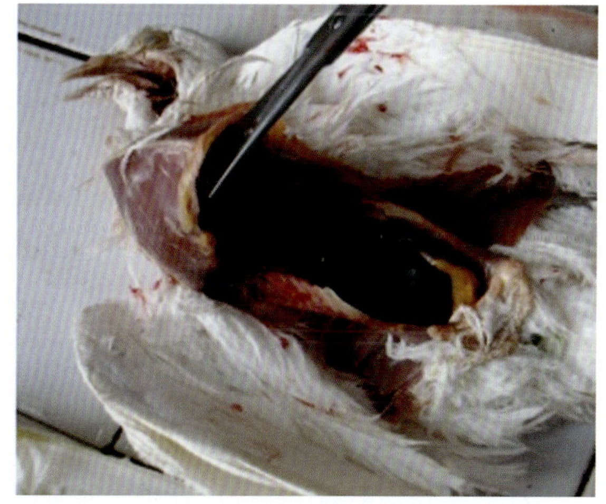

图 66　感染鸡白痢沙门菌的鸡腹泻，白色粪便污染肛门，但极少死亡（左）；感染沙门菌的雏鸽肝脏呈更深的铜锈色（右）（王新卫供图）

并有灰色坏死灶；气囊轻微混浊，具有黄色纤维蛋白样斑点。感染鼠伤寒沙门菌和肠炎沙门菌的北京鸭见肝脏显著肿大，有时有坏死灶；盲肠内形成干酪样物，直肠肿大并有出血斑点；还有心包炎、心外膜炎及心肌炎。

成年禽主要为慢性感染，肠道带菌者常无明显的病变。

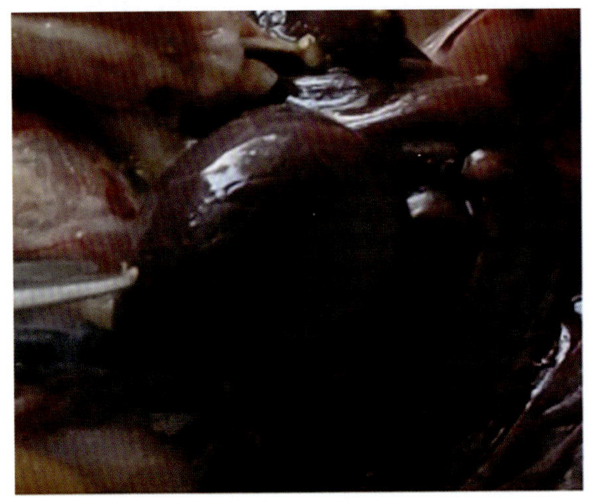

图 67　沙门菌感染禽脾脏极度肿大，但不同于肿瘤（左）；有时感染禽的足垫肿胀，需要病原分离鉴定确诊（右）（王新卫供图）

五、类症鉴别

（1）鸡白痢：采取病料为没使用过药物治疗的病 / 死鸡的肝、脾或有病变的心肌、成年产蛋鸡输卵管和有病变的卵子，接种于麦康凯鉴别培养基分离培养。观察菌落形态特征。获取纯培养后可通过生化试验进一步鉴定。现场常采用诊断全血平板凝集反应对成年鸡白痢进行确诊。

（2）禽副伤寒：最佳的检测取样部位为盲肠内容物和盲肠扁桃体，或者嗉囊。幼禽急性病例可直接取肝、脾、心血和肺等进行培养。环境取样以产蛋箱垫料、新鲜粪便、灰尘、孵化室内的羽绒毛、19 ～ 21 日龄死亡胚的卵黄、1 日龄雏的泄殖腔拭子、蛋壳和壳膜及饲料为好。样品获得后，选择性肉汤中增菌 24 ～ 48 小时，然后再接种选择性琼脂。增菌培养的温度最好为 42 ～ 43℃。用得最多的选择性增菌肉汤为四硫磺酸盐亮绿（BG）肉汤、亚硒酸盐 BG 磺胺肉汤和亚硒酸盐 F 肉汤。固体选择性培养基以 BG 琼脂最常用。从饲料等样品分离沙门菌时在移种选择性肉汤前应接种于乳糖肉汤进行前增菌。选择在琼脂平板上出现的典型菌落接种三糖铁和赖氨酸铁琼脂斜面，对呈典型反应者进行生化反应并做最后鉴定。母禽泄殖腔分离到病原体或从死于蛋壳内的胚中分离到病原体表明后代存在副伤寒临诊疾病。

（3）鉴别诊断如下。

①禽副伤寒和鸡白痢的鉴别：禽副伤寒的病原具有公共卫生意义，可感染多种动物，这不同于鸡白痢沙门菌。流行特点上，禽副伤寒可发生于鸡、火鸡和鸭，而鸡白痢虽然可以感

染火鸡、野鸟、珍珠鸡、麻雀、鹦鹉、环鸽、鸵鸟和孔雀等，但在鸡最为常见。禽副伤寒在幼禽最易发生，一般在孵化后 2 ～ 5 周感染，多在 6 ～ 10 天达到高峰。而鸡白痢通常仅引起 3 周龄以下的禽死亡，偶尔会造成成年褐壳蛋禽死亡。临床症状上，禽副伤寒在鸡与鸡白痢类似，而在雏鸭患副伤寒时常猝然倒地而死，故有“猝倒病”之称。鸡白痢病鸡常排出白色糨糊状粪便，而副伤寒病禽水样下痢。剖检变化上，副伤寒病禽常见变化为脱水、肠炎、局灶性坏死性肠道病变、肝脏坏死点、心包炎。而鸡白痢病雏鸡常在心肌、肺、肝、盲肠、大肠及肌胃肌肉中有坏死灶或灰白色结节；脾脏肿大，输尿管充满白色尿酸盐而扩张；育成鸡突出的变化是肝脏肿大，成年公鸡睾丸萎缩。

②禽伤寒和鸡白痢的鉴别：禽伤寒的病原是适应禽的鸡伤寒沙门菌，而引起鸡白痢的是鸡白痢沙门菌。流行特点上，禽伤寒可发生于任何年龄的禽并导致死亡，但主要感染鸡，肉种鸡与褐壳蛋鸡尤其敏感，其中多发生于成年鸡和 3 周龄以上鸡。而鸡白痢虽然鸡最常见，但通常仅引起 3 周龄以下的鸡死亡。 剖检病变上，禽伤寒病禽特征性的变化为肝大并有红色与青铜色条纹，脾肿大，心脏有坏死区，肺呈灰色等，公鸡睾丸可存在病灶，并能分离到鸡伤寒沙门菌。而鸡白痢病雏鸡常在心肌、肺、肝、盲肠、大肠及肌胃肌肉中有坏死灶或灰白色结节，脾脏肿大，输尿管充满白色尿酸盐而扩张；育成鸡突出的变化是肝脏肿大，成年公鸡睾丸萎缩。

③禽伤寒和禽副伤寒的鉴别：禽伤寒由适应家禽的鸡伤寒沙门菌感染所致，可引起任何年龄的禽感染死亡，但主要感染鸡，而禽副伤寒的病原具有公共卫生意义，可感染包括人在内的多种动物。禽伤寒多发生于成年鸡和 3 周龄以上鸡，偶见 3 周龄以下的鸡发病。而禽副伤寒，幼禽最为易感，一般在孵化后 2 ～ 5 周龄感染，1 月龄以上的家禽有较强的抵抗力，一般不引起死亡，成年禽常无临床症状。禽伤寒病禽的特征性变化为肝脏肿大并有红色与青铜色条纹，脾肿大，心脏有坏死区，肺呈灰色等。而禽副伤寒病禽的特征性变化为脱水，肠炎，局灶性坏死性肠道病变，卵黄吸收不良，肝脏坏死点，盲肠干酪样栓塞，心包炎。

④禽伤寒与禽霍乱的鉴别：禽霍乱即巴氏杆菌病，由多杀性巴氏杆菌引起，可感染多种禽类，包括鸡、火鸡和水禽（上述各种禽类按易感性从弱到强排列）。而禽伤寒由鸡伤寒沙门菌引起，主要感染鸡，肉种鸡与褐壳蛋鸡尤其敏感，其中多发生于成年鸡和 3 周龄以上鸡，偶见 3 周龄以下的鸡发病。禽霍乱剖检变化多样，有时无症状，或仅极少数部位出血，肠炎，卵黄性腹膜炎，局部肝炎（灰白色或者针尖状出血），化脓性肺炎（尤其是火鸡），面、髯部蜂窝组织炎，化脓性关节炎，火鸡肺实质化，呈粉色“熟肉”状。而禽伤寒的特征病变是肝脏肿大呈青铜色，脾肿大，心脏有坏死区，肺呈灰色等；此外，禽伤寒公鸡睾丸可存在病灶，并能分离到鸡伤寒沙门菌，虽然在鸡中很少见到出血性肠炎（尤其是十二指肠，即前段小肠）与明显的肠道溃疡，但在火鸡中是常见的病变。而禽伤寒成年禽最急性病例与急性霍乱不易区分，只能分离病原确定。

⑤禽伤寒与大肠杆菌败血症的鉴别：大肠杆菌败血症是家禽最常见的传染病，大肠杆菌

病的剖检变化根据发病的急慢程度而有所不同，而且更为多样：气囊炎，心包炎，肝周炎，肝脏与脾脏肿大，腹膜炎，输卵管炎，脐炎，滑膜炎，关节炎，肠炎，肝脏与脾脏肉芽肿，腹部及腿部蜂窝组织炎等。而禽伤寒的特征病变是肝脏肿大呈青铜色，脾肿大，心脏有坏死区，肺呈灰色等。

⑥禽曲霉菌病与鸡白痢的鉴别：禽曲霉菌病为真菌病，主要侵害禽呼吸器官，多见于鸡、火鸡、鸭、鹅、鸽等家禽，1月龄内禽多发，但3周龄以下的雏禽常呈急性暴发和群发。病雏主要表现为呼吸困难，以肺部损伤为主，在肺、气囊、气管上有小米粒大的灰黄色结节，其他变化不十分明显。鸡白痢存在其他变化，以肝脏变化明显，肝脏肿大、充血或有条纹状出血；其次为肺、心、肌胃及盲肠的病变。因而容易区别。

⑦禽副伤寒与结核病的鉴别：禽结核的病原为禽结核分枝杆菌，而禽副伤寒的病原为鸡伤寒沙门菌。禽结核病禽临床特征为进行性消瘦或极度消瘦，食欲减退，冠苍白，跛行和腹泻，零星死亡；剖检可见机体消瘦，腹腔可见肠道或肠系膜上有灰色至黄色结节附着，肝脏、脾脏、胰脏等组织大量肉芽肿，有时可见骨髓产生肉芽肿。而对副伤寒，幼禽感染多急性死亡，无明显临床变化；成年禽呈慢性经过，可能与结核病禽类似，但剖检变化上常见脱水，肠炎，局灶性坏死性肠道病变，卵黄吸收不良，肝脏坏死点，盲肠干酪样栓塞，心包炎。这与结核病禽不一样，可以区分。此外，结核病禽治疗不理想，而伤寒病相对有较好的治疗效果。

禽副伤寒与鸭病毒性肝炎、番鸭细小病毒病、雏番鸭“花肝病”、鸭传染性浆膜炎的类症鉴别见相关疾病部分。

六、防治

严格采取消毒、隔离、检疫、药物预防等一系列综合性防治措施。具体做好以下工作：引种应来自无鸡白痢和禽伤寒的场所，并进行隔离检疫；装备防止飞鸟设备；加强鼠类、兔和其他害虫控制；做好预防苍蝇、鸡螨与小粉虫等昆虫的工作；控制和禁止宠物到禽场活动；注意饮用水消毒；防止饲料带菌污染；种蛋保存孵化时严格消毒。

对禽群用凝集试验定期反复进行检疫，淘汰全部阳性鸡及可疑鸡。具体措施如下：

坚持自繁自养，慎重地从外地引进种蛋。在本场内挑选健康阴性种禽、种蛋，然后繁殖建立健康阴性禽群。不得不引进种蛋或者禽时，应严格隔离及检疫。

对健康阴性禽群，每年春秋两季对种鸡定期用血清凝集试验全面检疫及不定期抽检。对40 ~ 60日龄的雏鸡或者青年鸡同样进行检疫，淘汰阳性禽及可疑禽。

对存在感染禽群，每隔2 ~ 4周检疫一次，经3 ~ 4次后一般可把带菌禽全部检出并淘汰。反复进行直至净化，然后按照上述健康群处理。

药物预防，用0.01%高锰酸钾溶液饮水1 ~ 2天。在鸡白痢易感日龄期间，阿莫西林按0.02%混饲，先投喂5天后间隔2 ~ 3天再投喂5天，巩固效果。同时加强饲养管理，消除不良因素。

可以尝试微生态制剂预防，如可选择芽孢杆菌、促菌生、调痢生、乳酸菌等。但在用这类药物的同时以及前后 4 ~ 5 天应该禁用抗菌药物。配合良好管理，效果可靠。

如果存在耐药现象，建议依据药物敏感试验结果选择适当药物。

应注意，如果怀疑 1 日龄雏禽存在沙门菌感染，可以在孵出后注射长效头孢类药物进行控制，一次即可；或者在饲料或饮水中添加庆大霉素（2 000 ~ 3 000 单位 / 只，饮水）、新霉素、红霉素等抗菌药物进行控制，一般情况下可取得较为满意的结果。

药物治疗可降低沙门菌感染的病死率，并可控制本病的发展和扩散。但治愈后家禽可成为长期带菌者，因此治愈的幼禽不能留作种用。成年禽治愈后，采用上述严格的检疫制度进一步彻底控制。

鸡白痢和副伤寒感染痊愈禽终身带毒排毒，但可抗感染。应以种群净化为主，不建议使用疫苗，因为免疫影响净化也导致一些带菌禽的检出和淘汰。而对禽伤寒，一些地区可以有针对性地使用疫苗进行防疫。

部分沙门菌感染多种动物和人，因此应无害化处理病禽及其污染产品。应做好屠宰检疫，注意防止鼠类污染食品。相关的饲养员、兽医、屠宰人员及其他经常与畜禽及其产品接触的人员注意保持卫生清洁。

第十二节　禽霍乱

本病是由禽巴氏杆菌引起的一种侵害家禽和野禽的接触性疾病的总称，又叫禽巴氏杆菌病、禽出血性败血症。临床上，本病的发病率和死亡率很高，并常呈现败血性症状，但也常出现慢性或良性经过。因该菌为环境常在性微生物，其发生多伴有条件性因素。

一、病原

禽霍乱的病原是多杀性巴氏杆菌，革兰氏阴性短小杆菌。

二、流行特点

本病可发生于多种禽类，包括鸡、火鸡和水禽（上述各种禽类按易感性从弱到强排列，鹅易感性较差），野禽也可发生。1 月龄以内雏鸭多发，而成鸭则较少发生。在鸡群中常呈散发，多发生于成年产蛋鸡群，16 周龄以下的鸡一般具有较强的抵抗力。

本病在世界各地均有分布。在我国呈散发，流行已经不多见。潜伏期通常 5 ~ 8 天。病情不一，急者可为急性败血症，缓者可为局部感染。发病率和死亡率最高可达 100%。

经口或鼻及损伤的皮肤等感染，传播媒介包括病禽鼻腔分泌物、粪便，以及被其污染的饲料、饮水、场地、用具，各种动物、人和机械，某些昆虫、寄生虫等。

病原对环境抵抗力不强，常见消毒剂很容易灭活病原，但在土壤中可存活较长时间。其他种类的动物可能携带病原，如啮齿类、猫、猪。禽舍不洁、饲养密度过大、潮湿拥挤、气候突变，以及感染其他疾病如呼吸道病毒感染的情况下，本病更易发生。

三、症状

本病表现多样，临床可见病禽精神沉郁，羽毛不整，食欲下降；腹泻，咳嗽，鼻、眼、口流出分泌物；面、肉髯肿胀，发绀；关节肿胀，跛行，猝死。但一般分为最急性、急性和慢性三种病型。

（1）最急性型：见于流行初期，以生产性能好的鸡最常见。无前期症状，晚间一切正常，次日发现鸡死亡。

（2）急性型：最为常见，病鸡精神沉郁，羽毛松乱，缩颈闭眼呆立，不愿走动；常有腹泻，粪便颜色不一；体温升高到43 ~ 44℃，食欲下降或废绝，口渴。有的呼吸困难，口、鼻分泌物增加；鸡冠和肉髯变青紫色。有的肉髯肿胀，有热痛感。产蛋鸡停止产蛋。病程短的约半天，长的1 ~ 3天。

（3）慢性型：由急性转变而来。可表现为慢性肺炎、慢性呼吸道炎和慢性胃肠炎等。病鸡鼻孔有黏性分泌物流出，鼻窦肿大，喉头积有分泌物而影响呼吸。经常腹泻，消瘦，精神沉郁，冠苍白。有些病鸡一侧或两侧肉髯显著肿大，或干结、坏死、脱落。有的病鸡有关节炎，常局限于脚或翼关节和腱鞘处，表现为关节肿大、疼痛，脚趾麻痹，跛行。病程可拖至1个月以上，但生长发育和产蛋长期不能恢复。

鸭霍乱与鸡基本相似，常以病程短促的急性型为主。病鸭精神沉郁，不愿游泳，行动缓慢，常落于鸭群的后面或独蹲一隅，闭目瞌睡；羽毛松乱，两翅下垂，缩颈，食欲下降，口渴，嗉囊积食；口和鼻有黏液流出，呼吸困难，常张口呼吸，并常常摇头，企图排出积在喉头的黏液，故有“摇头瘟”之称，病鸭排出腥臭的白色或铜绿色稀粪，有的粪便混有血液。有的病鸭发生气囊炎。病程稍长者可见局部关节肿胀，病鸭发生跛行或完全不能行走，还有见到掌部肿如核桃大，切开见有脓性和干酪样坏死。

成年鹅的症状与鸭相似，仔鹅发病和死亡较成年鹅严重，常以急性为主，精神委顿，食欲废绝，腹泻，喉头有黏稠的分泌物；喙和蹼发紫，翻开眼结膜有出血斑点，病程1 ~ 2天即归于死亡。

四、剖检病变

最急性型感染禽无明显可见病变。

急性病例病变较有特征性，病鸡的腹膜、皮下组织及腹部脂肪常见小点出血；心包变厚，心包积液，或有含纤维素性絮状液体，心外膜、心冠脂肪出血尤为明显；肺有充血或出血点；肝脏的病变具有特征性，肝稍肿，质变脆，呈棕色或黄棕色，肝表面散布有许多灰白色、针头大的坏死点；肌胃出血显著，肠道尤其是十二指肠呈卡他性和出血性肠炎，肠内容物含有血液。

慢性型表现多样。面、髯部蜂窝组织炎；或鼻腔和鼻窦内有大量黏性分泌物。某些病例见肺硬变；局限于关节炎和腱鞘炎的病例可能有化脓性关节炎，见关节肿大变形，有炎性渗出物和干酪样坏死。公鸡的肉髯肿大，内有干酪样渗出物，母鸡的卵巢明显出血，有时卵泡变形，似半煮熟样，或卵黄性腹膜炎。

鸭的病理变化与鸡基本相似。火鸡常发生化脓性肺炎，或肺实质化，呈粉色“烹熟”状。

五、类症鉴别

采取病料涂片，分离培养（胰化酪蛋白 – 大豆或血液琼脂培养基好氧培养，24 小时后可形成 3 毫米的菌落，但在麦康凯培养基上不会生长），再通过生化试验进行验证。鉴别诊断见相关章节。

六、防治

平时采取生物安全措施，加强管理，给禽创造良好的环境。严格控制啮齿类动物。

一般从未发生本病的鸡场不进行疫苗接种。如果处于流行或者反复发生禽场，则在 8 周龄和 12 周龄免疫（最好使用自家疫苗），必要时 6 周龄经口接种活菌苗。

治疗可参考大肠杆菌病有关措施。

第十三节　坏死性肠炎

本病是由魏氏梭菌引起的、一种急性或慢性肠毒素血症。临床上病禽常排出黑色间或混有血液的粪便，病死禽以小肠中段或后段的纤维蛋白坏死性肠炎为特征，但通常呈现急性表现。鸡、火鸡和鸭均可发生。

一、病原

本病的病原为产气荚膜梭状芽孢杆菌，又称魏氏梭菌，革兰氏染色阳性。该菌产生的 α 、β 毒素会引起感染禽肠黏膜坏死。其芽孢具有致病性并具有很强的抵抗力。

二、流行特点

鸡、火鸡和鸭均可发生。死亡率在 5% ~ 50%，通常在 10%左右。该菌为常在菌，主要通过粪 – 口途径发生感染。发病禽多为 2 ~ 3 周龄到 4 ~ 5 月龄，多与诱发因素有关，因此球虫病，高蛋白日粮，感染鸡传染性贫血、传染性法氏囊病和马立克病，高小麦日粮和鱼粉，高黏度饮食（通常与饲料中的黑麦和小麦夹杂物、鱼粉有关），污染的饲料和 / 或水等是重要的风险因素。该菌在正常动物肠道中或土壤中（形成芽孢后）广泛存在。

三、症状

临床症状可见感染禽精神沉郁，食欲减退，不愿走动，羽毛蓬乱，病程较短，多常呈急性死亡；腹泻，粪便发黑。体况良好的鸭常常猝死。

四、剖检病变

小肠（通常从中段到后段）增厚膨胀；肠道黏膜覆盖有“白喉样”膜，肠内容物深棕色或黑色，带有坏死物质并有气泡，或外观可见明显的出血斑，肠道出血或有炎性覆盖物（图68）。如小肠上部受到损伤，则有胆汁污染物回流到嗉囊的变化。感染禽脱水死亡后迅速腐败；皮肤脱水，黏附在肌肉很难剥离；肝脏充血肿大，有不规则的坏死灶。

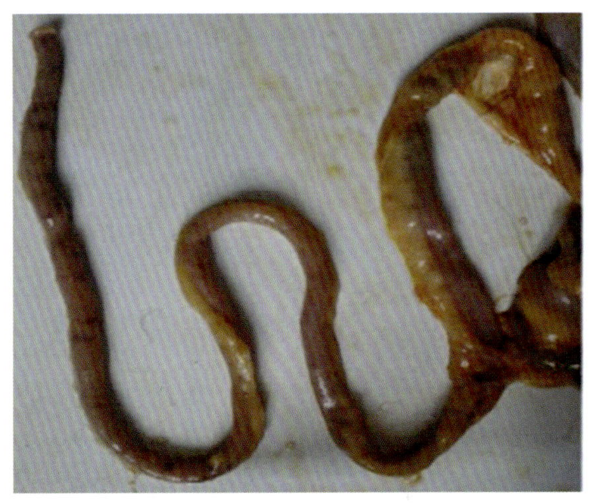

图 68　坏死性肠炎病鸡肠外观可见明显的出血斑，与球虫混合感染时更为严重（左）；有时成年鸡也发生，肠道外观可见出血斑，肠道出血或有炎性覆盖物（右）（王新卫供图）

五、类症鉴别

可以根据鸡群病史和大体病变进行诊断。采集损伤组织进行涂片观察，检测到大量棒状梭菌即可确诊，必要时进行实验室诊断。鉴别诊断如下。

（1）与球虫病的鉴别：球虫病病变部位和程度与球虫的种别有关。柔嫩艾美耳球虫主要侵害盲肠，两支盲肠显著肿大，可为正常的 3 ～ 5 倍，肠腔中充满凝固的或新鲜的暗红色血液，盲肠上皮变厚，严重糜烂。毒害艾美耳球虫损害小肠中段，使肠壁扩张、增厚，有严重的坏死；在裂殖体繁殖的部位有明显的淡白色斑点，黏膜上有许多小出血点；肠管中有凝固的血液或有“胡萝卜色”胶冻状的内容物。巨型艾美耳球虫损害小肠中段，可使肠管扩张，肠壁增厚；内容物黏稠，呈淡灰色、淡褐色或淡红色。堆型艾美耳球虫多在上皮表层发育，并且同一发育阶段的虫体常聚集在一起，在被损害的肠段出现大量淡白色斑点。哈氏艾美耳球虫损害小肠前段，肠壁上出现大头针头大小的出血点，黏膜有严重的出血。若多种球虫混合感染，则肠管粗大，肠黏膜上有大量的出血点，肠管中有大量的带有脱落的肠上皮细胞的紫黑色血液。总之，球虫病的病变以肠黏膜的严重出血为特征，通过粪便涂片或肠组织切片显微镜下检查有无球虫而得到鉴别。但坏死性肠炎病程较短，常呈急性死亡；小肠（通常从中段到后段）增厚膨胀；肠道黏膜覆盖有“白喉样”膜，肠内容物深棕色或黑色并带有坏死物质；如小肠上部受到损伤，则有胆汁污染物回流到嗉囊的变化；感染禽脱水死亡后迅速腐败；肝脏充血肿大，有不规则的坏死灶。由于球虫常与魏氏梭菌混合感染，所以应特别注意。

（2）与溃疡性肠炎的鉴别：溃疡性肠炎病禽发病突然，死亡率高，贫血。鹌鹑的粪便白色，以肠道溃疡为特征，整个肠道深部溃疡，尤其回肠和盲肠，溃疡聚集合并呈圆形或透镜状，肠道内可见血液。而坏死性肠炎病禽死亡率低，粪便深棕色或黑色，病死禽为小肠（通常从中段到后段）增厚膨胀，肠道黏膜覆盖有“白喉样”膜，有胆汁污染物回流到嗉囊的变化；感染禽脱水死亡后迅速腐败。二者显然不同。

六、防治

采取生物安全措施，保持环境清洁，饲养密度合理，勤换垫料，合理贮藏饲料，减少细菌污染等。必要时饲料中添加益生菌进行预防。

发病时可选多种抗生素进行治疗，通过药敏试验选用合适药物。下列治疗方案可供参考：禽，可用青霉素（例如苯氧基甲基青霉素、阿莫西林）100×10^{-6} 饮水。鸭，可用新霉素 100×10^{-6} 和红霉素 200×10^{-6}，根据严重程度，饮水 3 ～ 5 天，或者拌料 5 ～ 7 天即可。

第十四节 溃疡性肠炎

本病是由鹧鸪梭菌引起的鸡或鹌鹑的急性、高度传染性疾病，又叫鹌鹑病。临床症状以肠道溃疡为特征。

一、病原

本病病原为鹧鸪梭菌，可抵抗沸水煮 3 分钟。

二、流行特点

发病突然，高死亡率，尤其是鹌鹑达 100%，鸡 10%。有时发生于鸽子、斗鸡等禽类。经粪－口传染，通过病禽污染的粪便或苍蝇传播。球虫病、肠感染如大肠杆菌感染等，传染性法氏囊病，或者密度过大等是重要的风险因素。

三、症状

病禽精神萎靡，缩颈，翅膀下垂，闭眼呆立，羽毛不整，腹泻，贫血，食欲减退或废绝。鹌鹑常见水白色粪便。

四、剖检病变

剖检病禽大体变化：整个肠道深部溃疡，但主要是回肠和盲肠，溃疡聚集合并呈圆形或透镜状；肠道黏膜或有浅黄色膜覆盖，腹膜炎（如果溃疡穿孔），肠内可见血液。肝脏有坏死灶。

五、类症鉴别

依据病史和大体变化并结合病禽肝脏厌氧培养出鹧鸪梭菌确诊。鉴别诊断如下，与坏死性肠炎区别见坏死性肠炎部分。

（1）与组织滴虫病的鉴别：组织滴虫病即黑头病。病禽盲肠肿大，溃疡并带有黄色、灰色或绿色的干酪样芯；肝脏可能具有不规则凹陷的病变，通常为灰色，但早期阶段可能不存在，特别是鸡。而溃疡性肠炎大体变化以整个肠道深部溃疡为特征，尤其回肠和盲肠，溃疡聚集合并呈圆形或透镜状；肠道黏膜或有浅黄色膜覆盖，腹膜炎（如果溃疡穿孔），肠道可见内血液。此外，溃疡性肠炎发病突然，有高死亡率表现，尤其对鹌鹑，这与组织滴虫病不同。

（2）与毛滴虫病的鉴别：毛滴虫病是鸽子、猛禽、火鸡和鸡的原生动物寄生虫病。其致病性变化很大，发病率高，但死亡率不一。临床上有张嘴，流口水，反复吞咽动作，这与溃疡性肠炎不同。毛滴虫病剖检可见口腔、咽部、食管、嗉囊和腺胃有黄斑和大量的奶酪块状物，而且毛滴虫病病变部位可见虫体；猛禽可能有肝脏病变。而溃疡性肠炎无此类变化。

（3）与沙门菌病的鉴别：沙门菌病由沙门菌属中的任何一个或多个成员所引起禽类的一大群急性或慢性疾病。病禽剖检可见肺、肝、肌胃和心脏中的灰白色结节，脾肿大。而溃疡性肠炎无此变化。沙门菌感染病禽肠或盲肠炎症，盲肠有炎性渗出物与粪便形成的“肠芯”。溃疡性肠炎则以回肠和盲肠的深度溃疡为特征，溃疡聚集合并呈圆形或透镜状，肠道黏膜或有浅黄色膜，腹膜炎（如果溃疡穿孔），肠道内可见血液。沙门菌感染禽的输尿管有尿酸盐结晶，而溃疡性肠炎常无。此外，溃疡性肠炎发病突然，有高死亡率表现，尤其对鹌鹑，这与沙门菌病不同。

（4）与球虫病的鉴别：球虫病病变部位和程度与球虫的种别有关。柔嫩艾美耳球虫主要侵害盲肠，两支盲肠显著肿大，可为正常的3～5倍，肠腔中充满凝固的或新鲜的暗红色血液，盲肠上皮变厚，严重糜烂。毒害艾美耳球虫损害小肠中段，使肠壁扩张、增厚，有严重的坏死；在裂殖体繁殖的部位有明显的淡白色斑点，黏膜上有许多小出血点；肠管中有凝固的血液或有“胡萝卜色”胶冻状的内容物。巨型艾美耳球虫损害小肠中段，可使肠管扩张，肠壁增厚；

内容物黏稠，呈淡灰色、淡褐色或淡红色。堆型艾美耳球虫多在上皮表层发育，并且同一发育阶段的虫体常聚集在一起，在被损害的肠段出现大量淡白色斑点。哈氏艾美耳球虫损害小肠前段，肠壁上出现大头针头大小的出血点，黏膜有严重的出血。若多种球虫混合感染，则肠管粗大，肠黏膜上有大量的出血点，肠管中有大量的带有脱落的肠上皮细胞的紫黑色血液。而溃疡性肠炎病禽大体变化以整个肠道深部溃疡为特征，尤其回肠和盲肠，溃疡聚集合并呈圆形或透镜状，肠道黏膜或有浅黄色膜，腹膜炎（如果溃疡穿孔），肠道内可见血液，肝脏有坏死灶；而且溃疡性肠炎发病突然，有高死亡率表现，尤其对鹌鹑。但球虫病病变在肠道，肝脏变化很少。

六、防治

该病的防治同坏死性肠炎。发病时可以使用链霉素（44毫克 / 100升水），或者青霉素［饲料中（50 ~ 100）$\times 10^{-6}$］等治疗，注意添加多种维生素，一般2 ~ 4天好转。如果存在球虫，则同时治疗球虫病。

第十五节　鸭传染性浆膜炎

本病是由鸭疫里氏杆菌引起的，以纤维素性心包炎、肝周炎、纤维素性气囊炎为特征的一种慢性或急性败血性传染病，是严重危害雏鸭或者鹅的传染病。

一、病原

鸭疫里氏杆菌为革兰氏阴性小杆菌，菌体大小不一，或单个、成对，呈丝状。瑞氏染色呈两端浓染，墨汁负染时可见荚膜。可在巧克力琼脂平板培养基、胰酶化酪蛋白大豆琼脂培养基等生长。该菌具有8个血清型，无交叉免疫特性。

二、流行特点

鸭最易感，也最为常见，其次是鹅，其他动物如火鸡、鸡及某些野禽也可感染。鸭以1 ~ 8周龄最易发生，但以7 ~ 40日龄鸭最为常见，8周龄以上不易感染发病，成年鸭可隐性带菌而不表现出临床症状。该病发病率可达90%，死亡率5% ~ 75%。鹅的特点与之类似，相对较少。

本病无季节性，但以秋末和冬春气候多变季节多发。主要经呼吸道或皮肤伤口感染，也可经卵传播。禽接触被病原污染的饲料、饮水、空气等可被感染，育雏时密度过大、通风不畅和空气污浊、潮湿、营养不良都是本病发生的风险因素。

三、症状

最急性感染鸭常无临床表现而突然死亡。急性感染鸭主要表现为精神沉郁，食欲减退或废绝，喜卧一角，腿软而不愿走动，运动障碍，伏卧于地时头向上向后呈痉挛性点头运动，或前仰后翻，或角弓反张，或鸣叫，或翻倒后仰卧不易翻转，或头颈弯曲呈 90° 左右转圈。病程一般 1 ～ 2 天。

四、剖检病变

急性感染鸭心包液增多，心外膜表面覆有大量淡黄色的纤维素性渗出物；腹腔可见大量炎性渗出物，色彩不一，多糨糊样，有时渗出物覆盖整个腹腔（图 69）。病程较慢者心脏被淡黄色的纤维样物包裹；肝脏肿大，呈土黄色或棕红色，易脆，或有出血性坏死（图 70 左）；脾脏出血梗死或者不同程度坏死，或可见不同大小的黄色坏死灶或结节（图 70 右）；多数胆

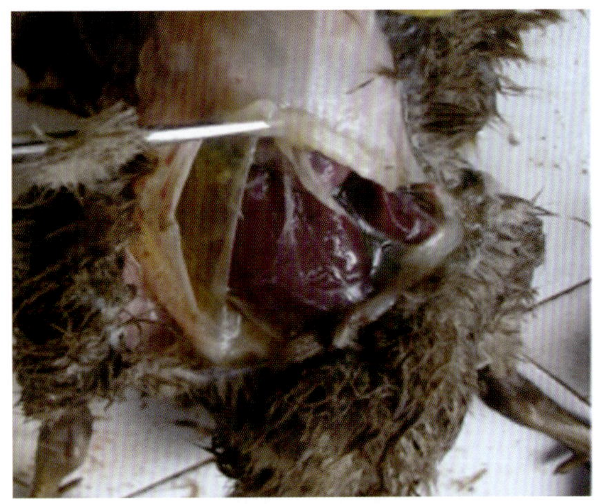

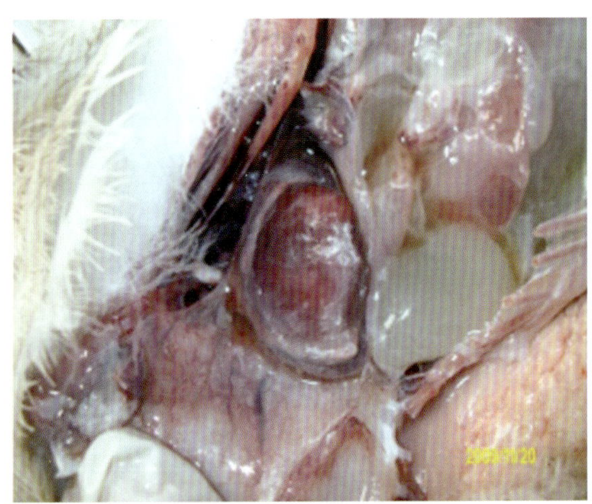

图 69　浆膜炎病死鸭腹腔有大量炎性渗出物（王新卫供图）

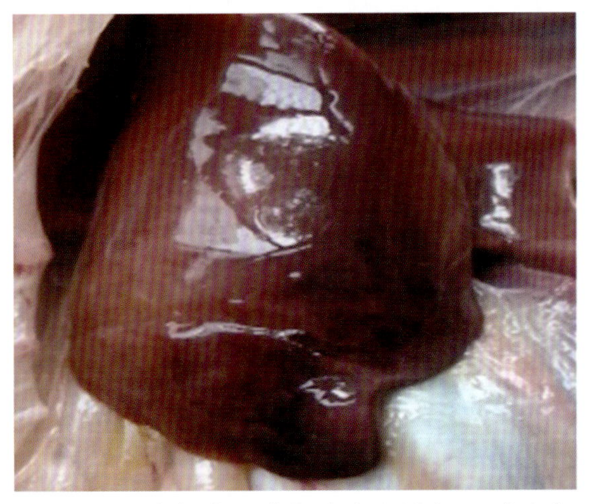

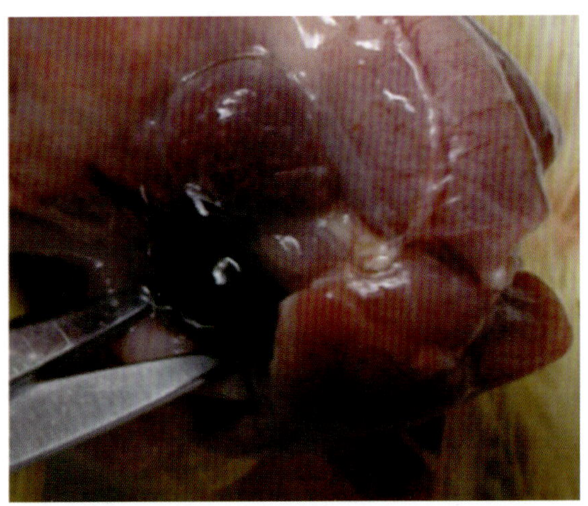

图 70　浆膜炎病死鸭肝脏出血性坏死（左），脾脏肿大程度不一，有黄色坏死性结节或者出血梗死，胆囊肿大，胆汁充盈（右）（王新卫供图）

囊肿大，或胆汁充盈（图70右）；肾脏出血、坏死（图71）。有时一些病鸭的气囊上可见覆有纤维素性炎性膜；肌胃实质部剖面有出血，有的角质易剥离。

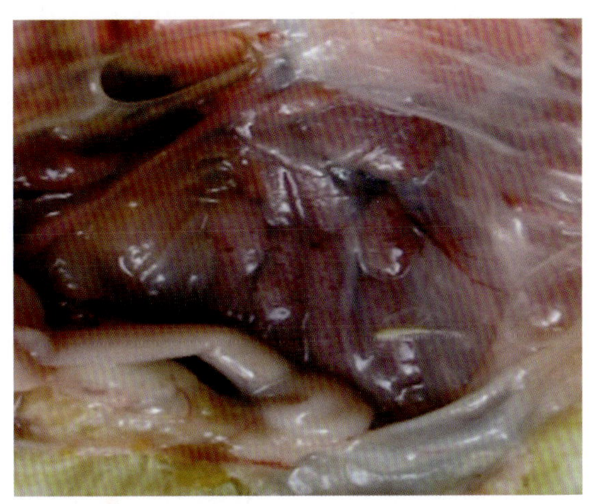

图71　浆膜炎病死鸭肾脏出血、坏死（王新卫供图）

五、类症鉴别

应与以下疾病相鉴别。

（1）与鸭霍乱的鉴别：鸭霍乱由巴氏杆菌引起，常发生于较大日龄的中雏鸭和成年鸭，发病急，病程短，死亡快。剖检主要特征是心冠沟脂肪布满小出血点，肝有针尖大黄白色坏死灶。肝脏镜检可见典型的两极浓染的菌体。而浆膜炎病鸭由鸭疫里氏杆菌引起，多发于鸭，以1～8周龄鸭最易发生，但以7～40日龄鸭最为常见，并可见腹腔有大量浆液性渗出物。

（2）与雏鸭病毒性肝炎的鉴别：雏鸭病毒性肝炎一般发生于3周龄内的雏鸭，以3～15日龄雏鸭易感，病死率较高，病程急，常突然死亡。剖检见肝、脾肿大，肝表面有大小不等的出血点，没有纤维素性渗出物。很容易与浆膜炎鉴别。

（3）与禽曲霉菌病的鉴别：禽曲霉菌病常发生于梅雨季节，由饲料霉败变质引起，更换饲料后即见病例减少。病鸭有明显的呼吸道症状。剖检见肺和气囊有特征性真菌性病灶。

（4）与小鸭副伤寒的鉴别：小鸭副伤寒见于2周龄内的雏鸭。主要特征是严重下痢，眼有浆液脓性结膜炎。剖检见肝有细小的灰黄色坏死点，肠黏膜水肿、充血及点状出血。

（5）与鸭瘟的鉴别：鸭瘟大鸭发病和死亡严重。临床上见肿头、流泪，两脚发软，严重绿色下痢，泄殖腔水肿、充血和出血。剖检见腺胃黏膜有出血斑点，肠黏膜充血、出血。严重病例具有特征变化：肝有大小不一的灰黄白色坏死灶，坏死灶中有小出血点，或坏死点周围有环状出血带；食管黏膜附有炎性物或覆灰黄色或草黄色假膜状物质，呈纵行排列，假膜易剥离，剥离后食管黏膜留有溃疡斑痕，食管黏膜有大小不一的溃疡面或小出血斑点；泄殖腔黏膜的病变与食管相同，即黏膜表面覆盖一层灰褐色或绿色的坏死结痂，黏着很牢固，不易剥离，黏膜上有出血斑点和水肿，具有诊断意义。

（6）与大肠杆菌病的鉴别：该病多发生于 8 周龄以下的雏鸭，多呈散发，黄白色下痢，常突然死亡，没有神经症状。剖检时有特殊臭味，浆膜上的纤维素性假膜较混浊、湿润，呈凝乳状，肝脏肿大，色不一。病料在麦康凯培养基上长成红色菌落，对于多种糖类均能发酵。但大肠杆菌病常与浆膜炎混合感染或者继发感染而增加疾病的复杂性。

六、防治

做好的生物安全措施，环境卫生和舒适，实行全进全出制，育雏室的空气优良、温湿度恰当，饲养密度合理等是防控本病的有效措施。

多种抗生素及磺胺类药物对本病均有一定的防治效果。但由于鸭疫里氏杆菌易产生抗药性，用药前最好能做药敏实验，筛选高敏药物，并注意药物的交替使用。方案一：使用氟苯尼考和多西环素（剂量按照说明即可）治疗，连用 5 天，同时配合多维饮水。方案二：阿莫西林配合头孢噻呋钠使用，同时在饮水中加入电解多维。

注意：在雏鸭未发病期，在 100 千克饲料中添加维生素 B_1、维生素 B_2 粉 200 克和氟甲砜霉素 3 克混料饲喂，能很好地预防本病的发生。另外，疫苗因为各地的菌株差异保护力不定，可以通过分离鉴定选择相应疫苗，有条件的可以采用自家疫苗进行防控。

第十六节　禽念珠菌病

禽念珠菌病又称为鹅口疮、霉菌性口炎、白色念珠菌病，是由白色念珠菌引起的禽类消化道传染病。其特征是上消化道黏膜增厚，有白斑，尤其在嗉囊，有时在腺胃、肠道和泄殖腔中，并与肌胃糜烂相关。

一、病原

白色念珠菌为半知菌纲中念珠菌属的一种，在病变组织及普通培养基中能产生芽生孢子和假菌丝，兼性厌氧。白色念珠菌在自然界广泛存在，在健康的畜禽及人的口腔、上呼吸道和肠道等处寄居。该菌对外界环境及消毒药有很强的抵抗力。

二、流行特点

整体而言，本病发病率和死亡率通常较低，多发生在夏秋炎热多雨季节。

实际生产中，幼龄禽多发。4 周龄以下的禽感染后死亡较为严重，但 3 月龄以上的家禽多数可康复。鸽以青年鸽易发且病情严重。

本病通常经口感染，也可通过蛋壳感染。其常发生于应激或者卫生情况不良的禽群。鸽群发病往往与鸽毛滴虫病并发感染。

三、症状

病禽精神沉郁，食欲减退，生长缓慢；嗉囊胀满，但明显松软，挤压时有痛感，并有酸臭气体自口中排出；有时病禽下痢，一般 1 周左右死亡。

雏火鸡感染时表现精神委顿，食欲减退；口腔内有黏液并黏附着饲料，擦去饲料，在黏膜上见有一层白色的膜。病雏常伸颈甩头，张嘴呼吸；少部分有程度不同的下痢。

青年鸽感染初期可见口腔、咽部有白色斑点，并逐渐扩大形成黄白色干酪样假膜；口气微臭或带酒糟味。个别鸽引发软嗉症，即嗉囊胀满，软而无收缩力；食欲废绝，拉墨绿色稀粪，多在病后 2 ～ 3 天或 1 周左右死亡。一般可康复，但在较长时间内成为无症状带菌者。

病鸭精神沉郁，羽毛粗乱，口渴，嗉囊有明显触痛感，嗉囊积液，食欲下降或废绝，不愿移动，扎堆现象明显；呼吸急促，频频伸颈张口喘气，叫声嘶哑，腹泻。倒提病鸭，可见有酸臭液体从部分鸭口中流出。

鹅感染后生长缓慢，精神委顿；其舌面发生溃疡，舌上部常见有假膜性斑块与容易脱落的坏死性物质，致使吞咽困难，呼吸急促，频频伸颈张口，嗉囊肿大，用手捏时鹅会有剧痛感，压之有酸臭味内容物从口中排出。

四、剖检病变

常见喙缘结痂，剖检可见口腔、消化道和嗉囊黏膜白斑，有时见于腺胃或肠道，白斑块状假膜易刮落，假膜下可见坏死和溃疡。

五、类症鉴别

病禽上消化道黏膜特征性白斑，常作为本病的诊断依据，实验室常取白斑加 10% 氢氧化钾，加热后涂片镜检见酵母样菌体和假菌丝时即可确诊。小鼠和家兔皮下注射本菌后于肾脏和心肌中形成局部脓肿，有时可能发生全身性反应；静脉注射时，在肾脏皮质层产生粟粒样脓肿，在感染组织中可发现菌丝和孢子。

六、防治

平时的防控措施同鸭传染性浆膜炎类似。主要保持禽舍干燥、通风，防止潮湿和积水，定期消毒等。

发现病禽立即隔离，清除禽舍不洁垫料、积粪及霉变饲料，保持禽舍通风。

制霉菌素以 100×10^{-6} 浓度拌料饲喂持续 7 ～ 10 天，硫酸铜以 1 千克 / 吨浓度拌料饲喂 5 天（或硫酸铜 1：2 000 浓度饮水 3 天），同时适量补给复合维生素 B。

第十七节 球虫病

球虫病是一种由原生动物引起的禽的寄生虫病，其特点是引起不同程度的肠炎。该病多发于育雏或者育成禽群，影响饲料转化，也是其他疾病的诱发因素之一，处理不当会导致严重的经济损失。

一、病原

鸡球虫病病原为原虫中的艾美耳科艾美耳属的球虫，有 13 种，我国已发现 9 种。其中 7 种具有临床意义，按致病性大小排列为柔嫩、毒害、布氏、巨型、堆型、和缓、早熟。对养禽业危害最大的有柔嫩、堆型、巨型和毒害 4 种球虫。

此外，不同球虫的生活史不同：柔嫩 7 天，堆型 5 天，巨型 7 天，布氏 6 天，毒害 7 天。不同种球虫在鸡肠道内寄生部位不一样，致病力也不相同。球虫孢子化卵囊可抗力强，在土壤中可保持生活力达 4 ~ 9 个月，对一般的消毒剂不敏感。

鸭球虫病病原主要是毁灭泰泽球虫和菲莱温扬球虫，前者致病性强。二者均寄生于鸭小肠上皮细胞内，在体内发育成卵囊并经肠道排出，在外界完成孢子生殖阶段，即发育成孢子化的卵囊，被鸭食入后引起感染。

鹅球虫病分为肾球虫病和肠球虫病两大类，病原分别属于艾美耳属、等孢属和泰泽属。寄生于肾小管上皮内的截形艾美耳球虫致病性最强，寄生于肠上皮细胞内的有 15 种，其中以鹅艾美耳球虫和柯氏艾美耳球虫致病性较强，可引起鹅的消化道症状，其他种无明显致病性。

二、流行特点

（1）鸡球虫病：所有品种的鸡均易感染，15 ~ 50 日龄的鸡发病率和死亡率均高，病愈的雏鸡生长发育不良；成年鸡对球虫有一定的抵抗力，多为带虫者，尤其在各种应激情况下，生产性能降低，如产蛋量下降，甚至发生其他疾病。病鸡是主要传染源，凡被带虫鸡污染过的饲料、饮水、土壤和用具等，都有卵囊存在。主要经消化道进食含有卵囊的饲料感染与传播。饲养与管理人员及其衣服、用具等及某些昆虫都可成为机械传播者。

本病四季可发，但在潮湿多雨、气温较高的梅雨季节最易暴发。饲养管理存在漏洞，鸡舍潮湿、拥挤，卫生条件恶劣时，可促进本病发生。

（2）鸭球虫病：各种年龄的鸭均可感染，1 月龄左右的鸭最易感，但急性鸭球虫病多发生于 2 ~ 3 周龄的雏鸭。成年鸭少见发病。

一般网上平养者发病轻微，而普通地面饲养者发病较重。

本病四季可发，但多在高温多雨天气暴发。主要经消化道传播，如病鸭或带虫鸭的粪便污染饲料、饮水、土壤和饲养工具等引起传播，饲养人员的机械性携带卵囊也可引起传播。

（3）鹅球虫病：3 ~ 12 周龄鹅最易感截形艾美耳球虫，常呈急性经过，病程 2 ~ 3 天，致死率高，甚至达 80% 以上。其他种鹅球虫均寄生于肠道，特点类似于鸭球虫病。

三、症状

（1）鸡球虫病：病鸡精神沉郁，羽毛不整，缩颈，食欲减退，嗉囊内充满液体，鸡冠和可视黏膜贫血、苍白，消瘦，病鸡常排“番茄样”粪便。感染柔嫩艾美耳球虫的病鸡开始时粪便为咖啡色，以后变为血便，且血液不凝固，如不及时采取措施，致死率可达 50% 以上。若多种球虫混合感染，则粪便中带血液，并含有大量脱落的肠黏膜。

（2）鸭球虫病：急性者常表现精神沉郁，突然死亡，肛门有带血粪便污染。2 ~ 3 周龄的雏鸭感染后 3 ~ 4 天出现精神委顿，缩颈，喜卧，口渴；初腹泻，后排暗红色或深紫色血便，呈暗红色或巧克力色，腥臭，污染肛门。耐过鸭生长不良，发育缓慢。慢性型一般不表现症状，偶见有腹泻，常成为球虫携带者和传染源。

（3）鹅球虫病：幼鹅感染截形艾美耳球虫后常呈急性经过，临床表现精神不振，食欲下降，腹泻，粪便白色，消瘦，衰弱，严重者死亡，幼鹅死亡率高达 80% 以上。

鹅肠道球虫常混合感染，感染后可引起出血性肠炎，主要表现为消化系统功能紊乱，食欲下降，腹泻，肛门有带血粪便污染。

四、剖检病变

（1）鸡球虫病：病鸡消瘦，鸡冠与黏膜苍白。剖检可见肠道变化，其病变部位和程度与球虫类别有关。柔嫩艾美耳球虫主要侵害盲肠，两支盲肠显著肿大，可为正常的3 ~ 5倍，肠内积聚不同数量的血液和坏死性物质；肠壁增厚，严重糜烂，外观有大量出血淤斑（图72）。毒害艾美耳球虫损害小肠中段，使肠壁扩张、增厚，有严重的坏死（图73）。在裂殖体繁殖的部位，有明显的淡白色斑点，黏膜上有许多小出血点。肠管中有凝固的血液或有胡萝卜色胶冻状内容物。巨型艾美耳球虫损害小肠中段，可使肠壁扩张、增厚（图73）；内容物黏稠，呈淡灰色、淡褐色或淡红色。堆型艾美耳球虫多在上皮表层发育，并且同一发育阶

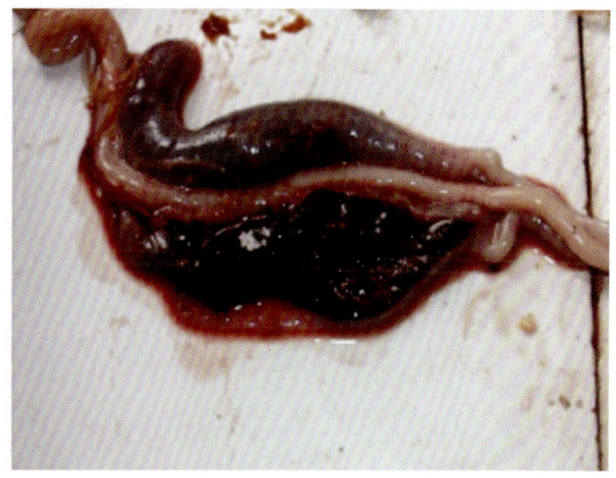

图 72　柔嫩艾美耳球虫感染导致禽盲肠显著肿大，肠内积聚带血性坏死性物质，外观有大量出血淤斑（王新卫供图）

段的虫体常聚集在一起，在被损害的肠段出现大量淡白色斑点。哈氏艾美耳球虫损害小肠前段，肠壁上出现大头针头大小的出血点，黏膜有严重的出血。若多种球虫混合感染，则肠管粗大，肠黏膜上有大量出血点，肠管中有大量带有脱落的肠上皮细胞的紫黑色血液。布氏艾美耳球虫感染形成的白色斑块样物质附着在直肠，镜检有大量球虫卵（图74）。

图 73　毒害艾美耳球虫、巨型艾美耳球虫等损害小肠中段，肠壁扩张呈现不同色彩，有白色斑块，出血斑点、块，内含出血性分泌物（王新卫供图）

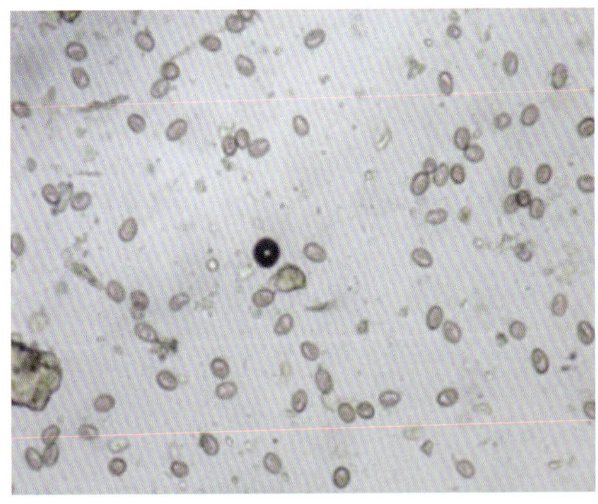

图 74　布氏艾美耳球虫感染可见直肠上形成的白色斑块样覆盖物，镜检有大量球虫卵（王新卫供图）

（2）鸭球虫病：毁灭泰泽球虫病鸭整个小肠呈泛发性出血性肠炎，以上部小肠出血严重。有的黏膜上覆盖一层糠麸状或奶酪状黏液，不形成肠芯。菲莱温扬球虫致病性较弱，肉眼病变不明显，仅可见回肠后部和直肠轻度充血，偶尔在回肠后部黏膜上见有散在的出血点，直肠黏膜弥漫性充血。

（3）鹅球虫病：肾球虫病病鹅肾肿大，肾脏浅至灰色、粉红色，有出血性坏死斑或淤血斑，或者针尖大小的灰白色病灶。肠球虫病症状与鸭球虫病类似。

五、类症鉴别

鸡球虫病，结合临床症状，并用饱和盐水漂浮法或粪便涂片查到球虫卵囊，或死后取肠黏膜触片或刮取肠黏膜涂片查到裂殖体、裂殖子或配子体可确诊。与坏死性肠炎、溃疡性肠炎鉴别见此二种病的鉴别部分。

（1）鸡球虫病与组织滴虫病 / 黑头病的鉴别：组织滴虫感染鸡拉血便与球虫感染类似，但组织滴虫感染鸡除粪便带血外，头部也有特征变化——发绀或者黑色，这可以与球虫病区别。两种疾病都可以导致盲肠炎症，但组织滴虫感染鸡盲肠肿大、溃疡并带有黄色、灰色或绿色的干酪样芯。而球虫感染鸡的盲肠出血、有淤血斑块，内有大量血液和内容物形成的血污色肠芯。此外，组织滴虫感染鸡有肝炎变化，肝脏具有不规则凹陷的病变，通常为灰色。

鸭感染球虫后可能急性死亡，肛门带血，粪便污染，小肠黏膜镜检大量裂殖子可确诊。与鸭病毒性肝炎、鸭病毒性肠炎和鸭传染性浆膜炎的鉴别如下。

（2）鸭球虫病与鸭病毒性肠炎的鉴别：鸭病毒性肠炎即鸭瘟，病鸭肿头流泪即大头瘟，食管和泄殖腔黏膜有结痂性或假膜性病灶，肝脏有大小不一的灰白色坏死灶，坏死灶中央有鲜红的出血点或周围有出血环，而鸭球虫病没有此变化。虽然鸭球虫病病鸭突然死亡，并有出血性肠炎，但病变多在肠道而无鸭瘟的头部、肝脏、食管和泄殖腔的特征性表现。

（3）鸭球虫病与鸭病毒性肝炎的鉴别：鸭病毒性肝炎是鸭肝炎病毒引起的一种小鸭的高度致死性病毒性传染病。病鸭主要表现为死前发生痉挛，头向背部后仰，即呈角弓反张，又叫背脖病；临床上以发病急、传播快、死亡率高及肝炎、出血和坏死为特征。虽然鸭球虫病也有突然死亡，但病变局限于肠道，以出血性肠炎为主，而鸭病毒性肝炎主要病变在肝脏，表现为肝脏肿大、质脆、色暗或发黄，肝表面有大小不等的出血斑点而呈斑驳状，有时可见条状或刷状的出血带。

（4）鸭球虫病与鸭传染性浆膜炎的鉴别：鸭传染性浆膜炎是由鸭疫里氏杆菌引起的2 ~ 8周龄雏鸭的一种败血性传染病。该病与鸭球虫病一样可导致急性死亡，但病鸭以心包膜、肝被膜和气囊壁等浆膜面上有纤维素性渗出物为主要特征。而球虫病病变局限于肠道，以出血性肠炎为主，无浆膜炎病鸭的肝脏和浆膜的渗出物变化。

鹅球虫病类同鸭球虫病，依据症状与病变，并在病鹅肾脏或肠道黏膜镜检到虫体或者裂殖子确诊。

六、防治

加强管理，清洁环境，保持禽舍卫生干燥，定期清除粪便，防止饲料和饮水被含卵粪污染。饲槽和饮水用具等经常消毒。注意分群隔离饲养。

疫苗预防。依据实际情况对种禽或者商品禽进行疫苗预防。对 1 ~ 4 日龄禽选择喷料、滴口法或者饮水进行免疫，多用滴口免疫或拌料免疫。注意事项：对弱毒球虫疫苗，免疫后 3 周内不要使用含有抗球虫类的药物，包括临床用药和饲料的药物添加剂。如果不得不使用，此间应避免使用四环素类、磺胺类和氯霉素类药物。同时，对存在垫料的鸡群，首免接种后第 6 ~ 16 天期间不能更换垫料。

养殖场不要乱用抗球虫药物，以避免或减缓耐药性的产生；依据发病情况选用不同药物和治疗程序，注意交替或者轮换用药；如果发病严重，预防性药物和治疗药物成本增加，应比较疫苗免疫和药物防控的经济效果，选择适合本场的、经济上合理的措施。饲料或水中适当添加维生素 A 和维生素 K 可加速病禽的康复。

具体治疗可依据实际情况选用以下药物：氨丙啉、硝苯酰胺、尼卡巴嗪、磺胺氯吡嗪、磺胺喹噁啉、氯丙嗪、二硝托胺、地克珠利、妥曲珠利、马杜霉素、盐霉素、莫能菌素、拉沙里菌素、海南霉素、甲硝唑和磺胺类、常山酮（速丹）等药物。列举几个例子供参考：

氨丙啉：拌料预防浓度为 100 ~ 125 毫克 / 千克， 连用 2 ~ 4 周；治疗浓度为 250 毫克 / 千克，连用 1 ~ 2 周，然后减半，再连用 2 ~ 4 周。应用期间，每千克饲料中维生素 B_1 的含量以不超过 10 毫克为宜，以免降低药效。

硝苯酰胺（球痢灵）：拌料预防浓度为 125 毫克 / 千克，治疗浓度为 250 ~ 300 毫克 / 千克，连用 3 ~ 5 天。

常山酮（速丹）：预防按 3 毫克 / 千克浓度拌料连用至蛋鸡上笼，治疗按 6 毫克 / 千克混饲连用 1 周，后改用预防量。

尼卡巴嗪：拌料预防浓度为 100 ~ 125 毫克 / 千克，育雏期可连续给药。

磺胺喹噁啉，预防按 150 ~ 250 毫克 / 千克浓度拌料或按 50 ~ 100 毫克 / 千克浓度饮水，治疗按 500 ~ 1 000 毫克 / 千克浓度拌料或 250 ~ 500 毫克 / 千克饮水，连用 3 天 ，停药 2 天，再用 3 天。16 周龄以上鸡限用。与氨丙啉合用有增效作用。

磺胺氯吡嗪，以 600 ~ 1 000 毫克 / 千克浓度拌料或 300 ~ 400 毫克 / 千克浓度饮水，连用 3 天。

妥曲珠利，25×10^{-6}饮水，即 1 毫升 2.5% 溶液加水 1 000 毫升，混匀，连饮 2 天，产蛋禽禁用。

鸭、鹅球虫病，参考鸡球虫病治疗。

注意，可在饲料中添加的球虫抑制药物，禁止使用对环境影响大的违法药物。对产蛋禽应注意是否违禁。

第十八节　毛滴虫病

该病是由毛滴虫引起的一种以禽上消化道溃疡和下痢为特征的原虫病。该病分布广泛。

一、病原

毛滴虫是鸽子、猛禽（鹰）、火鸡和鸡的原生动物寄生虫，侵害上消化道，鸭毛滴虫主要寄生于下消化道。

二、流行特点

毛滴虫存在于禽类鼻窦、口腔、喉、食管及嗉囊的黏膜表层，具有可变致病性。该虫可感染多种禽类，但暴发多见于鸽。感染后发病率高，死亡率不一，有时候可能很高。主要通过污染饲料、饮水（病鸽口腔分泌物污染）和鸽乳而传播。感染鸽子终身带虫，是活动的感染者，可持续传播该病。

三、症状

病禽张口，流口水或恶臭的浅绿色至淡黄色黏液，反复吞咽，体重减轻；有些病禽流泪或者眼睛有水性分泌物或泪痕。个别有神经症状（但很罕见）。

四、剖检病变

口腔中可见浅黄绿色黏液，口腔黏膜有大小不一的干酪样病灶，炎性物质可能堵塞食管。最后口腔、咽部、食管、嗉囊和腺胃中有黄斑，嗉囊上或覆盖淡黄色白喉样膜，有时在腺胃也可见到。猛禽可能有肝脏病变，表现为坚硬的白色至黄色圆球状病灶。

五、类症鉴别

本病具有特殊病变，并可见（分泌物中含）大量原生动物（虫体），因此容易确诊。主要与禽痘和禽念珠菌病鉴别。与禽痘的鉴别见禽痘。

与禽念珠菌病的鉴别：禽念珠菌病又称为鹅口疮、霉菌性口炎、白色念珠菌病，是由白色念珠菌引起的禽类消化道传染病。其特征是上消化道黏膜增厚，有白斑，尤其在嗉囊，有时在腺胃、肠道和泄殖腔中，并与肌胃糜烂相关；禽念珠菌病发病率和死亡率通常较低，多发生在夏秋炎热多雨季节。而毛滴虫病暴发多见于鸽；感染后发病率高，死亡率不一。禽念珠菌病常见喙缘结痂，口腔、消化道和嗉囊有黏膜白斑，有时见于腺胃或者肠道，白斑块状假膜易刮落，假膜下可见坏死和溃疡。而在毛滴虫病病禽口腔、咽部、食管、嗉囊和腺胃中可见黄斑和多量干酪样分泌物。此外，毛滴虫病病变部位可见虫体，而禽念珠菌病检查可见真菌菌丝。

六、防治

做好环境清洁工作，保持禽舍卫生，清洁水槽，洁净饮水，依据情况定期驱虫。不新引进禽。

治疗可用甲硝唑或者二甲唑等药物（注意这些药物在食品动物的禁用情况，特别注意休药期），口服二甲唑 50 毫克 / 千克体重，3 ~ 5 天。

第十九节　绦虫病

该病是由赖利属的多种绦虫寄生于禽的小肠内引起的多种禽类的寄生虫病。

一、病原

病原为赖利属的多种绦虫。鸡的十二指肠常见的赖利绦虫有棘沟赖利绦虫、四角赖利绦虫和有轮赖利绦虫等三种。鸭绦虫病是由某些绦虫，如矛形剑带绦虫、冠状膜壳绦虫、片形皱褶绦虫等寄生于鸭的小肠内引起的。鹅绦虫病病原为剑带绦虫和膜壳绦虫。

二、流行特点

多种动物均可感染绦虫，有些绦虫可感染多种宿主。多数绦虫都有无脊椎动物作为中间宿主，如甲壳虫或蚯蚓。家禽绦虫常寄生于小肠内，引起家禽疾病，以散发为主。传统地面饲养禽和散养禽，或者庭院养殖禽接触地面易多发，笼养禽偶见。

各种年龄的鸡均能感染，其他如火鸡、雉鸡、珠鸡、孔雀等也可感染，17 ~ 40 日龄的雏鸡易感性最强，死亡率也最高。

2 ~ 4 周龄的幼鹅易发病，表现食欲差，口渴，腹泻，粪呈淡绿色，后变淡灰色、恶臭，并有白色绦虫节片，病鹅贫血，消瘦，无神，走路摇晃，易摔倒，重病者倒地后做划水动作，迅速死亡。

三、症状

多数情况下可能不表现出任何症状。有时感染禽腹泻，粪便颜色不一，可见白色米粒样的孕卵节片。有时可能出现食欲减退，消瘦，活动减少等症状，生长发育不良或者缓慢。

四、剖检病变

感染禽的肠道可见大小长短不一的虫体（图 75，图 76），占据或者堵塞肠道，引起肠炎。

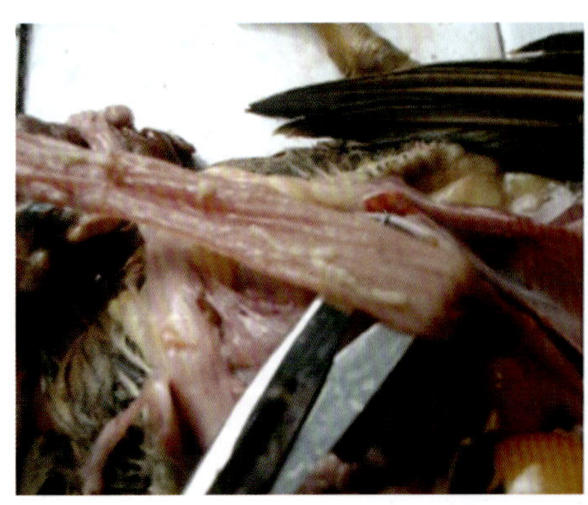

图 75　鸭感染绦虫可见肠道内一个或多个绦虫虫体，大小不一，有时可见绦虫节片（王新卫供图）

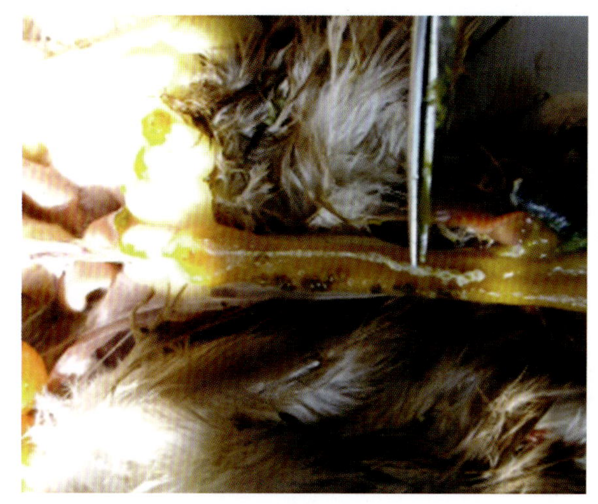

图 76　鸡感染绦虫可见肠道内虫体（王新卫供图）

五、类症鉴别

剖检在肠道发现绦虫体可确诊，容易鉴别。

六、防治

清洁环境，保持禽舍卫生，将粪便堆肥发酵杀灭有害病原（包括虫卵）。做到定期预防性驱虫：每年在春秋两季进行计划性驱虫。搞好其他管理。

治疗时可选用氟苯达唑 60×10^{-6} 拌料 5 ～ 7 天即可，也可以选用吡喹酮、丙硫咪唑、氯硝柳胺、氢溴酸槟榔碱、硫双二氯酚等，按说明使用即可。应注意，商品蛋禽生产当中可能需要有休药期。

第二十节　蛔虫病

该病是由蛔虫寄生于 2 ～ 4 月龄鸡或鸭、鹅小肠内引起的寄生虫病。在饲养管理不良的养殖场，禽常患蛔虫病而影响生长发育，严重的引起死亡。

一、病原

蛔虫是一种线虫类的寄生虫，白色，肥硕，最长可达 12 厘米。成虫寄生的部位是小肠。蛔虫有不同种类：鸡蛔虫感染家禽，火鸡蛔虫感染火鸡，鸽蛔虫感染鸽。

二、流行特点

本病世界各地均有分布。禽食入感染性虫卵后经消化道感染。潜伏期 5 ～ 10 周，幼禽更短一些。成年禽感染而不表现任何症状。该病可通过蚱蜢或蚯蚓传播，对环境有较强的抵抗力。

三、症状

感染禽体质下降，生长缓慢，精神倦怠，腹泻。幼龄禽主要呈渐进性消瘦。严重者可导致死亡。

四、剖检病变

剖检主要见肠炎、水肿、充血；十二指肠和回肠内可见蛔虫，最长 12 厘米。虫体少则几条，多则数百条，虫体多时可堵塞肠道（图 77）。

图 77　鸡感染蛔虫后，肠道有大量虫体，与粪便一起堵塞肠道（王新卫供图）

五、类症鉴别

剖检见蛔虫虫体，或者对粪便进行镜检，可见蛔虫或椭圆形表面光滑的无胚虫卵即可确诊，容易鉴别。

六、防治

搞好环境卫生，粪便经堆沤发酵。禽群每年进行 1 ～ 2 次定期驱虫。避免粪便污染饮水与料槽；如有条件，要轮换饲养地点，定期预防，尤其是幼禽。

治疗可选择以下方案：氟苯达唑，按每吨饲料 30 克混饲 4 ～ 7 天；左旋咪唑按 1 千克体重 20 ～ 40 毫克用药 4 天；枸橼酸哌嗪按 1 千克体重 0.25 克混饲或饮水 4 ～ 7 天。

第二十一节　异刺线虫病

异刺线虫病又称盲肠虫病，是由异刺线虫寄生于家禽和野禽的盲肠内引起的一种线虫病。

一、病原

异刺线虫细小，呈白色，尾部尖细，最长 1.5 厘米，寄生在盲肠。

二、流行特点

异刺线虫病呈世界分布。该病发病率高，但常无死亡。经口感染。蚯蚓为转运宿主，传播虫卵或部分发育的第二期幼虫。虫卵发育成感染性虫卵需要 2 周时间，潜伏期 4 周。异刺线虫的卵和幼虫又是组织滴虫的转运宿主，后者可导致黑头病。

三、症状

常无临床症状。

四、剖检病变

主要见于盲肠炎症，或出现结节。

五、类症鉴别

尸检盲肠中可检出成虫，即可与其他疾病鉴别。

六、防治

清洁环境，保持禽舍卫生，粪便堆肥发酵灭活有害生物和虫卵，按计划定期预防性驱虫。避免禽接触地面和蚯蚓。

治疗使用氟苯达唑、左旋咪唑，见蛔虫病部分。

第二十二节　禽毛细线虫病

本病是由毛首科毛细线虫属的多种线虫寄生于禽类消化道引起的。本病在我国各地均有发生，感染严重时可引起家禽死亡。

一、病原

本病病原为一种线虫，在不同禽有不同名字。

二、流行特点

本病发生于家禽、野禽和鸽子。其中鸽毛细线虫寄生于小肠，捻转毛细线虫寄生于嗉囊和食管。这些线虫长 7 ~ 18 毫米，宽 0.05 毫米，外观如毛发。

本病的发病率、死亡率通常较低。常见经口感染。虫卵需 20 天才能发育成感染性虫卵，内含第一期幼虫。本病的潜伏期为 21 ~ 25 天，视线虫种类而定。有些种类以蚯蚓为中间宿主，有些直接在禽类之间传播。虫卵在环境中抵抗力很强。

三、症状

感染禽腹泻，颜色不一；渐进性消瘦，体质不断下降；生长发育缓慢或不良；精神抑郁，呆立，缩颈。

四、剖检病变

本病的主要变化是肠炎。在病禽的嗉囊、小肠或盲肠的黏膜上有毛发状的线虫。其他变化不明显。

五、类症鉴别

本病可通过采集肠容物镜检见虫卵，或者潜伏性感染情况下可从粪便中检出典型的虫卵而确诊，或者剖检见嗉囊、小肠或盲肠的黏膜上有毛发状的线虫即可确诊，容易鉴别。

六、防治

环境清洁，保持禽舍卫生，粪便堆肥发酵杀灭有害病原，定期预防性驱虫。消灭环境中的传播宿主或中间宿主。

治疗参考蛔虫。左旋咪唑、蝇毒磷、苯硫咪唑以及其他苯丙咪唑类药物也有较好的疗效。但注意对种禽可用，对商品蛋禽应考虑禁用药物。

第二十三节　脂肪肝出血综合征

脂肪肝出血综合征多发生于蛋鸡或种鸡，临床上以肝表面包裹一层灰白色透明的血浆，腹腔内有血水或凝血块为特征。不同品种的鸡敏感性不同，肥胖，炎热的季节、饲料偏碱性、胆碱缺乏、生物素缺乏时较易发生，病鸡常突然死亡，给养殖户带来一定损失。

一、病因

本病多与饲料中胆碱、肌醇、维生素E和维生素B_{12}不足有关，使肝脏内的脂肪积存量过高。霉菌毒素和应激也可诱发。

二、流行特点

本病在世界范围发生。常发于肥胖的产蛋母鸡，尤其是笼养蛋鸡群，多数情况是鸡体况良好，突然死亡。死亡鸡以腹腔及皮下大量脂肪蓄积，肝被膜下有血凝块为特征。公鸡极少发生。

三、症状

病禽超重通常在25%以上；产蛋率下降，从75%～85%突然下降到35%～55%不等；突然死亡；或病鸡喜卧，鸡冠、肉髯褪色乃至苍白。病鸡血清胆固醇明显增高，血浆雌激素增高。

四、剖检病变

死亡病鸡均肥胖，体内大量脂肪沉积；头部苍白；肝黄，油腻，软，大量出血，肝脏大量“血包”破裂后大出血死亡，死亡后可见肝被膜下或腹腔内有大量凝血块；重度脂肪变性。其特征性病变为肥胖母鸡腹腔内或肝被膜下有凝血块（图 78）。

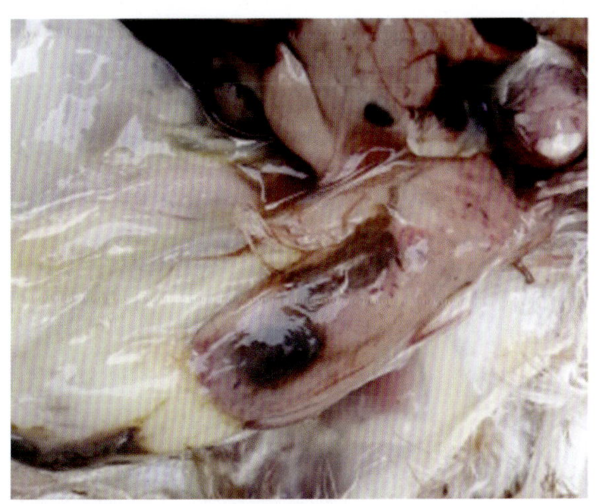

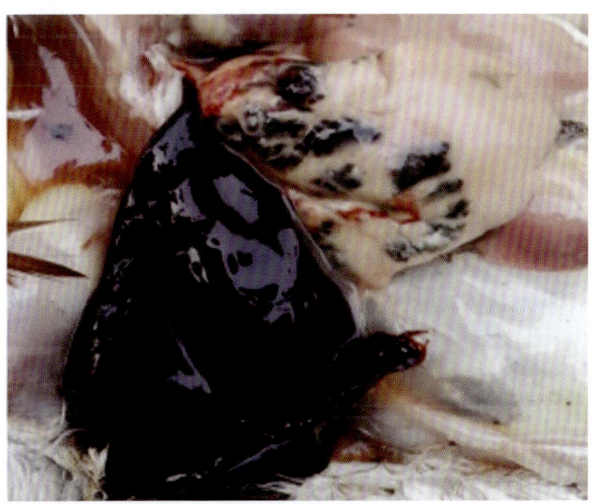

图 78　病鸡肝脏发黄，色淡，有淤血包，或者肝脏出血且腹腔内可见大量凝血块
（王新卫供图）

五、类症鉴别

本病应注意与鸡脂肪肝和肾综合征的鉴别诊断。鸡脂肪肝和肾综合征的病因相对明确，与生物素缺乏或小麦日粮的使用有关，多发于肉鸡，而且发病日龄在 3 ~ 4 周龄。但脂肪肝出血综合征病因复杂，常发于肥胖的产蛋母鸡，尤其是笼养蛋鸡群。脂肪肝和肾综合征病鸡表现突然嗜睡、麻痹、死亡，或眼部、喙周围皮炎，而脂肪肝出血综合征在多数情况是鸡的体况良好，突然死亡。死亡鸡以腹腔及皮下大量脂肪蓄积，肝被膜下有凝血块为特征。容易鉴别。

六、防治

日粮能量与蛋白质等平衡。禁饲霉变饲料。避免肥胖，避免霉菌毒素和应激。做好饲养管理。

治疗时考虑能量摄入量应减少，补充胆碱、维生素E、维生素B_{12}和肌醇。参考方案：每吨饲料中添加胆碱55克、维生素B_{12} 3.3毫克、维生素E 55 00国际单位、DL–蛋氨酸500克；或每只鸡喂服氯化胆碱0.1 ~ 0.2克，连续喂10天。 两种方案均应同时将日粮中的粗蛋白水平提高1% ~ 2%。

第二十四节　肌胃糜烂

本病是一种常见消化道疾病，引起病变的原因复杂。但常引起死淘率增加，降低饲料转化率。

一、病因

本病病因复杂，有霉菌毒素污染，如给饲所有单端孢酶烯族毒素类（T–2 毒素、蛇形菌素等）污染的饲料均能引起鸡的肌胃或腺胃糜烂；细菌感染，主要是厌氧梭菌等。真菌感染如曲霉属和镰刀菌属能够在肌胃中生长；病毒感染，如传染性支气管炎病毒、新城疫病毒、禽流感病毒、腺病毒等，腺病毒单独可引起该病；营养不均衡（缺乏或含量过高），生物胺过多（鱼粉等导致的），铜元素含量过高等；饲养管理和应激因素，如饥饿引起糜烂。如有报道种鸡的饲料原因导致孵化时糜烂就有发生。

二、流行特点

不同日龄的鸡均可发生，15% ~ 25%的蛋鸡、肉鸡、种鸡在常规剖检时可见腺胃或者肌胃糜烂。但肉鸡的个体患病率高，死亡率不等，高者可达 10%以上。饲料转化率低，生长缓慢。

三、症状

病禽食欲减少、精神萎靡、蹲伏、羽毛蓬松、消瘦、发育不良、生长受阻、鸡冠与肉髯苍白、贫血，有腹泻表现，拉黑褐色软粪或稀粪，或有突然死亡现象。

四、剖检病变

主要可见胃和肠的变化。腺胃扩张、膨大，不同程度的腺胃腺体或乳头消失，或者糜烂和溃疡；肠道内或有黑褐色稀液；肌胃角质膜呈暗绿色或黑褐色，皱襞增厚，表面粗糙，严重者有糜烂病变；肌胃角质膜层容易分离，有时可以观察到白色真菌丝；有时肌胃腐蚀严重，坏死，有大量黑色物质；肌胃前部可能出血。

五、类症鉴别

在无继发感染情况下，根据临床症状、剖检变化（尤其是肌胃病变）、饲料成分等即可确诊。与其他病容易鉴别。

六、防治

主要做好饲养管理，采取生物安全措施。环境清洁适宜，提供优良饲料，防止饲料霉变，如鱼粉的含量控制在 8% 以下。无特别治疗措施。另外治疗应考虑饲养经济效益。

第五章　生殖泌尿系统疾病类症鉴别与防治

雄性家禽的生殖系统由睾丸、附睾、阴茎（交媾器）组成；雌性家禽的生殖系统由卵巢、输卵管两部分组成，其中，左侧输卵管发育完全，右侧输卵管在孵化的早期停止发育，出壳后只保留了一小段痕迹。禽生殖系统开口于泄殖腔，与外界相通，容易受到物理、化学因素和微生物的影响而发生疾病。在临床实际中，常见的危害生殖系统的疾病多数由病原微生物引起，如各种病毒（禽流感病毒、新城疫病毒、传染性支气管炎病毒、鸭坦布苏病毒、减蛋综合征病毒、禽脑脊髓炎病毒、呼肠孤病毒等）、细菌性病原（大肠杆菌、沙门菌等），还有一些生殖系统本身的疾病如输卵管发育不良、右侧输卵管发育、卵巢发育不良等也导致生产性能降低；甚至饲养管理不当，如生产上的雄性禽采精、雌性禽人工授精和条件改变也会导致生殖损害，如通风不良导致产蛋量下降、疲劳症等。这些疾病不仅影响产蛋，对种禽还可能导致疾病垂直传给下一代，经济损失影响更大。本章主要讨论影响生殖系统疾病的重大和重要疾病的病原或病因、流行特点、症状和剖检变化等，并进行类症鉴别，给出防控措施。

第一节　鸭坦布苏病毒病

本病是由鸭坦布苏病毒感染引起的急性传染病，也是2010年以来发生的、最早报道于我国的新禽病，临床上主要以蛋鸭产蛋量下降为特点，给我国养鸭业造成了巨大的经济损失，已经成为影响家禽生产的重要疫病之一。

一、病原

本病病原为鸭坦布苏病毒，属于黄病毒属。病毒对热、脂溶剂和去氧胆酸钠敏感，在pH值3 ~ 5的条件下不稳定。

二、流行特点

本病的病原宿主广泛，目前已经有肉鸭、肉鹅、鸡等家禽可感染或者带毒，麻雀等野禽群中也有该病的存在。临床上，该病主要发生于鸭（番鸭除外），尤其产蛋鸭，并对麻鸭的致病力最强，也可从鸡、鹅和野鸭体内分离出病毒。鸭感染后发病突然，传播迅速，发病率高，但死亡率较低，一般在 5% 以下，存在继发感染时死亡率可能高达 30% 以上。一些青年鸭和雏鸭发病后，死淘汰率高达 20%。病程 10 ～ 30 天不等。

鸭坦布苏病毒自然条件下经过蚊虫（如库蚊）传播，鸟类也可传播。有报道显示该病可以垂直传播。污染的粪便、饲养用具、饮水器具、运输工具等均可传播。病鸭、阴性带毒鸭的不同地区间的调运及污染的运输车辆等也是造成传播的重要风险因素。

本病无季节性，但夏、秋活动频繁的两季多发。

三、临床症状

蛋鸭或者种鸭感染后，多表现采食量突然下降，幅度高低不一，有的可降至原来的一半以上。病鸭体温升高，精神萎靡，粪便黄绿且稀，有的病鸭瘫痪，扭头（图 79 左），流泪，喙出血，脱水，蹼干燥等，随后生产性能急剧下降，产蛋率从高峰可降低至 10% 以下，个别严重病鸭群可能绝产。种蛋鸭感染后，其鸭胚的受精率下降 10%左右。患病后期病鸭或有神经症状表现：共济失调，步态不稳，甚至瘫痪。感染鸭群的病程约 30 天，多数鸭群可自行恢复到发病前的产蛋水平，种鸭恢复后期有明显的换羽过程。

雏鸭可早在 20 日龄前后感染，出现神经症状：站立不稳，行走困难，容易翻身侧倒（图 79 右），或有震颤、瘫痪等。病鸭有饮食欲，但因采食困难最后衰竭而亡。死淘率可达 5% ～ 30%。

图 79　坦布苏病鸭精神沉郁，瘫痪，扭头（左）；实验性坦布苏病毒感染 3 ～ 4 天后，病鸭不愿走动，不能站立，有的翻身侧倒（右）（L. Zhang 和 J. Su，Emerging and Re-emerging Infectious Diseases of Livestock, Springer International Publishing, 2017）

四、剖检病变

产蛋鸭主要病变集中在卵巢，卵巢出血，卵泡严重出血、充血，变性、变形或者明显液化（图80）；有的出现卵黄性腹膜炎，一些病鸭的输卵管内出现干酪样物；子宫水肿或输卵管壁充血、出血。未开产种鸭、蛋鸭表现为卵泡萎缩或者出血。公鸭睾丸出血、萎缩，精液质量下降，从而导致受精率低。此外，有的病鸭肝脏肿大、淤血，表面有针尖状白色点状坏死，或者色黄；脾脏斑驳呈“大理石”样，有的极度肿大、破裂；胰腺出血、坏死；心肌苍白，白色条纹状坏死，心脏内膜出血，有的心肌外壁出血。有神经症状的病死鸭的脑膜出血，脑组织水肿、树枝状出血。

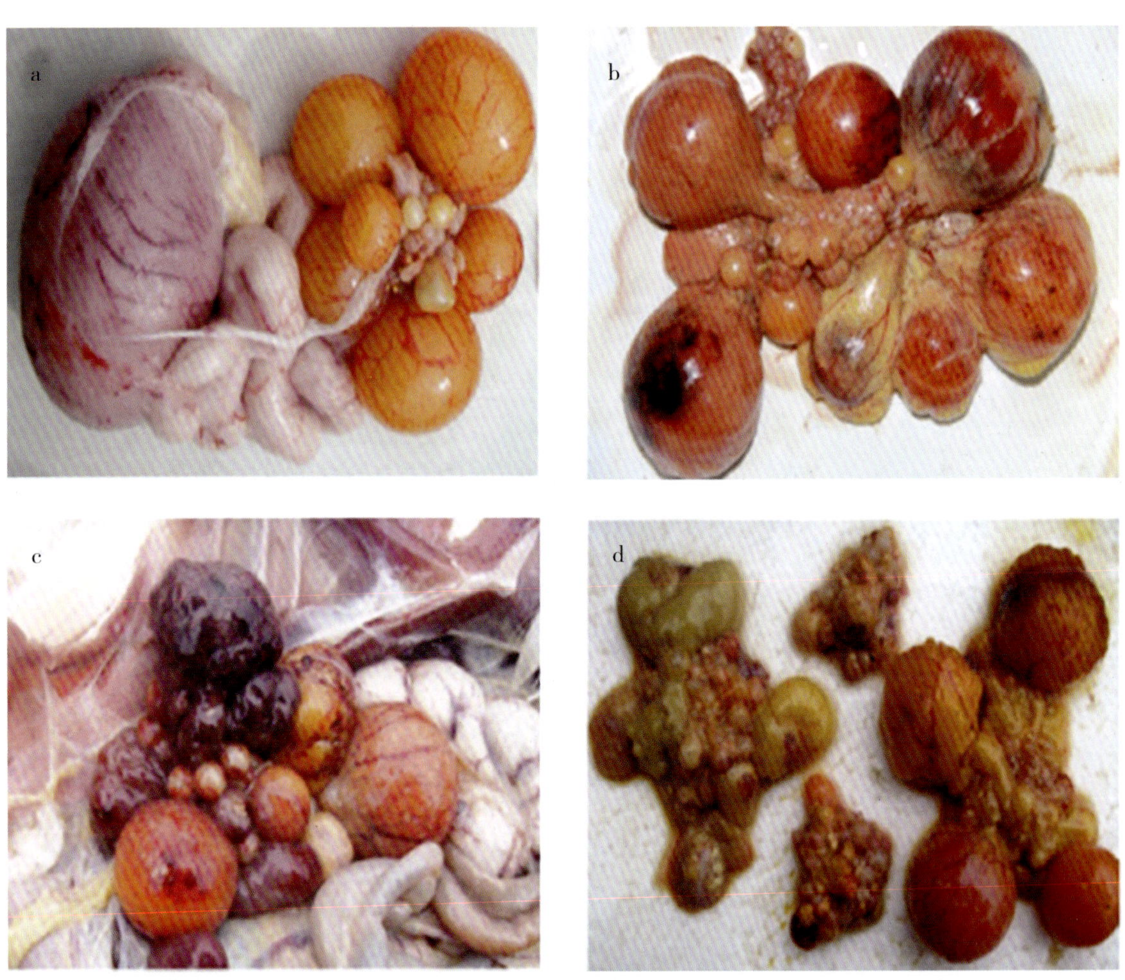

图80　正常蛋鸭卵巢和输卵管（可见正常蛋）（a）；病鸭卵泡充血、出血、坏死，卵巢出血、坏死和退化，萎缩（b~d），有时腹腔见散落的卵黄；病鸭脾脏肿大（L. Zhang 和 J. Su，Emerging and Re-emerging Infectious Diseases of Livestock,Springer International Publishing, 2017）

五、类症鉴别

依据临床表现为产蛋量下降，结合实验室检测可确诊。与禽流感、鸭瘟、鸭副黏病毒病和B族维生素缺乏鉴别。

（1）与禽流感的鉴别：鸭感染高致病性禽流感时发病率高，死亡率也高，产蛋鸭产蛋量下降，食欲下降等变化与鸭坦布苏病毒感染相似。但鸭高致病性禽流感导致的死亡严重，而鸭坦布苏病毒感染发病突然，传播迅速，发病率高，但死亡率较低，一般在5%以下。禽流感感染多见典型的消化道出血，如腺胃出血、胰腺出血坏死，皮肤如脚麟出血等，但鸭坦布苏病毒感染却无皮肤变化，而以卵巢变化为主，卵巢出血、坏死，卵泡变性、坏死。

（2）与鸭瘟的鉴别：患鸭瘟的鸭头颈肿大，俗称大头瘟。蛋鸭表现为高热，排绿色稀粪，产蛋量下降；剖检食管和泄殖腔有坏死性假膜——特征性的示病症状；未免疫鸭瘟疫苗的发病鸭群死亡率高达100%。而鸭坦布苏病毒感染无此表现。

（3）与鸭副黏病毒病的鉴别：鸭副黏病毒病是鸭副黏病毒引起的，临床上以侵害消化道和呼吸道为特征。病鸭食欲降低，羽毛粗乱无光泽，大量饮水，缩颈呆立，或瘫痪；随病程发展排白色稀粪，转红色、绿色或黑色粪便；呼吸困难，甩头，口中有黏液蓄积；有些病鸭出现转圈或向后仰等神经病状；蛋鸭产蛋降低。剖检见肝、脾肿大，有大小不等的白色坏死灶；肠道广泛性出血、坏死，结肠溃疡大小不一；腺胃与肌胃交界处出血；口腔黏液较多，喉头出血，食管黏膜有芝麻大小灰白色或淡黄色结痂，易剥离；产蛋鸭卵泡变形、出血，严重时卵泡破裂，形成卵黄性腹膜炎；胰腺有出血点或白色坏死点。而鸭坦布苏病毒感染鸭病变局限于生殖系统，无典型的消化道和呼吸系统变化，其肠道变化不大，也无鸭副黏病毒病明显。

（4）与维生素B_1、维生素B_2缺乏症的鉴别：维生素B_1缺乏症的典型症状是多发性神经炎；成年禽发病时角弓反张，头向背后极度弯曲，后仰呈“观星状”，瘫痪；种禽产蛋量下降，死胚增加，孵化率也明显降低；出壳不久的雏禽也表现类似变化。维生素B_2缺乏的病雏禽最为明显的外部症状是卷爪麻痹，趾爪向内蜷缩呈“握拳状”；成年禽产蛋量下降明显，受精率下降，孵化率明显降低，在孵化后12～14天胚胎大量死亡，孵出雏禽因皮肤功能障碍绒毛无法突破毛鞘而呈结节状；死禽尸体极度消瘦，剖检见坐骨神经和臂神经肿大、变软，其直径可比正常粗4～5倍。鸭坦布苏病毒感染主要发生于鸭（番鸭除外），鸭感染后发病突然，传播迅速，发病率高，但死亡率较低，这与B族维生素缺乏不同。鸭坦布苏病毒感染鸭症状明显：采食量突然下降，产蛋率从高峰可降低至10%以下，个别群甚至绝产；后期病鸭可能有神经症状，表现为瘫痪、步态不稳、共济失调。雏鸭可早在20日龄左右感染发病，以神经症状为主，死淘率可达5%～30%。病变具有特征性：产蛋鸭卵巢出血坏死，卵泡充血，或严重出血，变性、变形或者明显液化。公鸭则睾丸出血、萎缩。有神经症状的病死鸭的脑膜出血、脑组织水肿、树枝状出血。这些特点与维生素B_1、维生素B_2缺乏症不同。

（5）与维生素E缺乏症的鉴别：维生素E缺乏症以脑软化症、渗出性素质、白肌病和成禽的繁殖障碍为特征。雏禽虽有神经表现与鸭坦布苏病毒感染鸭类似，但维生素 E 缺乏症出现脑软化、渗出性素质，病禽胸腹部、翅膀下、腿部皮下组织水肿，皮肤可见到黄豆到拇指大的紫蓝色斑块——绿翅；成年禽多表现为白肌病。而鸭坦布苏病毒感染鸭则无这些临床症状。维生素 E 缺乏症病死禽剖检可见大脑出现局灶性黄绿色坏死区，呈现大小不等的凹陷；广泛性皮下水肿，特别是胸腹部皮下积聚较多的蓝绿色或紫红色黏性液体；胸肌、腿肌及心肌变性呈白色，肌纤维呈灰白色的条纹状或蜡样的变性坏死。而鸭坦布苏病毒感染鸭则无。

六、防治

采取生物安全措施，定期消毒，做好杀虫、灭鼠、灭蚊工作。实行全进全出饲养制度。对外来物品、饲料、人员、车辆等做好消毒管控。不从疫区引进种禽和购买禽苗。

鸭坦布苏病毒病活疫苗肌内注射免疫预防，雏鸭 5 ~ 7 日龄初免，2 周后加强免疫一次；产蛋鸭在开产前 1 ~ 2 周免疫一次。也可以使用灭活疫苗进行防疫，按照疫苗说明即可。

目前对本病治疗尚无有效方法。可尝试多维饮水，适当使用抗生素防止继发感染，如用 0.01% 环丙沙星饮水，连用 4 ~ 5 天。

第二节　鸡减蛋综合征

本病是由腺病毒引起的鸡的一种突然产蛋量下降，或者产蛋未达到高峰的传染病。此病在 20 世纪给我国养禽业带来很大损失。目前本病防控较为成功，其引起的损失较小。

一、病原

本病病原为腺病毒属禽腺病毒Ⅲ群的病毒，病毒含红细胞凝集素，能凝集鸡、鸭、鹅的红细胞，故可用于血凝试验及血凝抑制试验，血凝抑制试验具有较高的特异性，可用于检测鸡的特异性抗体。病毒对乙醚、氯仿不敏感。对不同范围的 pH 值性质稳定，即抗 pH 值范围较广，如在 pH 值为 3 ~ 10 的环境中能存活。在室温条件下可存活 6 个月以上，0.3% 甲醛 24 小时、0.1% 甲醛 48 小时可使病毒完全灭活。接种在 7 ~ 10 日龄鸭胚中生长良好，并可使鸭胚致死，其尿囊液具有很高的血凝滴度，接种 5 ~ 7 日龄鸡胚卵黄囊，则胚体萎缩。

二、流行特点

各种日龄的鸡均可感染，临床发病的只见于产蛋鸡群。一般发生在初产母鸡产蛋率达到峰值的 50%左右时。病程一般持续 4 ~ 6 周。无季节性。

本病主要通过卵垂直传播。病鸡、带毒鸡、带毒的水禽及带毒的禽胚源的疫苗均可成为传染源。但禽到禽的横向传播缓慢。蛋箱和蛋托的污染、野禽和昆虫叮咬也可以导致本病传播。

仅见性成熟期禽发病，同一场内不同舍间传播缓慢，可能需要 5 ～ 10 周。本病病毒自然感染鸭或野鸭、鹅，鹅、鸭长期带毒但不发病。

感染禽无临床表现，通常排毒期发生在潜伏感染的禽的性成熟前。幼龄禽感染后无任何临床表现，血清中也查不出抗体，直到开产后血清才转为阳性。

目前该病在我国的流行率低，偶有发生。

三、临床症状

本病常常表现突然产蛋量下降，或者达不到产蛋高峰。产蛋下降幅度5%～50%，持续3～4周。蛋粗糙、无壳蛋、薄壳蛋、软壳蛋明显，或者畸形。褐壳蛋则色素消失，颜色变浅，蛋白水样，蛋黄色淡，或蛋白中混有血液、异物等。异常蛋超过15%。随后逐渐恢复，经10周恢复正常。无其他变化。

四、剖检病变

其病变是输卵管各段黏膜发炎、水肿、萎缩，病鸡的卵巢萎缩变小，或有出血，子宫黏膜发炎；肠道出现卡他性炎症；输卵管上皮细胞退行性变化。

五、类症鉴别

诊断本病时必须与禽流感、传染性支气管炎、鸡新城疫、传染性喉气管炎、禽脑脊髓炎及钙、磷缺乏症等引起的产蛋量下降相区别。

与禽流感、传染性支气管炎、鸡新城疫、传染性喉气管炎等的鉴别见相应疾病部分。

（1）与禽脑脊髓炎的鉴别：禽脑脊髓炎是一种主要侵害幼禽中枢神经系统的病毒性传染病，发病雏鸡的典型症状是共济失调和头颈震颤，为非化脓性脑脊髓炎。1 ～ 4 周龄雏鸡多发并有明显的临床症状，雏鸡发病率一般为 5% ～ 60%，死亡率高。成年鸡多表现为一过性感染，除产蛋量下降外，其他变化少见。病雏鸡呈现神经症状，共济失调，或出现一侧或双侧腿麻痹，头颈部可见明显的阵发性震颤。部分存活鸡可见一侧或两侧眼的晶状体混浊或浅蓝色褪色。成年蛋鸡感染后除产蛋量下降外无其他临床症状，产蛋量下降呈“V”形，下降幅度 16% ～ 43%，下降后 1 ～ 2 周恢复正常；蛋壳颜色基本正常。种鸡感染后种蛋孵化率降低 5% 左右，孵化出的雏鸡多存在严重的感染。内脏器官无特征性的肉眼病变。减蛋综合征与禽脑脊髓炎在雏鸡感染后明显不同，成年禽感染的变化也不一样。幼禽患减蛋综合征后无症状，而成年禽尤其产蛋高峰期感染除产蛋量骤然下降外，还伴有蛋壳异常、蛋体畸形、蛋质低劣，而且下降持续时间长；其具有脑炎没有的特征性病变——输卵管各段黏膜发炎、水肿、萎缩，病鸡的卵巢萎缩变小，或有出血，子宫黏膜发炎。

（2）与钙、磷缺乏症的鉴别：钙、磷缺乏主要因饲料引起，也会导致禽群产蛋量下降。钙、磷缺乏鸡群有营养不良表现，如骨骼营养不良，胸骨弯曲、软化等。钙、磷缺乏时采用同一饲料的整个鸡群或者该场与其他场所有鸡群均可能表现类似症状，并可通过平衡日粮及时纠正，症状逐渐清除，而且无传染性。而减蛋综合征具有传染性，发病也有一定规律性，如仅见性成熟期禽发病，多发生在初产母鸡产蛋率达到峰值的 50%左右时；同一场内不同舍间传播缓慢，可能需要 5 ~ 10 周，这与钙、磷缺乏症不同。此外，减蛋综合征发病鸡群无营养不良表现，也不会出现胸骨弯曲、软化的变化，禽感染后产蛋恢复时间久，并有卵巢和输卵管炎性变化。

六、防治

采取生物安全措施，严格检疫，尤其对新进禽。避免鸡、鸭、鹅混饲，尽量采用无特定病原鸡胚源疫苗。对污染鸡场，要严格执行兽医卫生制度。做好鸡舍及周围环境的清扫和消毒，粪便进行合理处理。有此病的种禽蛋不宜作种蛋孵化。

母鸡或种鸡开产前 2 ~ 4 周肌内注射减蛋综合征油乳剂灭活疫苗 0.5 ~ 1 毫升 / 只，或按照说明用即可。必要时在产蛋中期可加强免疫一次。发病时可紧急接种该疫苗 1.5 毫升 / 只，并注意补充多维和防止其他病原的继发感染。因该病不同舍间传播速度慢，故可短时间内控制疫情。

本病无治疗方法，但适当添加微量元素和维生素，可促进其产蛋恢复。还可尝试中草药治疗：牡蛎 60 克，黄芪 100 克，蒺藜、山药、枸杞子各 30 克，女贞子、菟丝子各 20 克，龙骨、五味子各 15 克，上药共研细末，按日粮的 3% ~ 5% 比例添加，搅拌均匀再加入 50% ~70% 的清洁水，拌混后即可饲喂，每日 2 次，3 ~ 5 天为 1 个疗程，连用 2 个疗程，喂后给予充足饮水。

第三节　骨质疏松症或笼养疲劳与低血钙症

本病是因家禽缺乏钙、磷或维生素D_3引起，在环境不良时更易发生，尤其高产鸡、火鸡和鸭。本病在体重不均匀的禽群常见。世界范围内均可发生。

一、病因

本病病因主要是家禽缺乏钙、磷或维生素 D_3。

二、流行特点

本病主要发生于鸡、火鸡和鸭，高产的家禽更易罹患，在体重不均匀的禽群很常见。我国多发于开产到进入高峰期前后。四季可发，与管理不良密切相关。其中由骨折导致的高死亡率很常见，尤其在有独立产蛋房的板条式舍饲养的肉种鸡中更常见，因为跳跃到蛋箱引起骨折，并导致卵泡破裂。

三、临床症状

如果为一般的笼养疲劳，则病禽跛行，多不能站立，也无法用腿行走，蹲坐，跗关节肿大。骨和喙柔软；生产性能下降，产软壳蛋。或产蛋母鸡可能突然死亡，或者在形成蛋壳与产蛋时血钙低不能满足机体要求，蛋禽会瘫痪——病禽发生骨质疏松症；股骨脆弱。如果腿或椎骨不出现骨折，这些母鸡通过补钙可以减少发生。如为低血钙症或钙结合症（麻痹）的病症，病鸡呼吸窘迫，喘气，窒息，翅膀展开，最后衰竭而死。通常发生于凌晨数小时内。死亡可高达每天几十只，也可能零星几只。无其他临床变化。

四、剖检病变

常见的变化为一个完好的蛋存在于近泄殖腔的输卵管中，腺胃食物充盈、腺胃乳头消失（图81），有液化坏死现象。多数病死鸡卵巢和卵泡发育良好，充血、出血，病死鸡多有一待产蛋在输卵管近肛门处（图82）；胰腺淤血，潮红，有点状或灶性坏死；肝脏急性坏死，色彩不一；脾脏一般不肿大，或有梗死（图83）。或者病禽骨质柔软，有弹性；长骨的骨骺增大；肋骨呈念珠状，股骨脆弱，可能出现骨折；喙部柔软；副甲状腺肿大。或者（少见）卵子萎缩，在输卵管中没有蛋可见。其他无明显变化。

图 81　骨质疏松症或笼养疲劳与低血钙症病死蛋鸡腺胃有大量食物，腺胃乳头消失，有液化坏死现象（王新卫供图）

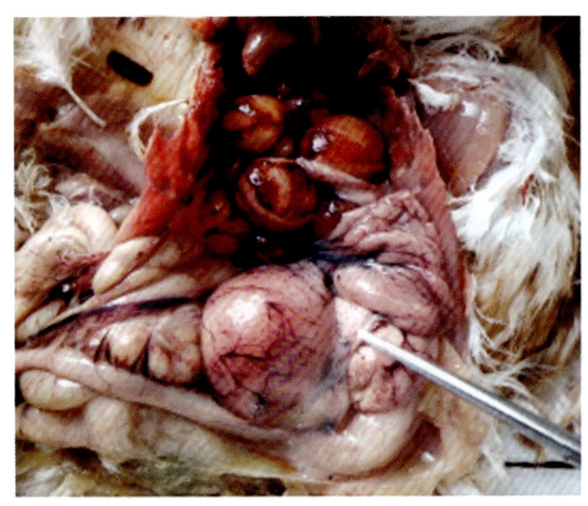
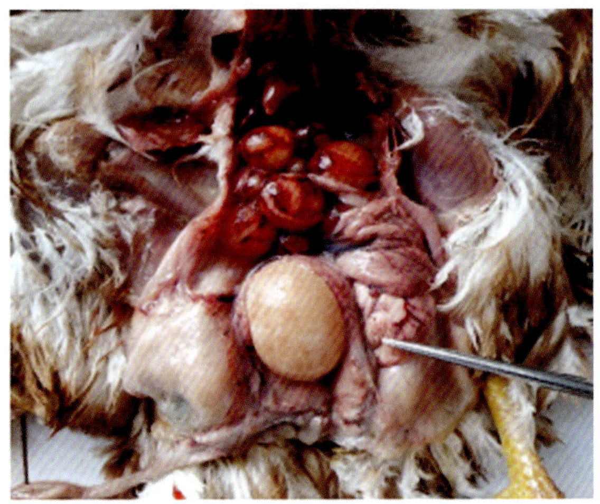

图 82　骨质疏松症或笼养疲劳与低血钙症病死鸡卵巢和卵泡发育良好，充血、出血，病死鸡多有一待产蛋在输卵管近肛门处（王新卫供图）

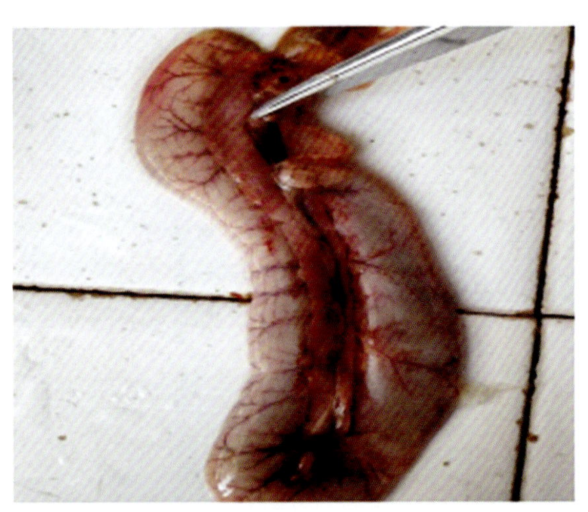

图 83　骨质疏松症或笼养疲劳与低血钙症病死鸡胰腺淤血，潮红，有点状或灶性坏死（左）；肝脏急性坏死，色彩不一；脾脏一般不肿大，或有梗死（右）（王新卫供图）

五、类症鉴别

根据病史、临床症状、剖检损伤及骨灰比例进行诊断。注意与马立克病的鉴别。

与马立克病的鉴别：马立克病是病毒引起的淋巴组织增生性肿瘤，其临床特征是病鸡的内脏器官、外周神经、性腺、肌肉和皮肤的单核细胞浸润和形成肿瘤。主要感染鸡，2 ~ 5 月龄的鸡多发，发病率为 10% ~ 50%，死亡率可高达 100%。临床上常见到发病鸡群双腿、翅膀和颈部麻痹，体重减轻，灰色虹膜或不规则瞳孔，视力障碍，皮肤周围的毛囊提高和粗糙。病死鸡的肝、脾、肾、肺、性腺、心脏和骨骼肌中的肿瘤组织呈灰白色；神经干燥增厚，条纹损失。而本病鸡群无内脏或者皮肤肿瘤，发病日龄不一样，多在产蛋后发病，该病可治疗，并非 100% 死亡率。这些可以区别。

六、防治

适当提前使用高钙饲料和适当地增加光刺激均可有效减少本病发生。建议在开产前适当添加维生素 D_3 并注意钙、磷比例适当。把握禽群发育整齐度，对不均匀整齐的禽群，建议适当分群处理。发病群按照每天每只母鸡 5 克牡蛎壳量，连续 3 天就可以降低死亡率，并把适量维生素 D_3 加入饮用水中同时使用。给药 3 天后，暂停 3 天，然后重复。严重的病例需要持续治疗 2 ~ 3 周。同时改善管理，主要加强通风，适当光照。

第四节　家禽痛风

家禽痛风是一种蛋白质代谢障碍引起的高尿酸血症。其病理特征为血液尿酸水平增高，尿酸盐在关节囊、关节软骨、内脏、肾小管及输尿管中沉积。临诊表现为运动迟缓，腿、翅关节肿胀，厌食，衰弱和腹泻。

一、病因

正常代谢情况下，家禽排泄的尿酸盐常在粪便顶部，并形成类似白色的“小盖帽”。但肾脏损伤后功能紊乱，可能导致痛风。痛风的病因复杂。

饲料中蛋白质含量过高，尤其饲料含核蛋白和嘌呤碱的蛋白质过多。如动物内脏（肝、脑、肾、胸腺、胰腺）、肉屑、鱼粉、大豆、豌豆等。

日粮中长期缺乏维生素 A，可发生痛风性肾炎；若是种鸡，所产的蛋孵化出的雏鸡往往易患痛风。

肾功能不全。可能由某些传染性支气管炎病毒感染引起，或者家禽暴露于霉菌毒素，或者饮水不足（如不能适应新型饮水器）。雏禽肾病可能由以下几种因素引起，如种蛋保存不当，孵化期间水蒸发过多，运输期间过量水分丧失，或者育雏前几天饮水不足，禽环境湿度低等。其他原因如磺胺类药物中毒，慢性铅中毒，石炭酸、氯化汞、草酸、霉玉米等中毒。

二、流行特点

该病的发生多与管理诱因有关，如饲料营养不平衡，高蛋白质日粮、高钙日粮等，出现传染性疾病如传染性支气管炎和传染性法氏囊病，或者传染性肾炎病毒感染导致肾脏损伤等。

所有家禽均易感，且任何年龄的家禽均可发生痛风。但暴发通常发生在 1 周龄的雏禽群，或者感染传染性肾炎的雏禽群，或者发生在肾功能严重损伤的与饮水减少的禽群。

在北京鸭或者野鸭，痛风的发生几乎均与饮水不足有关，而在番鸭，持续产蛋超过 24 周而不休息的种鸭也可能出现此种情况。

三、临床症状

本病多呈慢性经过，仅个别情况可暴发。病禽精神沉郁，食欲减退，逐渐消瘦，排出含有多量的尿酸盐的白色半黏液状稀粪。成年母鸡产蛋量减少或停止。如尿酸盐发生在关节，则出现关节变形，病禽跛行，腿软无力，行动迟缓，站立姿势异常，精神不振（图 84 左）。严重者死亡。

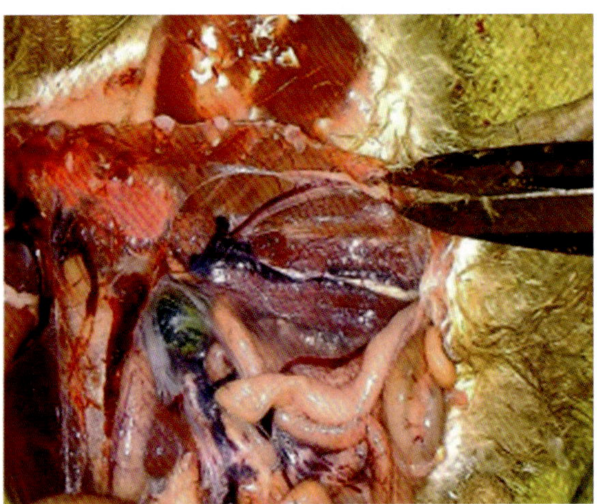

图 84　雏鹅饲喂蛋鸡料引起的痛风，雏鹅扎堆，精神不振（左）；肾脏、肺脏、脾脏等多个器官有尿酸盐析出（右）（王新卫供图）

四、剖检病变

内脏型痛风病死禽剖检可见胸膜、腹膜、肺脏、心包、肝脏、脾脏、肾脏、肠及肠系膜的表面散布许多石灰样的白色屑状或絮状物质，或粉末状、疏松石膏样的白色尿酸盐沉积或析出（图 85、图 86）。肾脏肿大，肾小管内白色尿酸盐充盈。输尿管扩张变粗，输尿管中的尿酸盐充盈，外观石灰样，阻塞输尿管。有些病例还并发关节型痛风，关节处流出浓厚、白色黏稠的液体，滑液含有大量由尿酸、尿酸铵、尿酸钙形成的结晶，沉着物常形成痛风石。

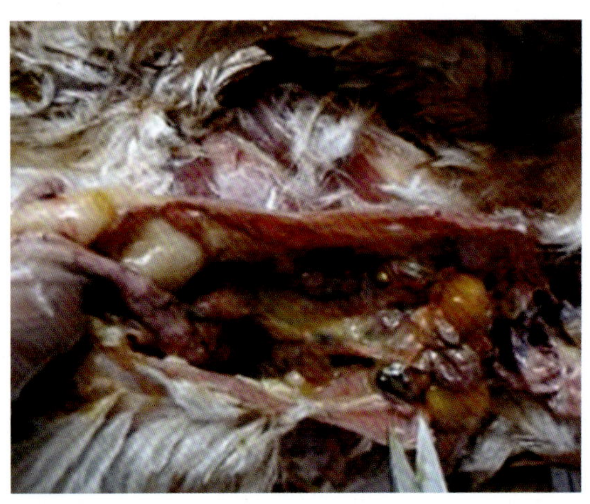

图 85　产蛋母鸡内脏型痛风，肝脏、胸膜、心包、肺脏等见尿酸盐析出（王新卫供图）

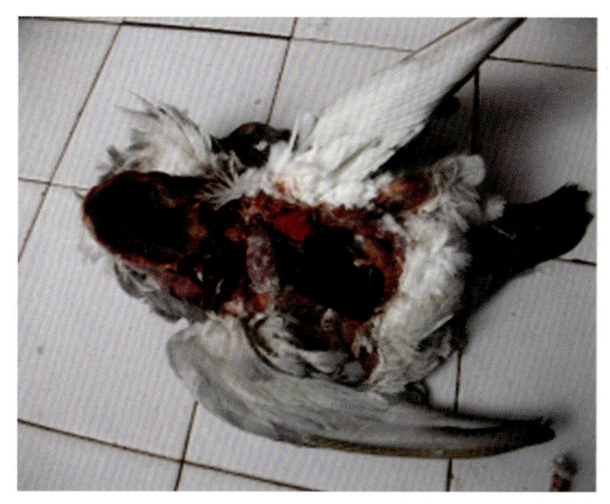
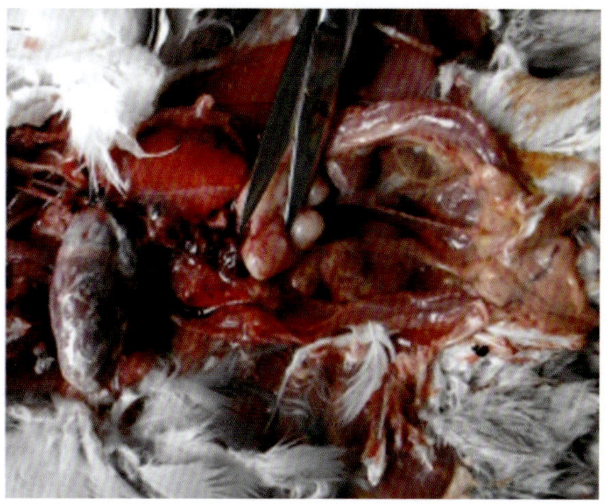

图 86 赛后的信鸽疲劳导致的痛风，心包、肝脏等器官见尿酸盐析出（王新卫供图）

五、类症鉴别

根据病因、特征性病理变化可确诊，痛风出现多与管理不良有关。必要时采病禽血液检测尿酸的量，以及采取肿胀关节的内容物进行化学检查，紫尿酸铵阳性反应呈紫红色，显微镜观察见到细针状和禾束状尿酸钠结晶或放射性尿酸钠结晶，即可确诊。

对雏鹅出现的痛风，病因多样，常可检出星状病毒。而且雏鹅痛风多有自己的临床特点：出现在 1 ~ 3 周龄，与使用全价日粮、鸭 / 鸡饲料、高温高湿有关。病毒感染多为协同因素。

六、防治

平时以预防为主，积极改善饲养管理，减少富含核蛋白的日粮，改变饲料配合比例，供给富含维生素 A 的饲料，给予充足的饮水。不要长期或过量使用对肾脏有损害作用的抗菌药物，如磺胺类、庆大霉素、卡那霉素等。防止引起肾功能损害的疾病的发生，尤其是加强预防传染性支气管炎、传染性法氏囊病，可防止或降低本病的发生。

本病没有特效疗法。发病时，立即纠正管理错误，大量饮水。应注意，1 克 / 千克浓度的碳酸氢钠饮水可以增加排尿量，但如果禽饮水不足，则可能起到反作用。以下方案可参考使用：硫酸铵按 0.25%、0.55%、0.75%、1% 依次拌料 1 周，最大疗程 4 周，达到治疗效果后减少使用（期间达到治疗效果可停用与减少使用）。氯化铵可以使用但必须注意浓度。有些病例需要在饲料中添加 DL- 甲硫氨酸，按照 6 千克 / 吨饲料饲喂即可。

第五节 雏鹅痛风

本病是由鹅星状病毒协同管理改变和环境不良等因素引起。该病是我国新出现的鹅病，临床表现为全身性痛风，症状与普通痛风类似。

一、病原

本病常检出鹅星状病毒，该病毒被认为是近年来引起雏鹅发生痛风的重要病原。但雏鹅痛风的病因与管理因素密切相关。因此，在临床上存在争议，需要更多流行病学证据阐明其是否是必要且充分的病因。

二、流行特点

该病出现的历史不长，是近几年发生在我国雏鹅群的常见病。

鹅最易发生，无品种特异性。雏鹅多发，发病日龄多在 1 ～ 3 周龄，但最早可在 3 ～ 5 日龄发生。该病无季节性，四季可发。鹅星状病毒可垂直传播，也可水平传播。但传播多与鹅调运和相关鹅用不良生物制品的使用等有关。发生痛风的雏鹅多使用全价日粮甚至使用鸭或鸡饲料，同时存在管理差（如高温高湿环境，通风不良）等因素，而自由采食青草的雏鹅罕见发生。

三、临床症状

病雏鹅精神沉郁，喜卧，双翅下垂，不愿走动，跛行或者瘫痪，呆立一隅，卧地少动，采食减少；发育不良，大小不一；腹泻，或者有绿便，白便。部分受感染鹅群，1 ～ 2 周龄雏鹅死亡率高达 50%。有的病鹅喙部发绀（图 87 左），有的病鹅关节外观肿大，可见白色尿酸盐沉积，形成皮下“痛风石”（图 87 右）。

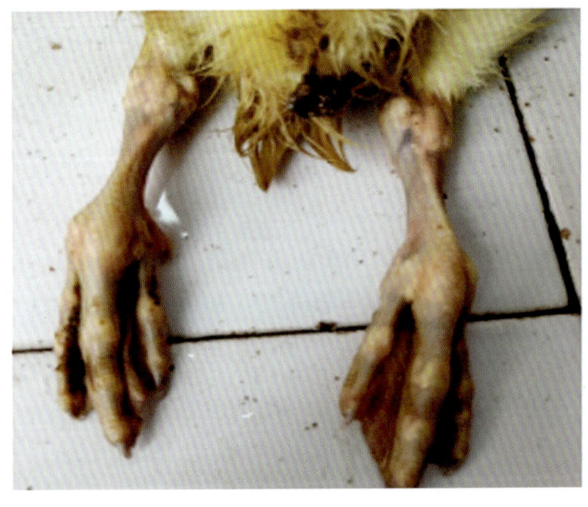

图 87　雏鹅痛风病死鹅喙部末端发绀（左）；趾跖部关节肿大，外观可见白色尿酸盐沉积（右）（王新卫供图）

四、剖检病变

病鹅全身痛风表现：肌肉、内脏、关节、皮下等均可见尿酸盐沉积，形成“痛风石”（图88～图90）。

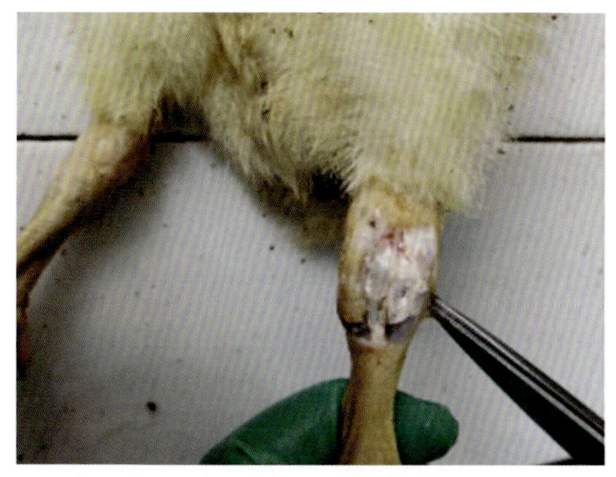

图 88　雏鹅痛风病死鹅关节有白色尿酸盐沉积（左）；趾跖部关节有白色尿酸盐沉积（右）（王新卫供图）

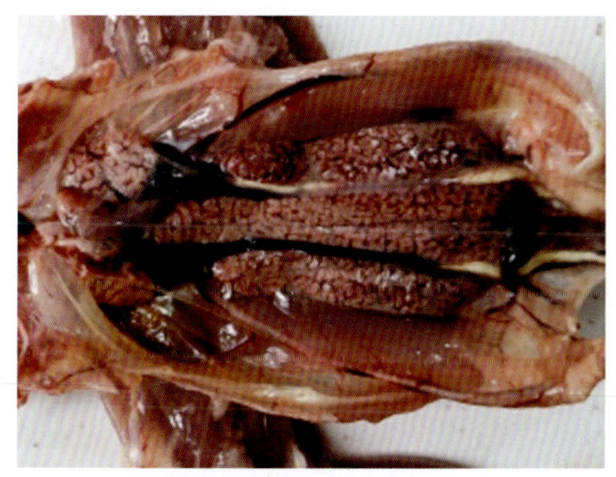
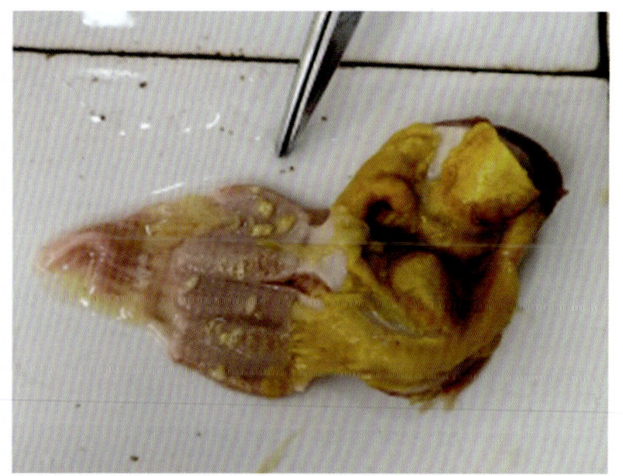

图 89　雏鹅痛风病死鹅肾脏尿酸盐沉积，呈花斑状并出血（左）；腺胃黏膜表面可见尿酸盐沉积（尿石）（右）（王新卫供图）

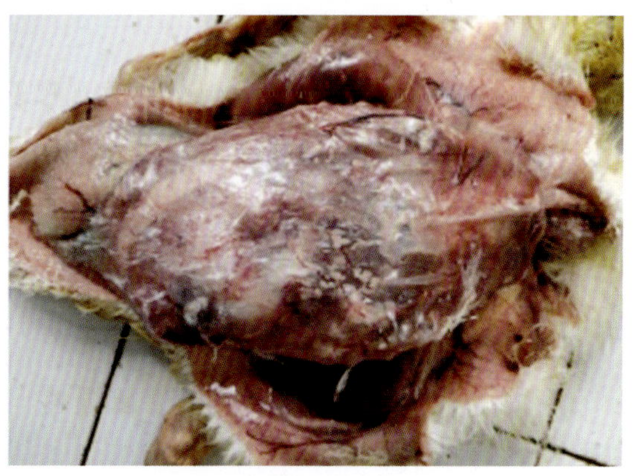

图 90　雏鹅痛风病死鹅各个脏器、皮下、肌肉等均可见尿酸盐析出（王新卫供图）

五、类症鉴别

痛风表现严重，全身均有尿酸盐沉积。发病日龄多 1 ~ 3 周龄。发病多为棚舍圈养鹅，使用全价日粮，多管理不善。通常能检测到星状病毒。鉴别诊断主要与普通痛风区别。但该病存在争议。

六、防治

目前无特效疗法。尽管临床报道使用特异性抗体有效，但多家鹅场使用效果显示，市场所谓的特异抗体并不能有效防治痛风。这也可能是与使用的抗体是否特异有关。此外，可参考普通痛风防治措施。环境和管理改变可大大减轻发病情况，也提示该病诱因可能与使用全价日粮和上架饲养相关。笔者的研究显示，改变饲料为青绿饲料，改变管理，可有效控制该病。

第六节　永久性右侧输卵管

本病为雌性禽胚胎期存在的右侧缪勒管没有退化所致。目前本病常见，但引起的损失通常较小，仅个别饲养户因本病导致的损失较大。

一、病因

永久性右侧输卵管病鸡，在其胚胎发育期，雌性禽胚胎期存在的输卵管，即右侧缪勒管如果没有退化即形成永久性右侧输卵管。

二、流行特点

目前，该病在我国鸡群常见，不论什么品种鸡均有发生，多数病例被忽略。在场群水平上流行率高，但个体流行率低。多数鸡群临床症状不明显，外观无任何症状。发展到后期时，出现个别所谓的企鹅鸡、大裆鸡。右侧输卵管可见于育成阶段或成年阶段。

三、临床症状

该病多数鸡群临床症状不明显，发展到后期，发育的输卵管囊肿导致所谓的企鹅鸡、大裆鸡，行走困难，腹压增大导致代谢失调，抵抗力降低而发生细菌感染导致死亡。

四、剖检病变

永久性右侧输卵管导致的输卵管囊肿附着在泄殖腔壁的右侧，大小不一，尺寸可能从几乎不可察觉到直径为 15 ~ 20 厘米，囊内充满清澈的液体（图 91，图 92）。液体量可达 1 升以上，其占据腹腔，形成大肚子鸡，如企鹅状。一般而言，囊肿很小时并不影响鸡群生产性能，但随着囊内液体增加占据腹腔，会影响鸡的健康和生产性能，甚至引起死亡。

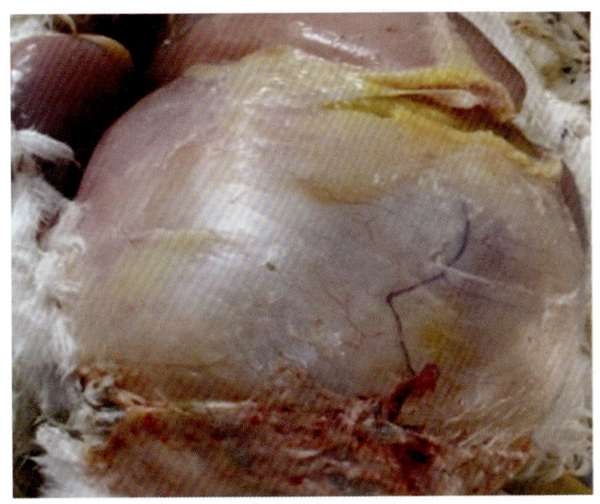

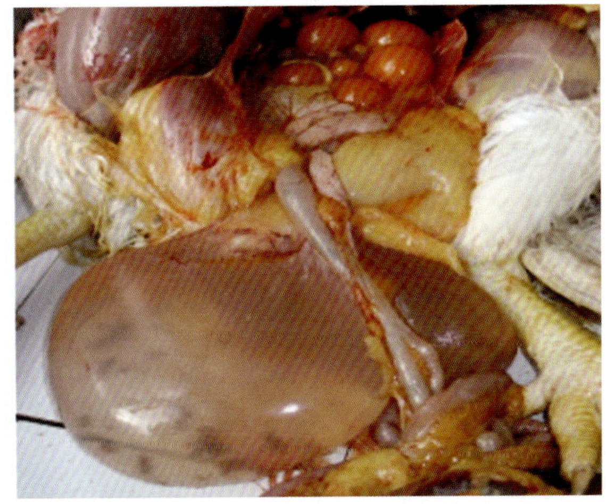

图 91　永久性右侧输卵管鸡，输卵管囊肿，囊内大量透明液体占据整个腹腔，液体体积可高达 1 升之多，腹外观巨大，按压松软，常能从囊内液体分离到鸭源鸡杆菌（王新卫供图）

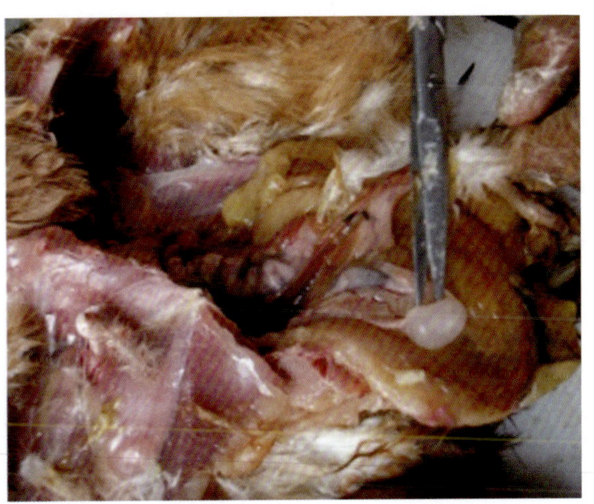

图 92　青年鸡、产蛋鸡永久性右侧输卵管发育，多出现在近泄殖腔附近处，大小不一。在早期合并感染传染性支气管炎病毒后鸡群产蛋性能多不良，出现更多假母鸡（王新卫供图）

五、类症鉴别

永久性右侧输卵管的解剖变化主要为泄殖腔壁右侧，大小不一，尺寸可能从几乎不可察觉到直径为 15 ~ 20 厘米，囊内充满清澈的液体即可确诊。

六、防治

永久性右侧输卵管无法治疗，以淘汰病鸡为主。另外，在传染性支气管炎病毒早期感染禽群后，病毒侵袭生殖系统，可能导致右侧输卵管囊肿的发生概率增加。后期常常可从囊内液体分离到鸭源鸡杆菌。

第六章 血液与免疫抑制疾病类症鉴别与防治

禽类免疫系统由免疫器官、免疫细胞和免疫分子组成。在此系统内，免疫应答依靠免疫分子和免疫细胞完成，其物质基础是禽的骨髓、哈氏腺、法氏囊、胸腺、盲肠扁桃体等组成的免疫器官，此外骨髓还具有造血功能。禽类免疫系统起到识别“自我和非我”维持机体健康的重要作用。在实际生产中，禽类免疫系统可受到来自环境的病原微生物、物理化学因素的影响导致其免疫系统或者造血系统功能改变引起血液或者免疫抑制，从而影响禽类健康。常见的严重危害禽类免疫和造血系统的疾病有白血病、马立克病、传染性贫血、鸡网状内皮组织增生症、传染性法氏囊病等。而鸭出血症、住白细胞感染和维生素 K 缺乏症等则引起血液性疾病，同样影响家禽健康。这些疾病可以单一存在，也可以与同类疾病或者其他疾病形成多重感染，引起禽生产性能下降或死亡，给养殖业带来严重的经济损失。一些疾病如白血病、贫血、马立克病等是种禽、生产禽的重要防控对象。本章主要介绍该类重要疾病的病原、流行特点、症状和剖检变化等，并进行类症鉴别，给出防控措施。

第一节 传染性贫血

本病是由鸡传染性贫血病病毒引起的，以再生障碍性贫血和全身淋巴器官萎缩，感染鸡出现免疫抑制为特征的传染性疫病，又叫出血综合征、贫血、出血性贫血综合征、出血性再生不良性贫血综合征、泛骨髓痨、贫血皮炎和蓝翅病等。该病有日龄依赖性，日龄越小，危害越严重。近年来，我国鸡群有感染升高趋势。

一、病原

本病病原为鸡传染性贫血病病毒（CIAV），为圆环病毒，是一种无囊膜的单股环状 DNA 球形病毒。其可在被感染鸡的许多器官组织中复制，也可在鸡胚中复制，但不致死鸡胚，接种 5 日龄鸡胚，14 天后可收获滴度很高的病毒。病毒抵抗力强，许多消毒剂在 37℃下 2 小时不能灭活病毒，但次氯酸盐在体外消毒最好。

二、流行特点

本病主要发生于鸡，鸡是本病病毒的唯一自然宿主，各种日龄的鸡均可感染，但 2 ~ 3 周龄后的鸡对本病的易感性迅速下降。

自然发病时，常在 7 ~ 12 日龄出现第一个死亡高峰，以后在 30 ~ 35 日龄可能出现第二个死亡高峰。

病鸡和无临床表现带毒鸡是主要传染源，可通过污染的饮水、饮料、工具和设备等发生水平传播，也可经卵垂直传播。水平传播只产生抗体反应，而不引起临床症状。其发病率取决于鸡的日龄和病毒的毒力。死亡率通常为 5% ~ 10%，但如果存在并发病如曲霉菌病、传染性法氏囊病、包涵体肝炎等，或管理不善（如垫料质量差），则可高达 60%。母源抗体水平高的雏鸡对 CIAV 有很强的抵抗力，可使雏鸡在 3 周龄内得到保护。目前在育成鸡，该病常与腺病毒、白血病病毒等混合感染。

在父母代鸡群的血清阳转过程中常呈垂直传播。在肉鸡，水平传播导致生产性能降低。

三、临床症状

传染性贫血唯一的特征性症状是严重的免疫抑制和贫血。鸡群发育不良，精神不振，鸡体苍白，软弱无力（图 93 左），通常在 13 ~ 16 日龄鸡群死亡率突然增加。在血清学阳转中的种鸡群常无临床表现，其产卵或生育力不受影响。

死亡高峰发生在出现临床症状后的 5 ~ 6 天，其后逐渐下降，5 ~ 6 天后恢复正常。有的可能有腹泻，全身性出血或头颈皮下出血、水肿。继发细菌、真菌或其他病毒感染加剧死亡。

四、剖检变化

特征性的病变是骨髓萎缩、变黄至白色，如常见股骨的骨髓呈脂肪色、淡黄色或淡红色（图 93 右）；胸腺萎缩，甚至退化，呈深红褐色；法氏囊萎缩（图 94），外观呈半透明状；肝脏、肾脏褪色。病鸡急性真菌性肺炎，脚部、双腿或颈部发生坏疽性皮炎变化。红细胞比积（PCV）为 5% ~ 15%（正常为 27% ~ 36%），血稀如水，血凝时间长，颜色变浅。

病鸡的特征性病理组织学变化是再生障碍性贫血和全身性淋巴组织萎缩。胸腺、法氏囊、脾脏和盲肠扁桃体及其他组织内淋巴细胞严重缺失。

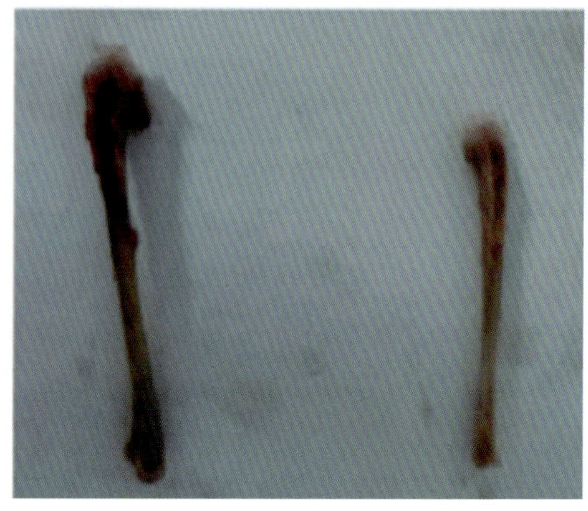

图 93 人工感染的 SPF 鸡精神沉郁，羽毛散乱，发育不良（左）；感染 CIAV 鸡股骨短小，骨髓色淡（右图：左为正常股骨对照，右为试验感染鸡股骨）（王新卫供图）

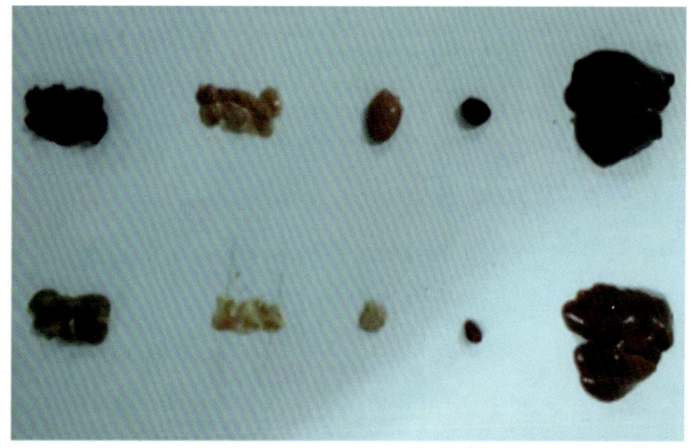

图 94 传染性贫血病病鸡的肾脏、肝脏变化不大，而胸腺、法氏囊、脾脏等免疫器官与对照有显著差异，从左到右依次是肾脏、胸腺、法氏囊、脾脏和肝脏（上横排为正常对照，下横排为试验感染鸡的脏器）（王新卫供图）

五、类症鉴别

根据流行特点（主要发生于 2 ~ 3 周龄雏鸡）、临床症状（严重贫血、红细胞容积显著降低）和剖检变化（骨髓变黄至白色，胸腺萎缩等）特征可做出初步诊断。在母鸡群的血清阳转和利用淋巴母细胞样细胞系（MDCC-MSB1）分离出病毒可确诊。

病毒分离与鉴定：采取可疑病鸡肝脏用作接种材料。通过肌肉或腹腔内接种 1 日龄 SPF 鸡，接种后 14 ~ 16 天做血细胞检查，血细胞比积低于 20%，剖检时骨髓变成黄白色，可判为 CIAV 初次分离阳性，也可接种 MDCC ~ MSB1 细胞，每次培养 3 天，经 1 ~ 10 次带毒传代，当多数接种细胞死亡，培养液颜色保持红色时，即判为细胞分离 CIAV 阳性。

与以下疾病鉴别：马立克病和传染性法氏囊病可导致淋巴组织萎缩，但不会在自然感染的雏鸡中引起贫血。此外，马立克病常在 2 个月后表现临床症状，常有典型的肿瘤变化，容易与传染性贫血区别；传染性法氏囊病病鸡的法氏囊肿大、坏死变化有特征性，而且有典型的胸部肌肉和腿部肌肉出血，容易与传染性贫血病鸡鉴别。

大剂量服用磺胺类药和霉菌毒素也可引起再生障碍性贫血和出血综合征，但有用药史或者食用发霉饲料史，从而区别之。不过应注意磺胺类药和霉菌毒素亚临床鸡的中毒可以协同促进传染性贫血病毒的致病力。

六、防治

加强生物安全管理，做好检疫净化，防止本病垂直和水平传播。

对种鸡要强化检疫，通过检疫和其他措施建立健康种鸡群，及时淘汰感染种鸡。引种前进行本病抗体检查，以防带毒鸡进入鸡场。对污染场，可以带毒生产，注意防疫。

使用鸡胚传染性贫血活疫苗，对 13 ~ 15 周龄种鸡经饮水免疫，接种后 4 ~ 5 周产生抗体并可持续整个产蛋期，可使子代通过母源抗体获得保护。注意：本疫苗不得在产蛋前 3 ~ 4 周使用，防止经卵传播。

自然感染后 3 ~ 6 周产生抗体，可利用中和试验、ELISA 等进行监测。

目前本病尚无特异性治疗方法，一旦发病可用广谱抗生素控制与本病相关的细菌、真菌性继发感染，以减少经济损失。例如鸡群频频出现坏疽性皮炎，就需要定期服药。

第二节　鸭出血症

该病是由新型疱疹病毒（鸭疱疹病毒Ⅱ型）引起的，以病鸭双翅羽毛管、上喙端、爪尖、足蹼常出血呈紫黑色为主要特征的传染性疾病，又叫黑羽病、乌管病、紫喙黑足病。目前广东、浙江等南方数省均有发生，给养鸭业造成一定危害。

一、病原

我国学者黄瑜于2001年首先分离并鉴定该病病原——鸭疱疹病毒Ⅱ型，有囊膜，无血凝性。本病毒不耐热、不耐碱、不耐酸，对氯仿敏感，常用消毒剂可使之灭活。

二、流行特点

番鸭最易感，麻鸭、北京鸭、樱桃谷鸭、野鸭、丽佳鸭、枫叶鸭等也可感染发病。10 ~ 55 日龄的鸭多发，但其他日龄也有发生。发病率与病死率高低不一，并与发病日龄密切相关。在 35 日龄内，日龄愈小，发病率、病死率愈高，或可达 80%。35 日龄以上单纯感染本病的鸭场，随日龄增加，日死亡率为 1% ~ 1.7%。本病无季节性，但气候剧烈变化，如温差大、阴雨寒冷时多发。

三、临床症状

本病特征性症状为病鸭或病死鸭双翅羽毛管内淤血，外观呈紫黑色（黑羽），淤血变黑的羽毛管易断裂、脱落。

病死鸭喙端、爪尖、足蹼末梢周边发绀，也呈紫黑色。病死鸭口、鼻中流出黄色水样液体，污染上喙前端和口部周围羽毛，甚至染成黄色。

四、剖检变化

大体变化以双翅羽毛管内出血及组织脏器出血或淤血为主，并具有特征性。也可见肝脏稍肿大，呈树枝样出血或淤血，并偶见白色坏死灶或者坏死点；胰腺常点状或斑状出血，或整个胰腺出血；小肠、直肠、盲肠明显出血，有时在小肠段可见出血环；脾脏、肾脏、大脑、法氏囊等轻度出血或淤血。

五、类症鉴别

根据病鸭的特征性临床症状和剖检病变，不难做出诊断。该病的确诊有赖于实验室方法。类症鉴别如下：

（1）与鸭瘟的鉴别：鸭瘟病鸭肿头，食管和泄殖腔黏膜出现特征性病变，肝脏坏死，有大小不规则的灰白色或者黄色坏死点，少数坏死点中间有出血点或者外围有出血带。而鸭出血症的特征性症状是双翅羽毛管内淤血，呈紫黑色，肝脏呈树枝样出血。通过这些特点很容易区别两种疾病。

（2）与鸭流感的鉴别：流感病鸭的胰腺出血，呈灰白色坏死点/灶或透明状坏死，心肌变性或条索状灰白色坏死，气管、泄殖腔及腺胃黏膜有出血点或出血斑，病鸭还出现肿头、流泪，但没有鸭出血症的翅羽毛管断裂及出血现象。

（3）与鸭霍乱的鉴别：鸭霍乱由禽多杀性巴氏杆菌引起，临诊上以高发病率、高病死率、死亡快、其他禽类也可感染发病死亡、皮下脂肪和心冠脂肪和心肌外膜出血、肝脏大量白色坏死点为特征，使用抗菌药物治疗有效。而鸭出血症仅侵害鸭，以双翅羽毛管发黑、发病率与死亡率不高、肝脏一般无白色坏死点、肝脏淤血或表面呈树枝样出血、胰脏出血等为临诊特征，抗菌药物治疗无效。根据两者的临诊特征不难加以区别。

（4）与鸭球虫病的鉴别：鸭球虫病为鸭球虫（泰泽属球虫、艾美耳属球虫、温扬属球虫或等孢属球虫）引起鸭高发病率、高病死率的一种寄生虫病，临诊上有小肠型球虫病和盲肠型球虫病两种，多见于 20 ~ 40 日龄鸭，以排暗红色或桃红色稀粪、十二指肠或盲肠黏膜有针尖大的出血点或出血斑、并带有淡红色或深红色胶冻样血性黏液为特征，发病率 30% ~ 90%，病死率 20% ~ 70%，病鸭死亡多集中于发病后 3 ~ 5 天内，可用抗球虫药或磺胺类药物治疗。而鸭出血症可侵害不同日龄鸭，病死鸭除肠道出血外，肝脏、脾脏、胰腺、肾脏等均有不同程度的出血，且用药治疗无效。

（5）与种鸭坏死性肠炎的鉴别：种鸭坏死性肠炎是多发生于种鸭的一种疾病，临诊上以秋冬季节多发，病鸭体弱、食欲废绝、不能站立并突然死亡和肠道黏膜坏死为特征。而鸭出血症虽然 10 ～ 55 日龄的鸭多发，但其他日龄的鸭也可以发生，病鸭以双翅羽毛管、上喙端、爪尖、足蹼常出血呈紫黑色为特征。此外，种鸭发生出血症时除肠道出血外，胰脏、肝脏、肾脏等均有不同程度的出血。

六、防治

平时做好生物安全工作。

目前，本病没有商品疫苗可用。疫区可以采用自家疫苗进行防控，在 5 日龄或者开产前于颈部皮下或者背部皮下各防疫一次（鸭出血症灭活疫苗 0.5 ～ 1 毫升 / 只）。

发病时，可以立即注射鸭出血症高免卵黄抗体（1.5 ～ 3 毫升 / 只）进行防治，同时饲料中添加阿莫西林 0.015%，3 ～ 5 天，必要时可以肌内注射头孢噻呋钠，1 天 1 次，连用 3 天，防止继发感染。日粮里连续 5 ～ 7 天添加含维生素 K_3 的多维。

第三节　住白细胞原虫病

本病是住白细胞虫属原虫寄生于禽类血液和内脏器官组织细胞引起的一类疾病的总称，又称为白冠病、出血性病。由吸血昆虫传播，临床以贫血、下痢、咯血、全身器官与组织出血和粒状结节为特征。在鸡叫鸡白冠病、鸡出血性病。

一、病原

本病病原有 4 种，卡氏住白细胞原虫和沙氏住白细胞原虫感染鸡，卡氏住白细胞原虫主要寄生于红细胞，沙氏住白细胞原虫寄生于宿主的白细胞内；卡氏住白细胞原虫的传播媒介为库蠓，沙氏住白细胞原虫的传播媒介为蚋。史氏住白细胞虫感染火鸡，西氏住白细胞虫感染水禽，通常由媒介蚋类吸血昆虫传播。

二、流行特点

本病病程短，发病率高，死亡率高。本病在其他国家多发于火鸡、鸭、珍珠鸡，而鸡罕见。但在我国，鸡也常发生。

本病呈地方性、季节性流行。鸡的发病与库蠓和蚋的活动密切相关，一般气温在 20℃以上时，库蠓和蚋繁殖快、活动力强，流行也就严重。南方多发生于 4 ～ 10 月，北方多发生于 7 ～ 9 月。各个年龄的鸡都能感染，成年鸡较雏鸡更易感，但雏鸡的发病率较成年鸡高。8 ～ 12 月龄的成年鸡或 1 年以上的种鸡感染率虽高，但死亡率不高。

对水禽和火鸡，该病呈季节性流行。我国报道的不多。

三、临床症状

本病典型的变化为感染禽群常突然发生精神沉郁，厌食，口渴，平衡失调，呼吸急促，贫血。

鸡感染后食欲减退，精神沉郁，运动失调，两肢轻瘫，排白绿色稀粪，常因突然咯血、呼吸困难而死亡。1～3月龄雏鸡发病率高，可造成大批死亡，青年鸡和成年鸡常呈现贫血，鸡冠和肉髯苍白（故称白冠病）。病鸡排白色或绿色水样稀粪，产蛋减少或停止，软壳蛋、无壳蛋增多。

水禽发病时，也以雏禽严重，死亡率高。其症状表现为体温升高，食欲减少以至废绝，渴欲增加，精神倦怠，消瘦贫血，下痢，粪便呈淡黄绿色，运动共济失调，两脚轻瘫，摇摆不定，常伏卧地上，呼吸困难，常伸颈张口。成年鸭发病后仅出现精神沉郁、食欲稍减少等症状，死亡率较低。

四、剖检变化

常见肝脏、脾脏肿大，贫血。显微镜下可看到肝脏或者红细胞中的配子。特征性病变为口流鲜血或口腔积存血液凝块，冠苍白，血液稀薄，全身性出血，尤其是胸肌和腿部肌肉散在明显的点状或斑块状出血，各内脏器官亦呈现广泛性出血。在肌肉或其他器官内形成灰白色小结节（裂殖体），最常见于肠系膜、心肌、胸肌，也见于肝脏、脾脏、胰脏等器官，其大小为针尖大至粟粒大，白色，与周围组织有明显的界线。组织病理上可见禽白细胞虫－嗜碱性虫体（图95）。

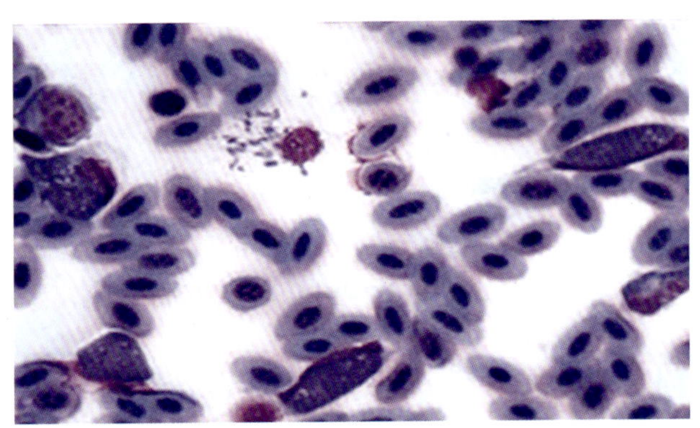

图95　禽白细胞虫血涂片400X，可见一些嗜碱性虫体扩大了禽WBC（白细胞计数）（注意宿主细胞的扁平或畸形的核）。中心也可见一破裂的粒细胞（Louise Bauck博士提供）

五、类症鉴别

生前取病禽外周血一滴，涂成薄片，用姬氏或瑞氏液染色，置高倍镜下发现有住白细胞原虫虫体可确诊。或者待禽死后挑取肌肉、肝、脾、肾等组织器官上的灰白色小结节置载玻片上，加数滴甘油，将结节捣破后，覆以盖玻片置高倍镜下检查，或取上述器官组织切一新切面，在放有甘油水的载玻片上按压数次，覆盖玻片，置于高倍镜下检查，发现有大量裂殖体和裂殖子即可确诊。

鉴别诊断，本病临床上可与包涵体肝炎、传染性贫血鉴别。几种疾病均见到贫血，但各有特点。本病发病突然，冠苍白，有明显季节性，而且可见肝脏或者血细胞中裂殖体或者配子，全身出血明显，在肌肉或其他器官内形成灰白色小结节（裂殖体），最常见于肠系膜、心肌、胸肌，也见于肝脏、脾脏、胰脏等器官，其大小为针尖大至粟粒大，与周围组织有明显的界线。包涵体肝炎也发病突然，病鸡严重贫血，肝脏肿大出血，有坏死灶，但包涵体肝炎无季节性，病死鸡肝细胞核内有嗜碱性核内包涵体为特征，而且病鸡的肝脏有胆汁淤积的斑纹，肾和骨髓苍白，法氏囊和脾脏小。因而可以与住白细胞原虫病区别。传染性贫血临床上多以慢性感染为常见，幼雏可呈急性变化，但临床症状为严重贫血、红细胞容积显著降低，骨髓变黄至白色，胸腺萎缩明显，也无季节性，这些特点可与住白细胞原虫病鉴别。

六、防治

平时搞好禽舍清洁卫生，防虫灭鼠，尤其是防库蠓和蚋。避免幼禽和成禽混养。多发季节注意隔离消除中间宿主。可尝试用乙胺嘧啶拌料，每千克饲料中均匀加入 2.5 毫克；或用磺胺喹噁啉，每千克饲料中均匀加入 50 毫克，有预防作用，但不能清除感染。

本病无特效药物可用，发病时可使用上述磺胺类药物。饲料和饮水中添加维生素 C 和电解多维，提高机体的抗病能力。处理和隔离痊愈禽。

第四节　维生素 K 缺乏症

维生素 K 是机体内肝脏合成凝血酶原所必需的物质，维生素 K 缺乏可致肝脏的凝血因子合成受阻，临床上表现以血液凝固过程发生障碍，发生全身出血性素质为特征。本病临床上少见。

一、病原

本病主要病因是家禽较少或无法采食到青绿饲料，或体内肠道微生物合成量不能满足需要；日粮中存在抗维生素K的物质，如真菌毒素、草木樨等会破坏维生素K；长期使用抗菌药物，如抗生素和磺胺类抗球虫药，使肠道中微生物受抑制，维生素K合成减少；疾病及其他因素，如球虫病、腹泻、肝病、胆汁分泌障碍、消化吸收不良、环境条件恶劣等均会影响维生素K的吸收利用。

二、流行特点

一般以雏禽发病较多，且多为日粮营养不平衡，或者其他疾病与管理因素导致。发病潜伏期长，缺乏维生素 K 在 3 周左右出现症状。维生素 K 缺乏症在管理良好的禽场和散养禽罕见发生。

三、临床症状

表现为冠、肉垂、皮肤苍白干燥，生长发育迟缓，腹泻，怕冷，常发呆站立或久卧不起，皮下有出血点，尤其胸、腿、腹膜、翅膀明显；凝血不良，或不凝血，有时因出血过多死亡。鸭、鹅突然死亡，死前全身营养状态良好，肌肉丰满；慢性出血的鸭、鹅呈现消瘦，精神沉郁，严重贫血，常常蜷缩、拥挤成堆。

种禽维生素 K 缺乏可导致胚胎死亡率增加，孵化率降低，死亡的胚胎表现出血。

四、剖检变化

缺乏维生素 K 时，种蛋孵化时胚胎死亡，大体变化为：肌肉苍白、皮下血肿，肺脏等内脏器官出血，肝脏有灰白色或黄色坏死灶，脑等有出血点。病死鸡体内有积血凝固不完全，肌胃内有出血。

水禽肝脏、肾脏、脾脏等内脏器官大量出血，胸部、腹部、翅膀及腿部的皮下有紫蓝色的出血点或出血斑。

病鸽常见鼻孔和口腔出血，皮肤血肿成紫色。

五、类症鉴别

维生素 K 缺乏症主要根据出血及血凝障碍，剖检病变和用维生素 K 试治疗效好，可做出诊断。本病为非传染性疾病，多与日粮营养不均，或者霉变，长时间用药等有关。这些病因消除后，疾病自然祛除。临床上与以下疾病鉴别。

（1）与传染性贫血的鉴别：传染性贫血由病毒引起，有传染性，而维生素 K 缺乏症不是。传染性贫血仅仅发生于鸡，而维生素 K 缺乏症可发生于所有禽。传染性贫血虽然各种年龄鸡可发生，但以 2 ~ 3 周龄鸡表现严重，随日龄增加鸡抵抗力增强，而维生素 K 缺乏症可发生于各种日龄禽。传染性贫血临床症状为严重的免疫抑制和贫血，特征性的病变是再生障碍性贫血和全身性淋巴组织萎缩，如骨髓萎缩，变黄色至白色，胸腺萎缩甚至退化，法氏囊萎缩，肝、肾褪色，常伴发急性真菌性肺炎和脚部、双腿或颈部发生坏疽性皮炎变化，血稀如水，血凝时间长，颜色变浅。而维生素 K 缺乏症以全身出血性素质为特征，虽然也有贫血表现，但常见皮下血肿，内脏器官大量出血，脑出血。维生素 K 缺乏时通过日粮平衡，禽群很快恢复，但传染性贫血则否。

（2）与包涵体肝炎的鉴别：包涵体肝炎是由禽腺病毒引起的，以鸡群死亡突然增多，伴随严重贫血、肝脏肿大出血和坏死灶，可见肝细胞核内有包涵体为特征的传染病，又称贫血综合征。而维生素K缺乏症临床上表现以鸡血液凝固过程发生障碍，发生全身出血性素质为特征。包涵体肝炎仅仅发生于鸡，3 ~ 9周龄的肉鸡多发，蛋鸡偶有发生，而维生素K缺乏症可发生于各种日龄禽。包涵体肝炎主要症状为严重贫血，而维生素K缺乏症除贫血外，还见皮下出血点。包涵体肝炎主要变化在肝脏，病鸡的肝脏肿胀，色黄，并有胆汁淤积的斑纹，纤维素性肝周炎（如在显微镜下可见肝细胞核内产生一种嗜碱性核内包涵体——特征性变化）。维生素K缺乏以全身出血性素质为特征，常见皮下血肿，内脏器官大量出血，脑出血。维生素K缺乏时通过日粮平衡禽群很快恢复。

（3）与鸭出血症的鉴别：鸭出血症是由新型疱疹病毒引起的鸭的传染性疾病，临床上以病鸭双翅羽毛管、上喙端及爪尖、足蹼常出血呈紫黑色为特征，俗称鸭黑羽病、鸭乌管病和鸭紫喙黑足病。而维生素 K 缺乏临床上表现以禽血液凝固过程发生障碍，发生全身出血性素质为特征。鸭出血症以 10 ~ 55 日龄鸭多发，而维生素 K 缺乏症无日龄区分。鸭出血症特征性剖检病变为组织脏器出血或淤血，肝脏稍肿大，呈树枝样出血或淤血，并偶见个别白色坏死点；胰腺常出血，可见出血点或出血斑，或整个胰腺均出血呈红色；小肠、直肠、盲肠明显出血，有时在小肠段可见出血环；脾脏、肾脏、大脑、法氏囊等轻度出血或淤血。维生素 K 缺乏症以全身出血性素质为特征，常见皮下血肿，内脏器官大量出血，脑出血。维生素 K 缺乏时通过日粮平衡，禽群很快恢复。

六、防治

平时做好管理，给家禽平衡日粮和提供优良环境。发病时，在家禽的饲料中添加维生素 K 3 ~ 8 毫克 / 千克即可获得较好效果，同时给予钙制剂疗效会更好。应注意维生素 K 不能过量，以免中毒。

第五节　传染性法氏囊病

本病是由病毒引起的一种主要危害雏鸡法氏囊的免疫抑制性传染病。本病呈世界分布，除了导致直接经济损失外，免疫抑制引起的后果更为严重。

一、病原

本病病原为传染性法氏囊病病毒（IBDV），属双RNA病毒。病毒蛋白VP2是其保护性抗原，并具有型特异性抗原决定簇。病毒有2个血清型，即1型和2型，但仅血清1型病毒对鸡致病。IBDV变异性较强，易发生毒力和抗原变异。

该病毒在宿主体内主要分布于法氏囊和脾脏，其次是肾脏，病毒血症期间血液和其他脏器组织中也有较多病毒。病毒抵抗力强，持续存在于鸡舍、粪便等中数月，如污染环境中的病毒可存活 122 天。

二、流行特点

该病自然感染仅发于鸡，主要发生于 2 ~ 15 周龄的鸡，3 ~ 6 周龄的鸡最易感，4 ~ 6

周龄鸡感染时症状最明显。白莱航鸡比白肉鸡和产褐壳蛋鸡更易受影响。

本病具有高度传染性。传染源为病鸡，其粪便中含有大量的病毒，通常经粪－口途径传播，有时通过结膜或呼吸道传播。潜伏期为 2 ～ 3 天。一些甲虫和虱子可能携带病毒 8 周，鸡在感染后约 2 周内大量排出病毒。

本病的发病率为 5% ～ 34%，死亡率通常因管理和采取的措施不同而不同，有的在 5% 以下，有的可高达 64%。感染鸡群 3 ～ 5 天后便出现死亡，1 周后逐渐减少，并停止死亡。

亚临床感染的雏鸡可能导致鸡群免疫抑制，对新城疫、马立克病和传染性支气管炎等疫苗的免疫应答降低，并容易发生包涵体肝炎和坏疽性皮炎或者慢性呼吸道病。

本病的突出表现是鸡群突然发病，食量锐减，死亡率增高并呈尖峰死亡曲线。在初次发病的鸡场多呈显性感染，症状典型，死亡率高。以后发病多转入亚临诊型。近年来田间毒株多为强毒，但鸡群感染表现为亚临诊型，死亡率低，但其造成的免疫抑制严重，危害性更大。

一般来说，感染越早，免疫损害越严重。感染可导致严重免疫抑制的日龄在 14 ～ 28 天。

三、临床症状

本病发生时，最初数只鸡死亡，其后多只鸡羽毛蓬松，减食或食欲废绝，精神委顿，扎堆或者单独呆立，虚弱，有啄肛现象。特征性表现为病鸡腹泻，排出石灰便和水样稀便，严重者病鸡头垂地，闭眼呈昏睡状态，有些鸡啄自己的泄殖腔。在后期体温低于正常，严重脱水，极度虚弱而亡。

四、剖检变化

法氏囊病变具有特征性（图 96 ～图 98），水肿，比正常大 2 ～ 3 倍，囊壁增厚，外形变圆，呈土黄色，外包裹有胶冻样透明渗出物；黏膜皱襞上有出血点或出血斑，内有炎性分泌物或黄色干酪样物。随病程延长法氏囊迅速萎缩变小，囊壁变薄，第 8 天后仅为其原重量的 1/3 左

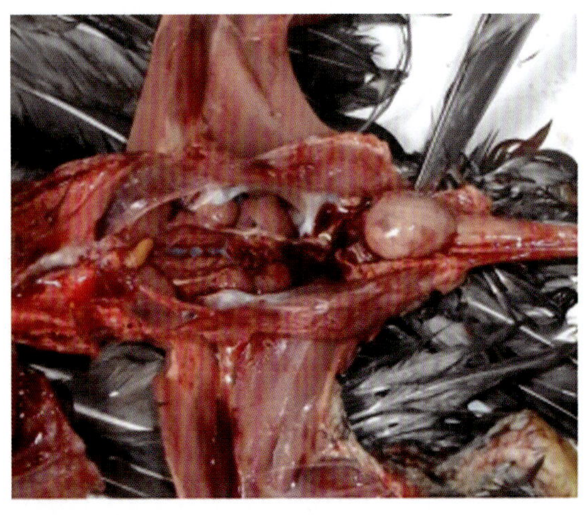

图 96　传染性法氏囊病病鸡法氏囊严重损伤，肿大，出血（王新卫供图）

右。一些严重病例可见法氏囊严重出血，呈紫黑色如紫葡萄状。肾脏肿大，常见尿酸盐沉积（图98），输尿管有多量尿酸盐而扩张；严重脱水。病死鸡肌肉色泽发暗，骨骼肌（特别是大腿）出血（图99）；胸部肌肉条纹状或斑块状出血（图99）；腺胃和肌胃交界处常见出血点或出血斑（图99）。

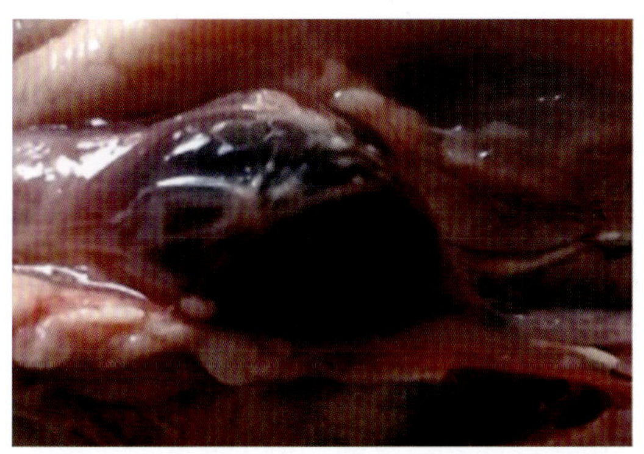
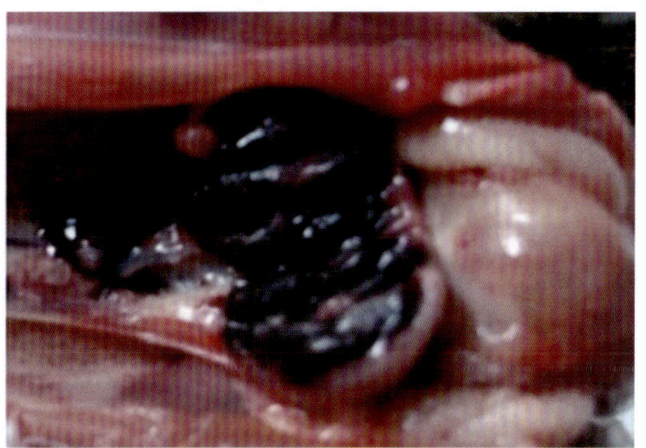

图97 传染性法氏囊病病鸡法氏囊肿大，出血，呈紫葡萄样坏死（王新卫供图）

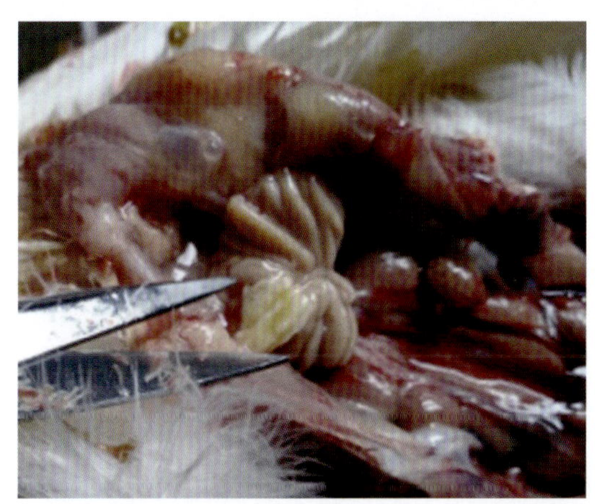
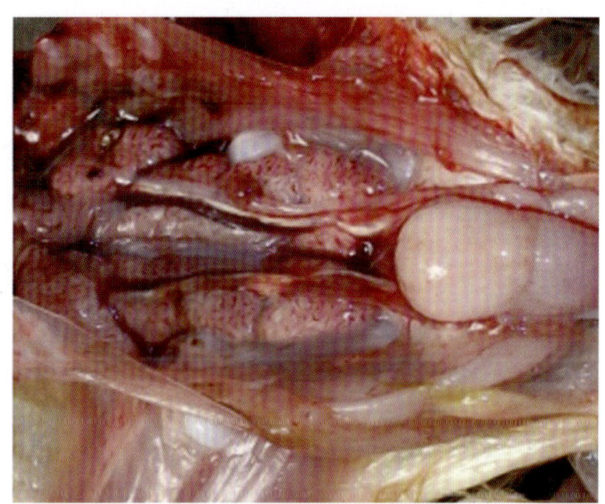

图98 传染性法氏囊病病鸡法氏囊水肿或有分泌物，肾脏肿大或有尿酸盐沉积呈花斑肾（王新卫供图）

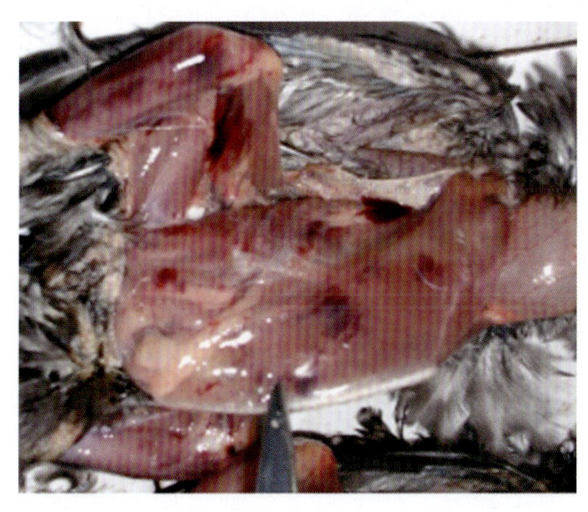
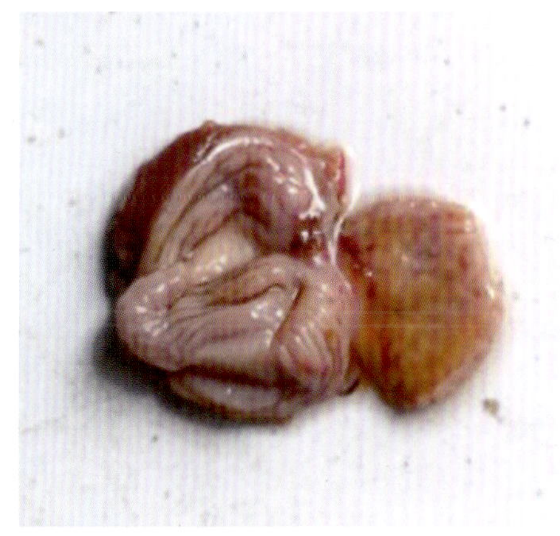

图99 传染性法氏囊病病鸡胸肌、腿肌出血（左），肌胃和腺胃交界处出血（右）（王新卫供图）

五、类症鉴别

依据临床表现、剖解变化与流行特点可做出诊断。确诊须做实验室诊断。应注意以下情况：鸡群具有亚临床表现病史时母源抗体水平低，1日龄琼脂扩散抗体阳性率低于80%，鸡群于20日龄前显示有免疫抑制表现如包涵体肝炎和坏死性皮炎时，则极有可能是传染性法氏囊病。

肉仔鸡法氏囊的正常重量约是其体重的0.3%，重量低于体重的0.1%可能显示亚临床感染。但应注意早期免疫抑制的其他可能原因，如霉菌毒素中毒、管理导致的应激。

本病应与以下疾病鉴别：肾型传染性支气管炎、包涵体肝炎。

（1）与肾型传染性支气管炎的鉴别：见传染性支气管炎部分。肾型传染性支气管炎尽管与传染性法氏囊病在发病日龄、肾肿大、尿酸盐充盈于输尿管等表现上具有类似的地方，但鸡群发生传染性法氏囊病时，常常伴发严重的死亡，感染鸡胸肌、腿肌出血，腺胃与肌胃交界处出血，法氏囊水肿或者萎缩等，这些特征很容易区别于传染性支气管炎。

（2）与包涵体肝炎的鉴别：包涵体肝炎，是由禽腺病毒引起的，以3 ~ 9周龄鸡多发，病鸡死亡突然增多，伴随严重贫血、肝脏肿大出血和坏死灶，可见肝细胞核内有包涵体为特征的传染病。剖检可见病鸡的肝脏肿胀，色黄，并有胆汁淤积的斑纹；肾和骨髓苍白，法氏囊和脾小；血液稀薄。该病的发病率和死亡率均比传染性法氏囊病低。而传染性法氏囊病病鸡则以尖峰式死亡、石灰便、病鸡严重脱水、典型的胸肌和腿肌出血，并伴随法氏囊的水肿、坏死、萎缩等变化为特征，这些在临床上很容易与包涵体肝炎区别。

六、防治

平时严格卫生管理，加强生物安全管理和实施，消除各种应激因素，有助于防控该病。

免疫程序应基于琼脂扩散试验或ELISA方法对鸡群的母源抗体、1日龄抗体的评估而确定。如用标准抗原作AGP（琼脂扩散试验）测定母源抗体水平，若1日龄阳性率＜80%，可在10 ~ 17日龄首免；若1日龄阳性率≥80%，应在7 ~ 10日龄再检测后确定首免日龄；若1日龄阳性率＜50%，应在14 ~ 21日龄首免；若1日龄阳性率≥50%，应在17 ~ 24日龄首免。

如果未做抗体水平检测，一般种鸡采用10天 ~ 2周龄较大剂量中毒型弱毒疫苗首免，4周龄加强免疫一次，产蛋前（18 ~ 20周龄）和38周龄时各注射油佐剂灭活苗一次，一般可保持较高的母源抗体水平。肉用雏鸡和蛋鸡视抗体水平多在2周龄和4周龄时进行两次弱毒苗免疫。

发病时，可特异性治疗，即尽早用特异性高免卵黄抗体被动接种。依据日龄大小可按0.5 ~ 1.5毫升/只皮下或肌内注射，必要时2 ~ 3天后再注射一次。选用对鸡群有效的抗生素如多西环素按0.02% ~ 0.04%的浓度饮水3 ~ 5天，控制继发感染。改善饲养管理和消除应激因素，可在饮水中加入复方口服补液盐以及维生素C、维生素K、维生素B或1% ~ 2%奶粉，以保持鸡体水、电解质、营养平衡，促进康复。

应当注意：当前多数种鸡场对种鸡进行过免疫，其商品雏鸡具有较高的母源抗体，可保护雏鸡免受野毒攻击。但商品雏鸡未进行抗体评估确定首免日期，而无目的地使用活疫苗免疫时，其免疫效果常常不理想。这也是农村养殖户多发该病的原因之一。

近来一些禽场仅仅使用灭活疫苗免疫，这需要严格的生物安全措施相互配合方能起到好的免疫效果。但对于常常使用活疫苗的禽场不建议使用，因为可能存在大量的野毒，而容易导致传染性法氏囊病的发生。

目前很多禽场于 1 日龄防疫本病，笔者建议育雏时于 10 ~ 28 日龄间仍需要补防传染性法氏囊病疫苗，以防传染性法氏囊病发生。

当发生本病时，做好生物安全工作，隔离和限制发病禽场的人员、车辆等的移动可有效切断传播，同时对发病禽场进行处理和彻底消毒。对发病禽场的调查有助于追溯来源。

第六节　禽白血病

本病是由禽白血病 / 劳氏肉瘤病毒群病毒引起的禽类多种肿瘤性疾病的统称，其危害大小依次为淋巴细胞性白血病、成红细胞性白血病、成髓细胞性白血病。也可以导致骨髓细胞瘤、结缔组织瘤、上皮肿瘤、内皮肿瘤等。大多数肿瘤侵害造血系统，少数侵害其他组织。本病呈世界性分布，西方国家发生率很低，但在我国还有发生，尤其在没有净化的本地原种鸡群，造成巨大损失。

一、病原

本病病原是禽白血病 / 劳氏肉瘤病毒群病毒，是一种反转录病毒。

二、流行特点

禽白血病在自然情况下只危害鸡，并有品种差异——不同品种或品系的鸡对病毒感染和肿瘤发生的抵抗力差异很大，如报道显示我国的芦花鸡对其有抵抗力。母鸡比公鸡易感，18 周龄以上的鸡多发，并呈慢性经过，病死率为 5% ~ 6%。

传染源为病鸡和带毒鸡。有病毒血症的种母鸡产出的卵带毒，孵化出的雏鸡先天性带毒并产生免疫耐受，即不产生抗该病病毒的抗体，持续长期带毒排毒。后天接触感染的雏鸡带毒排毒现象与接触感染时雏鸡的年龄有很大关系，即 2 周龄以内雏鸡感染后，感染率和发病率高，存活母鸡产的蛋带毒率也高；4 ~ 8 周龄雏鸡感染后发病率和死亡率大大降低，存活母鸡产下的蛋也不带毒；12 周龄以上的鸡可感染，但不发病，也不排毒。感染的商品蛋鸡生产性能降低，死淘率增多。

本病可以垂直传播，也可水平传播。本病的感染率高，而临床病例发生率相当低，多为散发，而且可在来源于同一无净化种鸡群的后代鸡连续发生。日粮中缺乏维生素、内分泌失调等因素可促使本病的发生。

应注意来自污染疫苗的引入性传播。

三、临床症状

禽白血病因感染的毒株不同，症状和病理特征不同。

（1）淋巴细胞性白血病：最为常见，在14周龄以下的鸡极为少见，14周龄以后开始发病，在性成熟期发病率最高。病鸡精神委顿，虚弱，进行性消瘦和贫血，鸡冠、肉髯苍白、皱缩，偶见发绀，食欲减少或废绝，腹泻，产蛋停止；腹部常明显膨大，用手按压可摸到肿大的肝脏，最后病鸡衰竭死亡。

（2）成红细胞性白血病：比较少见，通常发生于6周龄以上的高产鸡。临床上分为增生型和贫血型两种病型。增生型主要特征是血液中存在大量的成红细胞，贫血型在血液中仅有少量未成熟细胞。两种病型的早期症状为病鸡虚弱，嗜睡，冠稍苍白或发绀，消瘦，下痢，病程从12天到几个月。

（3）成髓细胞性白血病：很少自然发生。

（4）骨髓细胞瘤病：自然病例极少见。

（5）骨硬化病：在骨干或骨干长骨端区存在均一的或不规则的增厚。晚期病鸡的骨呈特征性的“长靴样”外观。病鸡发育不良，苍白，行走拘谨或跛行。

（6）其他类型：如血管瘤（图100）、肾瘤、肾胚细胞瘤、肝瘤和结缔组织瘤等，自然病例均极少见。

依据病毒囊膜抗原性不同，禽白血病病毒有A、B、C、D、E、F、G、H、I、J等亚群。J型白血病引起髓性细胞瘤，其发病率低，但感染禽死亡率高。经卵、污染的疫苗、针头传播，也可以通过粪-口途径传播，但传播能力随日龄增加而下降。潜伏期为10～20周。先天感染的鸡常见抗体阴性，持续排毒并形成肿瘤。虽然病毒生存能力差，但足以在孵化场和农场间交叉污染而传播。

四、剖检变化

（1）淋巴细胞性白血病：大体变化显示，肿瘤主要发生于肝脏、脾脏（图100）、肾脏、法氏囊，有时心肌、性腺、骨髓、肠系膜和肺也可形成肿瘤。肿瘤呈结节形或弥漫形，灰白色到淡黄白色，大小不一，切面均匀一致，很少有坏死灶。

（2）成红细胞性白血病：剖检时见两种病型都表现全身性贫血，皮下、肌肉和内脏有点状出血。增生型的特征性肉眼病变是肝、脾、肾弥漫性肿大，呈樱桃红色到暗红色，有的剖面可见灰白色肿瘤结节。贫血型病鸡的内脏常萎缩，尤以脾为甚，骨髓色淡呈胶冻样。检查外周血液，红细胞显著减少，血红蛋白量下降。增生型病鸡出现大量的成红细胞，占全部红细胞的90%～95%。

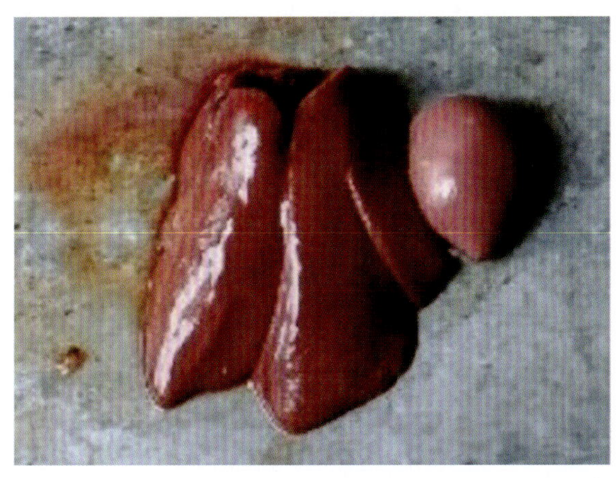
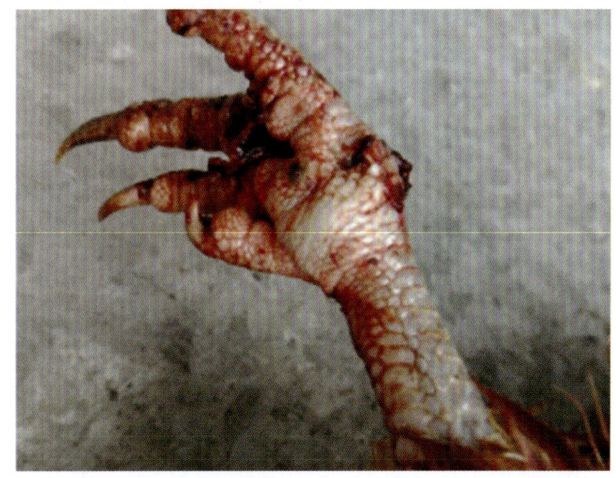

图 100　禽白血病病鸡肝脏和脾脏肿瘤，极度肿大（应与马立克病区别）（左），血管瘤病鸡趾部出血不止死亡（右）（王新卫供图）

禽 J 型白血病剖检可见肝脏肿大，肿瘤增生，脾脏和肾脏肿大或有肿瘤。最主要的特征是骨髓的白垩色的肿瘤，特别是胸骨、肋骨、骶骨关节。显微镜下可见肿瘤组织中通常含有分化良好的骨髓细胞。

五、类症鉴别

根据流行病学、临床症状和病理变化可做出初步诊断，确诊需进一步做实验室诊断。淋巴细胞性白血病应注意与鸡网状内皮组织增生症和马立克病鉴别（详见马立克病）。

与鸡网状内皮组织增生症的鉴别：该病常因疫苗污染而发生，且低日龄鸡感染（尤其是新孵出的雏鸡）出现严重的免疫抑制，生产性能降低，疫病不断，死淘率偏高。而高日龄鸡感染后不出现或仅出现一过性病毒血症。通常鸡群早期感染后容易发展为肿瘤。临床症状常不明显，有时感染鸡显著地发育迟缓。剖检变化肿瘤多见于肝脏、脾脏和肾脏，或者在肠道。肿瘤为急性 B– 淋巴细胞肿瘤或慢性 T– 淋巴细胞肿瘤。白血病尽管具有多型，但各具有自己的特点，其肿瘤病理组织学变化有自己的特征，可通过在组织学和病毒核酸检测进行鉴别。

六、防治

种群净化是防治该病最好的方法：种鸡在育成期和产蛋期各进行 2 次检测，淘汰阳性鸡。从蛋清和阴道拭子试验阴性的母鸡中选择受精蛋进行孵化，在隔离条件下出雏、饲养，连续进行 4 代，建立无病鸡群。但由于费时长、成本高、技术复杂，一般种鸡场还难以实行。

鸡场的种蛋、雏鸡应来自无白血病的种鸡群，同时加强鸡舍孵化、育雏等环节的消毒工作，特别是育雏期（最少 1 个月）封闭隔离饲养，并实行全进全出制。生产各类疫苗的鸡胚应来自 SPF 鸡场。

本病无有效药物治疗。

第七节 马立克病

本病是病毒感染引起的一种高度接触传染性的淋巴组织增生性肿瘤性疾病。其临床特征是病鸡的内脏器官、外周神经、性腺、肌肉和皮肤的单核细胞浸润和形成肿瘤。马立克病是危害养鸡业的主要疾病之一。

一、病原

本病病原为疱疹病毒，有两种存在形式：裸体粒子（核衣壳）和有囊膜的完整病毒粒子。前者离开细胞其致病性即显著下降或丧失，在外界环境中生存力很低，主要见于肾小管、法氏囊、神经组织和肿瘤组织中。后者主要见于羽毛囊角化层中，可脱离细胞而存在，在环境中可长时间存活达65周，在本病的传播方面起重要作用。此外，细胞病毒对某些消毒剂（季铵盐类和苯酚类）有抗性。冷冻和解冻时，其迅速灭活。

二、流行特点

该病主要发生于鸡，2 ~ 5月龄的鸡最易发生。通常通过呼吸道途径传播，还可通过传染性的羽毛囊或病毒污染物快速传播。感染禽终身带毒。大多数鸡在生命的早期吸入有传染性的皮屑、尘埃和羽毛引起鸡群的严重感染。带毒鸡舍的工作人员的衣服、鞋靴以及鸡笼、车辆都可成为该病的传播媒介。

病鸡和隐性感染鸡是主要的传染源。

本病的发病率和死亡率差异大，发病率为10% ~ 50%，死亡率可高达100%。感染鸡群以中度或者高死亡率可能持续几周。在马立克病后期，死亡可能持续到40周龄。感染鸡群容易继发感染寄生虫和细菌等而发生其他疾病。反之，患有免疫抑制病如传染性法氏囊病、球虫病、传染性贫血等疾病都能促使马立克病的发生和流行。

在自然条件下，由于病毒株毒力差异较大，所引起的病变种类和强度有很大的不同，强毒株引起急性型马立克病较多，而且内脏常发生肿瘤。弱毒株一般引起神经型马立克病较多，而内脏发生肿瘤比例则较低。

我国常有发生，但流行率不高。流行地区的毒株多为超强毒株，容易导致免疫失败。而且田间的野毒株可能与白血病或者鸡网状内皮组织增生症病毒混合感染，增加了防控难度。

三、临床症状

在临床上分为四种类型：神经型（古典型）、内脏型（急性型）、眼型和皮肤型。有时可混合发生。

（1）神经型：主要侵害外周神经，坐骨神经损伤最为常见和严重。病鸡步态不稳，发生不完全麻痹，后期则完全麻痹（图101），不能站立，蹲伏在地上，臂神经受侵害时则被侵侧翅膀下垂，呈一腿伸向前、另一腿伸向后的（劈叉）特征性姿态；当侵害支配颈部肌肉的神经时，病鸡发生头下垂或头颈歪斜；当迷走神经受侵时则可引起失声、嗉囊扩张及呼吸困难；腹神经受侵时则常有腹泻症状。

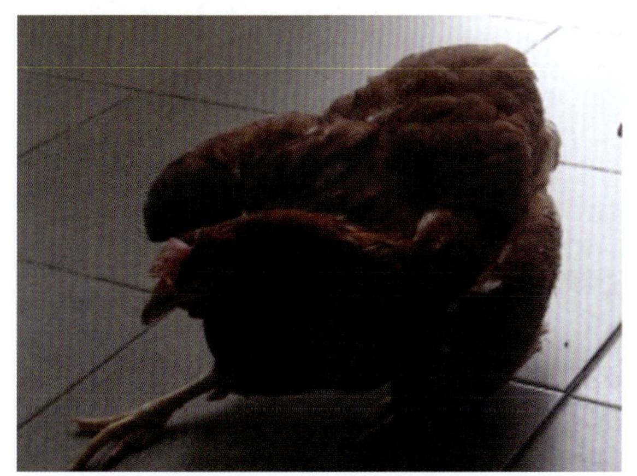

图 101　神经型马立克病病鸡早期神经轻微损伤时步态不稳，不完全麻痹（王新卫供图）

（2）内脏型：多呈急性暴发，常见于幼龄鸡群，开始以大批鸡精神委顿为主要特征，几天后部分病鸡出现共济失调，随后出现单侧或双侧肢体麻痹。部分病鸡死前无特征性临床症状，很多病鸡表现脱水、消瘦和昏迷。

（3）眼型：出现于单眼或双眼，视力减退或消失。虹膜失去正常色素，呈同心环状或斑点状以至弥漫的灰白色。瞳孔边缘不整齐，到严重阶段瞳孔只剩下一个针头大的小孔。

（4）皮肤型：一般缺乏明显的临诊症状，往往在宰后拔毛时发现羽毛囊增大，形成淡白色小结节或瘤状物。此种病变常见于大腿部、颈部及躯干背面生长粗大羽毛的部位。

综合以上情况，临床上常见到发病鸡群的病鸡双腿、翅膀和颈部麻痹，消瘦、体重减轻，冠苍白、萎缩，趾跖部干燥无光泽（图 102），灰色虹膜或不规则瞳孔，视力障碍，皮肤周围的毛囊粗糙肿大。

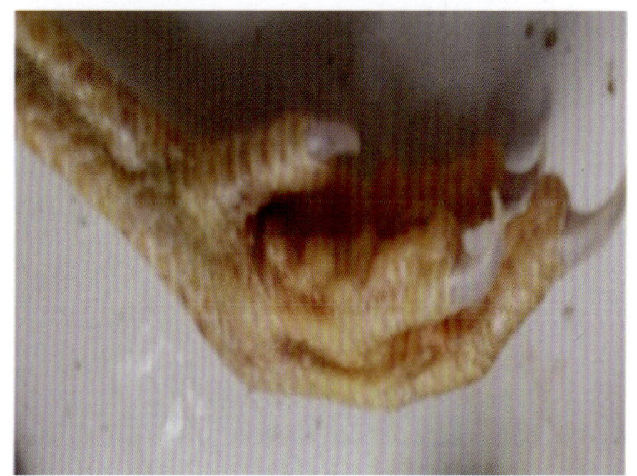

图 102　马立克病病鸡消瘦，很容易触摸到皮下胸骨，鸡冠苍白、萎缩（左），趾跖部干燥无光泽（王新卫供图）

四、剖检变化

病鸡最常见的病变表现在外周神经，包括腹腔神经丛、坐骨神经丛、臂神经丛和内脏大神经，常常单侧神经变性增粗（图103），呈黄色、灰白色，横纹消失，有时呈水肿样外观。内脏器官多发肿瘤，易发生肿瘤顺序依次为卵巢、肾、脾、肝、心、肺、胰、肠系膜、腺胃、肠道和肌肉等（图104～图108）。这些组织肿瘤化后，坚硬而致密，大小不一并呈灰白色。有时肿瘤化器官组织呈弥漫性增生，体积极度膨大。皮肤型肿瘤可见受害羽囊的周围组织增生，有时有炎症性反应（镜下可见除羽囊周围滤泡有单核细胞的大量积聚外，在真皮的血管周围常有增生细胞、少量浆细胞和组织细胞的团块聚集）。胸腺有时严重萎缩，累及皮质和髓质，有的胸腺亦有淋巴样细胞增生区，在变性病变细胞中有时可见到考德里氏A型核内包涵体。肿瘤组织显微镜下淋巴样浸润呈多态性。

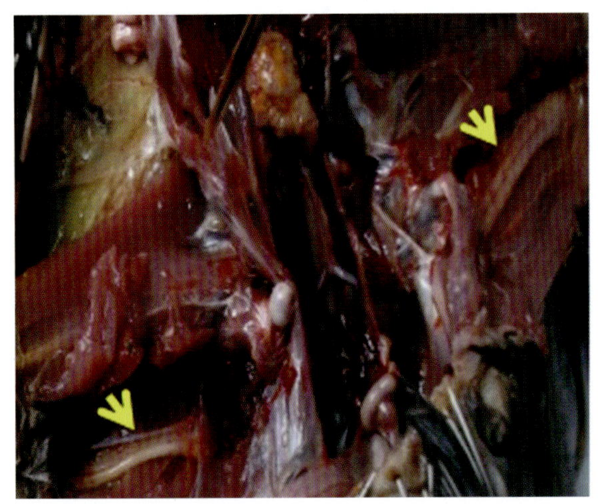
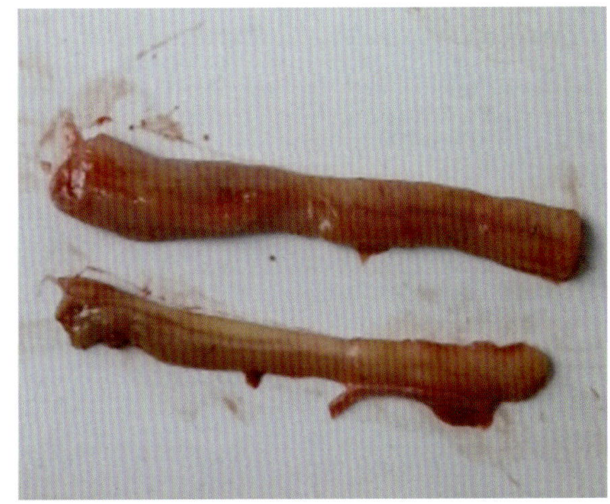

图 103　神经型马立克病病鸡坐骨神经损伤，变性坏死，一侧肿大（王新卫供图）

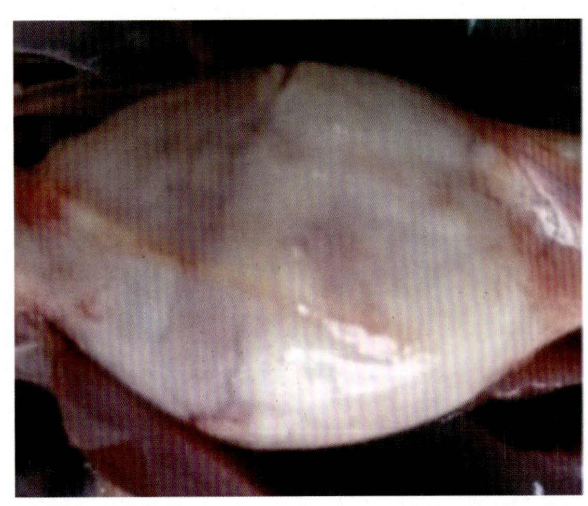
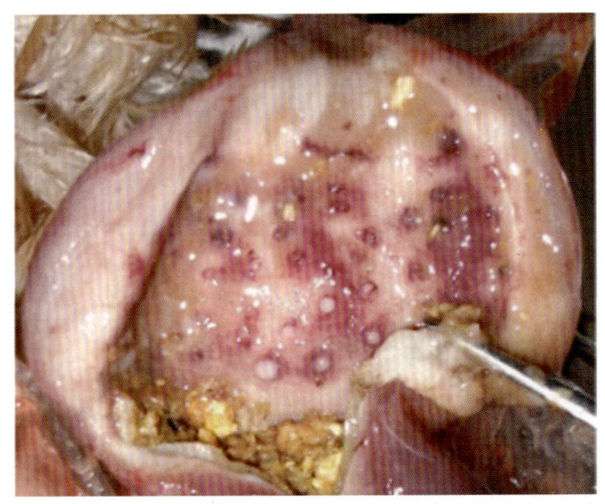

图 104　马立克病病鸡腺胃组织肿瘤增生，极度肿大，出血（王新卫供图）

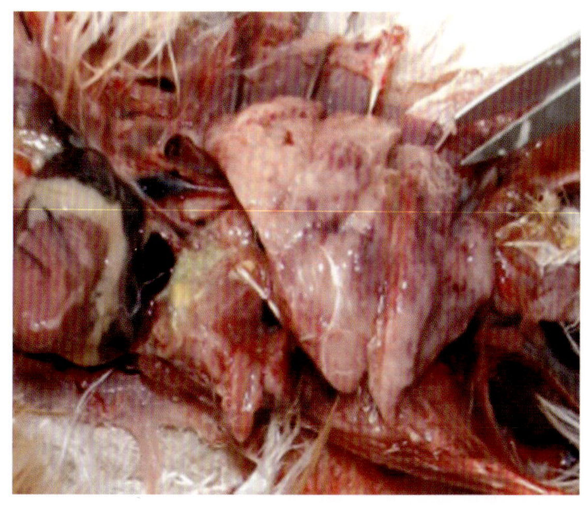

图 105 马立克病病鸡肺脏肿瘤增生，肿大（左）；脾脏肿瘤增生，极度肿大（右）（王新卫供图）

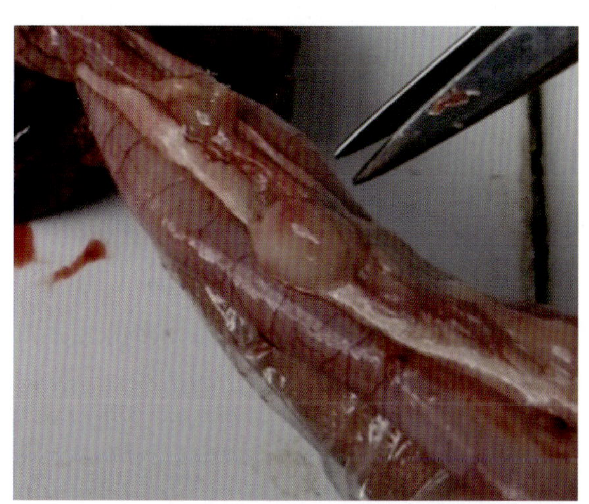
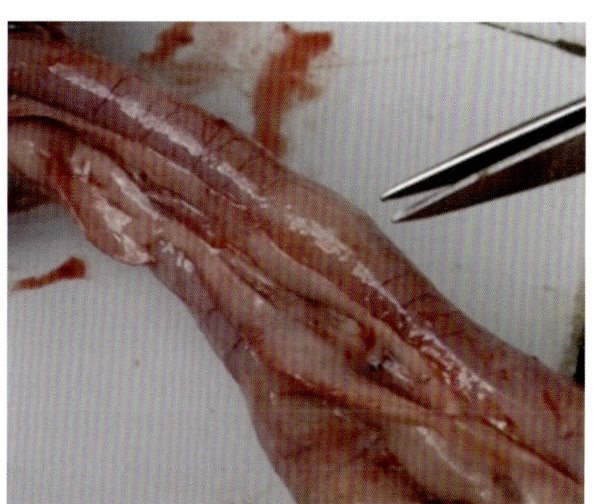

图 106 马立克病病鸡胰脏肿瘤结节（左），肠壁肿瘤结节（右）（王新卫供图）

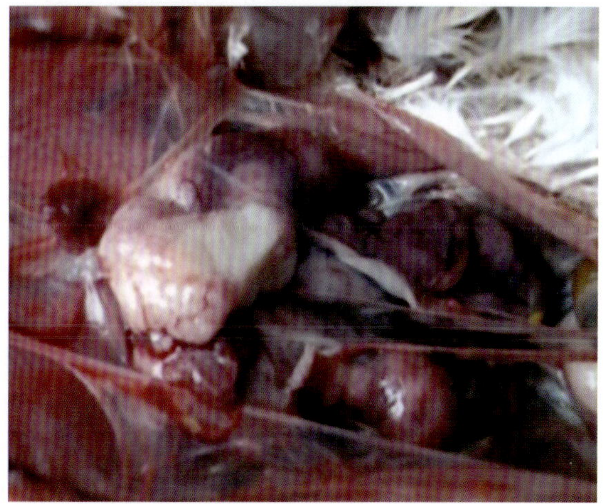

图 107 马立克病病鸡卵巢和肾脏肿瘤增生，或见多个肿瘤结节（王新卫供图）

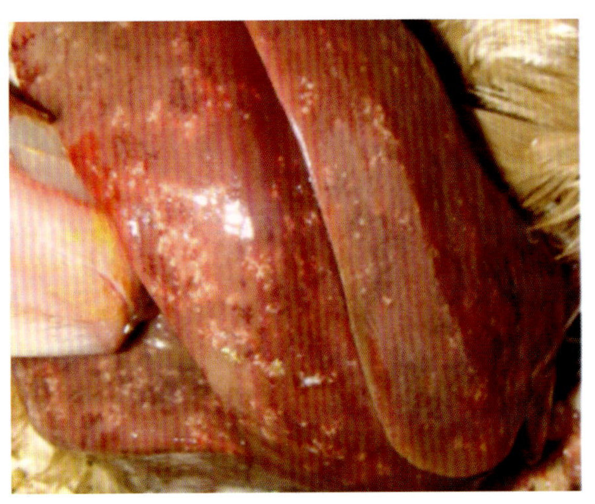

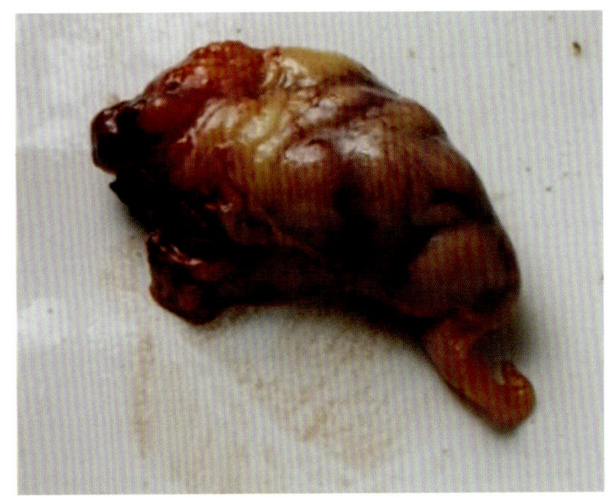

图 108　马立克病病鸡肝脏肿大，密布不同大小的肿瘤结节，外观表现不一（左），心脏肿瘤结节（右）（王新卫供图）

五、类症鉴别

马立克病临床特点明显，结合解剖变化可做出初步诊断，确诊需要进行实验室诊断。应与淋巴白血病或鸡网状内皮组织增生症相鉴别。

（1）与淋巴白血病的鉴别：临床上淋巴白血病具有四点典型特征：①通常发生于 14 周龄以上禽，14 周龄以下禽很少见到；②死亡绝大多数发生于 24 ~ 40 周龄；③独特的结节性肿瘤；④法氏囊肿瘤。而马立克病在临床上有五点特征：① 4 周龄后就可以发生；②死亡高峰多在 10 ~ 20 周龄之间，有的持续到 20 周龄；③常见到瘫痪或者“劈叉”；④出现“灰眼”；⑤一些病禽的法氏囊萎缩，有的可能出现肿瘤。通过以上几点，临床上很容易鉴别淋巴白血病和马立克病。

（2）与鸡网状内皮组织增生症的鉴别：鸡网状内皮组织增生症以垂直传播为主，也可以通过疫苗污染感染。一般低日龄鸡感染（尤其是新孵出的雏鸡）出现严重的免疫抑制，生长发育不良，性能降低，常发生其他疾病而且死淘率偏高；高日龄鸡感染后不出现或仅出现一过性病毒血症。鸡网状内皮组织增生症仅有一个血清型。鸡群早期感染后，出现肿瘤病变前，常呈现生长迟缓和免疫抑制，发生急性 B– 淋巴细胞肿瘤或慢性 T– 淋巴细胞肿瘤。肿瘤多在肝脏、脾脏发生，有的可见腺胃肿大。若是 B– 淋巴细胞肿瘤，还见于法氏囊。如为 T– 淋巴细胞肿瘤，又可在胸腺出现。肿瘤可呈现结节状或块状，也可呈弥散性，使肝脏、脾脏肿大。而马立克病的表现与之有别，可鉴别诊断。

此外，临床上马立克病还应与硫胺素缺乏症、钙 / 磷 / 维生素 D 缺乏症区别，这几种疾病均无马立克病的特征性肿瘤出现，容易与之区别。

六、防治

采取生物安全措施，坚持自繁自养，执行全进全出的饲养制度。

1 日龄使用鸡马立克病活疫苗（HVT）以 1 500 病毒饰斑单位颈部皮下接种。如果鸡群处于疫区，则可同时联合血清 -2 型的鸡马立克病活疫苗（SB1）和鸡马立克病活疫苗（Rispens）毒株疫苗一起防疫。现在有条件的厂家多倾向于 18 日龄胚进行鸡胚免疫（三种疫苗联合）。

应该注意超强毒株在田间的产生。疫苗保存和使用严格按照出场要求进行，以防免疫失败。

本病无药可治。种鸡场发病后应淘汰阳性鸡，采取上述综合措施逐步建立健康鸡群；商品鸡发病后淘汰阳性鸡，注意消毒，加强饲养管理。本批次鸡结束后彻底消毒，再进下批鸡。

第八节　鸡网状内皮组织增生症

本病是由逆转录病毒感染引起鸡、火鸡、鸭、鹅、鹌鹑的一种传染病，又称为淋巴样肿瘤病。幼禽感染影响大，而成禽感染则影响较小。目前在我国未净化鸡群有发生，有时造成较大损失。而在净化鸡群发生率很低。

一、病原

鸡网状内皮组织增生症的病原为鸡网状内皮组织增生症病毒，为反转录病毒，仅有一个血清型。

二、流行特点

该病的发病率最高可达 25%，母鸡通常高于公鸡。在肉鸡其主要症状为鸡群死亡率逐渐增加，并伴有生长发育不良。

该病可水平传播或经卵传播。蚊子和污染的马立克病疫苗可传播感染。潜伏期为5 ~ 15天。一般低日龄鸡感染（尤其是新孵出的雏鸡）出现严重的免疫抑制，生产性能降低，疫病不断，死淘率偏高。而高日龄鸡感染后不出现或仅出现一过性病毒血症。鸡群早期感染后，在出现肿瘤病变前常呈现生长迟缓和免疫抑制。

该病常常与马立克病混合感染，需要实验室检测鉴别。

三、临床症状

本病临床上常无明显的症状，被感染鸡群多有腹泻，有的表现腿软无力，或站立不起等症状。对因马立克病疫苗污染导致的感染，鸡群常常有明显的发育迟缓和不良现象。

四、剖检变化

本病肿瘤为急性B-淋巴细胞肿瘤或慢性T-淋巴细胞肿瘤。病死鸡的肿瘤多在肝脏、肾脏、脾脏发生，有的可见腺胃肿大。若是B-淋巴细胞肿瘤，还见于法氏囊，如为T-淋巴细胞肿瘤，又可在胸腺出现。肿瘤可呈现结节状或块状，也可呈弥散性，肝脏、脾脏肿大。此外，有时在肠道，如盲肠见肿瘤结节变化，有时有肠炎和肠胃炎变化，尤其在马立克病疫苗污染的肉鸡群。

五、类症鉴别

依据病理学变化和病料接种雏鸡复制疾病可做出诊断。但临床上应与马立克病、禽白血病相鉴别，见马立克病与禽白血病部分。

六、防治

在种鸡群应检疫净化本病，然后通过生物安全措施防控此病。其中避免活疫苗的污染是主要控制措施，如出现临床病例，则应淘汰病鸡。

第七章　运动与神经系统疾病类症鉴别与防治

禽的运动系统主要包括骨骼和骨骼肌两个部分，而神经系统包括中枢神经系统和外周神经系统。禽类的运动和神经系统损害主要由病原微生物、中毒和机械性损伤等引起。病毒侵害，如禽流感、禽脑脊髓炎、新城疫、马立克病、病毒性关节炎、鸭病毒性肝炎、鸭坦布苏病毒病等；细菌感染如滑膜炎、浆膜炎、大肠杆菌病、链球菌、葡萄球菌感染；维生素缺乏如维生素B_1、维生素B_2缺乏症等。此外，也可见某些中毒病及锰缺乏症、钙磷代谢障碍、机械性损伤等。本章对重要的运动和神经系统疾病从病原或病因、流行特点、症状、剖检变化和类症鉴别与防治进行阐述，使读者既能了解其特征，又能进行鉴别和防治。

第一节　禽脑脊髓炎

禽脑脊髓炎（AE）是由脑脊髓炎病毒引起的，主要侵害幼禽中枢神经系统的病毒性传染病，又叫流行性震颤。病雏鸡的典型临床症状是共济失调和头颈震颤，脑部呈非化脓性脑脊髓炎变化。成年产蛋鸡感染后出现“V”形产蛋下降，然后恢复，孵化率下降，可传给子代或横向传播。该病是当前危害养禽业的重要疫病之一。

一、病原

本病病原为小 RNA 病毒科肠道病毒属脑脊髓炎病毒（AEV），仅有一个血清型，但病毒株的毒力及对器官组织亲嗜性存在差异：有的毒株为嗜肠型，有的毒株为嗜神经型。病毒可在无母源抗体的鸡胚中繁殖，受感染鸡胚的特征为胚矮小、爪弯曲、肌肉营养不良、神经变性和脑水肿。通过卵黄囊途径接种 5 ～ 6 日龄鸡胚可以分离和增殖本病毒。病毒抵抗力较强，对氯仿、乙醚、酸、胰蛋白酶、胃蛋白酶和 DNA 酶等具有抵抗力。在 Mg^{2+} 保护下具有抗热效应（50℃）。

二、流行特点

各种日龄鸡均可感染，1 ～ 4 周龄雏鸡多发并有明显的临床表现，其中，1 ～ 2 周龄临床最为典型，产生明显神经症状。雉鸡、火鸡和鹌鹑也可感染。

本病传染性强，既能垂直传播，也能水平传播。禽感染后的粪便排毒时间为 5 ~ 12 天，病毒可在粪便中存活 4 周以上。当易感鸡接触到被污染的饲料和饮水、垫草、孵化器和育雏设备等时发生感染。感染的成年产蛋母鸡除产蛋量突然下降，1 ~ 3 周后自然恢复外，无其他明显临床症状，大多数在为期 3 周内所产的蛋中含有病毒，这些带毒种蛋孵化时，一部分鸡胚在孵化中死亡，另一部分鸡胚可孵出，出壳雏鸡可在 1 ~ 20 日龄之间发病和死亡，造成本病的流行，引起较大的损失。经垂直传播而感染的雏鸡潜伏期为 1 ~ 7 天，经水平传播而感染的雏鸡潜伏期为 11 天以上（12 ~ 30 天）。

本病无季节性。雏鸡发病率一般为 5% ~ 60%，死亡率高。成年鸡多表现为一过性感染，除产蛋量下降外，其他变化少见。

三、临床症状

1 ~ 2 周龄病雏鸡感染后出现反应迟钝，喜蹲坐在自身跗关节，或走动时摇摆不定，或出现一侧或双侧腿麻痹，一侧腿麻痹时走路跛行，双侧腿麻痹时则完全不能站立，双腿呈一前一后的劈叉姿势，或双腿倒向一侧。肌肉震颤大多在出现共济失调之后才发生，在腿、翼，尤其是头颈部可见明显的阵发性震颤，频率较高，在病鸡受惊扰如给水、加料、倒提时更为明显。部分存活鸡可见一侧或双侧眼晶状体混浊或浅蓝色褪色，眼球增大及失明。有些病鸡趾关节蜷曲，羽毛不整和发育受阻，体重严重不达标。

成年鸡感染无明显的临床症状，产蛋鸡感染后产蛋率下降16% ~ 43%，产蛋率下降呈“V”形，产蛋率下降后1 ~ 2周自然恢复，蛋壳颜色基本正常。种鸡感染后种蛋孵化率降低5%左右，孵化出的雏鸡多存在严重的感染。

四、剖检变化

一般内脏器官无特征性的肉眼病变，个别病例能见到脑膜血管充血、出血。如细心观察可偶见病雏肌胃的肌层有散在的灰白区。成年鸡发病无上述病变。

五、类症鉴别

根据流行病史，瘫痪和头颈震颤为主要症状，药物防治无效，产蛋鸡或种鸡曾出现一过性产蛋量下降等，可做出初步诊断。确诊时需进行实验室检测，在临床上应与以下疾病相鉴别。

（1）与维生素 E- 硒缺乏症的鉴别：尽管 1 ~ 2 周龄感染禽脑脊髓炎病毒的鸡在神经症状上与维生素 E- 硒缺乏症类似，也有神经症状，但维生素 E- 硒缺乏症发病日龄大多在 3 ~ 6 周龄，主要病变发生在小脑，小脑软化并有特征性的出血、坏死。病鸡瘫痪，飞舞，不能站立，但无头颈震颤症状；皮下呈绿色或者血色的水肿，肌肉白色条纹样变化（白肌病）。病鸡口服或肌内注射维生素 E 和微量元素硒后可痊愈，维生素 E- 硒缺乏症无传染性。

（2）与新城疫的鉴别：新城疫通常出现较高的死亡率，常伴发呼吸道变化，病鸡也有头颈扭曲、仰头、摆头等神经症状，时轻时重。但解剖可见腺胃乳头出血，肠道出血、溃疡。成年鸡患非典型新城疫时，产蛋质量下降，蛋色蛋质变差，如白壳蛋、砂皮蛋等，但禽脑脊髓炎感染成年蛋鸡仅仅产蛋量下降，蛋色无变化。禽脑脊髓炎病鸡有特征性的头颈和腿的高频率阵发性震颤。

（3）与痢特灵中毒的鉴别：痢特灵中毒的病鸡精神亢进，发病率高，死亡快，有用药史。这容易与禽脑脊髓炎相鉴别。

（4）与 B 族维生素缺乏的鉴别：B 族维生素缺乏病鸡表现为骨短粗症，脚趾蜷曲麻痹，腿部麻痹呈“观星”样，皮炎 / 鳞状皮肤变化，口腔病变，结膜炎，贫血，脂肪肝和肾综合征，或者羽毛粗乱、松散，孵化率下降，胚胎发育不良。如维生素 B_1 缺乏症主要表现为头颈扭曲，角弓反张。维生素 B_2 缺乏症主要表现为绒毛卷曲，脚趾向内侧弯曲，跗关节肿胀和跛行。注射维生素 B_1 、维生素 B_2 后疗效显著。该病无传染性。而禽脑脊髓炎病鸡有特征性的头颈和腿的高频率阵发性震颤；成年蛋鸡仅仅产蛋量下降，无其他变化。

鸡减蛋综合征与禽脑脊髓炎的鉴别见鸡减蛋综合征的部分。

六、防治

做好生物安全工作，加强消毒、检疫和隔离，禁止从疫区引进种蛋与种鸡。

可使用活毒疫苗对 9 ~ 15 周龄的蛋鸡或种鸡饮水免疫，效果良好。但对种鸡最好在开产前 4 周接种。

本病无有效治疗方法。除加强管理和环境控制外，雏鸡发病后立即淘汰，饲料和饮水中添加维生素 E、维生素 B_1，可减少死亡。种鸡感染后 1 个月以内产的蛋不宜做种用。

第二节　维生素 B_1 缺乏症

本病是由维生素 B_1 的缺乏引起的禽碳水化合物代谢障碍和神经系统病变的营养代谢疾病，临床以多发性神经炎为典型症状。

一、病因

日粮不平衡，维生素 B_1 不足 / 缺乏，饲料水浸泡或高温焖煮导致维生素 B_1 降解，或饲料中有氨丙啉、硝胺、磺胺类药物等拮抗物也可引起维生素 B_1 缺乏。含硫胺素酶的鱼、虾和软体动物可分解硫胺素，也可以引起此病。慢性腹泻、肝脏疾病等可影响维生素的吸收和利用也是诱因。

二、流行特点

雏禽多发。成年禽一般在维生素B_1缺乏3周后发病。成年禽缺乏维生素B_1，所产种蛋孵化出的雏禽也可发生维生素B_1缺乏症，多见于2～3日龄的雏鸭、鹅。此外，集约化养禽场罕见，但可能会出现聚集性病例，即单个或者多个禽场使用硫胺素缺乏的同一饲料先后发生。

三、临床症状

本病的典型症状是多发性神经炎。成年禽表现为食欲废绝，羽毛蓬乱，体重减轻，体弱无力；病初为多发性神经炎，进而出现麻痹或痉挛的症状，开始为趾的屈肌发生麻痹，以后向上蔓延到翅、腿、颈的伸肌发生痉挛，这时病禽瘫痪，坐在屈曲的腿上，角弓反张，头向背后极度弯曲，后仰呈“观星状”；有的呈进行性瘫痪，不能行动，倒地不起，抽搐死亡。产蛋量下降，死胚增加，孵化率也明显降低。出壳不久的雏禽也表现类似变化。

雏禽症状大体与成禽相同，但多在2周龄以前发生。出现典型症状：脚软，乏力，不愿走动，站立不稳，共济失调，倒地做游泳状摆动、挣扎。有的出现神经症状，坐地，头向背后部强烈弯曲呈角弓反张姿势，有的头颈扭曲，不安，鸣叫。多为阵发性发作，逐渐加重，最终全身麻痹，瘫痪，死亡。

四、剖检变化

本病无特征性病理变化。

五、类症鉴别

根据特征性的神经症状，结合禽群的饲养管理情况及饲料成分分析，即可做出诊断。

六、防治

给予禽平衡日粮；控制嘧啶环和噻唑药物的使用，必须使用时疗程不宜过长；注意必要时在饲料中添加维生素B_1，鸡为1～2毫克/千克，水禽、火鸡和鹌鹑为2毫克/千克。可补充各种谷物、麸皮和青绿饲料。

发病时，小群饲养时可个别强饲或注射硫胺素。大群可通过饲料/饮水投服B族维生素，或者对病禽口服维生素$B_1$2.5毫克/千克体重，或肌内注射0.1～0.2毫克/千克体重，1～2次/天，连用2～3天。

第三节　维生素B_2缺乏症

本病又叫核黄素缺乏症，临床上以病雏鸭、鹅趾爪向内蜷曲、两腿发生瘫痪为主要特征。

核黄素缺乏症常引起物质代谢发生障碍，导致禽发病。

一、病因

本病病因为日粮维生素 B_2 不足或者缺乏，饲料发霉、变质导致维生素 B_2 被破坏，或者患胃肠病或寄生虫病，处于低温等应激状态，饲喂高脂肪、低蛋白饲料时也容易导致维生素 B_2 缺乏。

二、流行特点

流行特点与维生素 B_1 缺乏症类似。

三、临床症状

该病主要影响上皮组织和神经。病禽生长发育受阻，生长缓慢，消瘦，羽毛卷曲、蓬乱无光泽，腹泻，食欲下降；行动缓慢，强行驱赶则翅膀张开，两脚反叉向前。其中，病雏禽最为明显的外部症状是卷爪麻痹症状，趾爪向内蜷缩呈“握拳状”。两肢瘫痪，以飞节着地，翅展开以维持身体平衡；运动困难，被迫以踝部行走，腿部肌肉萎缩或松弛；皮肤粗糙，眼睛发生结膜炎和角膜炎。病后期，腿伸开卧地，不能走动。

成年禽产蛋量下降明显，蛋白稀薄，受精率下降，孵化率明显降低，在孵化后 12 ~ 14 天胚胎大量死亡，孵出雏禽绒毛无法突破毛鞘而呈结节状。

雏禽生长减慢，衰弱，消瘦，背部羽毛脱落，贫血，严重时发生下痢。病禽不愿走动，爪向内蜷曲。

四、剖检变化

尸体极度消瘦，整个消化道比较空虚，肠内有大量泡沫状内容物，胃肠黏膜变薄；坐骨神经和臂神经肿大、变软，其直径为正常的 4 ~ 5 倍。

五、类症鉴别

根据病史调查、临床症状、剖检病变及饲料分析等，可做出诊断。类症鉴别见相关内容。

六、防治

日粮营养平衡。发病时调整饲料使营养平衡，对确定维生素 B_2 缺乏造成的坐骨神经炎，在日粮中加 10 ~ 20 毫克 / 千克的核黄素，个体内服维生素 B_2 0.1 ~ 0.2 毫克 / 只，育成禽 5 ~ 6 毫克 / 只，连用 3 ~ 5 天可收到好的疗效。严重者淘汰。

第四节　维生素 E- 硒缺乏症

维生素 E- 硒缺乏症以脑软化症、渗出性素质、白肌病和成禽的繁殖障碍为特征。在管理良好的、日粮平衡的禽场不多见。

一、病因

本病主要病因有日粮维生素 E 不平衡（不足和缺乏），或不饱和脂肪酸过多（如亚麻油、花生油、豆油、鱼粉、鱼脂、鱼肝油等）影响维生素 E 的吸收。患有一些疾病如球虫病及其他慢性胃、肠道疾病，可致维生素 E 的吸收利用障碍而引起缺乏。

二、流行特点

在 1 ~ 5 周龄的幼禽中往往会看到脑炎和渗出性素质倾向。 在老龄禽和成年禽，以肌营养不良症的发生频率更高。

三、临床症状

雏禽维生素E缺乏在早期可见病禽共济失调：走路不稳，蹒跚，或跌倒或瘫痪，或不能运动，头向后缩，或向一侧扭转；两腿快速地收缩与伸张相交替，但翅膀和腿不完全麻痹。后期病禽头向后仰，呈望星状或盲目向前冲，最后衰竭死亡。

雏禽多见有渗出性素质，胸腹部、翅膀下、腿部皮下组织水肿，皮肤可见到黄豆到拇指大的紫蓝色斑块——绿翅。

成年禽多表现为白肌病，精神沉郁，食欲减退，站立不稳，生长发育受阻，羽毛松乱，腿和喙的颜色发白，严重者呈躺卧姿势，最后衰竭死亡。

产蛋禽群卵巢功能下降，产蛋率、种蛋受精率及孵化率降低，种蛋在孵化早期鸡胚发生死亡。雄禽睾丸萎缩，精子减少、活力下降甚至失去种用功能。

四、剖检变化

剖检可见小脑脑膜水肿，表面有点状出血；大脑出现局灶性黄绿色坏死区，呈现大小不等的凹陷；广泛性皮下水肿，特别是胸腹部皮下积聚较多的蓝绿色或紫红色黏性液体；胸肌、腿肌及心肌变性呈白色，肌纤维呈灰白色的条纹状，或蜡样的变性坏死。

五、类症鉴别

根据雏禽病史和特征性的神经症状、绿翅和白肌变化可做出诊断，但应与禽脑脊髓炎（见该病部分）相鉴别。与葡萄球菌病的鉴别见葡萄球菌病部分。与磺胺类药物中毒鉴别如下。

与磺胺类药物中毒的鉴别：磺胺类药物中毒有典型的磺胺类药用药史，典型病变是皮下、肌肉广泛出血，尤其是腿、胸肌有明显出血斑点；内脏广泛性出血；胸、腹腔内有淡红色积液；肾肿大、出血，呈花斑状；输尿管变粗，内充满白色尿酸盐。而维生素E缺乏则表现为小脑脑膜水肿，表面有点状出血；大脑出现局灶性黄绿色坏死区，呈现大小不等的凹陷；广泛性皮下水肿，特别是胸腹部皮下积聚较多的蓝绿色或紫红色黏性液体；胸肌、腿肌及心肌变性呈白色，肌纤维呈灰白色的条纹状，或蜡样的变性坏死。

六、防治

给予禽平衡日粮，每吨饲料中应保证含有100 ~ 150毫克的硒和20 000 ~ 50 000国际单位的维生素E。做好饲料储存，必要时饲料中添加0.5%的植物油，防止维生素E被破坏。

治疗时在每吨饲料中添加维生素E 20 000国际单位，亚硒酸钠200 ~ 300毫克，蛋氨酸2 000 ~ 3 000克，连用2 ~ 4周。

第五节 病毒性关节炎

本病是由呼肠孤病毒引起的以关节囊及腱鞘发生急性或慢性炎症为特征的鸡和火鸡的一种传染病。临床上肉鸡常表现症状，蛋鸡多数情况下呈亚临床感染，死亡率低于5%。但其引起的运动障碍、生长停滞、淘汰率高（有时废弃率高达20% ~ 40%）、屠宰率下降、饲料转化率低，以及产蛋鸡产蛋量下降等造成的经济损失非常严重。

一、病原

本病病原为呼肠孤病毒，引起鸡的病毒性关节炎，但关节炎并非唯一的临床表现，因为有5种以上的血清型病毒导致鸡感染而表现不同的症状，如早期雏鸡死亡多及吸收不良综合征。此外，该病毒其他毒株还可以侵害鸭的法氏囊引起免疫抑制。病毒抵抗力强，可耐热、乙醚、氯仿、酸碱及环境因素。

二、流行特点

鸡和火鸡多发，尤其肉鸡最常见，2周龄雏鸡较易感，自然发病多见于4 ~ 8周龄。但现在蛋鸡感染的报道增加，隐性感染的流行率可能达75%。

本病发病率高，但死亡率通常较低。通过粪－口途径传播，或经卵传播。感染禽可带毒达250天，是主要传染源。不同毒株、不同用途的鸡及不同的饲养方式对水平传播程度有较大影响，在平养的肉鸡群中传播较快，在笼养蛋鸡群中则传播较慢。

多数鸡感染后呈隐性经过，呈现临床症状的鸡主要表现为跗、趾关节（有时包括翅膀的肘关节）及肌腱炎性肿胀、跛行、不愿走动、食欲减退、发育缓慢等，部分鸡因采食困难而逐渐衰竭死亡。

成年种鸡、蛋鸡主要表现为产蛋量下降，下降幅度达 10% ~ 15%。种鸡感染后，因运动功能障碍而影响正常的交配，使种蛋受精率下降。

三、临床症状

急性感染禽跛行，有的禽可能生长缓慢，或发育不良；慢性感染禽跛行更明显，少数病禽跗关节不能运动，腿悬空。

病鸡跗、趾关节炎性变化，腱鞘肿胀；发育不良，生长缓慢，跛行鸡增多。在日龄较大的肉鸡中可见腓肠腱断裂，这具有诊断意义。此外，患病鸡群精神沉郁，食欲减退，不愿走动，喜坐在关节上，驱赶时或勉强移动，但步态不稳，继而出现跛行或单脚跳跃。蛋鸡感染产蛋量下降，下降幅度为 10% ~ 15% 不等。

四、剖检变化

病禽跗趾关节囊、趾屈肌腱及伸肌腱肿胀，色红，或触之有波动感。急性期关节囊和腱鞘充血，或伴有水肿增厚并有点状出血，关节腔可见草黄色或血色的炎性渗出物，并混有纤维素性絮片，足垫肿胀。大雏或成禽腓肠肌腱易断裂。转归慢性后，关节变形或有溃疡。关节囊和腱鞘有纤维素性增生，关节两骨端溃疡。病变部皮下水肿和出血；或有心外膜炎，在脾和心肌上有细小的坏死灶。

五、类症鉴别

本病初期诊断较为困难，关节肿胀与沙门菌病、大肠杆菌病和葡萄球菌病等引起的症状不易区分，同时也极易与这些病菌混合感染。因此，需要实验室确诊。临床鉴别诊断如下。

（1）与禽脑脊髓炎的鉴别：禽脑脊髓炎受害严重的禽多为1 ~ 4周龄幼雏，表现为共济失调，特征症状为头、颈和腿部阵发性震颤，常以跗关节着地，轻瘫渐至麻痹，眼晶状体混浊失明。成年鸡感染除产蛋量下降外，其他无明显变化。雏禽的发病率为5% ~ 60%，死亡率高。而病毒性关节炎多侵害4 ~ 8周龄雏鸡或青年鸡，感染禽主要表现为跛行，发育不良，足垫肿胀，跗关节和趾关节炎，腱鞘肿胀，腓肠肌腱断裂易致顽固性跛行（特征变化），发病率高而死亡率低。

（2）与滑膜炎的鉴别：传染性滑膜炎是鸡和火鸡渗出性腱炎和滑膜炎（感染性滑膜炎）的慢性感染或急性感染，或鸡群的上呼吸道亚临床感染（最常见），特别存在于具有多个日龄的蛋鸡群。该病常与新城疫或传染性支气管炎等感染引起的气囊炎并发。M 型滑膜炎常无明显的临床症状。在应激与存在并发感染的禽发病较重。发病率低，死亡率 1% ~ 10%。该病发生的第一个症状就是感染禽头部呈淡蓝色，跛行，喜坐。严重感染禽精神沉郁，常待在饲料槽或者饮水器旁，飞节关节（跗关节）和足垫肿胀，也可能见到胸骨滑囊炎。对产蛋量的影响通常不明显，但是有时蛋鸡群会发生瞬间产蛋量下降。滑膜炎感染早期，病禽滑膜组织中存在奶油状黏稠黄灰色渗出物，但最常见于肿胀的飞节和翼头。病禽可能虚弱消瘦，胸骨躺卧，胸部见有水疱。病毒性关节炎发病率高，死亡率低，多侵害 4 ~ 8 周龄雏鸡或者青年鸡，感染禽主要表现为跛行，发育不良，足垫肿胀，跗关节和趾关节关节炎，腱鞘肿胀，最具特征的是腓肠肌腱断裂易致顽固性跛行。典型的病毒性关节炎感染常见于肉鸡。

（3）与马立克病的鉴别：马立克病的神经型也有跛行、瘫痪等症状。病鸡步态不稳，发生不完全麻痹，后期则完全麻痹，不能站立，蹲伏在地上，臂神经受侵害时被侵侧翅膀下垂，呈一腿伸向前方而另一腿伸向后方的特征性姿态。剖检见病禽的两侧坐骨神经变性坏死，粗细不一，病鸡极度消瘦，并多伴发特征性内脏肿瘤，发病日龄常在 2 ~ 7 月龄间。发病率为 10% ~ 50%，死亡率可高达 100%。病毒性关节炎无特征性劈叉姿势，无神经性系统变化，而且发病率高，死亡率低，典型病鸡腓肠肌腱断裂，这些特点与马立克病不同，可以相互区分。

（4）与沙门菌病的鉴别：沙门菌病是由沙门菌属中的任何一个或多个成员引起禽类的一大群急性或慢性疾病。病禽感染一些菌株后，食欲减退，精神沉郁，羽毛混乱，闭眼呆立，拉白色粪便，发出叫声，喘气，肛门污染粪便，也有跛行关节炎表现。剖检可见肺脏、肝脏、肌胃和心脏中的灰白色结节，肠或盲肠炎症，脾脏肿大，盲肠有炎性渗出物与粪便形成的“肠芯”，输尿管尿酸盐结晶。如果存在鸡白痢、伤寒和副伤寒，其变化均有自己的特性。抗生素可以治疗此病。以上与病毒性关节炎病鸡表现不同，病毒性关节炎病鸡内脏变化不明显，却有特征性的腓肠肌腱断裂等特征性变化。临床上可以鉴别。

（5）与大肠杆菌病的鉴别：大肠杆菌病是由多种血清型的致病性大肠杆菌所引起的不同类型禽病的总称，其中一些菌株感染可以导致关节炎或者滑膜炎。大肠杆菌感染可以使用抗生素治疗，而且该菌感染多伴发其他变化，如肝周炎、气囊炎、眼炎或者肉芽肿。重要的是大肠杆菌为环境条件致病性微生物，多与管理不良导致严重的应激相关。而病毒性关节炎的内脏变化不明显，却有特征性的腓肠肌腱断裂等特征性变化。

（6）与葡萄球菌病的鉴别：葡萄球菌病是由金黄色葡萄球菌引起的家禽的一种急性或慢性传染病，在临床上常表现多种类型，其关节炎、腱鞘炎、足垫肿等变化与病毒性关节炎类似。但该病的发病率低，死亡率也低，而且该病的发生多与创伤有关。其关节炎型病变也多见于跗关节，也可以见于膝关节或者趾关节，病鸡跛行，局部有细菌性疾病的特征性热痛感。该病使用适当抗生素治疗效果好。而病毒性关节炎发病率高，死亡率低，常常有病鸡腓肠肌腱断裂病症，因而可以鉴别。

（7）与维生素 E- 硒缺乏症的鉴别：维生素 E- 硒缺乏症病禽剖检见小脑脑膜水肿，表面有点状出血；大脑出现局灶性黄绿色坏死区，呈现大小不等的凹陷。广泛性皮下水肿，特别是胸腹部皮下积聚较多的蓝绿色或紫红色黏性液体。胸肌、腿肌及心肌变性呈白色，肌纤维呈灰白色的条纹状，或蜡样的变性坏死。维生素 E- 硒缺乏症病禽中枢神经受损严重。病毒性关节炎感染禽主要表现为跛行，发育不良，足垫肿胀，跗关节和趾关节关节炎，腱鞘肿胀，最具特征的是腓肠肌腱断裂而致顽固性跛行。典型的病毒性关节炎感染常见于肉鸡，并且无中枢神经系统的变化。以上特征很容易鉴别两种疾病。

（8）与钙磷缺乏和比例失调的鉴别：钙磷缺乏和比例失调病在关节肿大、跛行、产蛋率下降等症状上与病毒性关节炎相似。钙磷缺乏和比例失调导致发病时幼禽喙与爪较易弯曲，肋骨末端有串珠状小结节。成年鸡产薄壳蛋、软壳蛋，后期胸骨呈“S”状弯曲，肋骨失去硬度而变形。剖检可见特征性的肋骨串珠结节，骨骼肿胀、疏松易折，骨髓腔变大，关节面软骨有肿胀缺损。而病毒性关节炎主要表现为跛行，发育不良，足垫肿胀，跗关节和趾关节关节炎，腱鞘肿胀，最具特征的是腓肠肌腱断裂而致顽固性跛行。

（9）与家禽痛风的鉴别：家禽痛风尤其关节痛风时，病禽减食、消瘦、关节肿胀、跛行等症状与病毒性关节炎相似。但痛风病禽排白色半黏液状稀粪，含有多量尿酸盐。剖检可见关节甚至内脏器官、胸腔等出现特征性石灰样白色尿酸盐结晶。这些特征在病毒性关节炎病鸡并不存在。

六、防治

平时采取生物安全措施，种禽场做好净化，从无病毒性关节炎的鸡场引种。

疫苗预防方案如下：8 ~ 12 日龄鸡病毒性关节炎活苗皮下注射或饮水免疫，50 ~ 98 日龄第 2 次活苗免疫，临产前用病毒性关节炎油佐剂苗免疫。但应注意：鸡病毒性关节炎活苗免疫时，应与马立克病、法氏囊病弱毒苗的免疫相隔 5 天以上，以免发生干扰。

本病无有效治疗方法，应淘汰阳性鸡，全群消毒，用抗生素预防继发感染。

第六节　滑膜炎

滑膜炎是鸡和火鸡渗出性腱炎和感染性滑膜炎的慢性感染或者急性感染，或引起鸡群的上呼吸道亚临床感染（最常见），特别存在于具有多个日龄的蛋鸡群。

一、病原

本病病原为滑液囊支原体。其分离菌株的毒力差异很大，其疑似毒素因子包括黏附素、唾液酸酶、一氧化氮，具有抗原变异和免疫逃避功能等。

二、流行特点

M 型滑膜炎可经蛋传播，但种禽的感染率低，而且有些后代禽并无感染。水平传播方式类似于家禽中的支原体感染，经结膜或上呼吸道感染，潜伏期较长，达 11 ~ 21 天。传播途径包括经卵传播，或由气雾经呼吸道传播，或直接接触传播。但不同禽场间经非生物传播仍然是一种重要传播途径。本病在养禽国家都有分布，但在发达国家的种鸡群中的发病率得到控制，我国依然存在一定的感染率，尤其近几年发病率上升。无论国内外鸡群，在多日龄混合饲养的蛋鸡群仍是常见疾病，而且可能会导致禽群产蛋量下降，蛋的一端显示出特殊变化。临床上尤以商品蛋禽多发。主要见于鸡和火鸡，引起滑膜炎和/或气囊炎。但鸭、鹅、珍珠鸡、鹦鹉、野鸡和鹌鹑也会感染。本病常与新城疫或传染性支气管炎等感染引起的气囊炎并发。

本病可引起禽呼吸道变化，但症状轻微，常无明显的临床症状。在应激与存在并发呼吸道感染的禽发病较重。发病率低，死亡率 1% ~ 10%。

三、临床症状

病禽可能无症状，或者精神沉郁，食欲减退，羽毛凌乱，跛行，踝、跖、趾肿大（有时很严重，两侧不对称）。急性感染时粪便可呈绿色。管理良好的情况下对产蛋量影响不大。

感染发生时第一个症状就是感染禽头部呈淡蓝色，跛行，喜坐。严重感染禽精神沉郁，常待在饲槽或者饮水器旁，飞节关节（跗关节）和足垫肿胀，也可能见到胸骨滑囊炎。对产蛋量的影响通常不明显，但是有时蛋鸡群会发生瞬间产蛋量下降。蛋出现一端特殊变化（图 109）。

图 109 滑液囊支原体感染可引起蛋的特殊变化，周期性用药时好转，停药后复发（王新卫供图）

呼吸道病变不明显，当环境条件差，空气污浊、新城疫病毒或传染性支气管炎病毒感染等应激条件存在时，感染禽发生轻度黏液性气管炎或鼻窦炎并带有气囊炎。

四、剖检变化

本病早期，病禽大多数滑膜组织中存在奶油状黏稠黄灰色渗出物（图 110 左），后期黏液呈干酪样（图 110 右），但最常见于肿胀的飞节和翼头。在慢性病例，这种渗出物变浓。过去病例会有肝脏肿大，有时呈绿色，脾脏肿大，肾脏肿大和苍白。但现在已不常见。病禽

图 110 滑液囊支原体感染引起的鸡跗关节肿胀，见炎性渗出物（左）；龙骨突炎性渗出物呈干酪样（右）（王新卫供图）

可能虚弱消瘦，胸部出现水疱。气囊炎一般见于重型肉鸡，常造成肉仔鸡淘汰。

五、类症鉴别

对跛行病禽，须排除骨骼异常和创伤，实验室确诊需要进行血清平板凝集试验或ELISA检测M型滑膜炎抗体，但可能会有非特异性反应。PCR可检测病禽或者病死禽M型滑膜炎支原体DNA。注意在火鸡，凝集试验检测本病不可靠，特别是在有呼吸道感染时。鉴别诊断包括病毒性关节炎、葡萄球菌和其他细菌性感染导致的关节炎。与病毒性关节炎区别见病毒性关节炎部分。

（1）与沙门菌病的鉴别：沙门菌病是由沙门菌属中的任何一个或多个成员引起禽类的一大群急性或慢性疾病。病禽感染一些菌株后，食欲减退，精神沉郁，羽毛混乱，闭目呆立，拉白色粪便，发出叫声，喘气，肛门污染粪便，也有跛行关节炎表现。剖检可见肺脏、肝脏、肌胃和心脏中的灰白色结节，肠或盲肠炎症，脾脏肿大，盲肠有炎性渗出物与粪便形成的“肠芯”，输尿管尿酸盐结晶。如果存在鸡白痢、伤寒和副伤寒，其变化均有自己的特性。而滑膜炎则常见于多日龄混合饲养的蛋鸡群，常与新城疫或传染性支气管炎等感染引起的气囊炎并发，常无明显的临床症状。本病发生的第一个症状就是感染禽头部呈淡蓝色，跛行，喜坐；严重者飞节关节和足垫肿胀，也可能见到胸骨滑囊炎。病禽大多数滑膜组织中存在奶油状黏稠黄灰色渗出物，但最常见于肿胀的飞节和翼头。在慢性病例，这种渗出物变浓。病禽可能虚弱消瘦，胸部出现水疱。尽管存在肝脏肿大，有时呈绿色，脾脏肿大，肾脏肿大和苍白，但无沙门菌感染导致的灰白色结节、盲肠“肠芯”与尿酸盐结晶。

（2）与大肠杆菌病的鉴别：大肠杆菌病是由多种血清型的致病性大肠杆菌所引起的不同类型禽病的总称，其中一些菌株感染可以导致禽关节炎或者滑膜炎。大肠杆菌感染多伴发其他变化，如肝周炎、气囊炎、眼炎或者肉芽肿。而滑膜炎则表现为：常见于多日龄混合饲养的蛋鸡群，常与新城疫或传染性支气管炎等感染引起的气囊炎并发，常无明显的临床症状。如果严重，则发生的第一个症状就是感染禽头部呈淡蓝色，跛行，喜坐；更严重者飞节关节和足垫肿胀，也可能见到胸骨滑囊炎。病禽大多数滑膜组织中存在奶油状黏稠黄灰色渗出物，但最常见于肿胀的飞节和翼头。在慢性病例，这种渗出物变浓。病禽可能虚弱消瘦，胸部出现水疱。

（3）与葡萄球菌病的鉴别：葡萄球菌病是由金黄色葡萄球菌引起的家禽的一种急性或慢性传染病，临床上常表现多种类型，其关节炎、腱鞘炎、脚垫肿等变化与滑膜炎类似。但葡萄球菌病的发生多与创伤有关。其关节炎型病变也多见于跗关节，也可以见于膝关节或者趾关节，病鸡跛行。而滑膜炎则常见于多日龄混合饲养的蛋鸡群，常与新城疫或传染性支气管炎等感染引起的气囊炎并发，常无明显的临床症状。如果严重，则发生的第一个症状就是感染禽头部呈淡蓝色，跛行，喜坐；更严重者飞节关节和足垫肿胀，也可能见到胸骨滑囊炎。病禽大多数滑膜组织中存在奶油状黏稠黄灰色渗出物，但最常见于肿胀的飞节和翼头。在慢性病例，这种渗出物变浓。病禽可能虚弱消瘦，胸部出现水疱。因而可以鉴别。

六、防治

净化种禽，方案同支原体感染。对商品禽场，建议从非支原体感染种鸡群购买小雏鸡，严防引入该病。同时严格生物安全管理。

饲料中添加抗生素可能有助于预防滑膜炎，但抗生素价格昂贵，效果不佳。但当禽群的滑膜炎可能会导致伴发气囊炎时，为预防免疫新城疫和传染性支气管炎疫苗时的呼吸道应激反应，可使用替米考星、四环素、土霉素、泰乐菌素等，有助于防止应激和发展为气囊炎。

温度敏感型活疫苗（MS-H）可预防本病，仅建议在疫区使用。免疫时使用 35℃水浴解冻，然后点眼免疫，2 小时内用完。对 3 ~ 6 周龄之间的禽免疫，可与鸡毒支原体疫苗、传染性支气管炎疫苗和喉气管炎疫苗一起使用而不影响效果。但免疫后 3 周内加强管理，其间禁止活禽运输。但应注意，疫苗的应用不是很普遍，只有有些国家有这种疫苗。疫苗需多次接种才能诱导禽产生一定的免疫力。因此，有条件的禽场建议进行免疫评估以确定是否引入疫苗防疫。

第七节　葡萄球菌病

本病是由金黄色葡萄球菌引起的，家禽的一种急性或慢性感染的多种临床表现的总称。临床上可见关节炎、腱鞘炎、足垫肿、脐炎和葡萄球菌性败血症等，时常给养禽业造成较大的损失。部分菌株可以引起人食物中毒，具有公共卫生意义。

一、病原

本病病原为葡萄球菌，革兰染色阳性。本菌对热、消毒剂等理化因素的抵抗力较强，并耐高渗。60℃需 30 分钟才能将其杀死，在干燥的脓、血中能生存数月。常用消毒药以 3% ~ 5% 石炭酸杀菌效果最好。利用金黄色葡萄球菌对高浓度氯化钠（7.5%）的抗性，可把它从严重污染的病料中分离出来。

二、流行特点

本病呈世界性分布，发病率较低，死亡率为 0 ~ 15%。人工感染的潜伏期为 2 ~ 3 天。

在孵化场和一般养殖场均可发生。诱发因素可能包括呼肠孤病毒感染，慢性应激，创伤（带翅号、断喙、刺种疫苗、网刺、刮伤和扭伤、啄伤、打斗）和免疫抑制。但多与创伤有关。

雏鸡脐带感染也较为常见，此外当禽患痘病时常并发或继发本病。禽也可通过吸入和粪－口途径感染本病。还可通过污染种蛋表面传播。营养缺乏导致的皮肤损伤（如生物素）也可能导致发病。

本病的发生无季节性。侵入机体的细菌通过门静脉随血流传播到典型的病变部位。临床表现为多种疾病类型。成年禽和肉禽的育成阶段多发生葡萄球菌型关节炎，而初生雏禽感染葡萄球菌，以脐炎多见。或者继发于其他疾病。

三、临床症状

（1）败血症型：病程一般2～6天，呈急性败血症死亡。病禽体表皮肤湿润、水肿，羽毛潮湿易掉，颜色呈青紫色或深紫红色，皮下多蓄积渗出液，触之有波动感。有时仅见翅膀内侧、翅尖或尾部皮肤形成大小不等的出血、糜烂和炎性坏死，局部干燥呈红色或暗紫红色，无毛。

（2）脐炎型：该型常发生于出壳后1周内的雏禽。病雏禽体质瘦弱，精神萎靡，食欲废绝，卵黄吸收不良，腹围膨大，脐部发炎肿胀，常因败血症死亡。

（3）关节炎型：多见于跗关节，病禽跛行，不能站立，喜卧，关节肿胀，局部有热痛感。青年病禽与成年病禽趾关节和跗关节肿大，触之有热痛和波动感，跛行，行动不便，采食困难，逐渐消瘦而衰竭死亡。类似表现也见于膝关节，轻时一侧关节炎症，病禽单腿直立（图111），重时瘫痪，卧地不起，有的因败血症而死亡，有的胸部龙骨上发生浆液性滑膜炎，最后逐渐消瘦死亡。

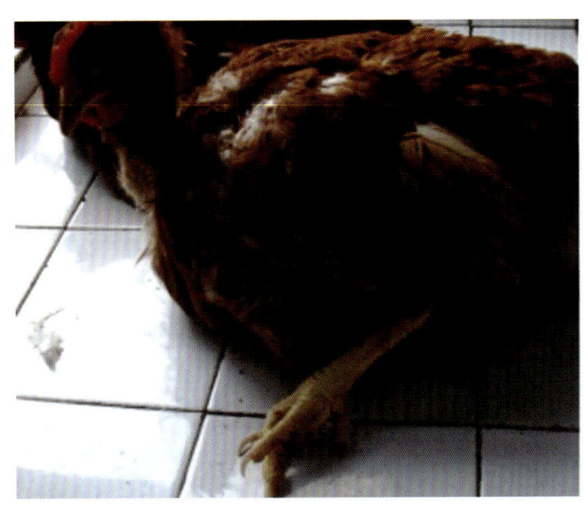

图111　葡萄球菌感染病鸡跗关节炎，不能站立，瘫痪，或者单侧关节炎，单腿独立（王新卫供图）

（4）皮肤型：见有皮下水肿，有炎性渗出，表现为浮肿性皮炎、胸囊肿、足垫肿（图112），并多有污染物、坏死。其他可见脊椎炎和化脓性骨髓炎等。当前出现的胸囊肿也有一些是由葡萄球菌引起的。

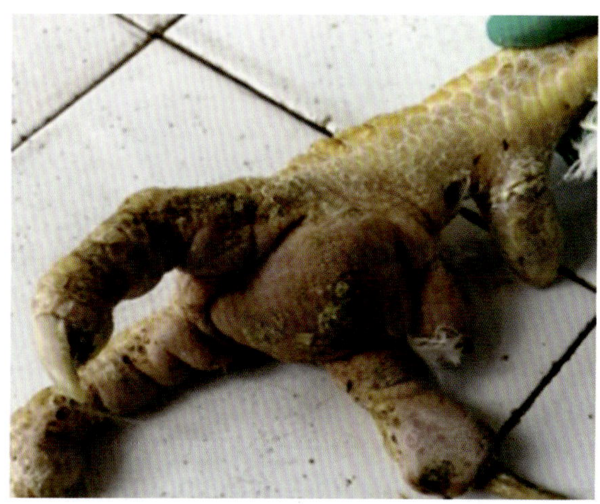

图 112　葡萄球菌感染病鸡趾部、足垫肿胀（王新卫供图）

四、剖检变化

（1）败血症型：皮下有数量不等的紫红色液体，胸腹肌出血、溶血形同红布。有的病死鸡皮肤无明显变化，但胸、腹或大腿内侧等皮下具有灰黄色胶冻样水肿液。肝脏变脆，有出血点及白色坏死点。其他全身败血症变化，如心冠脂肪有出血点，肠黏膜轻度充血、出血等。

（2）关节炎型：主要表现在关节肿胀或者坏死。关节囊内有干酪样或脓样物。关节软骨糜烂，易脱落，关节周围的纤维素性渗出物机化；肌肉萎缩。严重的关节附近肌肉出血坏死，跗关节外观发绿，有胶冻样炎性渗出（图 113）。单侧关节肿胀坏死，单侧腿与腹部皮下淤血，呈暗青色（图 114）。关节下部肌肉严重坏死，呈暗紫色坏死变化（图 115）。或发生腱鞘炎，最常见于足底区域或踝关节，这可能会在这些部位形成脓肿。感染关节可能有纤维蛋白凝块明显渗出。

图 113　葡萄球菌感染病鸡跗关节外观发绿，有胶冻样炎性渗出（王新卫供图）

图 114　葡萄球菌感染蛋鸡单侧关节肿胀坏死，有热痛感，管理等条件好的禽场仅个别鸡表现出临床症状，产蛋率下降仅仅 1% ~ 2%，其他正常。病鸡单侧腿与腹部皮下淤血，呈暗青色（王新卫供图）

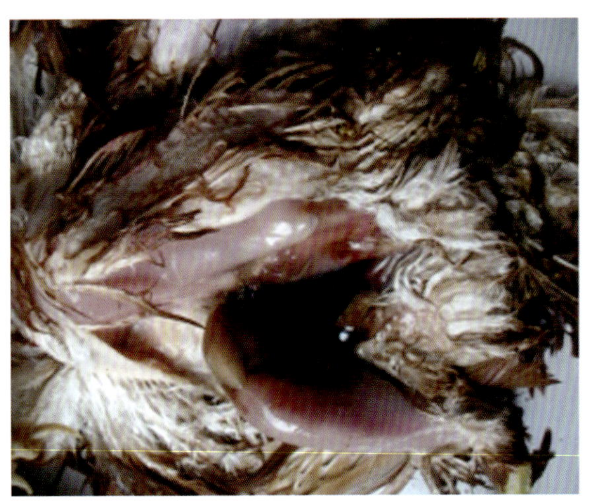
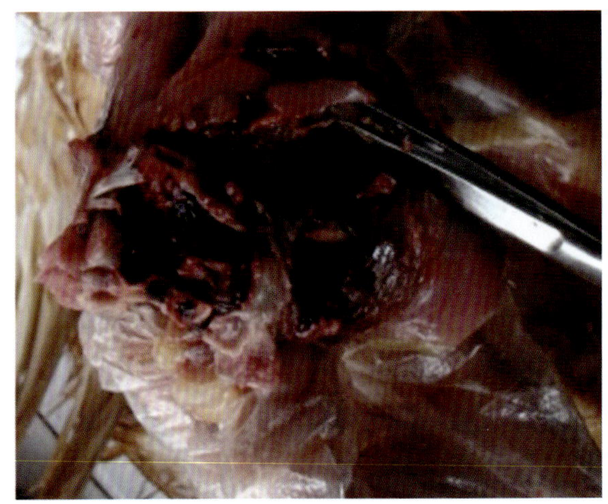

图 115　严重葡萄球菌感染蛋鸡单侧膝关节下部肌肉严重坏死，呈暗紫色坏死变化（王新卫供图）

初生雏禽感染可发生脐炎，病禽腹部膨大，脐孔周围皮肤浮肿、发红，皮下有较多红黄色渗出液多呈胶冻样，或者卵黄吸收不良，卵黄绿色或褐色。有时粪便污染肛门。

（3）皮肤型：主要表现为皮下炎性渗出、水肿，肝脏、脾脏肿大，肠黏膜卡他性炎症。

五、类症鉴别

根据发病特点、临床症状、病理变化并结合细菌学检查即可确诊。应与大肠杆菌病、沙门菌病、支原体感染（滑膜炎）、维生素 E– 硒缺乏症、绿脓杆菌感染和痛风相鉴别。与滑膜炎的鉴别见滑膜炎部分。

（1）与沙门菌病的鉴别：沙门菌病病禽食欲减退，精神沉郁，羽毛混乱，闭眼呆立，拉白色粪便，发出叫声，喘气，肛门被粪便污染，也有跛行关节炎表现。但剖检可见肺脏、肝脏、肌胃和心脏中的灰白色结节，肠或盲肠炎症，脾脏肿大，盲肠有炎性渗出物与粪便形成的“肠芯”，输尿管尿酸盐结晶。如果存在鸡白痢、伤寒和副伤寒，其变化均有自己的特性（见本书相关章节）。而葡萄球菌感染有急性或者慢性，其发生多与创伤有关，成年禽和肉禽的育成阶段多发生关节炎型，而初生雏禽感染，以脐炎型多见。败血型雏禽皮肤明显水肿，颜色呈青紫色或深紫红色，皮下多蓄积紫红色渗出液；胸腹肌出血、溶血如同红布；胸、腹或大腿内侧等皮下具有灰黄色胶冻样水肿液。关节炎型多见于跗关节，病鸡跛行，剖检可见关节囊内有干酪样或脓样物，严重的关节附近肌肉出血性坏死，呈紫青色，最常见于足底区域或踝关节。脐炎型常发生于出壳后 1 周内的雏禽，可见腹部增大，脐孔周围皮肤浮肿、发红，皮下有较多呈胶冻样的红黄色渗出液，或者卵黄吸收不良，卵黄绿色或褐色。这些变化可与沙门菌感染相鉴别。必要时进行镜检，二者形态不同，容易区分。

（2）与大肠杆菌病的鉴别：一些大肠杆菌菌株感染可以导致关节炎等变化，这与葡萄球菌感染类似。两种病均为条件性疾病。大肠杆菌感染临床表现复杂，可引起肝周炎、气囊炎、眼炎或者肉芽肿、关节炎、滑膜炎等。但葡萄球菌病常常表现为急性或慢性感染，多与创伤有关，其败血型具有特征性的皮肤变化，皮肤颜色呈青紫色或深紫红色，皮下多蓄积紫红色渗出液；胸腹肌出血、溶血形同红布；而且葡萄球菌病少见肝周炎、气囊炎变化；关节炎型见关节囊内有干酪样或脓样物，严重的关节附近肌肉出血坏死，呈紫青色（而大肠杆菌感染无此变化）。最常见于足底区域或踝关节。取病料实验室革兰氏染色，很容易区分二种病原菌。

（3）与维生素E–硒缺乏症的鉴别：维生素E–硒缺乏症以脑软化症、渗出性素质、白肌病和成禽的繁殖障碍为特征。在1～5周龄的幼禽中往往会看到脑炎和渗出性素质倾向；在老龄和成熟禽，以肌营养不良症的发生频率更高。临床上则表现为病禽平衡失调，蹒跚，或跌倒或瘫痪，头向后挛缩，或向一侧扭转，但翅膀和腿不完全麻痹等神经症状；或者表现渗出性素质：胸腹部、翅膀下、腿部皮下组织水肿，皮肤可见到黄豆到拇指大的紫蓝色斑块——绿翅。在成年禽则多表现为白肌病，腿和喙的颜色发白等。病雏禽剖检可见小脑脑膜水肿，表面有点状出血；大脑出现局灶性黄绿色坏死区，呈现大小不等的凹陷；广泛性皮下水肿，特别是胸腹部皮下积聚较多的蓝绿色或紫红色黏性液体；胸肌、腿肌及心肌变性呈白色，肌纤维呈灰白色的条纹状，或蜡样的变性坏死。而葡萄球菌病病原为葡萄球菌，临床表现为急性或慢性，多与创伤有关，这与维生素E–硒缺乏症不同。葡萄球菌病引起的败血型具有特征性的皮肤颜色变化，如皮肤呈青紫色或深紫红色，皮下多蓄积紫红色渗出液。胸腹肌出血、溶血形同红布。这看起来与维生素E–硒缺乏症的渗出性素质的胸腹部、翅膀下、腿部皮下组织水肿，皮肤可见到黄豆到拇指大的紫蓝色斑块——绿翅具有类似的地方，但葡萄球菌病败血型并无维生素E–硒缺乏症产生的脑软化变化、神经症状及白肌变化。关节型葡萄球菌病导致关节囊内有干酪样或脓样物，严重的关节附近肌肉出血性坏死，呈紫青色。最常见于足底区域或踝关节，但无维生素E–硒缺乏症产生的脑软化变化和中枢神经紊乱表现。葡萄球菌病的皮肤型无神经表现和肌肉白色变化。

（4）与绿脓杆菌病的鉴别：二者均有精神沉郁，眼半闭，蹲伏，跛行，关节炎，腹泻，粪呈黄绿色，嗉囊部、大腿内侧有水肿，破溃后流液等临床症状，并均有皮下胶样浸润等剖检病变。但二者的区别在于：绿脓杆菌病的病原为绿脓杆菌，病鸡水肿部不显红色，破溃后不流粉红色或红色液体；颈下、脐部皮下呈黄绿色胶样浸润；培养基菌落呈蓝绿色。

（5）与鸡痛风的鉴别：二者均有关节肿胀，不愿走动，跛行等临床症状。但二者的区别在于：鸡痛风的病因是日粮中蛋白质过多而引起的尿酸血症，病鸡排白色黏液状稀粪，含有多量尿酸盐；剖检可见内脏表面和胸腹膜有石灰样尿酸盐结晶，关节内有白色结晶（尿酸盐沉积）。而葡萄球菌感染则无此类症状。

六、防治

该病为条件性疾病。平时做好生物安全工作，减少应激，避免外伤，如消除鸡笼、用具等的一切尖锐物，在断喙、带翅号、免疫接种时要做好消毒等。

对病禽可使用抗生素治疗。药物如环丙沙星饮水：0.015%～0.02%，连续3～5天。或者对个别禽可以注射给药：庆大霉素注射液，每只雏禽2 000～4 000国际单位肌内注射，每天1次，连续治疗2～3天；卡那霉素，以每只雏禽5 000～8 000国际单位肌内注射，每天1次，连续治疗2～3天。如存在耐药现象，则以药敏试验结果选择抗生素针对性治疗。严重的可以采取自家疫苗进行防治。

第八节　维生素D缺乏症

本病的临床特征是雏禽佝偻病和缺钙症状。在产蛋禽，如果日粮缺乏或者管理不善，本病常常引起较大损失。

一、病因

本病主要诱因为饲料缺乏维生素D，饲料钙和磷的比例不当，代谢障碍、光照不足影响体内维生素D合成，长期使用磺胺类药物、消化道疾病或肝肾疾病影响维生素D的吸收利用，饲料中维生素A的含量过高而影响维生素D的吸收。维生素D缺乏造成禽的钙、磷吸收和代谢障碍，骨骼、蛋壳形成等受阻而导致疾病。

二、流行特点

集约化养殖场多见单个或多个禽场发生（尤其多个使用由某些原因导致维生素D不足的、同一饲料的禽场）。产蛋禽多发。本病发生多与管理不良有关。

1月龄左右雏鸡容易发生，发生时间与雏鸡饲料及种蛋情况有关。本病主要表现为骨骼损害。对产蛋禽，先表现为薄壳蛋和软壳蛋，然后产蛋量下降，可能停产，且种蛋孵化率下降，胚胎多在 10 ~ 16 日龄死亡。

三、临床症状

本病的特征为雏禽佝偻病。病初禽腿弱，行走不便，喙、爪软而易弯曲，然后跗关节着地或蹲坐，运动失调。骨骼柔软或肿大，肋骨和肋软骨的结合处可摸到圆形结节（念珠状肿）。胸骨弯曲或正中内陷。脊椎在荐部和尾部向下弯曲。生长发育不良，羽毛松乱无光，有时下痢。

产蛋禽维生素 D 缺乏时产薄壳蛋和软壳蛋，或产蛋量下降。如为种蛋，则孵化率下降，胚胎死亡。喙、爪、龙骨变软弯曲。慢性病例可见骨骼变形，胸廓下陷，所有肋骨沿胸廓呈向内弧形弯曲的特征。后期关节肿大，或可能有“企鹅形”蹲着姿势，长骨质脆易折。

四、剖检变化

雏禽特征性病变是“肋骨串珠”——肋骨在同一侧水平位置上出现珠球状白色的结节，或者肋骨与肋软骨结合处的内侧有球状结节突起。肋骨向后和向下弯曲，长骨骨质（胫骨和股骨）变软、弯曲。

成年禽喙部、胸骨变软，肋骨与胸骨、肋骨与椎骨接合处内陷，所有的肋骨沿胸廓呈向内弧形弯曲的特征。所有日龄的病鸭、鹅均可见到龙骨呈不同程度的“S”形。

五、类症鉴别

维生素 D 缺乏症：规模化饲养时，该病与营养和管理有关，其临床特征明显，如佝偻病，剖检见“肋骨串珠”，成年禽喙部、胸骨变软，肋骨与胸骨、肋骨与椎骨接合处内陷明显。通过这些特征可以确诊。临床上与其他感染导致的运动障碍明显不同，可通过调整饲料钙、磷比例矫正。因而很容易鉴别。

六、防治

做好管理工作，给予禽平衡日粮。发病时，调整日粮营养，使维生素 A、维生素 D 的含量稍高于正常水平。对病雏禽，每只可喂服 2 ~ 3 滴鱼肝油，每天 3 次，或者鱼肝油饮水 1 周；成禽注射维丁胶性钙 0.5 毫升；患佝偻病的雏禽，每只每次喂给 10 000 ~ 20 000 单位的维生素 D_3 油或胶囊，持续 1 周。

第九节　锰缺乏症（脱腱症）

锰是动物体多种酶的组成成分和激活剂，对动物生长、骨骼形成和生殖器官的发育具有重要作用，也是必需微量元素之一。锰缺乏症的主要临床特征是病禽骨短、粗症。

一、病因

发生本病的原因有：地理性缺锰区植物内含锰量较低致饲料中锰含量不足，长期饲喂缺锰的饲料（如玉米、大麦）又未补充锰；饲料中钙、磷、铁及植酸盐过量、过多，影响机体对锰的吸收；饲料中胆碱、叶酸、烟酸及生物素等缺乏使机体对锰的需要增加；此外，感染球虫或具有胃肠道疾病及药物误用等情况可导致锰的吸收障碍。

二、流行特点

集约化养殖场多见单个或多个禽场发生（尤其使用同一饲料的禽场）。本病发生多与日粮不平衡和管理不良有关。在管理良好和日粮平衡的禽场少见。

2 ~ 10 周龄的禽多发，并以 2 ~ 6 周龄最为严重，无传染性。

三、临床症状

病雏生长发育不良，骨骼畸形，跗关节肿大和变形，胫骨弯曲扭转，长骨变短粗以及腓肠肌腱从其踝部滑脱——脱腱症。腿垂直外翻，不能站立和行走。种禽所产的蛋蛋壳硬度低，孵化率下降，在孵化的第 20 天和 21 天出现死亡高峰，孵出的雏禽骨骼发育迟缓，腿异常短粗，翅膀短，“鹦鹉嘴”，头呈球形，腹外突，雏禽运动失调，特别是在受到刺激时，头向前伸和向身体下弯曲或缩向背后。

四、剖检变化

跗跖骨弯曲、变短、近端粗大变宽，胫跖骨、跗跖骨关节处皮下有一灰白色较厚的结缔组织。管状骨明显变形，骨骺肥厚，骨板变薄。剖面可见骨质疏松。腓肠肌腱移位，从胫跖骨远端两踝滑出。其他变化不明显。

五、类症鉴别

根据临床特征结合饲料锰含量测定确诊。该病病变明显，如雏禽“鹦鹉嘴”、跗跖骨弯曲、变短，近端粗大变宽等，而且内脏多无特征性变化。因而容易与其他疾病鉴别。

六、防治

做好管理工作，给予禽平衡日粮：锰含量应达到雏鸡料 55 毫克 / 千克饲料，育成鸡 25 毫克 / 千克饲料，产蛋鸡 25 毫克 / 千克饲料，种鸡 33 毫克 / 千克饲料。对水禽，使饲料中锰的含量不低于 40 毫克 / 千克饲料。

发病时，提高饲料中锰含量到正常加入量的 2 ~ 4 倍；或者每千克饲料中添加硫酸锰 0.1 ~ 0.2 克；饮水中加入 0.2‰的高锰酸钾，连用 3 天。同时检查并调整饲料配方。

第八章　被皮系统疾病类症鉴别与防治

禽被皮系统是禽皮肤及其衍生物的总称。衍生物有羽毛、喙、冠、肉髯、鳞片等。禽被皮系统疾病的病因包括生物性因素如病原微生物感染（寄生虫叮咬）、中毒、机械性刺激以及可能的管理因素如断喙、免疫等。在临床上，这些病因均可以引起被皮系统疾病。但在规模化养殖情况下最常见的被皮系统疾病有感染性疾病，如禽痘、马立克病（皮肤型）、高致病性禽流感、葡萄球菌病、滑膜炎、弧菌性肝炎、黑头病、外寄生虫病及维生素 A 缺乏症等。其中，有的疾病既引起被皮系统病理损伤，又可以导致内脏器官病变，如葡萄球菌病、马立克病（皮肤型）和黑头病等；有的仅仅引起皮肤变化，如禽螨虫病。本章主要从病原或病因、流行特点、症状、剖检病变、类症鉴别与防治等进行阐述，既能理解其特征，又能进行鉴别和防治。

第一节　禽痘

本病是由痘病毒引起的禽类的一种病毒性疾病。以皮肤损伤，形成斑块，常在皮肤上有痘疹，或在口腔、咽喉部黏膜上形成白色结节为临床特征。时有发生。

一、病原

本病病原为禽痘病毒，病毒在环境中可存活数月。

二、流行特点

鸡不分年龄、性别和品种均可感染，但以雏鸡和中雏最常发病，雏鸡死亡多。鸭、火鸡、鸽、鹅、金丝鸟等也可感染。公禽因喜打斗常致皮肤损伤，并存在寄生虫叮咬时更易发病，或者禽被尖锐笼具刺伤而发生。发病率为 10% ～ 95%，但死亡率通常不高，为 0 ～ 50%。潜伏期 4 ～ 50 天，病程约 14 天。

本病传播相对缓慢。传染源为病鸡和带毒鸡。通过皮肤黏膜擦伤，库蚊、疟蚊和按蚊叮咬或呼吸途径而感染。其中蚊等吸血昆虫在传播本病中起重要作用。禽鸟及其污染物也可导致传播。

本病无季节性，但蚊虫活跃季节最易流行。打架、啄毛、交配等造成外伤，鸡群过分拥挤、通风不良、鸡舍阴暗潮湿、体外寄生虫、营养不良、缺乏维生素及饲养管理不良等均是风险因素，可促使本病发生并加剧病情。如伴发有葡萄球菌感染、传染性鼻炎、慢性呼吸道病等则死亡严重。

三、症状

本病分为皮肤型、黏膜型和混合型三种病型，偶有败血症。

（1）皮肤型：临床特征是在禽体无毛或毛稀少的部位如冠、肉髯、眼睑、喙角、翼下、腹部及腿部等出现灰白色结节，依次发展为红色的小丘疹，增大如绿豆大痘疹，呈黄色或灰黄色，凹凸不平，干硬，或有痘疹融合成大的、突出皮肤表面的疣状结节（图116，图117）。痂皮可存留3～4周之久，然后逐渐脱落。该型临床表现轻微，全身性

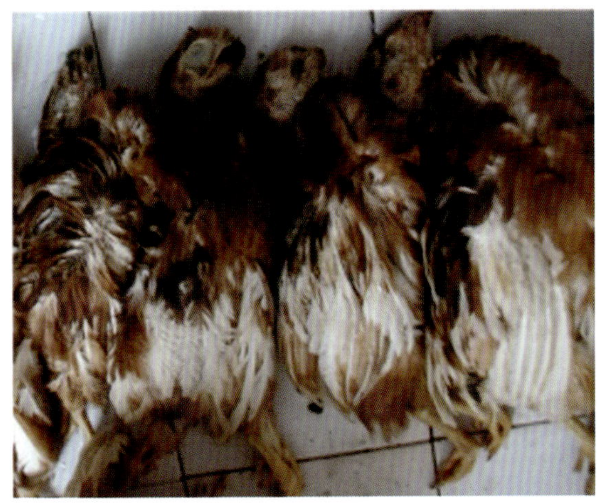

图116　禽痘病鸡精神不振，呆立，脸面部与喙部痘疹融合，影响采食，继发感染后死亡（王新卫供图）

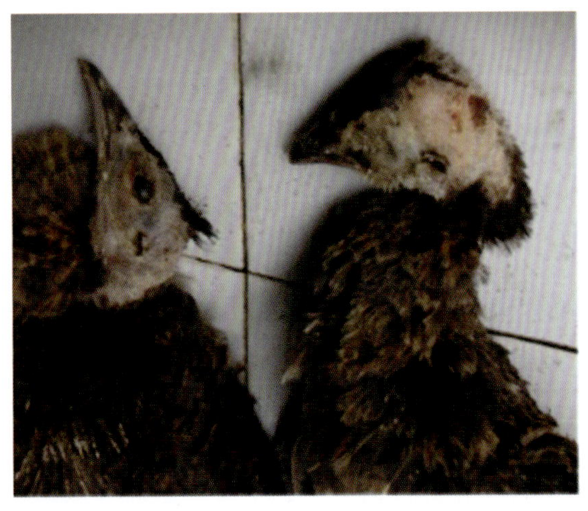
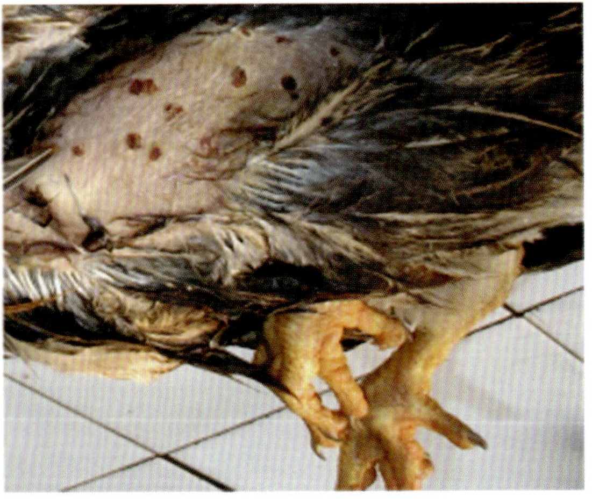

图117　禽痘病死山鸡，可见头部痘疹（左），病鸡皮肤无毛处痘疹，有的形成斑块（右）（王新卫供图）

变化较少。但在严重感染病禽，如幼雏，病禽呈现精神沉郁、食欲减退、发育受阻等症状，或见继发感染其他疾病（如葡萄球菌病）导致死亡。产蛋鸡感染后影响产蛋，产蛋率下降幅度大小不一。

（2）黏膜型（白喉型）：临床特征为病变集中表现在口腔、咽喉、眼、气管等部黏膜出现痘斑。病初表现为鼻炎症状，2 ~ 3 天后在病禽黏膜产生黄白色小结节，后结节增大融合形成干酪样假膜（故称白喉型鸡痘或鸡白喉），覆盖在黏膜上面。随病情发展，假膜逐渐扩大和增厚，阻塞在口腔和咽喉部位，使病鸡尤以幼雏鸡呼吸和吞咽障碍，严重时喙部无法闭合，病鸡往往做张口呼吸，发出“嗄嗄”的声音。

（3）混合型：临床特征为病禽皮肤和口腔黏膜同时发生病变，出现典型痘斑。该类病禽的病情相对严重，可能有较高的死亡率。

四、剖检病变

（1）皮肤型：特征性病变是皮肤出现结节性痘斑，皮肤变得粗糙，呈灰色或暗棕色。结节干燥前切开切面出血、湿润，结节结痂后易脱落，出现瘢痕。

（2）黏膜型：可见口腔、鼻、咽、喉、眼或气管黏膜表面稍微隆起白色结节（图 118），常融合而成黄色、奶酪样坏死的伪白喉或白喉样膜，剥去此膜后可见出血糜烂，炎症蔓延可引起眶下窦肿胀。

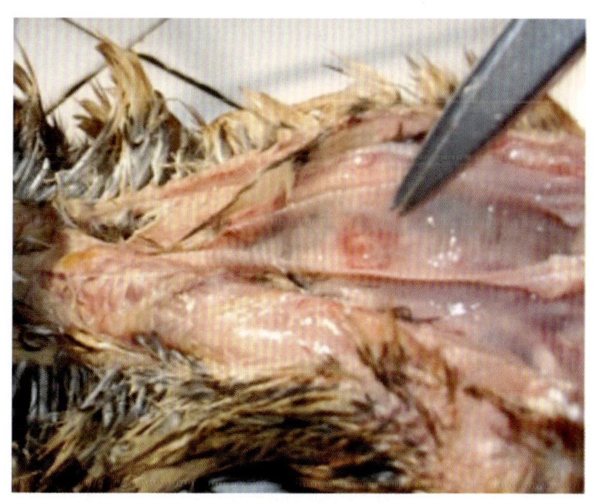

图 118　混合型禽痘病鸡气管见痘斑，出血（左），同时皮肤可见痘斑（右）（王新卫供图）

（3）败血型：表现为内脏器官萎缩，肠黏膜脱落，或者皮下有胶冻样炎性渗出物（图 119），若继发引起鸡网状内皮组织增生症，则可见腺胃肿大，肌胃角质膜糜烂、增厚。

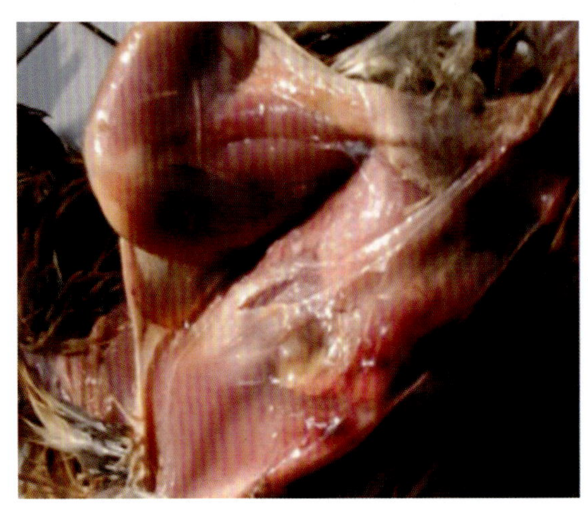
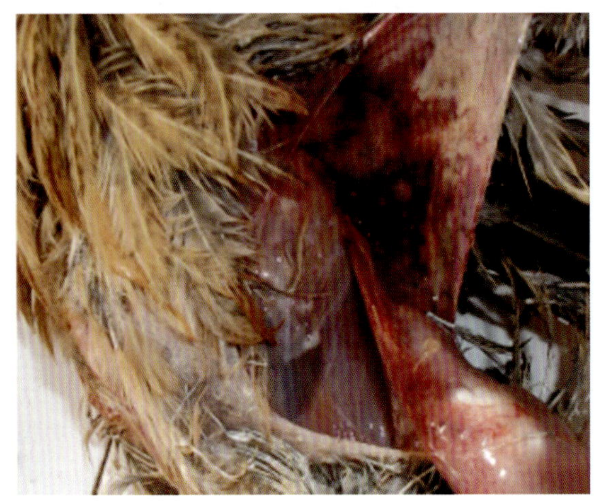

图 119　患禽痘时，严重病鸡继发细菌感染，皮下出血，有胶冻样炎性渗出物（王新卫供图）

五、类症鉴别

根据临床特征容易诊断。鉴别诊断如下。

（1）皮肤型禽痘与生物素缺乏的鉴别：两者容易相混淆，生物素缺乏时，因皮肤出血而形成痘痂，其结痂小，而禽痘结痂较大。生物素缺乏不具有传染性，但对规模养殖场，生物素缺乏常整群发生，发病群多使用同一饲料。而禽痘具有传染性，禽痘的临床症状变化更为明显。生物素缺乏可促进禽痘的发生。

（2）黏膜型禽痘与传染性鼻炎的鉴别：两者容易相混淆，传染性鼻炎临床表现发病急，并具有高度传染性，传播快；潜伏期 1 ~ 3 天，感染后 2 ~ 3 天暴发，10 天内传遍全群；上下眼睑肿胀明显，流泪，打喷嚏，用磺胺类药物治疗有效。而禽痘传播慢，发展缓慢，病程长。发生黏膜型禽痘时病禽上下眼睑多黏合在一起，眼肿胀明显，用磺胺类药物治疗无效。

（3）与毛滴虫病的鉴别：毛滴虫病是鸽子、猛禽、火鸡和鸡的原生动物寄生虫。其致病性变化很大。发病率高，但死亡率不一。主要通过口腔分泌物污染饲料、饮水而传播。症状为张嘴，流口水，反复吞咽动作，体重减轻，精神不佳；有时禽类眼睛湿润如流泪状；罕见神经症状。死后剖检可见口腔、咽部、嗉囊和食管及腺胃有黄斑和大量的奶酪块状物；猛禽可能有肝脏病变。特征性病变为分泌物中可见大量原虫。而患禽痘的禽临床上无流口水、反复吞咽动作，也很少见口腔、咽部、嗉囊和食管及腺胃有黄斑和大量的奶酪块状物，而且没有可见虫体。

六、防治

采取生物安全措施，做好防虫消毒工作，笼舍合适，不伤禽皮肤。

疫苗预防，用鸡痘鹌鹑化弱毒疫苗在翅内侧无血管处皮下刺种 1 ~ 2 针。1 月龄以下的雏鸡 1 针，1 月龄以上的鸡 2 针，免疫期 5 个月。免疫后 1 周检测是否有 70% 以上的禽产生痘斑，否则重免。

发病时原则上无须治疗。但对病鸡应及时隔离，并采用一些对症疗法。对白喉型禽痘，应用镊子剥掉口腔黏膜的假膜，用1%高锰酸钾洗后，再用碘甘油或鱼肝油涂擦。病鸡眼部如果发生肿胀，眼球尚未发生损坏，可将眼部蓄积的干酪样物排出，然后用2%硼酸溶液或1%高锰酸钾冲洗干净，再滴入5%蛋白银溶液。剥下的假膜、痘痂或干酪样物都应烧掉，严禁乱丢，以防散毒。皮肤型禽痘可采用紫草、明矾、龙胆草水煎内服和碘甘油外用的中西医结合治疗方法，效果良好。

防细菌继发感染，对大群应依据情况选择使用一种广谱抗生素，如环丙沙星（0.02%浓度饮水）、土霉素（0.02% ~ 0.04%浓度饮水），连用5 ~ 7天。其他可以给予多维饮水。

第二节　肿头综合征

本病是由副黏病毒科的肺病毒引起的，继发致病性大肠杆菌等感染，以肿头和特征性神经症状为临床特征的综合征。产蛋鸡还可发生产蛋率下降，孵化率降低。

一、病原

本病病原为副黏病毒科的肺病毒，但常继发致病性大肠杆菌感染。这提示该病为多病因疾病。

二、流行特点

本病主要危害鸡和火鸡，珍珠鸡和野鸡也可发病。潜伏期为5 ~ 7天，发病率为10% ~ 100%，死亡率可达1% ~ 20%。肉鸡死亡率1% ~ 20%，蛋鸡产蛋量下降2% ~ 40%，产蛋鸡死亡率0 ~ 20%。禽密度大、环境氨气含量高、通风不良等因素是风险因素。商品蛋鸡常发生在育成期、产蛋高峰期，病程持续1 ~ 3周。主要经吸入污染的气溶胶而快速横向传播。污染物在不同养殖户之间的移动对传染起重要作用。

三、症状

病禽首先打喷嚏，24小时内出现眼结膜炎，泪腺肿大，然后面部和头部肿胀。在发病早期，感染禽局部瘙痒并以爪抓面部。病禽精神沉郁，不愿走动，食欲降低，体重和饲料转化率降低，不能发声，眼和鼻出血，呼吸困难，有鼻窦炎。有时可能有特异的神经症状发生于肉用种鸡和商品蛋鸡，包括持续和重复的摇头，斜颈，运动失调，行动不稳及角弓反张等。一些鸡头往上仰，呈现“观星状”。病鸡不愿走动。产蛋鸡的产蛋率和孵化率下降，但数天后恢复正常。

四、剖检病变

病禽呈浆液性鼻炎和气管炎，有时有脓液性支气管炎。病重禽面部皮下、眼眶周围组织呈胶冻样浸润，后期变为黄色硬实的肿块。泪腺、结膜囊和面部皮下组织呈黄色水肿、化脓和肉芽组织增生等。如果大肠杆菌继发感染，则发生肺炎、气囊炎和肝周炎。继发性细菌感染后，部分感染禽头盖骨的空洞处出现水肿、脓液充盈，或肉芽肿。

五、类症鉴别

依据临床症状和血清学进行诊断。鉴别诊断如下。

（1）与传染性支气管炎的鉴别：传染性支气管炎主要发生于雏鸡，突然出现呼吸症状并很快波及全群，6周龄以上鸡症状不明显或为一过性。产蛋鸡发生时，主要表现是产蛋率下降，蛋质变差，大小不一，蛋清稀薄如水，易分离；或输卵管发育不全。患肾型传染性支气管炎时，可见病鸡肌肉上有白色尿酸盐沉积；肾脏肿大，有尿酸盐沉积，形成花斑肾；也可见到输尿管变粗、结石。发生腺胃型传染性支气管炎时，腺胃肿胀，浆膜外出现水肿变性，肿胀如乒乓球样。而肿头综合征由禽肺病毒引起，并常继发致病性大肠杆菌感染，临床上以肿头和特征性神经症状为特征。产蛋鸡发生时产蛋率下降15%左右，孵化率降低。肿头综合征具有特征性神经症状，传播速度与传染性支气管炎不同。

（2）与新城疫的鉴别：鸡群发生新城疫时较肿头综合征严重，在雏鸡常可见到神经症状，而且新城疫具有典型的消化道变化，如腺胃出血、肠道枣核状溃疡。但肿头综合征缺乏消化道变化。肿头综合征多伴有肿头变化，头部水肿或肉芽肿，并常继发细菌性感染。

（3）与低致病性禽流感的鉴别：如H9N2型禽流感，临床表现症状缓和，精神如常或轻度减食，有轻度呼吸道症状，有呼噜声，怪叫，轻度腹泻，产蛋率下降10% ~ 30%（一般10%左右），蛋壳发白（注意与非典型新城疫与禽脑脊髓炎区别），持续3 ~ 5周后，产蛋率开始恢复。一般很少死亡，但并发感染时严重死亡，死亡鸡有卵黄性腹膜炎，除个别死鸡腺胃少许出血，输卵管内有白色的分泌物外，多数无特征性病变。感染鸡群HI抗体迅速上升，高达13log2以上。高产鸡感染后有时也表现输卵管萎缩。而对青年鸡，感染低毒流感病毒后表现出输卵管内形成炎性干酪样物。对肉鸡，H9亚型禽流感病毒感染成为常态，危害严重，而且多发生于免疫空白期。感染鸡支气管常有炎性干酪样物形成的炎性栓塞，使越是肥大的鸡因窒息而死亡的概率越高。肿头综合征以肿头和特征性神经症状为主要特征，尤其神经症状在低致病性禽流感很少见到，从而可以区别。

（4）与鼻炎的鉴别：鼻炎临床特点是发病率高，死亡率低，病鸡以流鼻液、颜面水肿、流泪及肉垂浮肿为特征。鼻炎通常多发于育成鸡或者成年产蛋鸡，而肿头综合征虽有颜面部肿胀，但具有神经表现而与鼻炎不同。

（5）与鼻气管鸟疫杆菌感染的鉴别：鼻气管鸟疫杆菌由鼻气管杆菌引起，以3 ~ 4周龄禽易发，成年禽也发病，死亡率在 2% ~ 10%；本病的发生多有诱发因素，主要表现为呼吸道症状，而无肿头综合征的神经症状变化。

六、防治

加强预防措施，以全进全出方式生产，做好生物安全工作。

有条件的可进行预防接种。 疫苗接种（A 型和 B 型之间的交叉保护程度尚待确定）。活疫苗可减少临床症状和不良反应，灭活疫苗可用于种禽。

发病时，本病的抗生素治疗效果不良。可配合控制呼吸应激，饮用水氯化消毒，适当使用多种维生素等措施进行对症治疗。如没有疫苗可用，则可以尝试自家疫苗进行防控。

第二节　淀粉样变

本病是由冠状病毒引起的禽的一种感染。典型的临床变化是病禽猝死，肌肉震颤。

一、病原

本病病原为冠状病毒。

二、流行特点

本病严重程度取决于是否发生继发感染，其发病率为 50% ~ 100%，死亡率为 0 ~ 25%。主要通过结膜（接触）或上呼吸道感染（吸入传播）。潜伏期为 18 ~ 36 小时。也可以通过接触、污染物或气溶胶快速传播。感染禽可携带病毒长达 1 年之久。病毒可能在禽舍内存活 4 周左右。禽舍通风不良、氨气和硫化氢等有毒气体含量过高、高密度是主要的诱发因素和风险因素。

三、症状

典型的临床变化是病禽猝死，肌肉震颤。如果没有出现此种情况，则为传染性支气管炎。

四、剖检病变

可见病死鸡腹部肌肉水肿，或腹部皮下从轻微变化到严重坏死。恢复期禽的胸肌深部肌肉有瘢痕形成。蛋鸡卵子高度充血。可能会见到“古典”传染性支气管炎的其他病变。

五、类症鉴别

依据本病的临床典型病变即可确诊，必要时配合实验室检测。因本病的猝死和肌肉震颤容易鉴别诊断。

六、防治

做好生物安全工作，保持禽舍优良环境，饲料和日粮平衡。鸡群一旦发病，有条件的厂家可尝试用自家疫苗防控该病。

治疗时，急性期使用水杨酸钠按 1 克 / 升饮水 3 ～ 5 天，同时使用抗生素治疗继发性大肠杆菌感染，如阿莫西林按照 0.015% ～ 0.02% 饮水 3 ～ 5 天。

第四节　组织滴虫病

本病又叫黑头病，是火鸡原虫病，偶尔见于鸡和游戏鸟。与其他细菌一起协同作用引起黑头病。

一、病原

本病是由组织滴虫引起的，其他细菌参与一起协同作用引起的黑头病。

二、流行特点

火鸡发病率高，死亡率高。但鸡有相对抵抗力，偶尔发生在种鸡和自由放养鸡。常通过采食寄生虫或含有幼虫的蚯蚓或污染的粪便中的幼虫感染。潜伏期为 15 ～ 20 天。该虫很容易被灭活。但生物安全不到位时可能通过引入虫卵而使鸡感染。

三、症状

病禽精神不振，食欲不佳，离群呆立，发育不良，粪便硫黄色，头发绀或变黑色。鸡可见粪便带血。感染禽渐进性消瘦后，精神慢慢沉郁。

四、剖检病变

病禽盲肠肿大、溃疡并带有黄色、灰色或绿色的干酪样芯；肝脏可能具有不规则凹陷的病变，通常为灰色，但感染早期阶段可能不存在，特别是鸡。

五、类症鉴别

剖检见特征性变化和虫体检出即可确诊。

六、防治

良好的卫生环境，避免混合不同品种动物饲养。定期驱除蠕虫。药物治疗，硝基咪唑（如二甲基哒唑）、硝基呋喃（如呋喃唑酮、硝呋喃）和砷（如二亚甲基砜），但应注意食品安全，产蛋禽禁用。

第五节　脐炎

本病又叫卵黄囊感染，是新孵出雏禽脐部愈合之前接触细菌病原而引起脐部和卵黄囊的感染。

一、病原

本病病原主要为大肠杆菌、葡萄球菌、变形杆菌和假单胞菌。

二、流行特点

鸡、火鸡和鸭均有发生。新孵化出的雏禽脐部愈合之前接触细菌病原之后发病，潜伏期1～3天。发病率1%～10%，死亡率很高。

种禽场环境条件差、通风不良、种鸡平养、孵化场卫生不好或孵化条件不良的情况下多发。例如，种蛋、蛋盒、孵化器或雏禽盒不卫生。孵化导致脐部积水过多，愈合缓慢或粘有卵黄，也会增加感染的机会。

三、症状

病禽精神沉郁，闭眼呆立，垂头缩颈，食欲减退，腹泻，肛门被粪便污染并多被粪便糊着（图120）。或有腹部隆起，不时鸣叫。

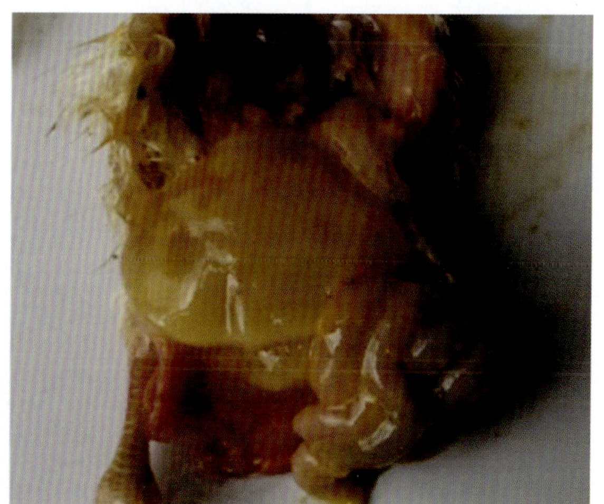

图120　雏鸡脐炎，肛门被粪便污染并糊着（左）；有时剖检可见大量炎性渗出物充满腹腔（右）（王新卫供图）

四、剖检病变

剖检主要见病禽卵黄囊变大（图 121）、淤血。卵黄囊内容物异常（其颜色不一），具体情形因感染的细菌种类而定：或有皮下、腹腔炎性渗出（图 120、图 121），可分离出不同细菌，常见大肠杆菌、葡萄球菌、变形杆菌等。

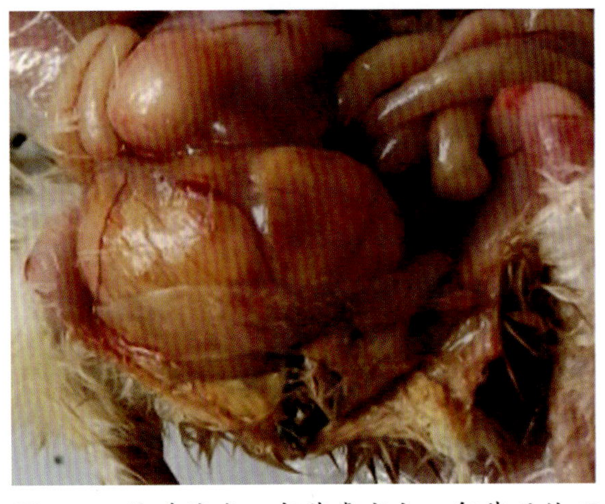
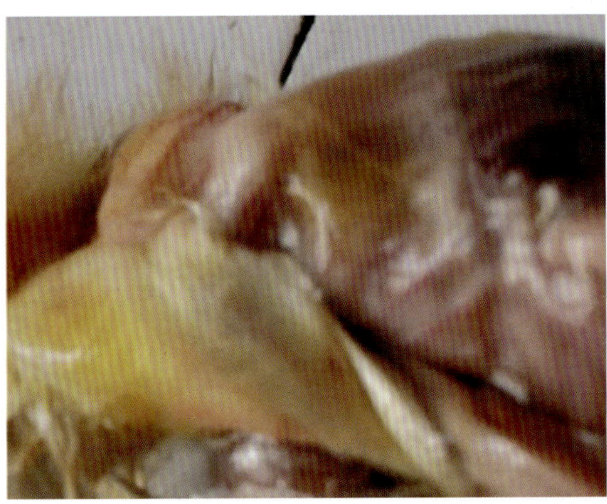

图 121　雏鸡脐炎，卵黄囊变大，卵黄吸收不良，几乎占据大半个腹腔，或出血（左）；皮下水肿或者有淡黄色渗出物（右）（王新卫供图）

五、类症鉴别

根据日龄与典型损伤可做出初步诊断。通过取卵黄囊内容物进行细菌分离鉴定可做出确诊。注意鉴别因孵化过程出现问题而造成的弱雏。

六、防治

本病重在预防。主要搞好环境清洁卫生，从种禽舍到雏禽出壳的整个过程中都要保持良好的卫生状况。

治疗时，如急性发病，可使用广谱抗生素治疗，如使用环丙沙星按照 0.02% 饮水 3 ~ 5 天，或者根据药敏试验结果选用适当抗生素进行治疗。但对已出现临床症状的病雏，其预后不良，大部分 7 日龄之前会死亡，应做淘汰处理，做好大群的治疗。

第六节　禽螨虫病

本病是由外寄生虫蜘蛛螨引起的鸡和火鸡的皮肤性疾病，可致皮肤损伤、贫血或产蛋率下降。

一、病原

本病病原为蜘蛛螨：鸡皮刺螨即普通蜘蛛螨，以吸血为食，常在夜间活动，可能传播霍乱、脑炎病毒、禽痘病毒或者其他疾病。囊型刺脂螨即北方蜘蛛螨，在禽身上完成生活史，增殖快。还有其他螨虫如突变膝螨、鸡膝螨（羽毛根部）等。

二、流行特点

本病呈世界性分布，凡是饲养 2 个月以上的禽场均可发生。产蛋禽感染后产蛋率可能下降 5% 或更多。蜘蛛螨常常是其他病原（如禽痘病毒、新城疫病毒、巴氏杆菌等）的携带者，是其他病原传播的重要载体或者媒介。

三、症状

禽身体上可见长达 0.7 毫米的灰色到红色的螨虫。感染禽骚动不安。幼禽感染可能导致消瘦、贫血和死亡。感染禽冠和肉髯苍白。产蛋禽产蛋量下降，所产蛋表面具有斑点。可能存在饲养人员皮肤瘙痒的情况。如果是膝螨，寄生于禽无毛的脚趾部，会引起瘙痒、创伤，皮肤结痂形成“石灰脚”，甚至关节炎。

四、剖检病变

病禽的最典型变化是贫血。

五、类症鉴别

依据临床特点，结合螨虫的发现可确诊。但应注意红螨多喜在禽舍的轨道（料机）、缝隙、裂缝等处，如在这些地方发现螨虫也可确诊。

六、防治

做好管理工作，清洁卫生，尤其转群或售后应对禽舍彻底清洁，进行熏蒸和杀虫处理。对禽舍的裂缝和缝隙等进行密封杀虫。

拟除虫菊酯、有机磷酸酯、氨基甲酸酯、柑橘提取物、植物油等均可有效杀灭或者控制环境中的红螨。按说明使用即可。

第七节　禽脚螨病

本病是由鳞脚恙虫，即脚螨属的一种体外寄生虫感染成年鸡、鸽等禽类引起的疾病。临床以禽感到刺痒，啄发痒部位为特征。

一、病原

本病病原为鳞脚恙虫，脚螨属的一种体外寄生虫。

二、流行特点

本病流行特点类同禽螨虫病。

三、症状

感染禽感到刺痒，羽毛耸立，啄发痒部位；腿部和无羽区域出现疥癣状损伤，生长发育受阻，鳞片增厚、隆起。

四、剖检病变

病禽病变见临床症状所述。

五、类症鉴别

结合临床症状，刮样镜检见螨虫即可做出确诊。

六、防治

空舍期彻底进行清洗消毒，降低感染风险。尽最大可能避免野鸟进入养禽区域。小群禽当中如果出现本病，最好将病禽淘汰。

如果大群严重感染可以参考禽螨虫病的防治方法，使用拟除虫菊酯治疗。对于小群禽，可将患处蘸入除螨剂进行治疗。患处涂抹矿物油或植物油也有疗效。

第八节　鸡蜱病

本病是由壁虱即鸡蜱感染引起禽类的体外寄生虫病，临床以气候温暖的禽场多发，感染禽发病后多消瘦，有时产蛋率下降。

一、病原

本病病原为波斯锐缘蜱，又叫壁虱或者鸡蜱。壁虱在宿主身上停留的时间非常短，但可传播螺旋体病和巴氏杆菌病。

二、流行特点

本病多发于气候温暖地区的禽场，特别是热带地区的小规模禽场，温带禽场不多见。

三、症状

感染禽贫血，常见皮肤损伤。蜱唾液中的毒素偶尔会引起感染禽瘫痪。感染禽消瘦，体弱，或者生产性能下降。

四、剖检病变

本病变化与禽螨虫病类似，即贫血。

五、类症鉴别

发现虫体即可确诊。

六、防治

预防措施与禽螨虫病相同，搞好环境卫生。用水泥封闭禽舍四壁的裂缝，并向禽舍的裂缝喷洒杀虫剂，这样比直接治疗的效果要好。

第九节　禽咬虱病

本病是由虱子引起的一种常见的禽体外寄生虫病。临床以禽体上可见活动的虱子（尤其是肛门附近）、家禽刺痒、肛门附近羽毛脱落等为特征。

一、病原

本病病原为虱子。它们通过禽之间的直接接触或通过垫料传播。其中鸡体虱致病性最强，严重情况下可导致贫血。定期检查家禽腹部或肛门周围羽毛的根部，看有没有快速爬动的昆虫。在羽毛根部还可找到成簇带有硬壳的虱子卵。

二、流行特点

本病常发于管理不善、条件简陋、卫生差的养殖场。其他特点不明显。

三、症状

幼禽感染时移动迟缓，羽毛上粘有虱子卵，禽体上可见活动的虱子，尤其是肛门附近。家禽刺痒，肛门附近羽毛脱落，肛门附近结痂。体质下降，有时甚至产蛋率下降。

四、剖检病变

病禽通常无组织损伤，有时可见羽毛损伤，皮肤多屑。

五、类症鉴别

本病应对病原进行鉴定。注意与禽螨虫病区分，禽螨虫病的病原为螨虫，与咬虱不同。禽咬虱病可在感染禽羽毛根部找到成簇带有硬壳的虱子卵。

六、防治

参照禽螨虫病防控措施即可。

第十节　维生素 A 缺乏症

本病是维生素 A 不足引起的，临床特征为鸡和火鸡偶尔发生，病禽发育不良，羽毛缺乏光泽、混乱，冠和肉髯苍白，口腔或咽喉黏膜上散布有白色小结节或覆盖有一层白色的豆腐渣样的薄膜，剥离后黏膜完整，没有出血和溃疡。

一、病因

本病病因为维生素 A 缺乏。

二、流行特点

本病多见于 1 ~ 7 周龄禽。大规模饲养的情况下，禽日粮营养均衡，罕见维生素 A 缺乏症。常发于管理不善的养殖场。

三、症状

病禽生长发育不良，羽毛缺乏光泽、混乱，流鼻液和流眼泪；精神不佳，昏昏欲睡；鸡冠和肉髯苍白，眼睑有黏稠渗出物覆盖，或失明。

四、剖检病变

病禽眼睑发炎和粘连，肾脏和输尿管中尿酸过多，口腔和咽部有脓疱，典型变化为口腔咽喉黏膜上散布有白色小结或覆盖有一层白色的豆腐渣样的薄膜，剥离后黏膜完整，没有出血和溃疡。镜检见上皮细胞鳞状角化。

五、类症鉴别

依据病变、症状和饲料配方，可以诊断。鉴别诊断如下。

（1）与传染性鼻炎的鉴别：传染性鼻炎是由副鸡嗜血杆菌引起鸡的急性呼吸系统疾病。病禽在流泪、流鼻液、眼睑分泌物表现等方面与维生素 A 缺乏症类似。但传染性鼻炎发病急，感染率高，具有高度传染性，而维生素 A 缺乏症无传染性。剖检病变上，传染性鼻炎感染禽主要病变是面部、眼睑、肉髯明显水肿，而维生素 A 缺乏症禽肉髯苍白，无水肿现象。传染性鼻炎病禽鼻腔和窦黏膜呈急性卡他性炎，充血肿胀，表面覆有大量黏液，窦内有渗出物凝块，后成为干酪样坏死物。鼻窦、眶下窦内积有多量的黄色干酪样物。而维生素 A 缺乏症常无这些变化，却可见肾脏和输尿管中尿酸过多。

（2）与慢性霍乱的鉴别；维生素 A 缺乏症最典型的变化在于肾脏和输尿管中尿酸过多，口腔和咽部有脓疱，同时维生素 A 缺乏症口腔咽喉黏膜上散布有白色小结节或覆盖有一层白色的豆腐渣样的薄膜，剥离后黏膜完整，没有出血和溃疡；严重者眼睛失明。镜检上皮细胞鳞状角化。然而慢性霍乱表现不一，但无眼睛的特殊变化。此外，慢性呼吸道表现的霍乱病禽可见鼻腔和鼻窦内有多量黏性分泌物，某些病例见肺硬变，而维生素 A 缺乏症无此变化。表现为关节炎和腱鞘炎的霍乱病例，主要见关节肿大变形，有炎性渗出物和干酪样坏死，而维生素 A 缺乏症无此变化。霍乱由巴氏杆菌引起，抗生素有效，而维生素 A 缺乏症为代谢病。

六、防治

平时注意管理，给禽平衡日粮，做好生物安全工作。

发病时，首先给禽平衡日粮，然后按照以下情况处理：①以每千克日粮添加维生素 A 4 000 IU 1 周；②每只禽给鱼肝油 1 ～ 2 毫升 1 周。

第十一节　啄癖

本病因管理不良所致，如密度过大，光照过强或不均，营养缺乏等引起禽喜啄，甚至打斗。

一、病因

本病多由饲养密度过大、光照过强或不均、环境温度过高、营养缺乏、饲料形态（采食粉料要比颗粒料耗更多的时间）、腱鞘炎以及其他影响家禽活动，让家禽感觉烦躁和压抑的因素等引起。

二、流行特点

本病呈世界性分布。家禽和野禽均可发生。禽是否发病受多种因素影响，如营养因素、疾病因素（寄生虫感染）、管理因素（光照问题）等。发病率通常较低，但被啄禽死亡率较高。

三、症状

病禽啄脚（尤其常见于幼禽）、啄泄殖腔（见于成年蛋禽以及 8 ～ 12 日龄的雏火鸡）、啄头、啄面、啄翅、啄羽。

四、剖检病变

病禽主要见被啄部位皮肤损伤，或者羽毛脱落。可能有贫血表现。

五、类症鉴别

根据病禽日龄大小、损伤分布、贫血等情况进行诊断。注意与细菌性皮炎相鉴别，最简单有效的鉴别方法是观察到禽群的啄癖行为，并注意啄食是否发生在病禽死后。而细菌性皮炎使用抗生素有效。

六、防治

平时注意饲养管理，尤其饲养密度适当，环境温度适宜，光照科学合理，不要太强，控制体外寄生虫。给禽平衡日粮，做好断喙工作。

发病时立即纠正饲养管理过程中存在的任何问题。饮水中添加可溶性维生素和 / 或蛋氨酸可能会有一定效果。

第三部分

标准化鸡舍的环境控制设计及管理

目前我国的蛋鸡养殖业已进入高速发展期，规模化和自动化程度都取得了长足的发展，这为整个行业的腾飞提供了充足的动力。但是，随着近几年标准化的快速深入发展，国外标准化生产技术进入中国后，如何有效地将国外标准化技术与中国的实际情况结合，发挥更大的效益，成为中国标准化发展的主要问题。

我国地域辽阔，东西距离约 5 200 千米，南北跨度约 5 500 千米，各地气候差异很大。同时我国大部分地区属于大陆性季风气候区，四季分明、温差大是主要气候特点。我国的气候现状决定了我国蛋鸡标准化的发展必须根据各地的气候特点寻找适合自己的模式。

蛋鸡养殖的标准化模式主要包括厂址选择、项目建设、饲养管理。在这里我们重点介绍厂址选择、项目建设及饲养管理中起基础关键作用的环境控制管理部分。

一、厂址选择

标准化鸡场的选择应遵循以下原则：

（1）厂址选择符合国家养殖业选址的相关规定。

（2）交通便利、地势高燥、排水良好且向阳背风。

（3）远离城市、村庄、工厂、学校等人员密集区域。

（4）调查土地使用史，过往有无农业、工业或其他污染土地情况发生。

（5）周围 2 000 米无其他同类养殖场，1 000 米内无其他种类养殖场。

（6）水源取样化验，符合人饮用水标准。

（7）了解当地的水文气象资料，主要包括风向、气温、降水，有无大风、洪涝等灾害气象。

（8）位于附近村庄的下风向及饮用水源的下游。

二、 项目建设

（一）布局设计

（1）养殖场整体布局一般情况下依照常年主导风向，由上风向往下风向依次排列生活区、仓储区、生产区、粪污处理区；如果当地为季风气候区，随着季节变化，主导风向随着季节交替而变化，则分区应与主导风向垂直的方向排布。

我国大部分地区为大陆性季风气候区，主导风向为东北风和西南风，所以我国平原地区的鸡场布局由东向西依次为生活区、仓储区、生产区、粪污处理区。

（2）生活区与生产区之间保持 100 米以上的安全隔离区。

（3）育雏场位于产蛋场的上风向。

（4）鸡舍的走向平行于常年的主导风向，水帘端处于上风向方向，风机端处于下风向方向；季风气候区，则鸡舍走向垂直于常年主导风向。

我国大部分地区都处于大陆性季风气候区，所以我国平原地区的鸡舍依照东西走向、南北朝向的方位来建造，水帘处于东向，风机处于西向。

（5）特殊地形，根据地形主导风向来设计。

（6）生产区内净道和污道分开。净道主要用于青年鸡、饲料、鸡蛋的运输，污道主要用于淘汰鸡、粪污的运输及处理。净道位于上风向，污道位于下风向。

（7）生产区鸡舍之间的安全间距为鸡舍屋顶高度的 2 ~ 4 倍。

（8）生产区鸡舍风机端后方保持 10 ~ 15 米开阔地，为风机排风逸散区，不能出现高大物体，以免影响风机工作效率。

（9）仓储区域、蛋品、饲料、动物保健品、设备备用件、杂物应按照各自的存储要求进行分区独立存储，特别是蛋品与其他物品分开存储，以免出现交叉污染。

（10）养殖场外围栽种树木，可选择香樟等鸟类不喜欢栖息的树种，以改善养殖场周边环境，降低养殖区域外围风速，降低噪声，以减少外界环境对养殖场的影响。

（11）按照国家规定，在养殖场布局设计上，必须包含粪污无害化处理区域，此区域设计参考相关设备数据做综合考虑，远离生活、生产区域。

（二）鸡舍设计

1. 饲养密度设计 饲养密度应综合考虑建筑成本、设备成本、人工成本、技术水平、人员管理、生产成绩、企业效益等因素，选择适合自己的合理密度，以获取最大经济效益。

目前国内通过大量的实践表明，单栋存栏 2 万 ~6 万只蛋鸡是比较符合我国国情的饲养密度。根据选择设备的不同，选择不同的饲养密度，阶梯式笼养建议单栋规模在 2 万只左右，配备 1 名饲养员；层叠式笼养建议单栋规模 3 万 ~8 万只，配备 1~2 名饲养员。

2. 鸡舍大小比例设计 应综合考虑饲养密度、设备类型、通风温控设计等因素。

（1）以平原地区单栋 2 万只阶梯式笼养为例，四层四列式，采用履带式清粪方式。鸡笼顶高度为 2.1~2.15 米；按照通风窗位置距离笼顶 0.5~0.8 米，距离鸡舍房梁 0.3~0.5 米计算，通风窗自身高度为 0.3~0.4 米，则此栋鸡舍房梁至鸡舍内地面的最佳高度为 3.5 米，屋脊高 5 米（三角形屋顶），宽 15~16 米。

平原地区为防止阴雨天气，水泥地面虹吸返潮，影响鸡舍内湿度，鸡舍地面要求高出舍外地面 0.3 米。

综合上述要求，从鸡舍外部来看，侧墙高度为 3.8 米，屋脊高度为 5.3 米（三角形屋顶），宽度为 15~16 米。

（2）以平原地区单栋 5 万只层叠式笼养为例，四层五列式，按照设计要求，从外部来看，侧墙高度为 4.1 米，屋脊高度为 5.6 米（三角形屋顶），宽度为 15 米。

3. 通风温控设计

（1）通风温控设备：

1）风机：选择风机的参考值为风机的排风量，目前市面上的风机分为推拉式和轴流式两种类型。

风机通风量的计算公式为 $Q=vF$（Q 为风机通风量，v 为风机风速，F 为风道截面积）

1.4 米百叶窗风机按照 42 000 米^3/ 时排风量（静压）计，

通风量 Q：$42\,000 \div 3\,600 \approx 11.7$（米^3/ 秒）

风道截面积 F：$3.14 \times 0.7 \times 0.7 \approx 1.5$（米^2）

风机风速 v：$11.7 \div 1.5 \approx 7.8$（米 / 秒）

所以 1.4 米百叶窗风机达到 42 000 米^3/ 时排风量（静压），则要求风机额定风速不低于 7.5 米 / 秒。

风机增加拢风筒后会增加 15% ~ 20% 的有效排风量，故 1.4 米拢风筒风机的排风量为 48 000 ~ 50 000 米^3/ 秒。

风机风速检测方法：以风机中心向边缘沿一条直线，均匀测定 5~8 个点的风速，取其平均值即为风机额定风速。

所以检测风机排风量是否达标的直接依据就是风速，但是标准化鸡舍在设计上为负压通风，所以设计上存在 15 帕的负压，这样在实际使用中风机排风量就存在 15% 的负压损失，使用时实际有效排风量为标定（静压）排风量的 85%。

2）湿帘：目前市场上流行的湿帘规格为波纹夹角 45 度，厚度 10 厘米，蜂窝孔直径 7 毫米。

湿帘过帘风速一般设计为 2.5 米 / 秒，这样使用时不注水情况下过帘风速可达到 2.5 米 / 秒，注水后达到 2 米 / 秒，可满足降温需要。

（2）通风温控设计：

1）风速设计：阶梯式笼养平均风速设计不低于 1.67 米 / 秒；但是鸡舍长度超过 70 米小于 80 米时，平均风速以不低于 1.8 米 / 秒为佳；鸡舍长度超过 80 米时 ，平均风速以不低于 2 米 / 秒为佳。

层叠式笼养为提高饲养密度，一般长度都在 80 米以上。鸡舍长度 80 米，由于层叠笼对风的阻力远远大于阶梯笼，故设计平均风速为 3.5 米 / 秒；鸡舍长度 90 米及以上，设计平均风速为 3.6 米 / 秒。

2）风机数量设计：风机数量的设计与设计风速密切相关。

风机数量 = 鸡舍设计通风量 / 单台风机有效排风量

以 2 万只四层四列阶梯式笼养为例：

鸡舍长度 90 米，宽度 16 米，房梁高度 3.5 米，设计平均风速为 2 米 / 秒。

则鸡舍设计通风量（每小时）= 鸡舍有效通风截面积 × 鸡舍长度 × 换气频率

换气频率 = 时间（1 小时）/ 一次换气时间（风机全启动）

一次换气时间（风机全启动）= 鸡舍长度 / 风速

则此鸡舍：

一次换气时间（风机全启动）：90/2=45（秒）

换气频率：3 600/45=80（次）

鸡舍设计通风量（每小时）：3.5 × 16 × 90 × 80=403 200（米^3/ 时）

按照 1.4 米百叶窗风机标准 42 000 米^3/ 时排风量，使用时按照 85% 有效使用功率计算：

风机数量：403 200 ÷ 42 000 ÷ 0.85 ≈ 11（台）

故此鸡舍应安装不少于 11 台 1.4 米标准排风量百叶窗风机。

同时在设计时应考虑高温高湿天气的出现，空气相对密度增大，会加大空气运行的阻力，设计时应增加 10% 的风机数量为备用，故此鸡舍应安装不少于 12 台 1.4 米标准风量百叶窗风机。如果使用 1.4 米拢风筒风机，则为 10 台。

层叠式笼养按照单栋 5 万只设计，鸡舍长度 100 米左右，房梁高度 3.8 米，宽度 15 米，按照 3.6 米 / 秒的风速计算，则需要 1.4 米百叶窗风机（42 000 米^3/ 时排风量）22 台，如果使用拢风筒风机则为 20 台风机（包括备用风机）。

3）水帘面积设计：水帘过帘风速设计为 2.5 米 / 秒，舍内设计负压为 15~20 帕，风机有效排风量已经考虑到 20 帕左右的负压，所以水帘进风量与风机有效排风量相同。

以单栋 2 万只阶梯式笼养鸡舍为例，实际有效风机为 11 台（备用风机不考虑在内），则有效排风量为 42 000 × 11 × 0.85 ÷ 3 600 ≈ 109（米^3/ 秒）。

则水帘面积为 109 ÷ 2.5 ≈ 44（米^2）（全山墙水帘）

因为侧墙水帘进风效率较低，故侧墙水帘应放大 20% 面积。故实际水帘面积应根据安装位置合理计算。

4）水帘房设计：刚刚通过水帘进入鸡舍的空气因为携带大量的水汽且温度较低，会造成水帘前的 4~6 米内温度降低，为平衡舍内水帘、风机两端的温差，舍内第一架鸡笼与水帘的距离，阶梯笼为 4~6 米，层叠笼为 6~8 米。

水帘房的设计配合水帘挡板，为水帘的分级使用提供了便利条件。

5）通风窗设计：通风窗的设计要求侧墙通风窗间隔为 2~2.5 米，通风窗大小根据饲养密度做合理设计。

山墙水帘和侧墙水帘上方也要安装通风窗，以便于寒冷季节封闭水帘后风有进入鸡舍的通道，减少寒冷季节的通风死角。通风窗进风风速最大控制为 5 米 / 秒。

6）建筑材料选择：经过大量实践证明，鸡舍屋顶使用彩钢结构比较经济实用，但是保温材料的选择至关重要，首选岩棉，其次可选择 14 千克 / 米^3 及以上容重的阻燃泡沫。

从保温性能和使用年限两方面考虑墙体首选加气块，也可采用钢结构建筑。钢结构墙体板材建议采用岩棉板，或者 12 千克 / 米^3 以上容重的阻燃泡沫。

三、环境控制管理

（一）水帘风机降温系统的工作原理

水帘风机降温系统是通过水分的蒸发和空气的运动带走鸡舍的热量，以达到降低舍内温度的目的，特别是降低舍内鸡群的体感温度（表 1）。

所以说影响水帘风机系统工作的重要因素是湿度和风速，两方面同等重要。

表1　不同湿度、风速条件下，实际温度和体感温度的差异对比

温度 /℃	湿度 /%	不同风速下的体感温度 /℃			
		0.25 米 / 秒	1 米 / 秒	1.8 米 / 秒	2 米 / 秒
35	40	33.5	26.4	23.6	23
	60	35.3	28.6	25.7	24.7
	80	38.6	31.6	28.6	27.2
33	40	31.4	25.5	23.2	22.6
	60	33.2	27.6	25	24.3
	80	36.7	30.4	27.8	27.2
30	40	28.6	24.4	22	21.2
	60	30.2	26.2	23.8	23.1
	80	33.4	29.1	26.2	25.6
28	40	26.7	23	20.7	19.6
	60	27.9	24.6	22.3	21.2
	80	30.4	27.2	24.2	23.1
25	40	24.3	21.4	18.3	16.9
	60	25	22.8	19.2	18
	80	27	24.7	21.3	20
22.5	40	21.6	19.4	17.7	16.9
	60	22.6	20.6	19	18.2
	80	24.3	21.9	20.2	19.7

通过表 1 可以看出舍内湿度在 60%~65% 时，在 0.2~0.3 米 / 秒的风速下，体感温度和实际温度最接近，换气时对鸡群生活影响最小。所以在育雏期我们要求湿度 60% 左右，是为了最大程度减少通风换气对雏鸡健康的影响。同时应注意加温保湿，以保证温度、湿度的平稳。

鸡舍环控的使用准则：炎热季节应循序渐进，逐步适应，防止高温；寒冷季节要减少死角，控制温差，寻求空气质量和温差控制的平衡。

蛋鸡舍大部分无加温设备，应根据外界温度变化，及时调整舍内环境控制参数，平衡舍内温、湿度。

（二）不同季节环控管理的要点

我国地域辽阔，大部分地区属大陆性气候区，四季分明。季节温差和昼夜温差大，为标准化鸡舍的饲养管理增加了不小的难度，地区的差异也对环境控制管理提出了更高的要求。

鸡群生活环境温差超过 5 ℃，就会产生冷热应激现象；超过 8℃，则发生疾病的概率大大增加，所以温差控制是保证鸡群健康的重要因素。

1. 冬季环境控制要点 冬季环境控制以保温为主，舍内湿度保持在 40%~50% 以适合产蛋鸡群生活，冬季通风风速控制不超过 0.3 米 / 秒，0.2 米 / 秒最佳（参考表 1）。鸡群生活的最适宜温度为 18~23℃。

寒冷季节，夜间环境控制管理尤为重要，夜间鸡舍熄灯之后，鸡群活动量下降，则对氧气的消耗量和有害气体的产生量都会下降，所以应及时调整通风设置，适当延长间隔时间，加强夜间保温，减少昼夜温差。

2. 春季环境控制要点 春季天气逐渐转暖，此阶段是动物各项生理功能最活跃的阶段，此阶段环境控制的重点是控制舍内环境以尽量达到鸡群最适生活状态，特别是温度达到最佳状态，以减少维持消耗，获取最大效益。所以此阶段定时通风和温控通风的临界温度（目标温度）应提高到 22~23℃。

春季夜间温度还相对较低，昼夜温差大，夜间保温工作仍是重点。应及时调整昼夜通风设置，减少昼夜温差。

春季环境控制的一个重点和难点是：我国大部分地区春季气候变化较大，个别时期会出现突然高温。在面对突发高温时我们在增加风机运转数量，增加风速降温的同时，一定要关注通风口的大小，关注舍内负压；负压超标时，可适当打开部分水帘以增加进风面积，降低负压。

但是在此进行操作时，应密切关注当天温度变化，在温度下降到临界值时及时封闭水帘，特别是夜间应检查水帘封闭状况，防止水帘封闭不严，造成昼夜温差增大，诱发疾病。

3.夏季环境控制要点 夏季因为天气炎热，鸡舍环境控制以温控为主。水帘风机降温系统对环境温度的降温极限为8~10℃。夏季水帘风机降温系统的使用原则为循序渐进，逐步适应，预防高温。

以河南为例：河南夏季的最高气温达到 38~40℃，此温度下，鸡舍内的温度能达到 30~32 ℃，所以日常管理中，鸡舍最高温度应控制在 28~29 ℃，这样在高温天气时舍内温度比日常温度升高 3 ℃左右，鸡群基本适应，不会对鸡群造成太大影响。

夏季环境控制的关键点是使鸡群逐步适应高温环境，最佳方案是从 4 月开始，每月舍内控制温度上调 2 ℃，至 7 月正常情况下舍内温度控制在 28~29 ℃。使鸡群逐步适应高温天气，把高温对鸡群生活的影响降到最低。

水帘风机降温系统的最佳工作湿度为 60%~70%，当湿度达到或超过 80% 时，水帘风机系统降温效率下降，并且随着湿度增加，鸡舍内空气相对密度增加，风速下降，闷热感增加。最好的解决方案就是增加风速，前文讲到的备用风机就可发挥作用了。

鸡群生活的适宜温度为15~28℃，体感温度超过28℃，鸡的生产性能会不可避免地下降。

前文表格显示，80%及以上湿度下环境温度超过33℃，在1.8米/秒的风速条件下，体感温度超过28℃，所以高温高湿天气舍内温度控制不能超过33℃，如果舍内温度超过33℃，则需强开水帘，同时打开备用风机和通风窗，提高风速，稳定舍内温度到33 ℃左右。

鸡舍通风系统为负压通风系统，负压通风系统鸡舍每个位置的风速存在差异，靠近鸡舍两端的风速较大，鸡舍中间位置的风速较小，造成鸡舍中后段温度较高，可在此处增加屋顶悬挂式助力风机以增加空气流动，提高风速，屋顶风机安装位置为高温区向前（水帘方向）5~8 米位置安装，依据高温区的长度，选择合适的安装数量，一般建议每组之间间隔 10 ~15 米。

夏季应注意夜间温度的掌控，根据环境温度和体感温度的差异选择合适的时机关闭水帘，避免感觉温度过低，造成疾病发生。

4. 秋季环境控制要点 秋季环境控制要点是控制昼夜温差。秋季环境控制应逐步下调舍内控制温度，使鸡群逐步适应寒冷季节的温度，避免突然降温对鸡群健康造成影响。密切关注夜间温度控制，把握好封闭水帘的时机。

鸡舍环境控制的目的是给鸡群创造更好的生活环境，更好地发挥家禽的生产性能，获得更高的收益。所以鸡舍环境控制效果的评判依据就是鸡群生产性能及健康状况。

鸡舍环境控制作为饲养管理的重要组成部分，与鸡群的营养、免疫、生物安全、保健等共同构成了家禽健康养殖体系。所以在生产中环境控制操作要与饲养管理的其他环节密切配合，共同协作，保证家禽的健康高产。

环境控制重点在于生产一线的操作，需要灵活地掌握和强烈的责任心。本文主要讲解环境控制中重点、难点、易忽略点，为大家的一线操作提供参考。

第四部分

畜禽废弃物资源化利用技术

近年来，随着经济的快速发展和人民生活水平的不断提高，对畜禽产品的需求量不断加大，促使我国畜禽养殖业特别是规模化、集约化的商品养殖快速发展，而畜禽养殖污染产生的环境问题也日益突出，不少养殖场粪便随地堆积，污水任意排放，严重污染了周围的环境，也直接影响着养殖场本身的卫生防疫，降低了畜禽产品的质量，导致一些疫病的发生和传播。同时，畜禽废弃物也已成为农业面源污染的主要来源之一，影响了我国养殖产业的进一步发展。《畜禽规模养殖污染防治条例》《中华人民共和国环境保护法》和《水污染防治行动计划》等都对畜禽养殖污染防治工作提出了明确的任务和时间要求。国家把畜禽养殖污染纳入主要污染物总量减排范畴，并将规模化养殖场（小区）作为减排重点。《农业部关于打好农业面源污染防治攻坚战的实施意见》将畜禽粪便基本实现资源化利用纳入“一控两减三基本”的目标框架体系，全面推进畜禽粪便处理和综合利用工作。所以，采取措施对畜禽废弃物进行无害化处理并资源化利用已成当务之急，改善和净化环境，变废为宝，充分利用，实现农业养殖业的可持续发展。

一、畜禽废弃物综合分析

（一）我国畜禽养殖现状

随着生活水平的提高，人们对动物性食品的需求猛增，畜牧业也得到了前所未有的推动。根据《中国统计年鉴：2022》，2021年我国肉猪出栏6.71亿头，牛出栏0.77亿头，家禽出栏157.41亿只。2021年我国生猪出栏100头以内的养殖户所占比达到97.01%，生猪出栏头数在500头以上的养殖场占比为0.88%，奶牛存栏在100头以上、肉牛出栏在100头以上、蛋鸡存栏在500只以上、肉鸡出栏在5 000只以上的养殖户占比分别为1.41%、0.36%、3.21%和1.33%。

（二）畜禽废弃物对环境的影响

由于农村和农业环保制度不健全，对包括畜禽养殖业在内的环境管理相对滞后，导致畜禽废弃物带来的环境问题日益突出，以至影响我国环境质量的整体改善。2022 年环境统计数据显示，我国养殖业化学需氧量和氨氮排放量分别为 1 676.0 万吨和 26.9 万吨，占当年全国总排放量的 66.2% 和 31.0%。国家环保总局在全国 23 个省市进行的调查发现，2000 年我国规模化养殖场有数万家，90%未经过环境影响评价，60%的养殖场缺乏必要的污染防治措施。过去一些地方将规模化畜禽养殖作为产业结构调整、增加农民收入的重要途径加以鼓励，却忽视了污染防治工作。随着对农业面污染源问题的重视，2021 年全国畜禽粪污产量为 30.5 亿吨，与 2015 年相比下降了 19.7%，但畜禽粪污仍是中国农村地区污染的主要来源，主要表现在以下方面。

1. 空气污染 畜禽粪肥堆放场地释放大量的氯化氨、硫化物和甲烷等有毒有害气体，对人体、工作和生活都带来不愉悦，特别是距文教区和居民生活区较近的养殖场臭气污染周围环境，严重影响着居民生活和环境卫生。

2. 水体污染　畜禽养殖场未经处理的污水中含有大量病原微生物及有毒有害物质，排入鱼塘和河流会导致水生生物逐渐死亡，严重者使鱼塘和河流丧失使用功能。同时，其中的有毒有害物质随地表径流，一旦进入地下水中可使地下水水体有毒成分增多，严重时使其丧失使用功能。

3. 传播病菌　全世界有 250 多种人畜共患病，我国共有 120 多种。人畜共患病的传染途径主要是动物性食品、患病动物的粪尿、分泌物、污染的废水、饲料等。畜禽粪便含有大量病原微生物、寄生虫卵，能使环境中病原种类增多，病原菌和寄生虫大量繁殖，滋生蚊蝇，造成人畜传染病的蔓延，尤其是人畜共患病时给人畜带来灾难性危害。

4. 危害农田生态环境　农田长期灌溉高浓度畜禽养殖污水会使作物徒长、倒伏、晚熟或不熟、减产，甚至被毒害作物出现大面积腐烂。高浓度污水可导致土壤孔隙堵塞，造成土壤透气、透水性下降，板结，严重影响土壤性质。

二、畜禽废弃物是巨大的生物质资源库

虽然畜禽废弃物是一个巨大的环境污染源，但同时也是一个巨大的生物质资源库。通过各种现代化的技术，将畜禽废弃物综合利用，可以变废为宝，实现可持续发展。综合畜禽废弃物特点，主要有三方面的用途：肥料、饲料和燃料。

（一）制肥工艺

畜禽废弃物通常含有丰富的有机质、氮、磷、钾等营养元素，经好氧、兼氧条件的堆沤发酵可制成堆沤肥，具有营养全面、肥效长、易于被作物吸收等特点，对提高作物的产量和品质、防病抗逆、改良土壤等具有显著功效。采用的方法有厌氧发酵法、快速烘干法、微波法、膨化法、充氧动态发酵法。随着我国有机食品和绿色食品的发展，有机肥料的需求量不断增加，用畜禽粪便制作有机肥具有一定的市场前景。其制作方法简便，成本低，可利用的原料种类丰富，来源广泛。

1. 制肥基本原理　死畜禽堆肥是死畜禽作为有机物在高温条件下被微生物分解，为微生物的增殖提供能量，同时高温杀死病原微生物，实现病死畜禽的无害化处理。死畜禽堆肥处理过程一般分为两个阶段，第一阶段为有机填充剂和死畜禽分层放置，第二阶段为完全混合死畜禽和有机填充剂。两阶段的堆肥化处理完成后，堆肥产品可直接用作肥料。死畜禽堆肥化处理过程如图 122 所示。

2. 制肥工艺技术与设备

（1）基本工艺：堆肥是多种微生物在适宜条件下对堆料中的有机物进行生物降解的过程。影响堆肥微生物降解过程的因素很多，其中主要是温度、通风、含水率、碳氮比和 pH 值。这些因素对堆肥起到直接的控制作用，间接影响死畜禽的无害化处理效果。死畜禽堆肥不能实现堆肥原料的完全混合，同普通堆肥在条件控制上有一定的不同。堆肥过程中必须调控这些条件来改变和控制堆肥对死畜禽的处理效果。

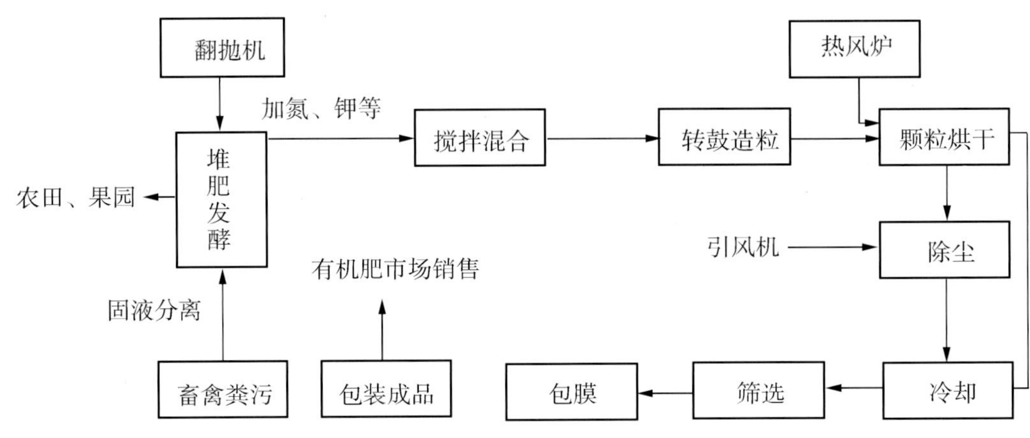

图 122　死畜禽堆肥化处理过程

1）温度：温度是堆肥处理死畜禽过程中的重要条件，堆肥处理死畜禽时最适合微生物生长的温度范围为 45~60℃，使有机物最理想分解温度为 43~66℃。

2）通风：通风的目的主要是为堆体中的微生物降解有机质提供氧气，堆肥处理死畜禽的过程中，氧含量不能低于 5%，最好在 10% 以上，这样可以很好地维持死畜禽的分解过程。

3）含水率：微生物必须在一定水环境中才能对各物质进行分解。堆肥的起始含水率一般为 50%~60%，对于条垛系统和反应器系统，堆料的水分不应大于 65%。无论什么堆肥系统，水分均应不小于 40%。水分过低，不利于微生物生长；水分过高，则堵塞堆料中的空隙，影响通风，导致厌氧发酵，好氧降解速率下降，延长堆腐时间。由于死畜禽本身含水量较大，堆肥处理时应适当减少死畜禽周围填充剂的含水率。

4）pH 值：一般认为，pH 值在 3~12 之间都可以进行堆肥。堆肥适宜的 pH 值在 7~9，当 pH 值低于 6 时，会严重影响到微生物的呼吸作用，进而延长堆肥时间。而较高的 pH 值会导致在堆肥升温期和高温期氨态氮的大量挥发，污染环境，影响堆肥品质。添加酸性介质过磷酸钙可以调节 pH 值，减少氮素损失。pH 值在 7.5~8.5 时，可以使微生物有效发挥作用，从而获得最大堆肥效率。

5）碳氮比：碳氮比在堆肥过程中是一个重要的影响因素。堆肥过程中最佳碳氮比为 25~35。若碳氮比超过 40，可供消耗的碳元素多，氮素相对缺乏，细菌和其他微生物的生长受到限制，有机物分解速度就慢，发酵过程就长；如碳氮比更高，易导致产品堆肥的碳氮比过高，这种堆肥施入土壤后，将与作物争氮，影响作物生长；若碳氮比低于 20，可消耗的碳素少，氮素相对过剩，则氮极易变成氨态氮而挥发，导致氮素营养大量损失。堆肥过程中的碳氮比均呈下降趋势，高碳氮比堆肥的碳氮比下降明显，低碳氮比堆肥的碳氮比变化不大。但初始碳氮比愈低，腐熟时有机质和碳氮比下降的幅度愈大。死畜禽堆肥处理过程中，由于死畜禽本身有大量的蛋白质，含氮量比较高，所以在计算碳氮比时应注意死畜禽残体内的氮素的存在，其他填充材料的碳氮比范围应保持在 25/1~40/1 之间。

6）调理剂：由于堆制过程对碳氮比、孔隙率、pH值、湿度等条件有严格要求，因此堆肥过程中应加入调理剂进行调控。常用的调理剂为稻草、锯末、蘑菇渣、秸秆、沸石、泥炭、过磷酸钙等。其中，稻草、锯末、秸秆由于具有高含碳量而在鸡粪堆肥中应用最为广泛。

（2）制肥设备：堆肥化系统大致包括计量设备、进料供料设备、预处理设备、发酵设备、后处理设备及其他辅助处理设备等。由于计量设备和进料供料设备处于整个工作流程的最前端，通常也可并入前处理设备之内讨论。堆肥物料在经计量设备称重后，通过进料供料设备进入预处理装置，完成破碎、分选与混合等工艺；接着被送至一次发酵设备，将发酵过程控制在适当的温度和通气量等条件下，使物料达到基本无害化和资源化的要求；然后，一次熟化物料被送至二次发酵设备中进行完全发酵，并通过后处理设备对其进行更细致的筛分，以去除杂质；最后烘干、造粒并压实，形成最终堆肥产品后包装运出。在堆肥的整个过程中可能产生多种二次污染，如臭气、噪声和污水等，这些二次污染同样需要采用对应的辅助设备予以去除，以达到环境能够接受的水平。图 123 所示为堆肥化系统设备的基本工作流程。

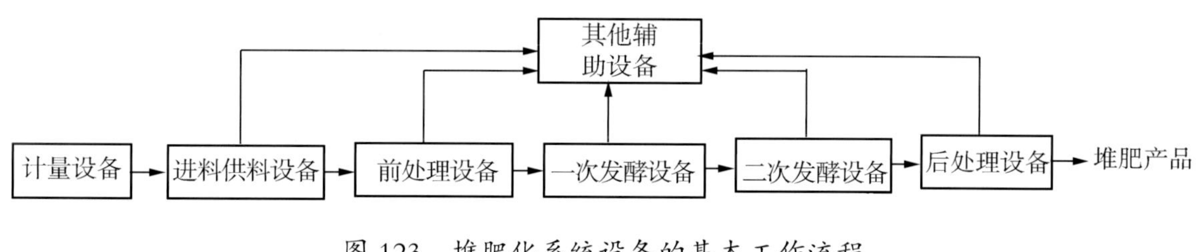

图 123　堆肥化系统设备的基本工作流程

1）前处理设备：前处理设备主要包括计量设备、破碎设备、混合设备和贮料装置等。在整个堆肥工艺流程的前端设置前处理设备的目的主要是提高堆肥物料中的有机物含量，保证合适的物料粒度，调节物料适宜的含水率和碳氮比。

2）后处理设备：经过一次发酵、二次发酵后的熟化有机物料，往往含有大量的石子等杂质和未完全腐熟的物料，粒度也还很大。为了提高堆肥产品质量，必须设置后处理工艺。后处理设备主要包括筛选设备、粉碎设备、造粒设备和打包装袋设备。在实际工艺中，应根据当地的需要来选择组合后处理设备。

（3）主要技术：包括腐熟堆肥技术、固液分离技术、高温堆肥技术、塔式发酵技术、生物有机肥制取技术等。

1）腐熟堆肥：腐熟堆肥是将畜禽粪尿中加入10%~30%的麦秆、枯草等含有纤维质的材料混合经堆制腐解而成的有机肥料。所含营养物质比较丰富且肥效长而稳定，同时有利于促进土壤固粒结构的形成，能增加土壤保水、保温、透气、保肥的能力，而且与化肥混合使用又可弥补化肥所含养分单一的缺陷。它为植物提供必需的大量元素，如氮、磷、钾、钙、镁、硫，微量元素，如铁、锰、硼、锌、钼、铜等无机养分，氨基酸、酰胺、核酸等有机养分和活性物质如维生素B_1、维生素B_6等，保持养分的相对平衡；提高土壤养分的有效性，其中含大量微生物及各种酶（蛋白酶、脲酶、磷酸化酶），促使有机态氮、磷变为无机态，供作物吸收；并能使土壤中钙、镁、铁、铝等形成稳定络合物，减少对磷的固定，提高有效磷含量；改良土壤结构，腐殖质胶体促进土壤团粒结构形成，降低容重，提高土壤的通透性，协调水、气矛盾；培肥地力，提高土壤的保肥、保水力。

制作堆肥的第一目的是通过减少水分和分解臭气，使畜禽粪便更容易被人们所利用。制成堆肥可使粪便的恶臭气味和脏的感觉消失，变得更易让人们接受并使用。堆肥的第二个目的是经过发酵，温度上升，使其更加安全卫生。畜禽粪便里含有病原菌、寄生虫卵、杂草种子等，正确地进行堆肥处理，经过发酵使温度上升，从而能将这些物质灭杀掉。无论哪一种病原菌和寄生虫，都可以通过发酵产生的温度（约 70℃）在短时间内将其杀灭。畜禽粪便堆肥技术路线如图 124 所示。

2）固液分离：好氧堆肥和厌氧发酵是当今世界畜禽粪便处理比较常见和行之有效的方法。

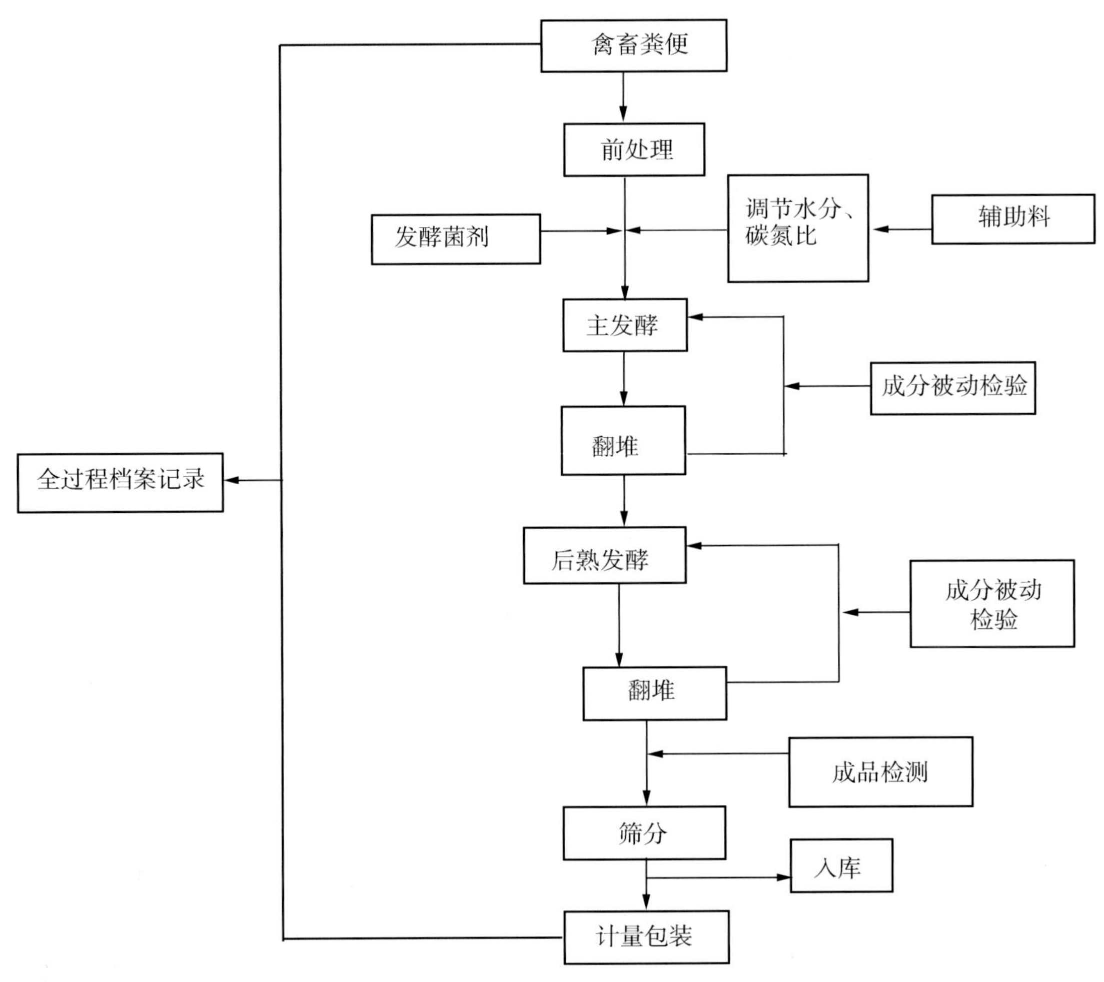

图 124　畜禽粪便堆肥技术路线

从规模化养殖场排出的粪便量较大，总固体（TS）浓度较低，一般在3%左右，无论是好氧堆肥还是厌氧发酵，TS浓度都会影响生产效率。因此，在粪便处理过程中应用先进的发酵工艺以开展畜禽粪便的综合利用。其重要的前提条件是必须对粪便污水进行前处理即固液分离，以降低污水中TS浓度，工艺流程如图125所示。

固液分离的主要目的是移除溶液中的悬浮固体和部分溶解固体。常用的固液分离方法：

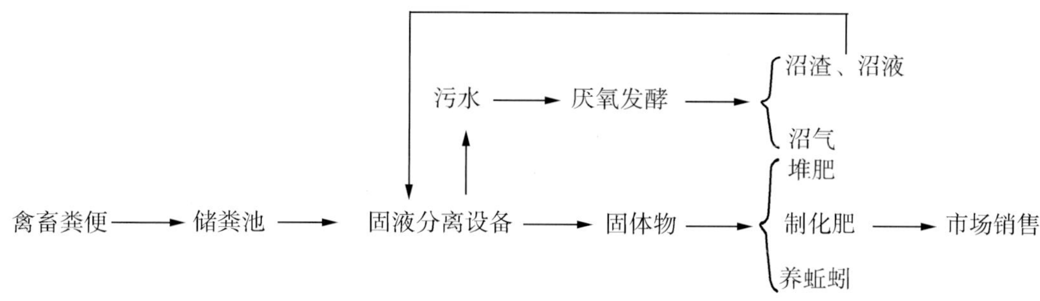

图125　固液分离工艺流程

一是沉降（由固体重力决定）；二是机械分离，为现在应用最广泛的技术；三是蒸发池，这种方法在干旱地区效果较好，蒸发出来的水可以用于灌溉，其分离效率受限于池的规模、配套的设备和环境的变化影响；四是絮凝分离，这是一种新型的固液分离技术，应用化学试剂使微小的悬浮固体迅速聚集成较大的固体颗粒，进而沉淀分离；五是脱水分离，即用加热来除去污水中的水分，由于具有高成本、高维修费用和高耗能等缺点，并没有广泛被采用。

3）高温堆肥：堆肥化是在微生物作用下通过高温发酵使有机物矿质化、腐殖化和无害化而变成腐熟肥料的过程，在微生物分解有机物的过程中，不但生成大量可被植物利用的有效态氮、磷、钾化合物，而且又合成新的高分子有机物——腐殖质，它是构成土壤肥力的重要活性物质。堆肥化可分为好氧堆肥和厌氧堆肥，好氧堆肥又称高温堆肥。高温堆肥具有耗时短、异味少、有机物分解充分等突出优点，主要是处理干清的鸡、猪、羊、牛等粪便，在建有固定的通风发酵池中，定期用机械搅拌，充氧发酵，形成有机肥。图126所示为堆肥的步骤。

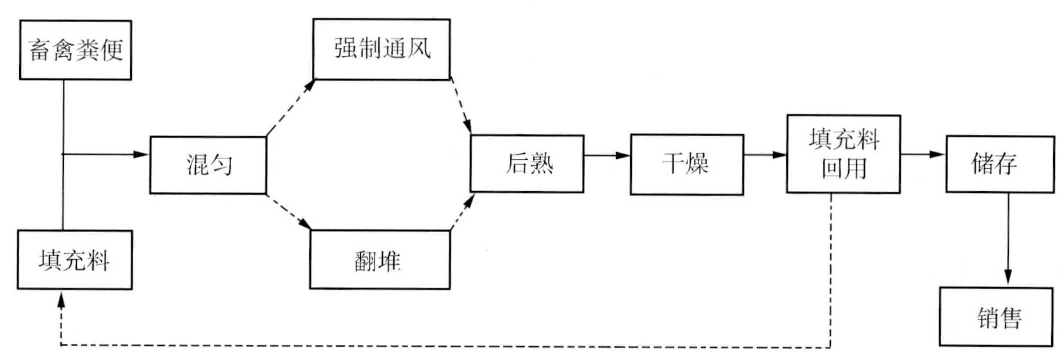

图126　堆肥步骤

4）塔式堆肥发酵：将出栏的禽畜粪便集中收集到粪池，由污水泵将粪便抽送到搅拌机，与调理剂（谷壳粉、糠粉、返料）和菌种进行混合。混合后的物料由斗式提升机提升到好氧发酵塔塔顶，物料从塔顶进入第1仓进行发酵处理，第2天进入第2仓进行发酵处理，空出第1仓再入新鲜原料，直到物料从第7仓出来，完成一个发酵处理周期（共7天），成为堆肥成品。混合物料进入发酵仓后短时间内物料内温度可以升至60~70℃，维持此温度一段时间，就可以杀死蛔虫卵、大肠杆菌等有害病菌（这些病菌在55℃左右时被杀死），而在该温度范围，大多数微生物最活跃、最易分解有机物，使禽畜粪便得到发酵腐熟，臭味载体因此得到分解转化而消除。这样，从7仓完成最后发酵后排出的物料便达到了无害化，变成优质有机肥的原料。排出的物料一部分运至有机肥加工系统做成有机肥，另一部分则作为返料重新进入堆肥处理下一个循环过程。物料在密封塔内部可实现发酵升温，能充分利用生物发酵热除湿灭害，自动控温供氧，动态好氧发酵，全过程不产生氨和硫化氢等恶臭物质，不受气候条件和环境温度影响，均匀保持塔内温度在60 ~ 70℃，工艺条件稳定，灭害完全，腐化彻底。塔式堆肥发酵工艺流程如图127所示。

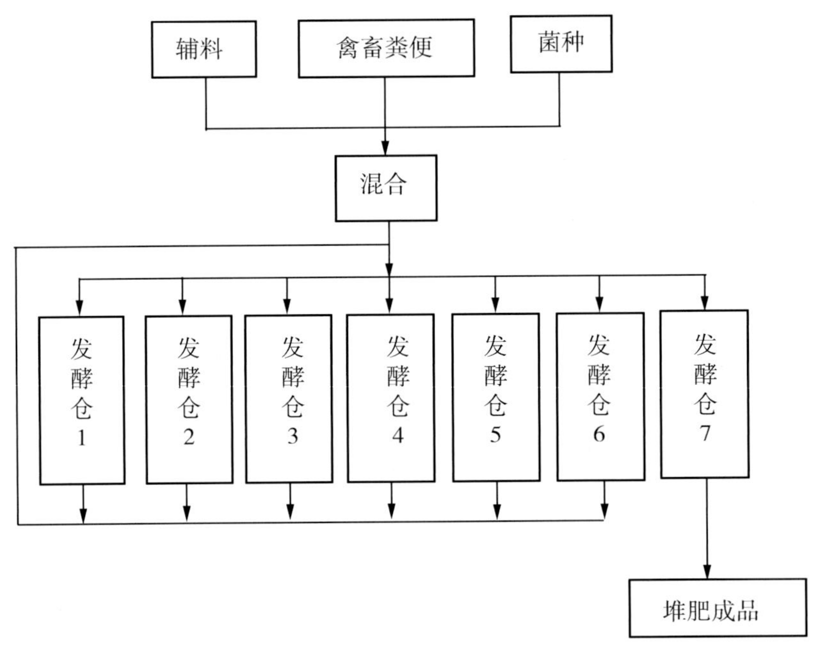

图127　塔式堆肥发酵工艺流程

5）生物有机肥制取：是利用秸秆速腐剂中的微生物将饼粕类、畜禽粪便、秸秆或草炭等分层堆积快速发酵成有机肥，再加入适量的无机成分，制成含微生物、有机物和无机物的生物有机肥。生物有肌肥对人、畜和自然环境有益无害，长效、速效和稳效相结合，供肥、促生、抗病多功能结合，不仅可以调节作物根系土壤微生物的生态环境，增加土壤中有益微生物的种群和数量，而且能降解化肥或农药残留，防止作物药害中毒，促进根系生长，以及减少或降低作物根部病害发生的频率。在生产工艺上采用了先进的造粒后二次烘干法，保证了活菌数，含水量和颗粒强度都能达到部颁标准。图 128 所示为有机、无机复混肥的生产工艺流程图。图 129 所示为畜禽粪便制取有机肥的工艺流程。

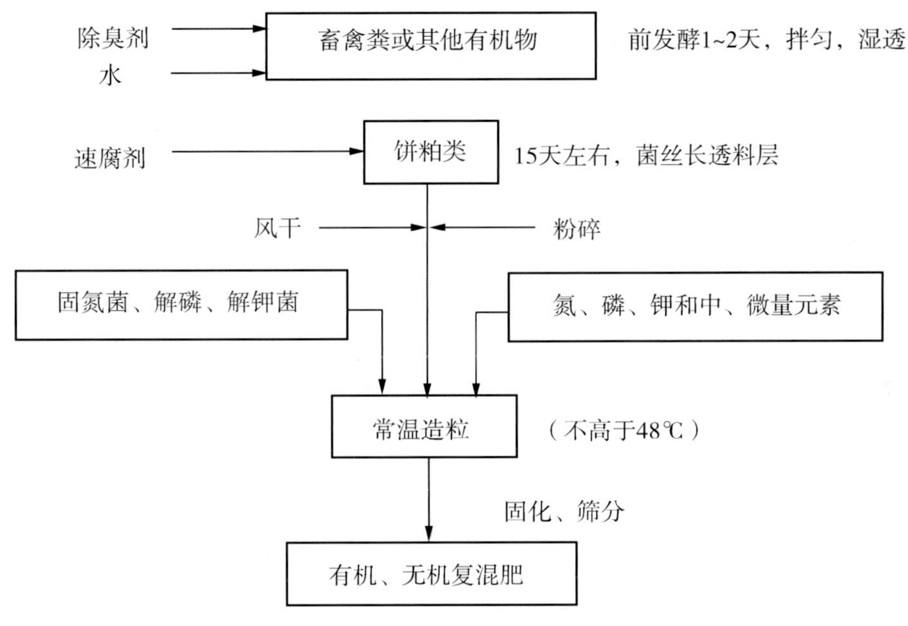

图 128　有机、无机复混肥的生产工艺流程

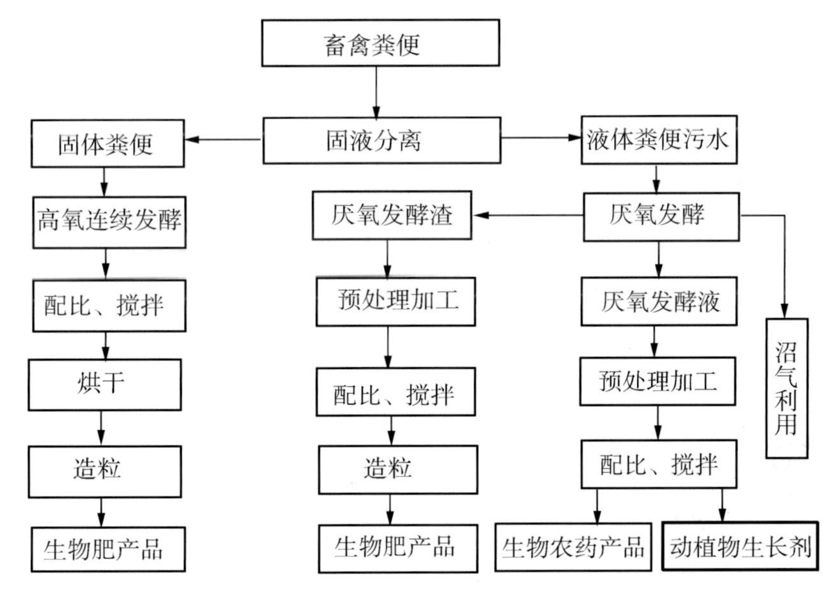

图 129　畜禽粪便制取有机肥的工艺流程

3. 研究现状和展望

（1）畜禽粪便肥料化研究现状：畜禽粪便堆肥设备开始由静态通风向强制通风，由无发酵装置向有发酵装置，由半机械化向自动化转变；而由于堆肥产品易受原料种类、堆肥方式

和堆肥条件的限制，而且在养分种类和数量上不像化肥那样有明确的种类和含量，故工艺没有规范的标准。但目前，开始由中温消化向高温消化，由普通消化向联合消化，由非源分选消化向源分选消化发展。开发特殊作用的微生物菌剂加快对畜禽粪便发酵副产物沼渣的分解利用，加速沼渣有机肥的腐熟，缩短生产周期，降低成本。目前沼渣堆肥微生物学研究主要集中在筛选高效强适应性菌株、揭示某些有机质生物降解机制、改善生化降解反应的生态微环境等三方面。

制肥生产的控制技术主要包括过程控制和污染控制，过程控制主要有有机质、腐熟度、通气量、温度等控制，目前的研究重点在于如何实现计算机自动化控制，污染控制则侧重于臭气控制、重金属污染防治及沼渣渗滤液控制。

由于畜禽粪便有机质及营养元素含量有限，直接使用其初级产品不能满足作物生长需要，必须运用现代工艺对沼渣产品进行深加工。混入一定速效化肥制成各种剂型，如颗粒肥料、高浓度液肥等，满足不同需求，已成为新兴研究方向。

（2）死畜禽肥料化研究现状：堆肥处理死畜禽研究最早开始于19世纪80年代末期，美国一些农场利用堆肥处理死禽；随后堆肥被用来处理死猪；现在堆肥研究已经扩展到牛、马以及转基因动物的处理上。堆肥系统分类较多，最初以条垛式堆肥为主，条垛式系统可以处理不同种类的畜禽尸体，现在依然被广泛应用；随着堆肥系统的发展，逐渐开始应用箱式堆肥系统处理死畜禽，箱式堆肥系统处理死畜禽的研究主要集中在体型较小的死畜禽方面。

经过对死畜禽堆肥化处理的大量研究，美国一些州已经建立了适合当地条件的死畜禽堆肥手册，为死畜禽堆肥处理的大规模应用提供理论和实践指导。堆肥虽然可以无害化和资源化处理死畜禽，但是无论是条垛式还是箱式系统处理堆肥周期都较长，使堆肥化处理死畜禽具有一定局限性。应加强堆肥过程中控制条件、影响因素的变化以及堆肥系统改进等方面的研究，在不影响处理效果的基础上，尽可能地缩短处理周期和减少占地面积。

死畜禽的堆肥化处理虽然在国外得到了很大发展，但是在国内的研究几乎空白，国内依然以焚烧和深埋作为死畜禽的主要处理方法。国内对死畜禽的处理主要考虑对人健康的危害，而较少考虑对环境的影响。堆肥化处理死畜禽可有效降低处理过程对环境的影响，在我国应根据不同情况设计不同的死畜禽的堆肥处理工艺。

（3）畜禽褥草肥料化研究现状：畜禽褥草包括麦秸、稻草、干草等。这种褥草干燥、柔软、保温性能好，在养殖业中使用极为广泛，后期褥草本身含有氮、磷、硫等大量元素，并带有大量畜禽粪便，极易发酵产生大量二氧化碳、硝酸盐、硫化氢，造成大气和地表水污染；而高浓度的硝酸盐会导致白血病、癌症、呼吸道疾病等，对环境及人类健康危害严重。但对褥草的后期处理常被忽视，针对褥草处理的国内外研究极少。

（4）展望：畜禽废弃物是传统的有机肥料，养分齐全，有机质含量高，大量施用可改良土壤，提高农产品品质与产量。随着生活水平的不断提高，绿色食品备受青睐，而增施有机肥、减少化肥使用量，使有机肥有着广阔的市场前景。因此，国内已形成了一个对畜禽废弃物高效处理、优质商品有机肥生产技术需求的巨大市场，规模养殖企业畜禽废弃物处理与优质商品肥料的生产，具有广阔的推广应用前景。同时将对我国农业的可持续发展、农产品质量的提高以及环境污染的治理产生积极有效的推动作用。

（二）制饲料工艺

一些废弃物可以通过各种方法处理，如微生物蛋白法、瘤胃发酵饲料等，通过改变其结构、性质，使其变成优质的饲料。如畜禽羽毛、皮粉经水解可以替代鱼粉，成为高蛋白饲料，并且这种饲料营养价值高，营养素配比合理，消化率高。还可以实现工业化生产，而且可以利用的废弃物种类丰富。

1. 畜禽粪便饲料化

（1）干燥：畜禽粪便干燥方法常用的有自然干燥、高温干燥和低温干燥。

1）自然干燥：将新鲜的畜禽粪便摊在水泥地面或塑料布上，随时翻动，让其自然干燥后粉碎，加入其他饲料中饲喂。

2）高温干燥：畜禽粪便中含水量较多，为 70%~75%。有条件的可通过高温快速干燥机进行加热，在短时间内使其水分降到 13% 以下。此法快速，灭菌彻底，但养分损失大，成本也高。

3）低温干燥：将畜禽粪便运入有机械搅拌和气体蒸发的干燥车间，装入干燥机中，在 70~500℃温度下烘干，使其水分降至 13% 以下，便于储存和利用。

（2）发酵处理：畜禽粪便发酵方法常用的有自然发酵、堆积发酵、塑料袋发酵和瓦缸发酵。将新鲜鸡粪和麸皮按3：2比例或与碎大麦各半混合，水分控制在50%左右，装入青贮窖内密封发酵，温度保持在5℃以上，20~40天后开窖即可喂用。牛粪发酵饲料的制作是将75%不含垫草的牛粪和43%切碎的干草，混合均匀装入饲料池中密封发酵即可。

（3）机械处理：这一方法主要用于处理牛粪或猪粪。将收集的牛粪泵入振动筛，然后通过加压使固体和液体分离。固体部分粗纤维含量高，经堆积或青贮可作为粗饲料。液体部分粗蛋白质含量相当于豆饼，可作为家畜的蛋白质精饲料。

（4）热喷处理：热喷技术是近年来兴起的一项新技术，开始于中国、俄罗斯、日本等国，这种方法被公认为“爆米花”技术。先将畜禽粪便日晒，使水分降到30%后装入热喷机中，在压力为8千帕，温度为212℃左右的蒸气中蒸3～4分钟，在压力增加至12千帕时，突然喷放，即成似鱼粉样热喷畜禽粪便，具有消毒、灭菌、除臭、膨松、味香、适口性好等特点。

研究表明，风干鸡粪中蛋白质含量为 24% ～ 30%，猪粪为 3.5% ～ 4.1%，羊粪为 4.1% ～ 4.7%，牛粪为 1.7% ～ 2.3%。畜禽粪便特别是鸡粪中因含有大量未消化的粗蛋白质、粗纤维、粗脂肪、B 族维生素、矿物质及一些促进动物生长的未知因子等，经过加工处理可成为非常规饲料资源。目前畜禽粪便直接作为饲料主要是鸡粪，经加工处理后可用于饲喂猪、牛、羊等。此外，也有畜禽粪便经生物发酵后用于养殖鱼类、黄粉虫、蝇蛆、蚯蚓的报道。

蝇蛆、蚯蚓又是很好的动物性蛋白质饲料，是饲养鸡、鸭、鱼以及珍稀动物的极好饲料。因此，利用蝇蛆、蚯蚓分解畜禽粪便，既能提供动物性蛋白质，又能处理畜禽粪便，是一种良性的生态循环。

1967年，美国食品卫生管理部门认为畜禽粪便饲料化不卫生，并发布了一个政策性法令，之后，各国学者对饲料化的安全性进行了广泛的研究，对畜禽粪便饲料化的安全性进行了重新评价。研究认为，带有潜在病原菌的畜禽粪便经过适当处理后，再用作饲料是安全的。但畜禽粪便的适口性差、能量低、含有病原微生物，而且很多畜禽饲料添加有各种化学添加剂，经畜禽消化后仍有部分残留在粪便中，将其再用作饲料可能会出现有害物质超标，导致动物中毒等问题，因此目前欧美、日本等经济发达地区和国家不主张使用畜禽粪便作饲料。而利用养殖蝇蛆、蚯蚓等方式处理的畜禽粪便数量有限，且不能有效解决臭味问题，但由于禽流感的肆虐，为防止禽病对人类造成的危害，不应将饲料化作为发展方向。

2. 畜禽羽毛饲料化 我国的蛋白饲料绝大多数来源于进口鱼粉等国外资源，国内尚且缺乏具有实际应用价值的蛋白饲料研发成果，所以如何挖掘开发本国的蛋白饲料资源，已成为我国畜牧生产行业所面临的重要课题。而在具体研发过程中，我们发现，禽类生物的羽毛中含有大量的蛋白质，平均比例达到80%以上，但是如果直接采用禽类羽毛研磨制粉，其成分中不平衡的氨基酸将很难让畜牧生物直接消化吸收。经过十几年来国内外专家的共同研究，将禽类羽毛中的不平衡氨基酸经过特殊工艺处理，达到能够让畜牧生物消化吸收的水平，从而极大地提高了牲畜对羽毛蛋白的吸收效率。所以采用合理技术及研制方法能够大范围地将禽类羽毛用于牲畜蛋白饲料的开发使用，不仅能够极大地降低使用成本，还能够弥补我国缺乏本土优质蛋白饲料的空白，同时能够极大地提高我国每年大量的禽类羽毛的回收利用效率，降低资源的浪费，减少环境污染，所以禽类羽毛蛋白饲料研发对于我国畜牧产业的进一步发展起着非常重要的现实作用。

目前在禽类羽毛蛋白粉的加工方面主要有高温高压水解工艺、酸水水解工艺、碱水水解工艺、酶解工艺、微生物分解工艺、膨化药剂处理工艺。

（1）高温高压水解工艺：高温高压水解工艺首先需要将收集好的禽类羽毛进行彻底清洗，洗去其中的污染物质，然后将清洗后的羽毛放入水解罐中进行高温高压水解步骤，水解步骤结束之后，再经过原料烘干、粗粒粉碎、成分化验、饲料包装等环节。高温高压水解工艺的优点在于它能够将羽毛角蛋白质的稳定结构彻底打碎，使其转化为能够充分溶解以利于牲畜消化吸收的蛋白质，消化吸收比例能够高达90%。

（2）酸水或碱水水解工艺：酸水水解工艺和碱水水解工艺在操作流程上基本是一致的，区别在于用于水解的水成分不同，所以在此进行合并说明。酸水或碱水水解工艺首先是将禽类羽毛彻底地清洗干净，然后完全浸泡于具有一定酸度或碱度的水中进行加热，在加热过程中完成水解程序。在水解完成之后，将羽毛捞出并再次进行彻底清洗，使得羽毛达到pH值呈中性为止。然后将羽毛进行脱水处理，再进行干燥处理，之后研磨成干粉。这种水解工艺的优点在于能够充分破坏禽类羽毛蛋白质中的具有稳定结构作用的二硫键，最终让角蛋白质呈现出可完全吸收状态。不过在使用这种方法时应注意用于水解的酸水或碱水的浓度把握，并且要精确加热时间，以免出现蛋白质中的氨基酸变异，影响消化率的问题。

（3）酶（蛋白酶或复合酶）解工艺：用一种中性蛋白酶或复合酶，作用1 ~ 4小时，可裂解双硫键而暴露出蛋白质，完全溶解，即为羽毛蛋白。将羽毛与溶剂在泥刀式混合机中，60℃下搅拌1小时。冷却后加入混合酶制剂和乳化剂，水解成的液化饲料可添加于饲料中或干燥饲用。国内外对此类方法的争议较大，未见有实质性报道和产业化产品。

（4）微生物分解工艺：嗜热的地衣形杆菌（PWD–1株）能发酵羽毛，将羽毛转变为部分水解的产物，其营养价值和饲用大豆蛋白质相当。经过热压处理的羽毛粉进行厌氧发酵后，可产生大量的氨基酸和小肽。

（5）膨化药剂处理工艺：其原理是利用膨化机内高温高压和高剪切作用，用膨化药剂对羽毛进行膨化处理。羽毛在膨化中瞬间受到高温160℃及一定催化剂的作用下，在出模孔减压膨化时角质蛋白的牢固空间结构被破坏，二硫键断裂，角质蛋白纤维变成较小的蛋白质亚单元和线状排布的肽链群，易于被动物消化吸收。膨化法是国内外刚开始应用的新技术，其优点是设备少，投资低，加工成本大大降低，对氨基酸破坏少，消化率高，生产过程中无环境污染。在羽毛、内脏的混合物中加入MAX—PRO—PBP添加剂，与大豆、豆粕混合后膨化、烘干后粉碎饲用，产品用于肉鸡饲料中可获得较好的效果。

3. 畜禽其他废弃物饲料化

（1）微生物蛋白法：微生物蛋白也称菌体蛋白或单细胞蛋白，指应用微生物工业生产技术和生物工程手段，将畜产品加工废弃物等转变为微生物蛋白产品。应用的微生物包括细菌、酵母菌、霉菌及微型藻类。主要有液体发酵和固体发酵两种方式。这种饲料营养价值高，营养素配比合理，消化率高。这种方法可以实现工业化生产，而且可以利用的废弃物种类丰富。

（2）瘤胃发酵饲料：用优选的瘤胃微生物曲种，经发酵，将纤维素含量高的各种粗饲料转化为广谱性畜禽鱼饲料，这种饲料纤维素分解率高，营养价值高，适口性好。该法可在常温下发酵，既可建厂进行规模生产，又可建立曲种厂向农户供应曲块及发酵营养素粉，由农户自行发酵，技术容易掌握。

4. 畜禽废弃物饲料化展望　饲料工业发展迅速，人畜争粮必然导致饲料原料严重不足，将畜禽废弃物加工再生为蛋白质饲料是一项利国利民的事业，需要全社会的支持和参与。畜禽废弃物饲料化的原料来源广、数量大、费用低，可以降低饲料成本，提高养殖经济效益，具有广泛的应用前景。

（三）制燃料工艺

畜禽废弃物中，包括畜禽粪便、病死畜禽尸体、畜禽羽毛等，都属于有机废弃物，可以用作发酵制沼气和氢气的原料，这不但解决了农村大量的畜禽废弃物对环境造成的污染问题，而且提供了清洁、方便、廉价的能源。

1. 畜禽废弃物制沼气 以畜禽粪便、病死畜禽等有机废弃物为原料，经厌氧发酵可产生以甲烷为主要成分的沼气，用来照明或作燃料，沼气发酵残余物用作肥料，可明显提高作物的产量、品质和抗逆性，并可改良土壤，还可作优良的饲料添加剂；沼渣可培育食用菌；沼气对水果保鲜和粮食储藏也有一定效果，图 130 所示为沼气发酵原理。

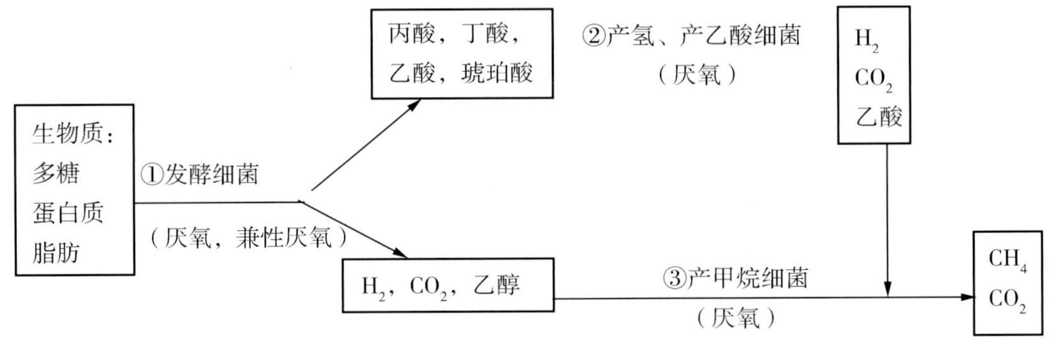

图 130 沼气发酵原理

（1）沼气基本工艺：①常温发酵（也称为低温发酵）10~30℃，产气率为 0.15~0.3 米³/（米³·天）。②中温发酵 30~45℃，池容产气率达 1 米³/（米³·天）左右。③高温发酵 45~60℃，池容产气率达 2~2.5 米³/（米³·天）左右。沼气发酵最经济的温度条件是 35℃，即中温发酵。沼气发酵微生物对碳素需要量最多，其次是氮素，微生物对碳素和氮素的需要量的比值，叫作碳氮比，用 C/N 来表示。目前一般采用 C ∶ N=25 ∶ 1，但并不十分严格，20 ∶ 1、25 ∶ 1、30 ∶ 1 都可正常发酵。酸碱度 pH 值为 6.5 ~ 7.5，pH 值影响酶的活性，所以影响发酵速率。农村沼气发酵常采用以畜禽粪便为主的连续进料发酵方式。中国农村一般的家庭宜修建 6 米³ 水压式沼气池，发酵有效容积约 5 米³。不同种类畜禽粪便的干物质含量不同，现以猪粪为例计算如何配制沼气发酵原料。猪粪的干物质含量为 18% 左右，南方发酵浓度宜为 6% 左右，则需要猪粪 1 200 千克，制备的接种物 500 千克（视接种物干物质含量与猪粪一样），添加清水 3 300 千克；北方发酵浓度宜在 8% 左右，则需猪粪约 1 700 千克，制备的接种物 500 千克，添加清水 2 800 千克，在发酵过程中由于沼气池与猪圈、厕所修在一起，可自行补料。

（2）沼气工程：畜禽养殖场的沼气工程并不是单一的处理模式，而是一个完整的、系统的处理工程，相较于家庭用的水压式沼气池，它的结构复杂很多。在整个沼气工程中需要整套的设施，不仅需要原料前处理设施，还需要高效厌氧消化器，沼渣、沼液暂存及后处理设施，沼气净化、储存、输配、利用系统和运行参数监测系统等。在整个沼气工程中，厌氧消化器是核心技术。

1）厌氧消化工艺段：在整个沼气工程中厌氧消化工艺段处于核心地位，剩下的工艺都是围绕厌氧消化工艺设置的。在厌氧消化工艺中，其规模的大小是根据养殖场每天产出的废水量来设定的，而且还要根据具体的情况来设定相应的温度及运行模式。当厌氧消化工艺的规模设定后，剩下的其他工艺段就可以以此为基础来设定相应的规模。

2）原料前处理工艺段：养殖废水即需要发酵的原料在进入沼气工程之前需要经过一定的预处理，预处理涉及很多方面，比如，除去原料中的大块的杂物及泥沙等，对原料进行预加热，适当地调配原料的酸碱度、碳氮比等。设定预处理的规模及相应参数，需要根据整个沼气工程的规模来设定。在沼气工程中设定预处理的目的是使得进入厌氧消化工艺的原料能够达到相应的标准，并且能够保证每次进入厌氧消化工艺的原料是定量的。

3）原料后处理工艺段：在沼气工程中，原料经过厌氧消化工艺后，还需要进一步的处理，因此设计了一个后处理工艺段，在这个工艺段中，主要是将厌氧消化的排出液进一步处理。其中，在能源环保型沼气工程中后处理工艺段主要是好氧处理，经好氧处理后，养殖废水基本上能达到排放的标准；而在能源生态型沼气工程中后处理工艺段主要是指可存储 5 天消化液的贮池。

4）沼气净化存储和输配工艺段：在沼气工程中还有一个设备是不容忽视的，那就是存储和输配工艺，设计沼气的存储溶剂需要根据该沼气工程每天的产气量来定，设计沼气的输送设备更加严格，不仅需要按照《城市燃气设计规范》的要求来设计，而且要有该项工程资质的单位来实施。总的来说，沼气工程不是一概而论的，要结合养殖场的规模、数量，以及需

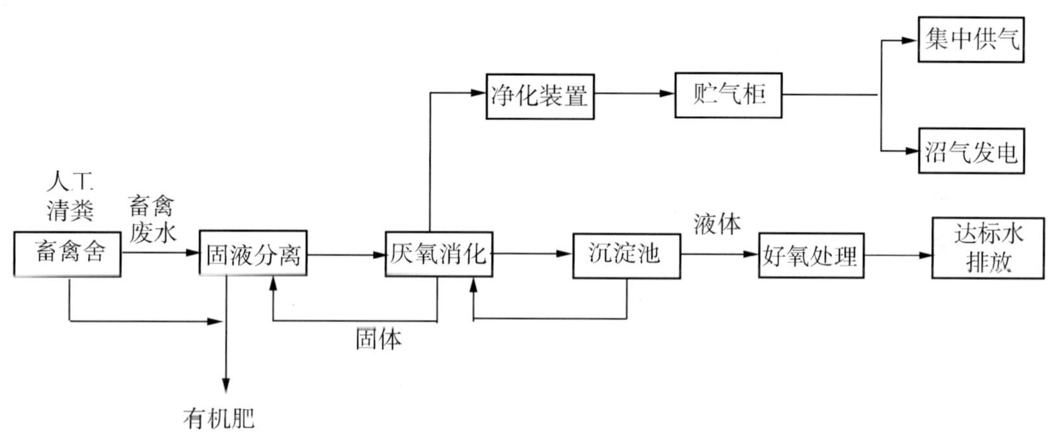

图 131　能源环保型沼气工程流程

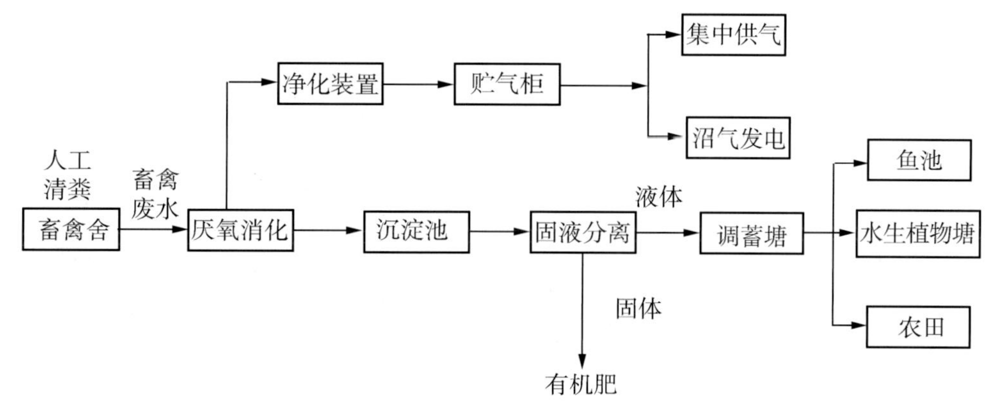

图 132　能源生态型沼气工程流程

要达到的标准等来进行相应的设计。在具体实施之前，需要按照相关规范的规定，将整个沼气工程绘制成图纸的形式，即构成沼气工程全套技术。图 131 所示为能源环保型沼气工程流程，图 132 所示为能源生态型沼气工程流程。

（3）国内外发展现状：目前世界上沼气工程做得最好的主要集中在欧洲的几个国家，如德国、丹麦和英国，其沼气工程不仅数量多，而且技术特别发达、成熟。在欧洲，处理农村产生的废弃物方式主要有两种，即农场的沼气池和集中厌氧消化系统，由于后一种更符合社会的发展需要，所以在最近几年中，其发展得特别快。集中厌氧消化系统有很多优点，主要有处理的效率高、经济成本低。

最早的厌氧消化系统出现在丹麦，早在 1980 年左右，丹麦就开始出现集中厌氧消化系统，到目前为止，丹麦已经建成了 20 座大型的沼气装置，基本上每一座的规模都在 2 000 ~ 4 000 米 ^{3}，在整个系统中保持中温或者高温，运行顺畅。在他们设计的沼气工程中，除了消化各种物质外，还设有专门的消毒灭菌的工艺，主要是在预处理或者后处理中加入了巴氏灭菌高温消毒过程，而他们选择的厌氧消化工艺是全混合沼气发酵和推流式发酵工艺，停留时间 12 ~ 20 天，不仅整个废水能得到一个很好的处理，而且还能减少疾病传播的危害。丹麦的沼气工程主要用于发电。

美国沼气工程起步比较晚，发展相对落后，到目前为止，约有 40 个大型的沼气工程。

印度的沼气工程发展也很快，它是目前世界上沼气工程数量最多的国家之一，其数量仅次于中国。据统计，在印度约有 300 万户在使用沼气装置，而且还有一定数量的大中型沼气工程。

在我国，主要的畜禽原料是猪粪、牛粪、鸡粪，所以我国的主要设计重点是在这方面。经过不断的研究设计后，我国已经成功设计出了包括预处理在内的多阶段的农业沼气工程。在以往，我国的沼气工程主要是用于农户中炊用或者照明，随着技术的发展，现在沼气工程已经不再是简单的农用，开始逐渐应用于城市中，不仅可以替代天然气供给城市居民用气，还可以进行发电后用于工业，这样使得沼气的使用效率得到了进一步的提高。但是，目前存在的问题是，农用沼气工程的效果比工业用沼气工程的效果差，导致沼气工程的整体效益没有达到最好。在农用沼气工程中，选择的是能源生态模式，主要的原料是畜禽的粪便，在经过沼气池的反应处理后，剩下的沼渣及沼液都没有好好地被利用，其作用则没有充分地发挥出来。

2. 户用沼气技术 农村户用沼气技术是利用沼气发酵装置，将农户养殖产生的畜禽粪便和人粪便以及部分有机垃圾进行厌氧发酵处理，生产的沼气用于炊事和照明，沼渣和沼液用于农业生产。这一技术既提供了清洁能源和无公害有机肥料，又解决了粪便污染问题。农村户用沼气池一般为 6 ~ 10 米 ^{3}，包括沼气发酵装置、沼渣沼液利用装置和沼气输配系统等。

（1）技术路线 / 工艺流程：户用沼气工艺流程如图 133 所示。我国建设的农村户用沼气池，一般采用底层出料的水压式沼气池，在水压式沼气池的基础上进行改进和发展，还研究出了强回流沼气池、分离贮气浮罩沼气池（非水压式）、旋流布料自动循环沼气池等。图 134 所示为强回流沼气池发酵工艺流程，图 135 所示为分离贮气浮罩沼气池发酵工艺流程，图 136

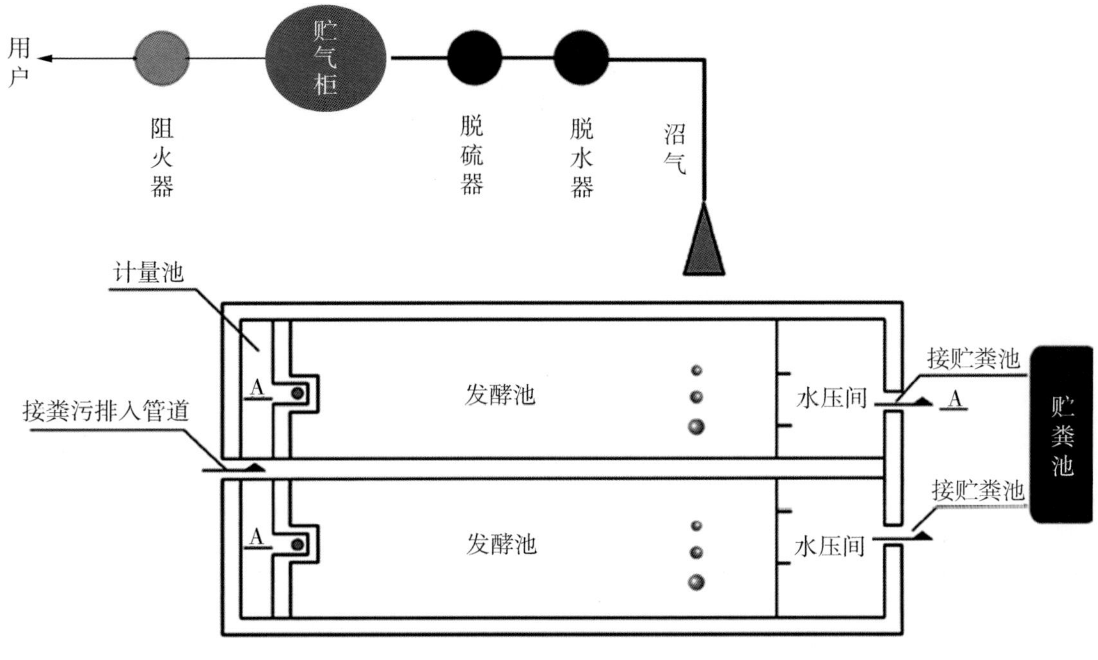

图 133　户用沼气工艺流程

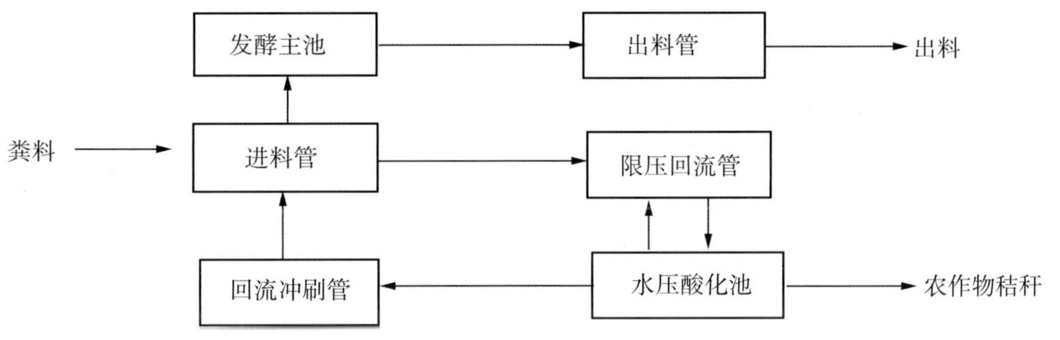

图 134　强回流沼气池发酵工艺流程

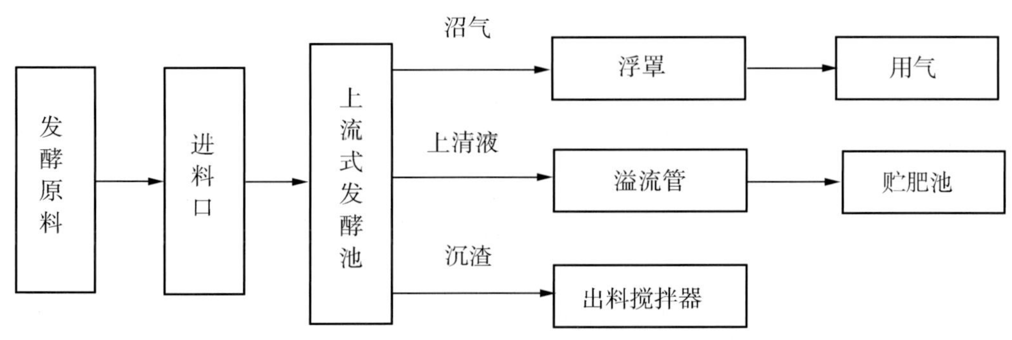

图 135　分离贮气浮罩沼气池发酵工艺流程

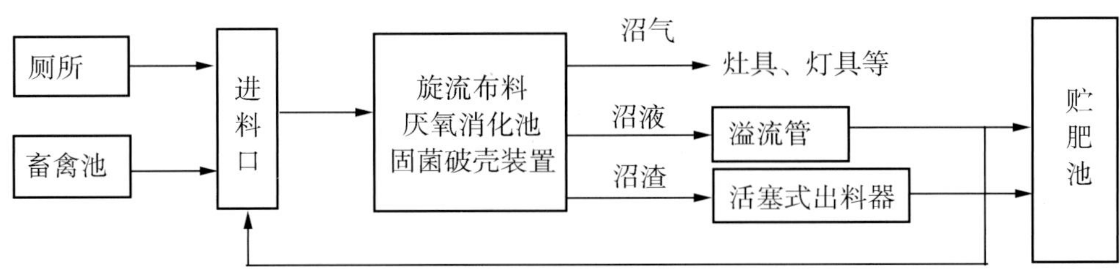

图 136　旋流布料自动循环沼气池工艺流程

所示为旋流布料自动循环沼气池工艺流程。

（2）户用沼气的主要技术环节及要点：主要包括以下几个方面。

1）户用沼气池的组成及设备特点：我国常用的户用沼气池主要由进料口、发酵池、出料间三个部分组成，发酵池是核心部件，要求密闭性好、造价低、有一定的池容、抗压强度、使用寿命长并便于维修、易出料等。

2）主要技术性能参数：户用沼气以满足农户日常生活燃料需求为重点，其主要技术参数包括气密性、产气率、正常贮气量等。其中沼气池常温发酵，池容平均日产气量为0.2～0.4米^3，正常贮气量为日产气量的50%；气密性要达到沼气池内气压为8千帕或4千帕时，24小时漏损率小于3%；所建设的户用沼气池安全强度系数大于等于2.65，正常使用寿命20年以上；基础要求地基承载力大于50千帕；沼气池正常工作时池内气压小于等于8千帕，最大气压不超过12千帕，采用浮罩贮气的要小于4千帕；沼气池使用过程中最大投料量不大于主池容积的90%，浮罩贮气和气袋贮气的沼气池，最大投料量应控制在主池容积的95%以内。

3）建设和应用模式：我国户用沼气池主要有底层出料水压式沼气池、强回流沼气池、分离贮气浮罩沼气池、旋流布料自动循环沼气池、曲流布料沼气池等池型。所产沼气主要用于炊事、照明、户用供电、户用取暖等生活需求。根据地域、气候、环境条件和各地农业发展的特点有北方“四位一体”能源生态模式与技术，南方“猪—沼—果”“猪—沼—茶”能源生态模式与技术，西北“五配套”能源生态模式与技术等。在实际推广中，推行了“一池三改”，即在建设户用沼气池的同时，统一规划，将沼气池、畜禽舍、厕所同步连通改造或新建。

4）户用沼气发电技术：在户用沼气发电方面，通过对沼气燃烧特性和内燃机工作原理的深入研究，设计出了专烧沼气的内燃机和发电机匹配的发电装置，并对发电装置影响较大的沼气内燃机进行了优化设计，且针对户用沼气池池容小、用气不均衡的问题，开发以联户式供气为特征的沼气发电技术及装备，实现农村地区的沼气发电联户供电。目前户用沼气发电内燃机空燃比 5.7，沼气内燃机的压缩比 12，沼气消耗率为 0.52 米^3 /（千瓦·时），输出电压基本稳定在 220 伏，整机运行效果较好。

3. 集约化畜禽养殖场大中型沼气工程技术

（1）技术路线 / 工艺流程：集约化畜禽养殖场大中型沼气工程是集沼气生产、沼气发电、有机肥生产为一体的综合利用技术，其技术路线（工艺流程）见图 137。

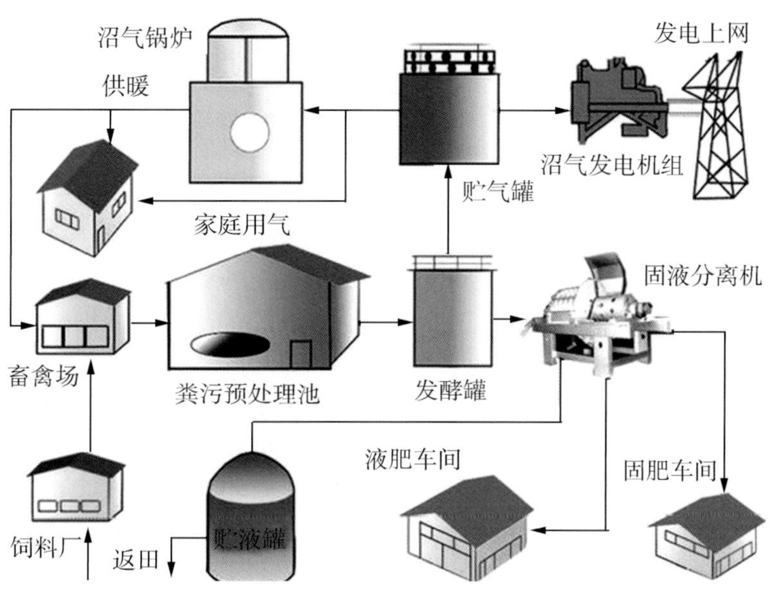

图 137　畜禽养殖场大中型沼气工程基本工艺流程

集约化畜禽养殖场畜禽污水集中处理工程技术路线见图 138，养殖场大中型沼气发电系统工艺流程如图 139 所示。

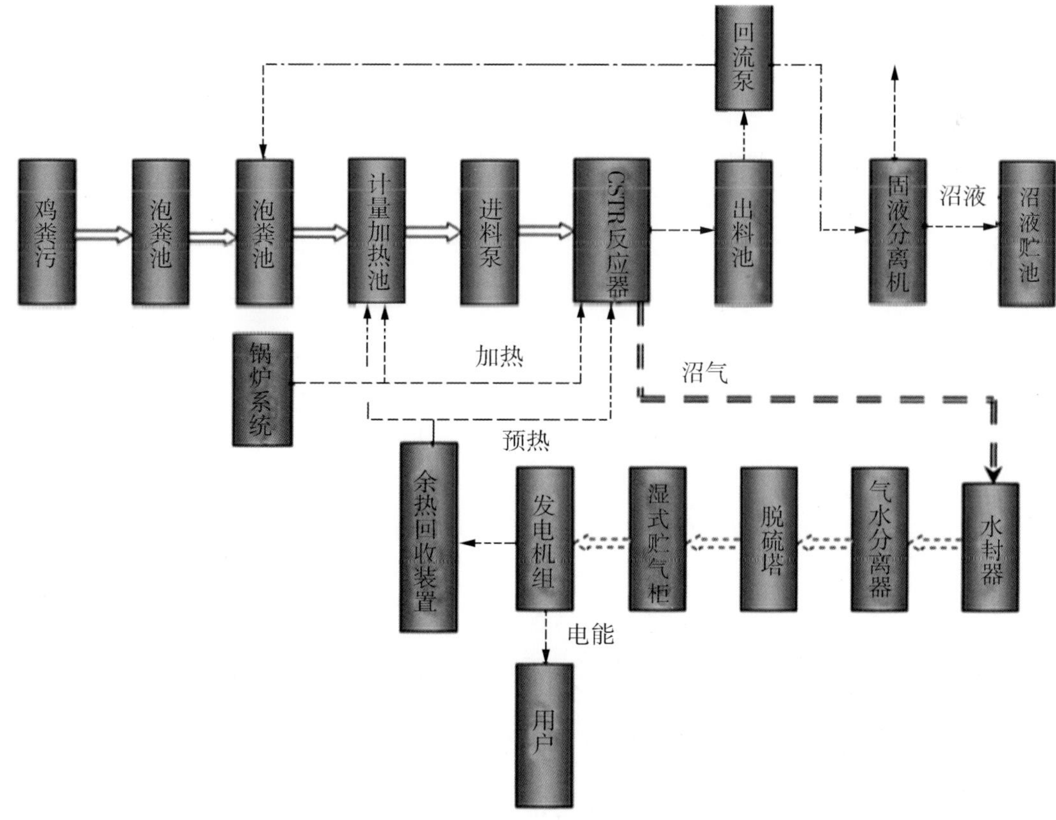

图 138　畜禽污水集中处理工程技术路线图

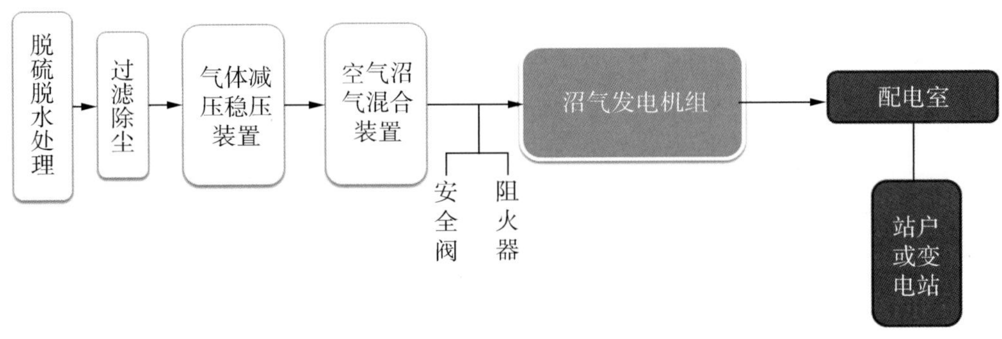

图 139　沼气发电系统工艺流程

（2）主要技术环节及要点：主要包括以下几个方面。

1）多原料混合发酵技术：大型沼气工程原料不足、混合原料组分复杂、特性差异大、可发酵成分不均匀性，在厌氧发酵过程进出料困难、易堵塞，目前主要通过物理化学法和生物法相结合的预处理工艺，去除原料的毒性成分，强化纤维素类原料的分解与水解，实现畜禽粪便和生物质秸秆共发酵生产沼气；同时通过对进出料设备和反应器的优化设计与技术集成，实现原料进出料顺畅、均匀稳定发酵，提高混合原料的产气能力和产气速率。

2）大中型沼气工程技术：大中型沼气工程的厌氧消化装置主要是厌氧生物滤床（AF）、上流式污泥固定床（UASB）、升流式固体反应器（USR）、颗粒污泥膨胀床（EGSB）等，对提高工程系统技术功能作用显著；沼气的收集、贮存及输配系统包括气液分离、净化脱硫、贮气输气和沼气燃烧等设备，能保证向用户稳定供气和高效率使用；为了提高沼气的产率，保温措施采用太阳能和生物质能辅助加热，研究开发了辅热集箱式、温室隧道式沼气工程。

3）沼气纯化技术：采用吸收塔和再生塔，研究了填料塔的材质、结构、尺寸、原料气不同的处理量对沼气纯化的影响，确定了最佳的纯化方案；开发了自动控制和自我安全保护装置，实现了对影响纯化效果的参数控制，并根据沼气的纯化机制和动力学特性，建立沼气纯化能量产投平衡模型。

4）沼气发电技术：经厌氧发酵处理产生的沼气，驱动沼气发电机组发电，并可将发电机组的余热用于沼气生产，使用燃气内燃机的沼气热电联产的热效率为 70% ~ 75%，而燃气透平和余热锅炉，在补燃的情况下，热效率可以达到 90% 以上。0.8 ~ 5 000 千瓦各级容量的沼气发电机组均已研制成功并投产生产，主要产品分为全部使用沼气的纯沼气发动机及部分使用沼气的双燃料沼气柴油发动机，而畜牧场大中型沼气工程的发电机组的单机容量为 50 ~ 200 千瓦。

4. 畜禽废弃物制氢气　畜禽粪便中含有大量可用于发酵产氢的微生物、未被消化吸收的有机物质（纤维素、半纤维素、蛋白质等）及微生物生长代谢过程所必需的氮、磷等营养物质，可提供厌氧发酵制氢微生物生长所需的营养物质，如将其作为制氢原料，既能得到清洁能源氢气，又实现了废弃物的资源化，在缓解能源危机、减少环境污染等方面具有积极的现实意义。

（1）光合制氢工艺：主要有以下几种工艺。

1）以畜禽粪便为原料的光合生物制氢过程：以畜禽粪便为原料，对其进行厌氧发酵产氢试验的基本工艺流程如图140所示。畜禽粪便经过预处理后，首先流入喂料槽，并在循环泵的牵引下，流入光生化反应器。在泵入光生化反应器之前，畜禽粪便产氢料液需要流经换热器，并通过换热器与反应料液之间的热量交换，对反应器进行升温处理。升温后的畜禽粪便产氢料液进入光生化反应器，在反应器内与光合细菌混合菌群混合，利用混合菌群的新陈代谢进行光生化反应发酵产氢。厌氧发酵所产氢气经过净化装置净化后，即可进入贮氢罐中贮存。

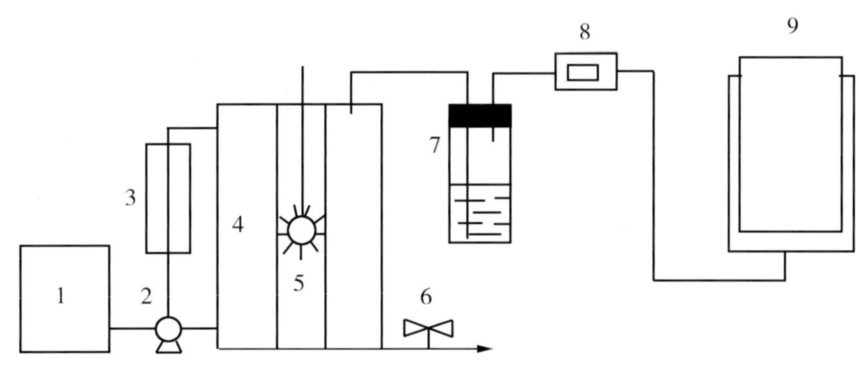

图 140　以畜禽粪便为原料的产氢试验装置

1. 喂料槽　2. 循环泵　3. 换热器　4. 光生化反应器　5. 光源　6. 排料阀　7. 净化装置　8. 流量计　9. 贮氢装置

2）以猪粪污水为原料的光合生物制氢过程：以在光照地方堆积的湿猪粪为原料，将其与自来水以一定比例混合稀释，浸泡一段时间后，过 40 目（目为非法定计量单位，表示 6.45 厘米^{2}上的孔数）筛子，滤去稻草、泥沙等杂质，配制出具有一定污水浓度的猪粪污水，并以此为产氢料液，进行光合生物制氢。猪粪污水光合生物制氢装置如图 141 所示。

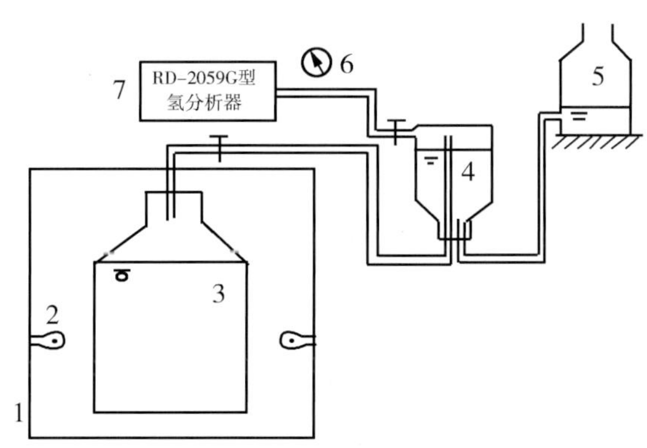

图 141　猪粪污水光合生物制氢装置

1. 恒温箱　2. 光源　3. 反应瓶　4. 集气瓶　5. 平衡瓶　6. 气体流量计　7. 氢分析器

猪粪污水经高压灭菌后加入光生化反应瓶内在球形红假单胞菌等光合细菌的作用下进行光合生物制氢。反应瓶置于30℃恒温光照培养箱内，以60瓦的白炽灯作光源，产氢料液的初始pH值为7，光合细菌接种量为20%左右。反应瓶与氢分析器和集气瓶之间由导管连通，并通过阀门控制气体的流向。

3）畜禽粪便与秸秆预混的光合生物制氢过程：将新鲜畜禽粪便进行除杂过筛预处理后，稀释并振荡溶解，以该固液混合物为原料，进行光合生物制氢。光合菌群产氢的试验装置如图142所示。反应器的有效容积为500毫升，按照10%的接种量接入富集至对数生长期的液体光合细菌混合菌群，然后用胶塞密封，为光生化反应器的进行提供严格厌氧环境。将导气管插入反应瓶上部余留空间，导气管上有一阀门，以方便不同时期氢气产量及成分的监测。产氢试验装置置于32℃的恒温光照培养箱内，光照强度2 000勒，通过反应瓶周围均匀布置的4个白炽灯来实现。制氢反应在恒温恒光照的条件下进行，反应产生的气体用排水集气法收集。

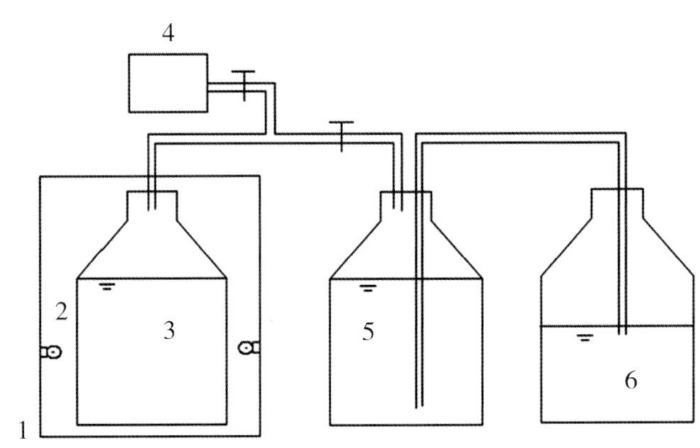

图142　畜禽粪便与秸秆预混产氢装置

1. 恒温箱　2. 光源　3. 反应瓶　4. 氢分析器　5. 集气瓶　6. 测量瓶

（2）发酵制氢工艺：主要有以下几种工艺。

1）畜禽粪便与餐厨垃圾混合发酵产氢：以餐厨废弃物与牛粪1∶1（TS/TS）混合作为厌氧发酵底物，在温度为35℃ ±1℃条件下，进行批式厌氧发酵产氢试验。考查底物浓度对餐厨废弃物与牛粪混合产氢发酵时挥发性固体产氢率、pH值、液相末端产物等影响。结果表明，当底物浓度为80克/升时，挥发性固体产氢率达到最大值为31.05毫升/克，累计产氢量为672毫升，此时挥发性固体去除率最大为29.34%。厌氧发酵体系pH值在5.48~5.81范围内，乙酸和丁酸为主要的液相末端产物，可用作后续产甲烷厌氧发酵底物。

2）畜禽粪便与秸秆混合发酵制氢：取10种常见的农业有机废弃物稻草、玉米秆、小麦秆、大麦秆、蚕豆秆、黄豆秆等秸秆以及猪粪、牛粪、鸡粪、马粪等粪便作为原料，采用批量发酵工艺，控制发酵料液的pH值在适宜范围内，进行厌氧发酵产氢的研究。试验结果表明，在厌氧条件下，采用批量发酵工艺，控制发酵温度为25℃左右，以农作物秸秆、畜禽粪便为原料，以沼气发酵后的厌氧活性污泥为天然产氢菌种的来源，以乳酸调控发酵料液pH值为4.5~5.5，可以获得洁净能源氢气。各种原料产气能力的顺序：猪粪>稻草>大麦秆>玉米秆>鸡粪>牛粪>蚕豆秆>小麦秆>马粪>黄豆秆；各种原料产气中氢气含量的顺序：黄豆秆>蚕豆秆>马粪>小麦秆>牛粪>鸡粪>玉米秆>猪粪>大麦秆>稻草。原料发酵料液的挥发性固体（VS）利用率的顺序：牛粪>猪粪>鸡粪>马粪>蚕豆秆>小麦秆>黄豆秆>大麦秆>稻草>玉米秆。

3）畜禽粪便发酵制氢：以新鲜猪粪为反应底物，加入无机盐溶液以满足微生物生长需要，稀释发酵液至500毫升后以1摩/升HCl调节pH值至所需酸度，再向发酵瓶中冲入高纯氮气30 秒以去除瓶中氧气，密封后放入35℃ ± 1℃的水浴锅中进行厌氧发酵产氢气。分析结果表明，猪粪厌氧发酵产氢的较优工艺条件为：初始pH 值为5.98，水力停留时间4.123天，猪粪干物质浓度51.98克/升；在此工艺条件下，氢气产率为32.4毫升/克。图143所示为畜禽粪便发酵制氢装置图。

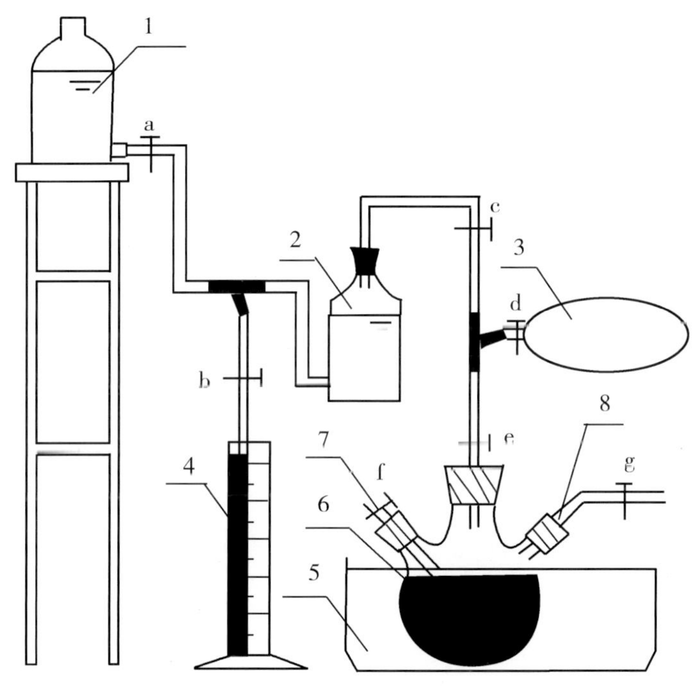

图 143　畜禽粪便发酵制氢装置图

1. 放水瓶　2. 集气瓶　3. 集气囊　4. 量筒　5. 水浴锅　6. 发酵反应瓶　7. 取样口　8. 废液流出口 a~g. 水管

（3）国内外发展现状：生物制氢最先于 1966 年由 Lewis 提出，细菌和藻类产生分子氢的特性被人们所认识。随后的能源危机和环境问题加速了可再生清洁能源的发展。氢能作为最理想的清洁能源，近些年一直是研究的热点。传统的制氢技术，如煤气化、电解水、化石燃料部分氧化（POX）、天然气蒸汽重整（SRM）、天然气裂解、氨裂解等会消耗大量的不可再生资源，并造成严重的环境负荷，不利于可持续发展。而生物制氢是通过微生物的代谢作用将有机化合物转化为氢气，所用底物涵盖了有机废水、生物质等资源丰富、价格低廉的原料，且整个过程对矿物资源的消耗几乎为零，生产过程清洁环保，是制氢技术的发展趋势。

资料显示，已有部分学者在利用畜禽粪便制氢方面取得进展，如卢怡等人采用恒温厌氧发酵工艺，用乳酸调控发酵 pH 值在 4.7~5.5，对牛粪和鸡粪产氢进行了研究，产氢潜力分别为 32.33 毫升 / 克 TS、33.58 毫升 / 克 TS；李倬等同时以牛粪为产氢底物和天然厌氧产氢菌源，在批式厌氧发酵产氢条件下，通过底物预处理方式，控制初始 pH 值为 5.0，底物浓度为 70 克 / 升情况下，牛粪的最大累计产氢量为 19 毫升 / 克 TVS，最大氢浓度为 38.6%，产氢速率为 1.1 毫升 / 克 TVS；在 5 升放大试验中，在操作 pH 值为 5.0 时，牛粪发酵产氢效果最好，最大累计产氢量可达 21.5 毫升 / 克 TVS；樊耀亭等用牛粪堆肥和活性污泥为天然菌源，利用强制曝气的方法，获得了可以高效产氢的优势产氢菌群，以玉米秸秆、酒糟、麦鼓、麦秸秆为底物厌氧发酵制得氢气，产氢潜势高达 126.9 毫升 / 克 TVS、54.4 毫升 / 克 TVS 和 102.0 毫升 / 克 TVS、68.0 毫升 / 克 TVS。